Jochen Stark

Bernd Wicht

Dauerhaftigkeit von Beton

Der Baustoff als Werkstoff

Herausgegeben vom F. A. Finger-Institut
für Baustoffkunde der Bauhaus-Universität Weimar

Mit 29 Farb- und 192 sw-Abbildungen und 42 Tabellen

BAU PRAXIS Springer Basel AG

Die Autoren:

Prof. Dr.-Ing. habil. Jochen Stark
Direktor des F. A. Finger-Instituts für Baustoffkunde
Bauhaus-Universität Weimar
Coudraystr. 11
D-99421 Weimar

Dipl.-Ing. Bernd Wicht
F. A. Finger-Institut für Baustoffkunde
Bauhaus-Universität Weimar
Coudraystr. 11
D-99421 Weimar

Die Deutsche Bibliothek - CIP-Einheitsaufnahme

Dauerhaftigkeit von Beton : der Baustoff als Werkstoff ; mit 42 Tabellen / Jochen Stark ; Bernd Wicht. Hrsg. vom F.-A.-Finger-Institut für Baustoffkunde der Bauhaus-Universität Weimar. - Basel ; Boston ; Berlin : Birkhäuser, 2001
  (Baupraxis)
  ISBN 978-3-7643-6344-4   ISBN 978-3-0348-8301-6 (eBook)
  DOI 10.1007/978-3-0348-8301-6

Dieses Werk ist urheberrechtlich geschützt. Die dadurch begründeten Rechte, insbesondere die der Übersetzung, des Nachdrucks, des Vortrags, der Entnahme von Abbildungen und Tabellen, der Funksendung, der Mikroverfilmung oder der Vervielfältigung auf anderen Wegen und der Speicherung in Datenverarbeitungsanlagen, bleiben, auch bei nur auszugsweiser Verwertung, vorbehalten. Eine Vervielfältigung dieses Werkes oder von Teilen dieses Werkes ist auch im Einzelfall nur in den Grenzen der gesetzlichen Bestimmungen des Urheberrechtsgesetzes in der jeweils geltenden Fassung zulässig. Sie ist grundsätzlich vergütungspflichtig. Zuwiderhandlungen unterliegen den Strafbestimmungen des Urheberrechts.

© 2001 Springer Basel AG
Ursprünglich erschienen bei Birkhäuser Verlag 2001
Softcover reprint of the hardcover 1st edition 2001

Gedruckt auf säurefreiem Papier, hergestellt aus chlorfrei gebleichtem Zellstoff. TCF ∞
Umschlagsgestaltung: Karin Weisener
Titelmotiv: Ettringit im Porenraum der Zementsteinmatrix
(Foto: F. A. Finger-Institut für Baustoffkunde, Bauhaus-Universität Weimar)

ISBN 978-3-7643-6344-4

9 8 7 6 5 4 3 2 1

Vorwort

Beton ist der am häufigsten verwendete Bau- und Werkstoff der Gegenwart und wie kein anderes Material dazu geeignet, Visionen zu realisieren und Emotionen zu wecken. Vom ersten Bundespräsidenten der Bundesrepublik Deutschland, Theodor Heuss, wurde der Beton einmal als „der Baustoff unseres Jahrhunderts" bezeichnet. Und wir können heute hinzufügen, dass der Beton nicht nur der Baustoff des 20. Jahrhunderts sondern mit Sicherheit auch der Baustoff des 21. Jahrhunderts sein wird. Aufgrund seiner hervorragenden Eigenschaften wird der Beton auch in Zukunft weiter seine überragende Rolle als Baustoff behaupten, trotz gelegentlicher Kritiken hinsichtlich Ästhetik oder Dauerhaftigkeit. Der Kritik hinsichtlich Ästhetik müssen sich Architekten und Künstler stellen, hinsichtlich der Dauerhaftigkeit ist der Bau- bzw. Baustoffingenieur gefordert.

Im vorliegenden Buch werden die wesentlichsten Aspekte zu Fragen der Dauerhaftigkeit von Beton aus werkstofflicher Sicht behandelt. Das Buch soll helfen, als wichtige Voraussetzung für Bauwerke mit langer Nutzungsdauer das Wissen vom Verhalten des Baustoffs Beton bei unterschiedlchen Beanspruchungen und Einflüssen zu vermitteln und zu erweitern.

Am F. A. Finger-Institut für Baustoffkunde (FIB) der Bauhaus-Universität Weimar werden seit vielen Jahren Forschungsarbeiten zu Fragen der Dauerhaftigkeit von Beton durchgeführt. Ein großer Teil der Ergebnisse dieser Forschungen ist Bestandteil dieses Buches. Das betrifft insbesondere die Kapitel zur schädigenden Ettringitbildung, zur Alkali-Kieselsäure-Reaktion, zum Frost- und Frost-Tausalzwiderstand sowie der Sulfatbeständigkeit von Beton.

Bei der Erarbeitung des Buches haben viele Mitarbeiter des F. A. Finger-Institutes für Baustoffkunde mitgewirkt: Frau Dipl.-Chem. Anna-Maria Berninger (Kap. 9), Frau Dr.-Ing. Katrin Bollmann (Kap. 6), Dipl.-Ing. Wilfried Burkert (Kap. 1 und Kap. 7), Frau Dipl.-Ing. Katja Dombrowski (Kap. 9), Frau Dipl.-Ing. Anka Frenzel (Kap. 7), Dr. rer. nat. Ernst Freyburg (Kap. 9), Frau Dipl.-Ing. Ulrike Frohburg (Kap. 7), Dr. rer. nat. Bernd Möser (ESEM-Untersuchungen), Dipl.-Ing. Davis Mwila Mulenga (Kap. 5), Dr. rer. nat. Peter Nobst (Kap. 2), Frau Dipl.-Ing. Katrin Seyfarth (Kap. 6).

Herr Prof. Dr. rer. nat. Dr.-Ing. habil. Max J. Setzer, Universität Gesamthochschule Essen war so freundlich, den physikalischen Aspekt des Frostwiderstandes zu prüfen. Herr Dr.-Ing. Wolfgang Breit vom Forschungsinstitut des VDZ übernahm die kritische Durchsicht und Ergänzung des Kapitels 4.

Ihnen allen, sowie dem Birkhäuser-Verlag gebührt aufrichtiger Dank.

Weimar, Januar 2001
Jochen Stark
Bernd Wicht

Inhaltsverzeichnis

Einführung		1
1	**Kenngrößen und Einflussfaktoren auf die Dauerhaftigkeit von Beton**	**3**
1.1	Historische Rolle der Dauerhaftigkeit	3
1.2	Voraussetzungen für die Dauerhaftigkeit	4
1.3	Einfluss des Zementsteins	14
1.4	Literatur	22
2	**Carbonatisierung von Beton**	**23**
2.1	Kurzer historischer Abriss	23
2.2	Wesen der Carbonatisierung	23
2.3	Phasen der Carbonatisierung	26
2.4	Auswirkungen der Carbonatisierung	29
	2.4.1 Der pH-Wert	30
	2.4.2 Korrosion der Bewehrung	32
2.5	Methoden zur Bestimmung der Carbonatisierungstiefe	38
2.6	Berechnung des Carbonatisierungsfortschrittes	41
2.7	Carbonatisierungsschwinden	46
2.8	Einflussfaktoren auf die Carbonatisierung	47
	2.8.1 CO_2-Konzentration	47
	2.8.2 Feuchtigkeit	47
	2.8.3 w/z-Wert	49
	2.8.4 Zementart	50
	2.8.5 Nachbehandlung	52
	2.8.6 Zuschläge, Zusatzmittel, Zusatzstoffe	57
	2.8.7 Temperatur und thermodynamische Aspekte	57
2.9	Schutz- und Instandsetzungsmaßnahmen gegen stahlbetongefährdende Carbonatisierung	65
	2.9.1 Schutzmaßnahmen	65
	2.9.2 Instandsetzungsmaßnahmen	67
	2.9.3 Beurteilung der Wirksamkeit carbonatisierungsbremsender Beschichtungen	70

	2.10	Selbstheilung von Rissen	72
	2.11	Literatur	77
3	**Neutralisation durch Schwefeldioxid und Stickoxide**		**80**
	3.1	Mechanismen der SO_2- und NO_x-Aufnahme	80
	3.2	Literatur	82
4	**Einwirkung von Chloriden auf Beton**		**83**
	4.1	Kurzer historischer Abriss	83
	4.2	Chloride im Beton	83
		4.2.1 Betonausgangsstoffe	84
		4.2.2 Einwirkung von Meerwasser	85
		4.2.3 Einwirkung von Tausalzen	87
		4.2.4 Brandfall	88
	4.3	Mechanismus des Eindringens von Chloriden	88
	4.4	Beeinflussung der Transportvorgänge von Chloriden im Beton	90
	4.5	In welcher Form liegen Chloride im Beton vor?	93
	4.6	Chlorideinbindung durch Bindemittel	94
	4.7	Kritischer korrosionsauslösender Grenzwert	96
	4.8	Bestimmung des Chloridgehaltes	100
		4.8.1 Quantitative chemische Analyse	100
		4.8.2 Bestimmung (Nachweis) freier Chloridionen	101
		4.8.3 Nachweis der fest gebundenen Chloridionen	103
	4.9	Chloridangriff auf Stahlbeton	103
		4.9.1 Elektrochemische Grundlagen	103
		4.9.2 Rolle der Risse auf den Korrosionsfortschritt des Betonstahles	107
	4.10	Schutz- und Instandsetzungsmaßnahmen bei chloridinduzierter Korrosion	108
		4.10.1 Schutzmaßnahmen	108
		4.10.2 Instandsetzungsmaßnahmen	113
	4.11	Literatur	115
5	**Sulfatwiderstandsfähigkeit von Beton**		**119**
	5.1	Kurzer historischer Abriss	119
	5.2	Schadensmechanismus des Sulfatangriffs auf Beton	120
	5.3	Ursachen des Sulfattreibens	120
	5.4	Wirkungen des Sulfatangriffs	122
	5.5	C_3A-Gehalt und Sulfatwiderstand	126
	5.6	Einfluss von Zusatzstoffen auf den Sulfatwiderstand	130
	5.7	Einfluss verschiedener Sulfatlösungen auf Zementstein	132

5.8	Betonangreifende Flüssigkeiten, Böden und Dämpfe	134
5.9	Betonparameter und Sulfatkorrosion	137
5.10	Prüfverfahren	139
5.11	Literatur	145

6 Schädigende Ettringitbildung im erhärteten Beton ... 148

6.1	Kurzer historischer Abriss	148
6.2	Grundlagen	149
6.3	Ettringit im Frischbeton	151
6.4	Ettringit im erhärteten Beton	154
6.5	Schädigende Ettringitbildung infolge unsachgemäßer Wärmebehandlung	157
	6.5.1 Thermodynamische Berechnungen zur Ettringitbildung	158
	6.5.2 Sulfatbindung in Abhängigkeit von der Erhärtungstemperatur	163
	6.5.3 Einfluss der Betonzusammensetzung auf die späte Ettringitbildung	167
	6.5.4 Laborversuche zur Dauerhaftigkeit wärmebehandelter Betone	169
	6.5.5 Vorbeugende Maßnahmen	172
6.6	Späte Ettringitbildung in nicht wärmebehandelten Betonen	174
	6.6.1 Innere Sulfatquellen und späte Sulfatfreisetzung	176
	6.6.2 Wechselnde Feuchtebelastung und schadensfördernde Randbedingungen	179
6.7	Nachweis von Betonschäden	188
	6.7.1 Makroskopisches Schadensbild	188
	6.7.2 Kennwerte zur Schadenserfassung	189
	6.7.3 Nachweis der Schadensbeteiligung von Ettringit	194
	6.7.3.1 Mikroskopisches Schadensbild	194
	6.7.3.2 Analytische Verfahren zur Bestimmung von Oxid- und Phasenzusammensetzung	197
6.8	Literatur	202

7 Frost- und Frost-Tausalz-Widerstand von Beton ... 208

7.1	Kurzer historischer Abriss	208
7.2	Gefrieren der Porenlösung im Zementstein	209
	7.2.1 Gefrierpunkterniedrigung durch Druck	209
	7.2.2 Gefrierpunkterniedrigung durch gelöste Stoffe	210
	7.2.3 Gefrierpunkterniedrigung durch Oberflächenkräfte	212
	7.2.4 Unterkühlungseffekte	214
7.3	Zerstörungsmechanismen	216
	7.3.1 Makroskopische Mechanismen	216
	7.3.1.1 Ungleiche Temperaturausdehnungskoeffizienten	216
	7.3.1.2 Schichtenweises Gefrieren	217
	7.3.1.3 Temperatursturz	218

	7.3.2	Mikroskopische Schadensursachen	219
		7.3.2.1 Hydraulischer Druck	219
		7.3.2.2 Kapillarer Effekt	220
		7.3.2.3 Diffusion und Osmose	222
		7.3.2.4 Thermodynamisches Modell	222
		7.3.2.5 Kristallisationsdruck	225
7.4	Einflussgrößen		226
	7.4.1	Einfluss der Betonzusammensetzung	226
		7.4.1.1 Wasserzementwert	226
		7.4.1.2 Zuschlag	229
		7.4.1.3 Künstliche Luftporen	232
		7.4.1.4 Zement	236
	7.4.2	Technologische Einflüsse	253
	7.4.3	Äußere Einflüsse	254
7.5	Frost- und Frost-Taumittel-Prüfverfahren		256
	7.5.1	Prüfung des Frost-Taumittel-Widerstandes mit dem CDF-Verfahren	258
	7.5.2	Prüfung des Frostwiderstandes mit dem CIF-Verfahren	260
	7.5.3	Präzision von CDF- und CIF-Test	264
	7.5.4	Prüfung des Frost- und Frost-Tausalz-Widerstandes nach der schwedischen Norm SS 13 72 44 (Slab-Test; Borås-Verfahren)	265
7.6	Baupraktische Hinweise		268
	7.6.1	Wesentliche Einsatzgebiete für Betone mit hohem FTW bzw. FTSW	268
	7.6.2	Hauptschadensbilder frost-und/oder frosttaumittelgeschädigter Betonkonstruktionen	269
	7.6.3	Mikroluftporen im Beton (LP-Beton)	269
	7.6.4	Betontechnische Voraussetzungen für Betone mit hohem FTW bzw. FTSW	270
	7.6.5	Wesentliche betontechnologische Anforderungen zur Sicherung eines sachgerechten LP-Betons	272
	7.6.6	Beispiel für die Berechnung des spezifischen Zementgehaltes eines Luftporenbetons (LP-Beton)	273
7.7	Literatur		275

8 Mikrobiologische Betonkorrosion ... 279

8.1	Korrosion von Beton in Abwasseranlagen	280
8.2	Korrosion von Beton an Hochbauten	284
8.3	Literatur	286

9 Alkali-Kieselsäure-Reaktion ... 288

9.1	Kurzer historischer Abriss	288
9.2	Mechanismus der Alkali-Kieselsäure-Reaktion	289

9.3	Reaktivität von Zuschlägen	292
9.4	Alkaliempfindliche Zuschläge	295
9.5	Einflussgrößen auf die Alkali-Kieselsäure-Reaktion	304
9.6	Möglichkeiten zur Reduzierung bzw. Verhinderung schädigender Alkali-Kieselsäure-Reaktion	312
9.7	Prüfverfahren	313
9.8	AKR-Schadensmerkmale	315
9.9	Alkali-Richtlinie	322
9.10	Literatur	328

Stichwortverzeichnis 331

Einführung

Für die Beurteilung der Gebrauchsfähigkeit von Bauteilen aus Beton, Stahlbeton und Spannbeton ist neben den mechanischen Kenngrößen die Kenntnis der Dauerhaftigkeit von außerordentlicher Bedeutung. Im Gegensatz zu den mechanischen Eigenschaften ist die Dauerhaftigkeit von Beton nur schwer zu charakterisieren. Darüber hinaus ist sie auch bei bekannten Umweltbedingungen und Betoneigenschaften keine absolute Größe, die über die Zeit konstant bleibt. Struktur und Eigenschaften von Beton unterliegen schon allein aus energetischen Gründen einem kontinuierlichen Wandel, bei dem der Beton einem niedrigerem Energieniveau entgegenstrebt, das dem seiner Ausgangsstoffe entspricht. Durch technologische und konstruktive Maßnahmen kann die Geschwindigkeit solcher Veränderungen je nach Umweltbedingungen wesentlich verringert werden. Trotzdem sind Dauerhaftigkeit und Gebrauchsfähigkeit an eine erwartete Nutzungsdauer gekoppelt.

Dauerhaftigkeit von Beton bedeutet, dass Bauteile aus Beton über die vorgesehene Nutzungsdauer gegenüber allen Einwirkungen (Lasten, Zwänge aus Verformungen, Umwelteinflüsse) bei ausreichender Wartung und Instandhaltung genügend beständig sind.

Der Dauerhaftigkeit von Beton wurde in den letzten Jahren zunehmend mehr Aufmerksamkeit geschenkt. In der Vergangenheit ging man davon aus, dass Betonkonstruktionen wartungsfrei sind, wenn gewisse Grundregeln der Betontechnologie beachtet werden. Die Erfahrungen der letzten Jahrzehnte zeigten aber, dass zum Teil nur geringfügige Abweichungen von diesen Regeln sowie falsch eingeschätzte oder auch verschärfte Umweltbedingungen zu erheblichen Schäden führen können.

Dies löste einerseits eine rege Forschungstätigkeit aus und zum anderen wird auch im Normenwerk der Dauerhaftigkeit mehr Aufmerksamkeit geschenkt als in der Vergangenheit. In der europäischen Beton-Norm EN 206-1 „Beton – Leistungsbeschreibung, Eigenschaften, Herstellung und Konformität" sind Leistungskriterien für die Dauerhaftigkeit beschrieben und durch Festlegungen einzuhaltender Grenzwerte von charakteristischen Kenngrößen des Betons untersetzt.

Die überarbeitete deutsche Betonnorm DIN 1045 umfasst 4 Teile, wobei der betontechnologische Teil 2 als DIN EN 206-1 in Verbindung mit nationalen Anwendungsregeln für das Gebiet der Bundesrepublik Deutschland verbindlich sein wird (Stand Juni 2000). Das ist die Bezugsbasis für dieses Buch und wird nachfolgend immer als DIN EN 206-1 bezeichnet.

Die Mechanismen, die die Dauerhaftigkeit von Beton gefährden, können in
- physikalische (z.B. Frost),
- chemische (z.B. sulfathaltige Wässer),
- biologische (z.B. Bakterien) und
- mechanische (z.B. mechanischer Verschleiß)

Einwirkungen eingeteilt werden.

Den meisten Schädigungsmechanismen ist gemeinsam, dass sie zunächst auf die oberflächennahen Bereiche einwirken und ihre Wirkung durch Feuchtigkeit verstärkt wird. In den folgenden Kapiteln werden mit Ausnahme der mechanischen Einwirkungen alle wesentlichen Ursachen und Mechanismen der Schädigung sowie Maßnahmen ihrer Beeinflussung und Verhinderung einschließlich ihres Erkennens und Prüfens sowie der Schadensbehebung behandelt.

1 Kenngrößen und Einflussfaktoren auf die Dauerhaftigkeit von Beton

1.1 Historische Rolle der Dauerhaftigkeit

Die Frage nach der Dauerhaftigkeit eines Baustoffs ist uralt und beschäftigt den Menschen seit der Zeit als er sesshaft wurde und Behausungen für sich und das Vieh baute. Naturgemäß waren es zunächst empirische Erfahrungen, die aus dem Umgang mit den zur Verfügung stehenden natürlichen Baustoffen wie Naturstein, Erde und Holz gewonnen wurden und die sich der Mensch zunutze machte.

Die gesetzlich verankerte Sorge um die Sicherheit von Bauwerken geht nachweisbar auf die Zeit um 1700 v. Chr. zurück, als König Hammurabi von Babylonien (1728–1686 v.Chr.) einen 300 Paragraphen umfassenden Gesetzestext über babylonisches Recht in eine 2,25 m hohe Dioritsäule meißeln ließ. Diese Säule wurde 1902 bei Ausgrabungen in Susa entdeckt und steht heute im Louvre in Paris. In dem Gesetzeswerk, dem sogenannten Codex Hammurabi, waren auch strenge Regeln für die Qualität eines Bauwerkes festgelegt. Allerdings wurde die Qualität der Bauausführung allein über die Androhung drastischer Strafen gesteuert. Im Paragraph 229 heißt es dazu:

„... wenn der Baumeister für den Mann ein Haus baute und sein Werk nicht stark gemacht hat, so dass das Haus, das er gebaut hat, einstürzt und den Herrn des Hauses tötet, soll dieser Baumeister sterben. Wenn der Einsturz den Tod eines Sohnes des Bauherrn verursacht, so sollen sie einen Sohn des Baumeisters töten ..."

Noch bis ins Mittelalter war eine Bestrafung bei unsachgemäßer Bauausführung üblich. So ist zum Beispiel in einer um das Jahr 1300 in München geltenden Bestimmung zu lesen, dass derjenige, der mit nicht brauchbaren Baustoffen baut, zunächst geteert und gefedert, dann an den Pranger gestellt und schließlich aus der Stadt verwiesen werden sollte.

Erst der Zuwachs an technisch-wissenschaftlichen Erkenntnissen führte im Laufe der Zeit zur Abkehr derartiger Maßnahmen. Heute werden Qualitätsmerkmale und Anforderungen an die Dauerhaftigkeit durch Normen, Richtlinien und allgemeine bauaufsichtliche Zulassungen geregelt. So gilt zum Beispiel für die Einhaltung der Qualität beim Bauen mit Beton in Deutschland die DIN 1045. Für einheitliche Festlegungen im EU-Bereich wird die europäische Norm EN 206 verbindlich sein.

1.2 Voraussetzungen für die Dauerhaftigkeit

Beton ist unter üblichen Umweltbedingungen bei einer auf den Verwendungszweck abgestimmten Wahl und Zusammensetzung der Ausgangsstoffe, bei sachgerechter Herstellung und entsprechender Nachbehandlung ein dauerhafter Baustoff. Sachgerecht hergestellte Außenbauteile aus Beton, Stahlbeton und Spannbeton erfordern keinen besonderen Schutz gegen normale Witterungsbeanspruchungen [DAfStb, H. 400].

Nach geltenden Normen hergestellter Beton hat folgende Vorzüge:
- wirtschaftliche Herstellung,
- minimale Kosten für die Unterhaltung („praktisch wartungslos"),
- Langzeitnutzung ohne Beeinträchtigung seiner Eigenschaften.

Neben der Einhaltung der Normen müssen darüber hinaus für einen dauerhaften Beton bestimmte Voraussetzungen geschaffen werden:
- Erarbeitung einer klaren, abgestimmten Konzeption in der Planungsphase, wobei die Konzeption sich auf die Bereiche Gestaltung, Funktion und Konstruktion erstrecken muss.
- Unempfindlichkeit der Konstruktion selbst gegen Unvollkommenheit aus Belastung und Ausführung; die Konstruktion muss „stille" Reserven besitzen.
- Vermeidung grober Fehler bei der Herstellung und Nutzung.

Die Dauerhaftigkeit von Konstruktionen aus Beton wird immer durch innere und äußere Einflussfaktoren bestimmt.

Die **inneren Einflussfaktoren** resultieren im wesentlichen aus den Hauptausgangsstoffen des Betons, dem Zement, den Zusätzen, dem Wasser sowie den Zuschlägen, z.B.
- Zement (CaO_{frei}, MgO, SO_3, $\overline{N}$ = Na_2O-Äquivalent),
- Zuschlag (Alkali-Kieselsäure-Reaktion, AKR).

Zu den **äußeren Einflüssen** auf die Dauerhaftigkeit zählen
- Feuchtigkeit,
- Temperatur,
- Verunreinigung von Luft, Wasser und Boden,
- chemischer Angriff,
- mechanischer Angriff,
- biologischer Angriff.

Unzureichende Dauerhaftigkeit von Betonkonstruktionen äußert sich u.a. durch
- ästhetische Mängel des Bauwerkes,
- Rissbilder im Beton,
- Abtragung (Abplatzungen) des Betons,
- Korrosion des Bewehrungsstahles,
- Zerstörung des Bauwerkes.

1.2 Voraussetzungen für die Dauerhaftigkeit

Ausreichende Dauerhaftigkeit wird erreicht u.a. durch
- dauerhaftigkeitsgerechten Entwurf des Bauwerkes (z.B. Fernhalten angreifender Stoffe),
- richtige Auswahl der Betonausgangsstoffe und beanspruchungsgerechte Betonzusammensetzung,
- sachgemäße Herstellung und Nachbehandlung des Betons,
- passiver Schutz des Betons (z.B. durch Imprägnieren, Beschichten).

Die Dauerhaftigkeit läßt sich nicht durch einen einheitlichen Mess- oder Kennwert charakterisieren. Für jeden Anwendungsfall muss eine Quantifizierung der einzuhaltenden Parameter erfolgen. Je nach Funktion und Beanspruchung einer Betonkonstruktion stehen jeweils spezifische Eigenschaften im Vordergrund:
- die Undurchlässigkeit gegen Angriff infolge Wasserlast, z.B. bei Konstruktionen des Wasserbaus,
- der Frost- und Frost-Taumittel-Widerstand, z.B. bei Fahrbahnen und Brückenbauwerken,
- der Widerstand gegen Carbonatisierung und Eindringen von Chloriden zum Schutz der Bewehrung, insbesondere von Außenbauteilen oder Tunnelbauwerken mit erhöhtem CO_2-Gehalt oder Brückenbauteilen, die mit chloridhaltigen Taumitteln in Berührung kommen,
- der Widerstand gegen schädigende Reaktionen aus dem Beton selbst, z.B. AKR, späte Ettringitbildung und Kalktreiben,
- der Widerstand gegen Angriff und Eindringen aggressiver Wässer oder gasförmiger Medien in den Beton, z.B. im Behälter- und Deponiebau,
- der Widerstand gegen mechanischen Angriff aus z.B. Verkehrseinwirkung, strömendes oder Feststoffe führendes Wasser, Abtragung durch Verwitterung,
- der Widerstand gegen biologische Einflüsse, z.B. Zerstörung durch Stoffwechselprodukte von Mikroorganismen,
- die Risssicherheit gegen thermische, hygrische, mechanische und dynamische Beanspruchungen,
- der Widerstand gegen Strukturstörungen infolge Wärmebehandlung oder Feuereinwirkung.

Die Dauerhaftigkeit eines Betons gibt den Widerstand gegenüber den oben genannten Einwirkungen an. Diese Widerstandsfähigkeit wird in der Regel in Normen und technischen Vorschriften durch eine Beschreibung der Zusammensetzung, wie Zementart, Zementgehalt, w/z-Wert usw., bekannt als **design concept**, gewährleistet. Am Festbeton wurden bisher im Regelfall nur die Druckfestigkeit und die Wassereindringtiefe nachgewiesen.

Als alleiniger Kennwert für die Dauerhaftigkeit ist die Festigkeitsprüfung als klassische Prüfmethode der Qualität eines Baustoffs heute nicht mehr geeignet. Erst in der Verwirklichung des sogenannten **performance concepts**, das eindeutig nachprüfbare Leistungsmerkmale in den Vordergrund stellt, kann eine sichere Beurteilung von Dauerhaftigkeitseigenschaften erfolgen. Hinsichtlich der Beurteilung des Frost- und Frost-Tausalz-Widerstandes und der Alkali-Kieselsäure-Reaktion sind inzwischen entsprechende Prüfverfahren entwickelt worden. An weiteren Methoden wird gearbeitet (Sulfatbeständigkeit, späte Ettringitbildung).

In der Regel können erst eine Vielzahl von Langzeituntersuchungen zuverlässige Werte über die Dauerhaftigkeit liefern, wobei die Übertragbarkeit von Prüfergebnissen auf das Bauteil/Bauwerk nicht immer problem- und risikofrei möglich ist.

Zu den **direkten Kennwerten** der Dauerhaftigkeit gehören:

1. Undurchlässigkeit
   Nachgewiesen
   - als Wassereindringtiefe unter Druck,
   - als Wasseraufnahme bei ein- oder allseitigem Kontakt mit Wasser,
   - als Gaspermeabilität.

2. Frost-Widerstand (FTW)/Frost-Tausalz-Widerstand (FTSW)
   Nachgewiesen nach unterschiedlichen FTW-Prüfverfahren, mit oder ohne Taumitteleinwirkung
   - als Masseverlust,
   - als Volumenverlust,
   - als Dehnungsverhalten,
   - als Veränderung des E-Moduls.

3. Carbonatisierungstiefe/Chlorideindringtiefe
   Nachgewiesen
   - durch Indikatoren,
   - durch Nachweisreaktionen.

4. Wirkung aggressiver Medien
   Nachgewiesen
   - durch Dehnungsmessung,
   - als Volumenverlust,
   - als Festigkeitsverlust,
   - als Veränderung des E-Moduls,
   - durch licht- und elektronenmikroskopische Aufnahmen.

5. Alkali-Kieselsäure-Reaktion
   Nachgewiesen
   - als Dehnung und Rissbildung (Nebelkammerversuch),
   - durch licht- und elektronenmikroskopische Aufnahmen.

Eine hohe Dauerhaftigkeit des Betons kann bei Einhaltung aller Vorschriften u.a. gewährleistet werden durch
- Nachweis der geforderten Betonfestigkeit,
- Einhaltung eines entsprechend niedrigen w/z-Wertes,
- gut abgestimmten Kornaufbau des Zuschlaggemisches (hohe Packungsdichte, Ausnutzung Größtkorn),
- Einsatz von Betonzusätzen wie Verflüssiger (BV), Luftporenbildner (LP), Fließmittel (FM), Flugaschen,
- optimierten Misch- und Verdichtungsprozess sowie
- ausreichende Nachbehandlung.

1.2 Voraussetzungen für die Dauerhaftigkeit

Ein Hauptproblem der Dauerhaftigkeit liegt bei der Herstellung von Betonen mit niedriger Festigkeitsklasse unter Verwendung hochwertiger Zemente. Dies führt infolge hoher w/z-Werte zu Betonen mit unzureichender Dichtigkeit (erhöhte Kapillarporosität) und damit geringerer Dauerhaftigkeit. Das heißt

gleiche Betonklasse bedeutet nicht gleiche Dauerhaftigkeit und
hohe Dauerhaftigkeit erfordert in der Regel die Herstellung eines dichten Betons.

Dichter Beton ist je nach Beanspruchung durch einen entsprechend niedrigen w/z-Wert (Verringerung des Kapillarporenvolumens im Festbeton mit sinkendem w/z-Wert), durch einen hohen Entlüftungsgrad des Frischbetons während des Rüttelprozesses ($V_p \leq 2{,}0$ Vol.-%) sowie durch eine sachgerechte, zeitlich ausreichende Nachbehandlung gekennzeichnet.

Die Dauerhaftigkeit von Außenbauteilen aus Beton wird gewährleistet durch die **Festlegung** von
- Betonfestigkeit,
- maximal zulässigen w/z-Werten,
- Mindestzementmengen (z_{min}),
- Mindestbetondeckungen (min_c),
- maximal zulässigem Porenraum ($V_{p,\,max}$),
- maximal zulässigen Rissweiten und
- LP-Mittel-Einsatz mit Mindestluftgehalten im Frischbeton.

Die Anforderungen an die Dauerhaftigkeit des Betons, z.B. der erforderliche Grad der Widerstandsfähigkeit des Betons gegenüber den Umwelteinflüssen, bedingen in vielen Fällen w/z-Werte $\leq 0{,}55$. Die daraus resultierenden effektiven Festigkeiten sind dann meist größer als die statisch erforderlichen!

Beispiele für baupraktische Maßnahmen zur Gewährleistung der Dauerhaftigkeit

Durch den Einsatz von Betonverflüssigern und Fließmitteln lassen sich
- eine weichere Konsistenz und eine Gefügeoptimierung des Betons,
- eine Reduzierung des w/z-Wertes bzw. Senkung des Zementgehaltes (Formänderungen!) sowie
- eine Erhöhung der Verdichtungswilligkeit

erreichen.

Durch sachgemäße, intensive Betonnachbehandlung
- können im Nutzungszeitraum die am stärksten beanspruchten oberflächennahen Bereiche ausreichend erhärten (hydratisieren),
- ist eine hohe Dichtigkeit erreichbar und
- lassen sich unerwünschte Formänderungen und Rissbildung vermeiden.

Im Zusammenhang mit der Erarbeitung der europäischen Norm EN 206 wurden auch Festlegungen für spezifische Dauerhaftigkeitskennwerte getroffen und sogenannte **Expositionsklassen (X)** definiert. In DIN EN 206-1 sind diese

Expositionsklassen modifiziert übernommen worden (Tabelle 1.1). Die in der Tabelle angegeben Beispiele haben informativen Charakter.

Der Beton kann mehr als einer der in Tabelle 1.1 genannten Einflüssen ausgesetzt sein. Die Einflussbedingungen, denen er ausgesetzt ist, müssen dann als Kombination von Expositionsklassen ausgedrückt werden.

Die Anforderungen an die Betonzusammensetzung für die entsprechenden Expositionsklassen sind in Tabelle 1.2 angegeben.

Tab. 1.1: Expositionsklassen nach DIN EN 206-1

1. Kein Korrosions- oder Angriffsrisiko
Für Beton ohne Bewehrung oder eingebettetes Metall in nicht betonangreifender Umgebung kann die Expositionsklasse X0 zugeordnet werden.

Klasse	Beschreibung der Umgebung	Beispiele für die Zuordnung von Expositionsklassen (informativ)
X0	Für Beton ohne Bewehrung oder eingebettetes Metall: alle Expositionsklassen, ausgenommen Frostangriff mit und ohne Taumittel, Abrieb oder chemischen Angriff	Fundamente ohne Bewehrung ohne Frost; Innenbauteile ohne Bewehrung
	Für Beton mit Bewehrung oder eingebettetem Metall: sehr trocken	keine Anwendungsmöglichkeit in Deutschland

2. Bewehrungskorrosion, ausgelöst durch Carbonatisierung
Wenn Beton, der Bewehrung oder anderes eingebettetes Metall enthält, Luft und Feuchtigkeit ausgesetzt ist, muss die Expositionsklasse wie folgt zugeordnet werden:

ANMERKUNG: Die Feuchtigkeitsbedingung bezieht sich auf den Zustand innerhalb der Betondeckung der Bewehrung oder anderen eingebetteten Metalls; in vielen Fällen kann jedoch angenommen werden, dass die Bedingungen in der Betondeckung den Umgebungsbedingungen entsprechen. In diesen Fällen darf die Klasseneinteilung nach der Umgebungsbedingung als gleichwertig angenommen werden. Dies braucht nicht der Fall sein, wenn sich zwischen dem Beton und seiner Umgebung eine Sperrschicht befindet.

Klasse	Beschreibung der Umgebung	Beispiele für die Zuordnung von Expositionsklassen (informativ)
XC1	trocken oder ständig nass	Bauteile in Innenräumen mit üblicher Luftfeuchte (einschließlich Küche, Bad und Waschküche in Wohngebäuden); Beton, der ständig in Wasser getaucht ist
XC2	nass, selten trocken	Teile von Wasserbehältern; Gründungsbauteile
XC3	mäßige Feuchte	Bauteile zu denen die Außenluft häufig oder ständig Zugang hat, z.B. offene Hallen; Innenräume mit hoher Luftfeuchtigkeit z.B. in gewerblichen Küchen, Bädern, Wäschereien, in Feuchträumen von Hallenbädern und in Viehställen
XC4	wechselnd nass und trocken	Außenbauteile mit direkter Beregnung

1.2 Voraussetzungen für die Dauerhaftigkeit

3. Bewehrungskorrosion, verursacht durch Chloride

Wenn Beton, der Bewehrung oder anderes eingebettetes Metall enthält, chloridhaltigem Wasser, einschließlich Taumittel, ausgenommen Meerwasser, ausgesetzt ist, muss die Expositionsklasse wie folgt zugeordnet werden:

Klasse	Beschreibung der Umgebung	Beispiele für die Zuordnung von Expositionsklassen (informativ)
XD1	mäßige Feuchte	Bauteile im Sprühnebelbereich von Verkehrsflächen; Einzelgaragen
XD2	nass, selten trocken	Solebäder; Bauteile, die chloridhaltigen Industrieabwässern ausgesetzt sind
XD3	wechselnd nass und trocken	Teile von Brücken mit häufiger Spritzwasserbeanspruchung; Fahrbahndecken; Parkdecks

4. Bewehrungskorrosion, verursacht durch Chloride aus Meerwasser

Wenn Beton, der Bewehrung oder anderes eingebettetes Metall enthält, Chloriden aus Meerwasser oder salzhaltiger Seeluft, ausgesetzt ist, muss die Expositionsklasse wie folgt zugeordnet werden:

Klasse	Beschreibung der Umgebung	Beispiele für die Zuordnung von Expositionsklassen (informativ)
XS1	salzhaltige Luft, aber kein unmittelbarer Kontakt mit Meerwasser	Außenbauteile in Küstennähe
XS2	unter Wasser	Bauteile in Hafenbecken, die ständig unter Wasser liegen
XS3	Tidebereiche, Spritzwasser- und Sprühnebelbereiche	Kaimauern in Hafenanlagen

5. Frostangriff mit und ohne Taumittel

Wenn durchfeuchteter Beton erheblichem Angriff durch Frost-Tau-Wechsel ausgesetzt ist, muss die Expositionsklasse wie folgt zugeordnet werden:

Klasse	Beschreibung der Umgebung	Beispiele für die Zuordnung von Expositionsklassen (informativ)
XF1	mäßige Wassersättigung, ohne Taumittel	Außenbauteile
XF2	mäßige Wassersättigung, mit Taumittel	Betonbauteile im Sprühnebel- oder Spritzwasserbereich von taumittelbehandelten Verkehrsflächen, soweit nicht XF4; Betonbauteile im Sprühnebelbereich von Meerwasser
XF3	hohe Wassersättigung, ohne Taumittel	offene Wasserbehälter; Bauteile in der Wasserwechselzone von Süßwasser
XF4	hohe Wassersättigung, mit Taumittel	Verkehrsflächen, die mit Taumitteln behandelt werden; überwiegend horizontale Bauteile im Spritzwasserbereich von taumittelbehandelten Verkehrsflächen; Räumerlaufbahnen von Kläranlagen; Meereswasserbauteile in der Wasserwechselzone

6. Betonkorrosion durch chemischen Angriff

Wenn Beton chemischem Angriff durch natürliche Böden, Grundwasser und Meerwasser nach Tabelle 1.2 und Abwasser ausgesetzt ist, muss die Expositionsklasse wie folgt zugeordnet werden: Bei XA3 und anderem chemischem Angriff als in Tabelle 1.2, siehe 5.3.2 in DIN EN 206-1.

Klasse	Beschreibung der Umgebung	Beispiele für die Zuordnung von Expositionsklassen (informativ)
XA1	chemisch schwach angreifende Umgebung nach Tabelle 1.2	Behälter von Kläranlagen; Güllebehälter
XA2	chemisch mäßig angreifende Umgebung nach Tabelle 1.2 und Meeresbauwerke	Betonbauteile, die mit Meerwasser in Berührung kommen; Bauteile in betonangreifenden Böden
XA3	chemisch stark angreifende Umgebung nach Tabelle 1.2	Industrieabwasseranlagen mit chemisch angreifenden Abwässern; Gärfuttersilos und Futtertische der Landwirtschaft; Kühltürme mit Rauchgasableitung

7. Betonkorrosion durch Verschleißbeanspruchung

Wenn Beton einer erheblichen mechanischen Beanspruchung ausgesetzt ist, muss die Expositionsklasse wie folgt zugeordnet werden:

Klasse	Beschreibung der Umgebung	Beispiele für die Zuordnung von Expositionsklassen (informativ)
XM1	mäßige Verschleißbeanspruchung	Industrieböden mit Beanspruchung durch luftbereifte Fahrzeuge
XM2	starke Verschleißbeanspruchung	Industrieböden mit Beanspruchung durch luft- oder vollgummibereifte Gabelstapler
XM3	sehr starke Verschleißbeanspruchung	Industrieböden mit Beanspruchung durch elastomer- oder stahlrollenbereifte Gabelstapler; Beläge von Flächen, die häufig mit Kettenfahrzeugen befahren werden; Wasserbauwerke in geschiebebelasteten Gewässern, z.B. Tosbecken

Tab. 1.2: Grenzwerte für die Expositionsklassen bei chemischen Angriff durch natürliche Böden und Grundwasser nach DIN EN 206-1

Chemisches Merkmal	Referenzprüfverfahren	XA1	XA2	XA3
Grundwasser				
SO_4^{2-} mg/l	EN 196-2	≥ 200 und ≤ 600	> 600 und ≤ 3000	> 3000 und ≤ 6000
pH-Wert	ISO 4316	$\leq 6,5$ und $\geq 5,5$	$< 5,5$ und $\geq 4,5$	$< 4,5$ und $\geq 4,0$
CO_2 mg/l angreifend	PrEN 13577	≥ 15 und ≤ 40	> 40 und ≤ 100	> 100 bis zur Sättigung
NH_4^+ mg/l [4)]	ISO 7150-1 oder ISO 7150-2	≥ 15 und ≤ 30	> 30 und ≤ 60	> 60 und ≤ 100
Mg^{2+} mg/l	ISO 7980	≥ 300 und ≤ 1000	> 1000 und ≤ 3000	> 3000 bis zur Sättigung

1.2 Voraussetzungen für die Dauerhaftigkeit

Chemisches Merkmal	Referenzprüfverfahren	XA1	XA2	XA3
Boden				
SO_4^{2-} mg/kg insgesamt [1]	EN 196-2 [2]	$\geq$ 2000 und $\leq$ 3000 [3]	> 3000 [3] und $\leq$ 12000	> 12000 und $\leq$ 24000
Säuregrad in ml/kg	DIN 4030-2	> 200 Baumann-Gully	in der Praxis nicht anzutreffen	

[1] Tonböden mit einer Durchlässigkeit von weniger als 10^{-5} m/s dürfen in eine niedrigere Klasse eingestuft werden.

[2] Das Prüfverfahren beschreibt die Auslaugung von SO_4^{2-} durch Salzsäure; Wasserauslaugung darf statt dessen angewandt werden, wenn am Ort der Verwendung des Betons Erfahrung hierfür vorhanden ist.

[3] Falls die Gefahr der Anhäufung von Sulfationen im Beton – zurückzuführen auf wechselndes Trocknen und Durchfeuchten oder kapillares Saugen – besteht, ist der Grenzwert von 3000 mg/kg auf 2000 mg/kg zu vermindern.

[4] Gülle kann, unabhängig vom NH_4^+-Gehalt, in die Expositionsklasse XA1 eingeordnet werden

Die Einteilung in die Klassen XA1, XA2 und XA3 nach Tabelle 1.2 gilt für natürliche Böden und Grundwasser mit einer Wasser-/Boden-Temperatur zwischen 5 °C und 25 °C und einer Fließgeschwindigkeit des Wassers, die klein genug ist, um näherungsweise hydrostatische Bedingungen anzunehmen.

Der schärfste Wert für jedes einzelne chemische Merkmal bestimmt die Klasse. Wenn zwei oder mehrere angreifende Merkmale zu derselben Klasse führen, muss die Umgebung der nächsthöheren Klasse zugeordnet werden, sofern nicht in einer speziellen Studie für diesen Fall nachgewiesen wird, dass dies nicht erforderlich ist.

Grenzwerte für die Betonzusammensetzung

Die von den Expositionsklassen abhängigen Anforderungen an die Zusammensetzung und Eigenschaften des Betons richten sich nach der beabsichtigten Nutzungsdauer des jeweiligen Betonbauwerkes. DIN EN 206-1 enthält diese Anforderungen (Tabellen 1.3 und 1.4), wobei die Anforderungen unter Annahme einer beabsichtigten Nutzungsdauer von mindestens 50 Jahren unter üblichen Instandhaltungsbedingungen festgelegt sind. Für kürzere oder längere Nutzungsdauern können weniger einschränkende oder strengere Grenzwerte erforderlich sein. Diese Fälle oder besondere Betonzusammensetzungen oder besondere Korrosionsschutzanforderungen an die Betondeckung sollten durch besondere Überlegungen für ein bestimmtes Bauwerk berücksichtigt werden.

Tab. 1.3: Grenzwerte für Zusammensetzung und Eigenschaften von Beton, Teil 1 (nach DIN EN 206-1)

	Kein Korrosions- oder Angriffs- risiko	Bewehrungskorrosion									
		Durch Carbonatisierung verursachte Korrosion				Durch Chloride verursachte Korrosion					
						Meerwasser			Andere Chloride als Meerwasser		
Expositions- klassen	XO[1]	XC1	XC2	XC3	XC4	XS1	XS2	XS3	XD1	XD2	XD3
Höchstzulässi- ger w/z-Wert[5]	–	0,75	0,65	0,60	0,55	0,50	0,45	0,55	0,50	0,45	
Mindestdruck- festigkeits- klasse[3,4]	C 8/10	C 16/20	C 20/25	C 25/30	C[5] 30/37	C[5] 35/45	C[5] 35/45	C[5] 30/37	C[5] 35/45	C[5] 35/45	
Mindest- zement- gehalt[4] in kg/m³	–	240	260	280	300	320[2]	320[2]	300	320[2]	320[2]	
Mindest- zementgehalt bei Anrech- nung von Zusatzstoffen in kg/m³	–	240	240	270	270	270	270	270	270	270	
Mindest- luftgehalt in %	–	–	–	–	–	–	–	–	–	–	
Verwendbare Zementarten		alle Zemente nach DIN 1164									

[1] nur für Beton ohne Bewehrung
[2] für massige Bauteile (kleinste Bauteilabmessung 80 cm) gilt: $z = 300$ kg/m³
[3] gilt nicht für Leichtbeton
[4] bei einem Größtkorn der Gesteinskörnung von 63 mm darf der Zementgehalt um 30 kg/m³ reduziert werden. In diesem Fall darf [2] nicht angewendet werden
[5] bei Verwendung von Luftporenbeton eine Festigkeitsklasse niedriger

1.2 Voraussetzungen für die Dauerhaftigkeit

Tab. 1.4: Grenzwerte für Zusammensetzung und Eigenschaften von Beton, Teil 2 (nach DIN EN 206-1)

	Betonangriff									
	Frostangriff				Aggressive chemische Umgebung			Verschleißangriff [11]		
Expositionsklassen	XF1	XF2	XF3	XF4	XA1	XA2	XA3	XM1	XM2	XM3
Höchstzulässiger w/z-Wert	0,60	0,55[7]	0,50	0,50[7]	0,60	0,50	0,45	0,55	0,55	0,45
Mindestdruckfestigkeitsklasse [3]	C25/30	C25/30	C35/45	C30/37	C25/30	C35/45	C35/45	C30/37	C30/37	C35/45
Mindestzementgehalt[4] in kg/m³	280	300	320	320	280	320	320	300[12]	300[12]	320[12]
Mindestzementgehalt bei Anrechnung von Zusatzstoffen in kg/m³	270	[7]	270	[7]	270	270	270	270	270	270
Mindestluftgehalt in %[6],[14]	–	4,0	4,0	4,0[10],[13]	–	–	–	–	–	–
Andere Anforderungen	Gesteinskörnungen mit Regelanforderungen und zusätzlich Widerstand der Gesteinskörnungen gegen Frost bzw. Frost und Taumittel (siehe DIN 4226)				–	–	–	Oberflächenbehandlung		
								Mehlkorn ≤ 380 kg/m³		
Verwendbare Zementarten	F4[15] alle Zemente nach DIN 1164	MS25[15] alle Zemente nach DIN 1164 außer: CEM II/A-P CEM II/B-P CEM II/A-V CEM II/B-SV	XF3 alle Zemente nach DIN 1164	F2[15] MS18[15] nur CEM I CEM II/A-S CEM II/B-S CEM II/A-T CEM II/B-T CEM II/A-L CEM II/A[8] CEM III/A[8] CEM II/B[10]	alle Zemente nach DIN 1164	alle Zemente nach DIN 1164[9]		alle Zemente nach DIN 1164		

(Fortsetzung Tabelle 1.4):

3) bis [5)] siehe Fußnoten in Tabelle 1.3.

6) Der mittlere Luftgehalt im Frischbeton unmittelbar vor dem Einbau muss bei einem Größtkorn des Zuschlaggemisches von 8 mm = 5,5 Vol.-%, 16 mm = 4,5 Vol.-%, 32 mm = 4,0 Vol.-% und 63 mm = 3,5 Vol.-% betragen. Einzelwerte dürfen die Anforderungen um höchstens 0,5 Vol.-% unterschreiten.

7) Zusatzstoffe des Typs II dürfen zugesetzt, aber nicht auf den Zementgehalt oder den w/z-Wert angerechnet werden.

8) Festigkeitsklasse $\geq$ 42,5 oder Festigkeitsklasse $\geq$ 32,5 R mit einem Hüttensand-Massenanteil von $\leq$ 50 %.

9) Bei chemischem Angriff durch Sulfat (ausgenommen bei Meerwasser) muss oberhalb der Expositionsklasse XA1 Zement mit hohem Sulfatwiderstand (HS-Zement) verwendet werden. Bei einem Sulfatgehalt des angreifenden Wassers von $SO_4^{2-} \leq$ 1500 mg/l darf anstelle von HS-Zement eine Mischung aus Zement und Flugasche verwendet werden.

10) Nur für Räumerlaufbahnen bei Beachtung von DIN 19 569 in Verbindung mit Mindestfestigkeitsklasse C40/50 (w/z-Wert $\leq$ 0,35, Mindestzementgehalt $\geq$ 360 kg/m^3, ohne Zusatz von Luftporen).

11) Die Gesteinskörnungen bis 4 mm Größtkorn müssen überwiegend aus Quarz oder Stoffen mindestens gleicher Härte bestehen, das gröbere Korn aus Gestein oder künstlichen Stoffen mit hohem Verschleißwiderstand. Die Körner aller Gesteinskörnungen sollen mäßig rauhe Oberfläche und gedrungene Gestalt haben. Das Gesteinskorngemisch soll möglichst grobkörnig sein. Bei XM3 sind Hartstoffe nach DIN 1100 zu verwenden.

12) Höchstzementgehalt 360 kg/m^3, jedoch nicht bei hochfesten Betonen.

13) Bei Verwendung von CEM III/B für Beton für Meerwasserbauten mit einem w/z-Wert $\leq$ 0,45 wird auf Luftporen verzichtet, wenn die Druckfestigkeitsklasse $\geq$ C35/45 und der Mindestzementgehalt 340 kg/m^3 ist.

14) Erdfeuchter Beton mit einem w/z-Wert $\leq$ 0,4 darf ohne Luftporen hergestellt werden.

15) Frostklassen zur Einstufung der Zuschläge nach DIN 4226.

1.3 Einfluss des Zementsteins

Viele Eigenschaften des Betons lassen sich über den Aufbau des Zementsteins erklären. Insbesondere die **Porenverhältnisse** im Zementstein spielen für die in Bezug auf die Dauerhaftigkeit wichtigen Kenngrößen Festigkeit und Dichtigkeit eine wesentliche Rolle. Dabei ist weniger der Gesamtporenraum, sondern vielmehr die Porengröße von Bedeutung.

Die Porostät des Zementsteins umfasst einen sehr großen Porengrößenbereich. Sie reichen von den kleinsten Poren mit einem Porenradius weit unterhalb von 1 nm (Gelporen) bis hin zu sichtbaren Poren mit mehreren mm Durchmesser (Verdichtungsporen). Das Verhältnis der kleinsten Pore zur größten Pore entspricht ca. 1 : 10 Millionen.

Diese unterschiedlichen Porengrößen im Zementstein lassen sich mit der Entstehungsgeschichte der verschiedenen Porenarten erklären. Die größten Poren im Zementstein, die Verdichtungsporen, werden beim Anmachen des Zementes in den Zementleim eingeführt und können durch die nachfolgende Verdichtung nie vollkommen ausgetrieben werden. Die Verdichtungsporen sind teilweise mit bloßem Auge zu erkennen und liegen im Größenbereich zwischen 1 μm und mehreren Millimetern. Wesentlichen Einfluss auf die Bildung von Verdichtungsporen hat die Konsistenz der Mischung. Steifere Mischungen zeigen i.d.R. einen größeren Verdichtungsporengehalt als weichere Mischungen.

Ein weiterer Porengrößenbereich umfasst die sogenannten Kapillarporen. Diese entstehen durch überschüssiges Wasser, welches weder chemisch in die Hydratationsprodukte eingebaut, noch von den C–S–H–Phasen physikalisch gebunden wird. Kapillarporen treten in der Größenordnung zwischen 10 nm und 100 µm auf, wobei meist im Bereich < 100 nm ein deutliches Maximum erkennbar ist. Der Kapillarporenraum verändert sich im Gegensatz zu den Luftporen mit fortschreitender Hydratation erheblich. Die neu entstehenden Hydratationsprodukte binden zunehmend Anmachwasser (chemisch und physikalisch) und nehmen dessen Platz ein; der Kapillarporenanteil wird dadurch reduziert. Die Kapillarporen stellen den Porenbereich dar, über den praktisch alle Transportmechanismen in den Zementstein hinein und aus dem Zementstein heraus stattfinden.

Für die Dichtigkeit und Dauerhaftigkeit eines Betons ist die Minimierung des Kapillarporenanteils von großer Bedeutung!

Der Kapillarporenanteil an der Gesamtporosität hängt im wesentlichen von w/z-Wert, Hydratationsgrad und der Zementart ab.

Schrumpfporen mit einer Porengröße von ca. 10 nm sind das zwangsläufige Ergebnis der Hydratation. Sie entstehen, weil das Volumen der Ausgangsstoffe größer als das Volumen der Hydratationsprodukte ist. Teilweise werden sie dem Gelporenbereich von 0,5 bis 10 nm zugeordnet.

Die als Gelporen bezeichneten kleinsten Poren im Zementstein sind Bestandteil des Zementgels bzw. der C–S–H–Phasen. Sie sind im Grunde keine Poren im umgangssprachlichen Sinne, sondern die Zwischenräume zwischen den nm-großen Nadeln der C–S–H–Phasen (Abbildung 1.1). Dabei ist der Ausdruck „Gel" aus physikalischer Sicht (Partikelgröße) richtig, aus chemisch-mineralogischer Sicht aber falsch, da die C–S–H–Phasen sehr gut kristallisiert sind. Als Bestandteil eines Hydratationsproduktes nimmt der Anteil der Gelporen mit fortschreitender Hydratation zu. Gelporen sind meist kleiner als 10 nm. Sie sind unter Normalbedingungen stets mit Porenlösung gefüllt und praktisch undurchlässig für Gase.

Jede Porenart kann bestimmte Eigenschaften des Zementsteins bzw. Betons beeinflussen. Die künstlich eingeführten Luftporen fungieren als zusätzlicher Ausdehnungsraum für gefrierendes Wasser und dienen so der Erhöhung des Frostwiderstandes von Beton. Luftporen können auch Kapillaren unterbrechen und damit über einen geringeren Sättigungsgrad des Betons gleichfalls den Widerstand des Betons gegenüber einer Befrostung positiv beeinflussen. Der Durchmesser der zur Erhöhung des Frostwiderstandes eingebrachten künstlichen Luftporen soll unterhalb von 300 µm liegen.

Das Verhältnis von Kapillar- und Gelporen ist ein Kennzeichen für den Hydratationsfortschritt und somit auch für die erreichte Festigkeit. Viele Gel- und wenige Kapillarporen bedeuten ein fortgeschrittenes Hydratationsstadium und damit hohe Festigkeit.

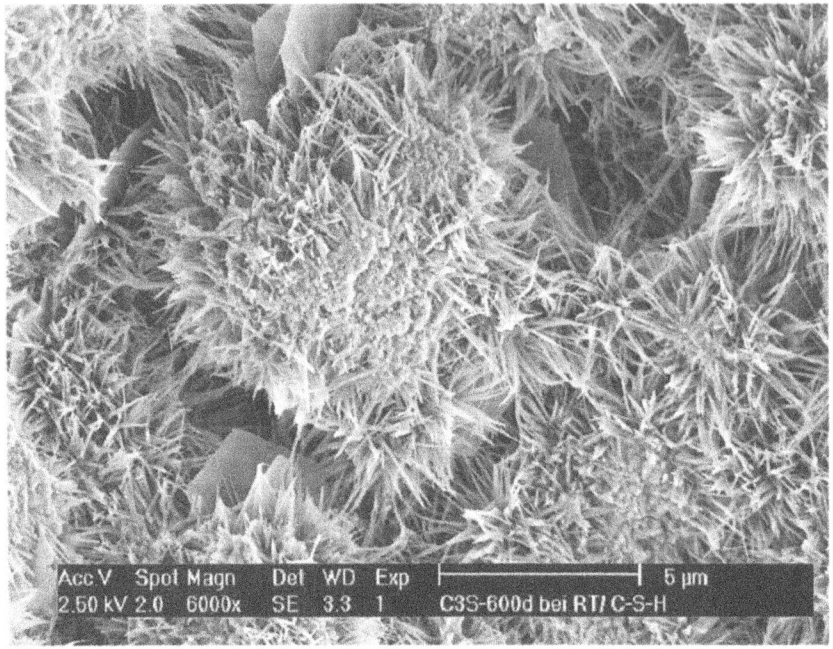

Abb. 1.1a: ESEM Aufnahme von C-S-H-Phasen, 6000fache Vergrößerung

Abb. 1.1b: ESEM Aufnahme von C-S-H-Phasen, 20000fache Vergrößerung

1.3 Einfluss des Zementsteins

In grober Näherung kann davon ausgegangen werden, dass bei einer vollständigen Hydratation der Anteil an chemisch gebundenem Wasser, bezogen auf den nichthydratisierten Zement, 25% und der des physikalisch gebundenen Wassers 15% beträgt. Bei einem w/z-Wert von 0,40 liegt somit nach Abschluss der Hydratation das gesamte Anmachwasser in gebundener Form vor, so dass theoretisch keine Kapillarporen im Zementstein vorhanden wären. Wird der w/z-Wert größer gewählt, so entstehen aufgrund des Anmachwasserüberschusses immer Kapillarporen.

Unter praktischen Bedingungen ist im Beton ein Kapillarporenraum selbst bei niedrigen w/z-Werten nicht zu vermeiden, da auch nach sehr langer Erhärtungszeit der Zement nicht vollständig abgebunden hat und damit stets Hydratationsgrade unter 100% vorliegen. Auch wenn deshalb kein völlig kapillarporenfreier Beton herstellbar ist, kann in der Praxis ein dichter Beton hergestellt werden. Dies wird erreicht, wenn der Kapillarporenanteil 25% nicht überschreitet. Unterhalb dieses Wertes sind die Kapillarporen nicht untereinander verbunden, so dass nur ein unbedeutender Stofftransport stattfinden kann. Oberhalb von 25% stehen die Kapillarporen untereinander in Verbindung; die Wasserdurchlässigkeit und die Möglichkeit des Stofftransportes steigen stark an. Dieser Zusammenhang ist in Abbildung 1.2 dargestellt.

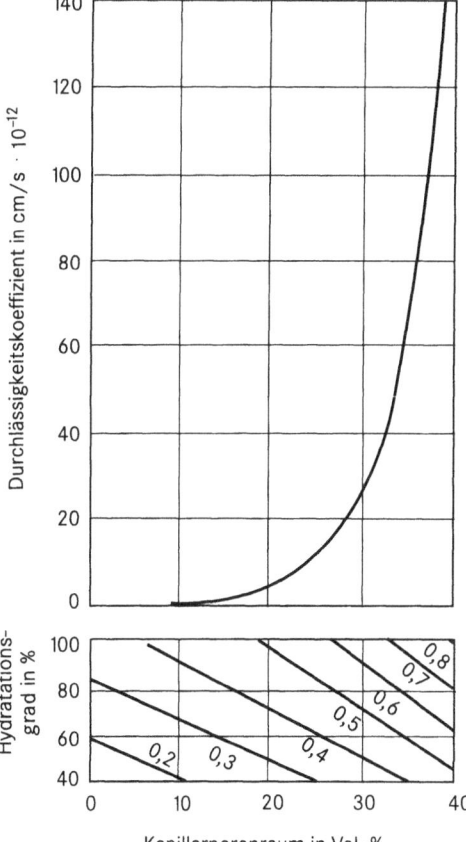

Abb. 1.2:
Wasserdurchlässigkeit von Zementstein in Abhängigkeit vom Kapillarporenraum, Wasser-Zement-Wert und Hydratationsgrad (nach POWERS)

Um unterhalb der 25% Kapillarporenanteil zu bleiben, darf der w/z-Wert bei vollständiger Hydratation 0,60 nicht übersteigen.

Neben dem w/z-Wert und dem Hydratationsgrad, der stark von der Nachbehandlung des Betons abhängig ist, wird das Porensystem von der Zementart beeinflusst. Betone mit Hochofenzement zeigen beispielsweise bei gleicher Nachbehandlung gegenüber Betonen mit Portlandzement ein dichteres Gefüge mit höherem Gel- und geringerem Kapillarporenanteil.

Von allen Eigenschaften des Zementsteins bzw. Betons spielt in der Praxis die **Festigkeit** eine maßgebliche Rolle. Beeinflusst wird sie sowohl von den Umgebungsbedingungen wie Feuchtigkeit und Temperatur als auch wesentlich durch die chemische Zusammensetzung und Mahlfeinheit des Zementes sowie den w/z-Wert bzw. die **Porosität** des Zementsteins.

Änderungen der Umgebungsbedingungen des erhärteten Zementsteins bzw. Betons können deutliche Festigkeitsverluste nach sich ziehen. Mit zunehmendem Feuchtigkeitsgehalt werden z.B. die Bindungen zwischen den Feststoffen gestört, die Festigkeit und der E-Modul nehmen ab. Auch bei Austrocknung ändert sich das Zementsteingefüge und damit die Festigkeit.

Entscheidenden Einfluss auf die Festigkeit hat aber die Porosität. Zahlreiche Kenngrößen, wie Wassergehalt, Verdichtungsgrad, Alter des Zementsteins oder auch die Nachbehandlung wirken sich nur deshalb auf Festigkeit, Dichtigkeit und Dauerhaftigkeit aus, weil sie Porosität und Porengrößenverteilung des Zementsteins bzw. Betons beeinflussen. Wie oben dargestellt, hängen die Porenverhältnisse im Zementstein im wesentlichen vom w/z-Wert und vom Hydratationsgrad ab. Beide Kenngrößen, die stellvertretend für eine definierte Porosität stehen, beeinflussen entsprechend Abbildung 1.3 die Festigkeit des Zementsteins maßgebend.

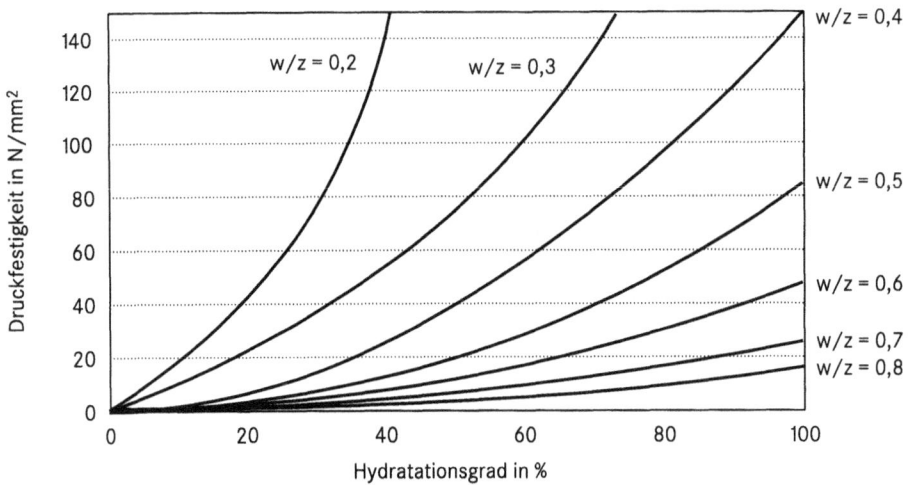

Abb. 1.3: Einfluss des Wasser-Zement-Wertes und des Hydratationsgrades auf die Druckfestigkeit von Zementstein (nach LOCHER)

1.3 Einfluss des Zementsteins

Die sich mit abnehmendem w/z-Wert und zunehmendem Hydratationsgrad ergebende höhere Druckfestigkeit ist in erster Linie auf die Zunahme der Gelmasse und die Abnahme der Kapillarporen zurückzuführen. Der unmittelbare Zusammenhang zwischen Porosität, ausgedrückt als w/z-Wert, und Druckfestigkeit bildet die Grundlage für den Mischungsentwurf des Betons.

Mit Hilfe des *Walz-Diagramms* nach Abbildung 1.4 kann der erforderliche w/z-Wert für den Nachweis einer bestimmten Druckfestigkeit in Abhängigkeit der Zementfestigkeitsklassen festgelegt werden. Unter sonst gleichen Bedingungen fällt mit zunehmendem w/z-Wert infolge Zementleimverdünnung die Betondruckfestigkeit (in diesem Zusammenhang bereits durch ABRAMS als Exponentialfunktion in der Form

$$R = \frac{a}{b^{w/z}}$$

formuliert).

Die Kurven nach Abbildung 1.4 gelten für praktisch vollständig verdichteten Kiesbeton (einheitlich 1,5 Vol.-% Luft im Frischbeton berücksichtigt) mit Nachweis der 28-Tage-Festigkeit an Würfeln von 200 mm Kantenlänge unter den Bedingungen der DIN 1048-5 : 1991. Dem Diagramm liegen bekanntlich als mittlere Zementdruckfestigkeit nach 28 Tagen zugrunde:
CEM 32,5: 45 N/mm²; CEM 42,5: 55 N/mm²; CEM 52,5: 63,5 N/mm².

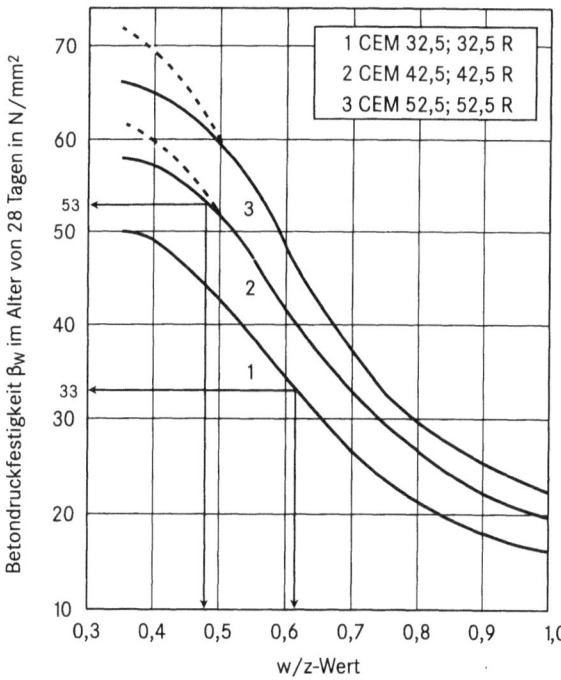

Abb. 1.4: Würfeldruckfestigkeit β_W des Betons in Abhängigkeit vom w/z-Wert und der Festigkeitsklasse des Zementes (nach WALZ)

Bei Herstellung von Splittbeton sind bei unverändertem w/z-Wert Festigkeitsreserven vorhanden. Reserven bietet auch die tatsächliche Druckfestigkeit des Zementes, die erfahrungsgemäß über den angegebenen Werten liegt.

Bei Beton höherer Festigkeitsklassen und besonders günstigem Betonaufbau sind Druckfestigkeiten analog der gestrichelten Linie in Abbildung 1.4 erreichbar.

Beispiel 1: (nach DIN alt)

Für den Beton der Festigkeitsklasse B 45 einer Stahlbetondecke ist die Eignungsprüfung durchzuführen. Welcher w/z-Wert ist notwendig, wenn Portlandhüttenzement CEM II/A-S 42,5 R Verwendung finden soll?

Lösung:
Die für den Mischungsentwurf erforderliche Druckfestigkeit nach 28 Tagen (Mittelwert aus 3 Würfeln) beträgt:

$$\beta_{W,EP} = \beta_{WS} + \text{Vorhaltemaß (gewählt 3 N/mm}^2) = 50 + 3 = \mathbf{53\ N/mm^2}.$$

Nach Abbildung 1.4. ist zur Erzielung dieser Festigkeit ein Wasser-Zementwert $w/z = \mathbf{0{,}48}$ notwendig.

Bei Verwendung von Würfeln mit 150 mm Kantenlänge sind die Ergebnisse der Eignungsprüfung mit Hilfe der Beziehung $\beta_{W200} = 0{,}95 \cdot \beta_{W150}$ umzurechnen. (Würfel mit 200 mm Kantenlänge sind Grundlage der derzeit in Deutschland noch gültigen DIN 1045 : 1988-07).

Beispiel 2: (nach DIN neu)

Für einen Normalbeton der Festigkeitsklasse C 20/25 (Bauteil mit Expositionsklasse XC 3) nach DIN EN 206-1 ist im Rahmen einer Erstprüfung der erforderliche w/z-Wert bei Einsatz eines Portlandzementes CEM I 32,5 R festzulegen.

Als charakteristische Druckfestigkeit nach 28 Tagen ist die von Würfeln mit 150 mm Kantenlänge unter den Lagerungsbedingungen gemäß DIN 1048-5 vereinbart ($f_{c,dry}$).

Lösung:
Den künftigen Vorschriften für Beton liegen als Probekörper der Zylinder 150/300 mm oder der Würfel mit 150 mm Kantenlänge zugrunde.
Nach DIN EN 206-1 ergibt sich zunächst aus

$$f_{c,dry} = \frac{f_{ck,cube}(H_2O\text{-Lagerung nach prEN 12390-2})}{0{,}92}$$

eine Würfel-Druckfestigkeit

$$f_{c,dry} = \frac{25}{0{,}92} = 27\ N/mm^2.$$

Der erforderliche Mittelwert für die Erstprüfung beträgt dann

$$f_{c,EP} = f_{c,dry} + \text{Vorhaltemaß} = 27 + 8 = 35\ N/mm^2.$$

(Nach E DIN 206-1 – siehe Anhang A – sollte das Vorhaltemaß etwa dem Doppelten der zu erwartenden Standardabweichung entsprechen – mindestens Vor-

1.3 Einfluss des Zementsteins

haltemaß 6–12 N/mm². Bei Annahme von $\sigma = 4$ N/mm² ergeben sich damit 8 N/mm²).

Falls kein „modifiziertes" Walz-Diagramm auf der Basis von Würfeln mit 150 mm Kantenlänge zur Festlegung von w/z verfügbar ist, wird wie folgt verfahren:

Mit $\beta_{W200} = 0{,}95 \cdot \beta_{W150} = 35 \cdot 0{,}95 = 33$ N/mm² erhält man den zugehörigen w/z-Wert für den Mischungsentwurf nach Abbildung 1.4 $w/z = 0{,}61$ (< 0,65, s. Tabelle 1.3).

Grenzwerte für den w/z-Wert

Zwischen den die Dauerhaftigkeit des Betons charakterisierenden Kenngrößen und dem w/z-Wert ist eine eindeutige Tendenz erkennbar:

♦ steigender w/z-Wert beeinflusst fast alle betontechnischen Kennwerte negativ, deshalb ist
♦ der w/z-Wert für die Dauerhaftigkeit des Betons von ausschlaggebender Bedeutung!

Maximal zulässige w/z-Werte enthalten in Abhängigkeit von den Expositionsklassen die Tabellen 1.3 und 1.4.

Aktiver und passiver Korrosionsschutz

Alle Maßnahmen zur Gewährleistung der Dauerhaftigkeit von Beton, die über die Betonzusammensetzung und die normalen technologischen Prozesse realisierbar sind, werden als **aktiver Korrosionsschutz** bezeichnet.

Alle Maßnahmen, die zusätzlich bei besonders hohen Beanspruchungen erforderlich sind (z.B. Imprägnierungen oder Beschichtungen) werden als **passiver Korrosionsschutz** bezeichnet (Abbildung 1.5).

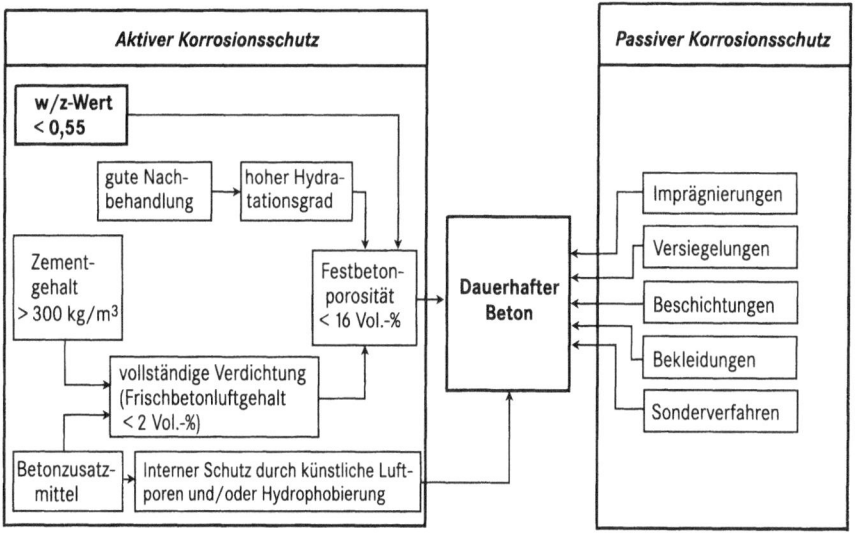

Abb. 1.5: Wege zur Herstellung von dauerhaftem Beton für Außenbauteile (nach REICHEL)

1.4 Literatur

BERTRAM, D.
Beton – Norm und Dauerhaftigkeit, Beton 31 (1981) H. 8, S. 301–304

BERTRAM, D.; BUNKE, N.
Erläuterungen zu DIN 1045, Beton und Stahlbeton, Ausg. 07.88, Berlin: Schriftenr. Dt. Ausschuß für Stahlbeton, Heft 400, 1989, S. 3–143

GRÄF, H.; GRUBE, H.
Einfluß der Zusammensetzung des Betons auf seine Gasdurchlässigkeit
Teil 1: Beton 36 (1986) H. 11, S. 426–429, Teil 2: Beton 36 (1986) H. 12, S. 473–476

HILSDORF, H. K.
Beton, in: Betonkalender, Teil 1, S. 1–137, Berlin: Ernst & Sohn 1994

HILSDORF, H. K.; SCHÖNLIN, K.; BURIEKE, F.
Dauerhaftigkeit von Betonen, Schlußbericht zum Forschungsauftrag Transportbeton e.V. (FTB) und Schlußbericht zum Forschungsauftrag des Inst. für Bautechnik Berlin: 2., überarb. Fasssung, Stuttgart: IRB-Verlag 1991

JUNGWIRTH, D. E.; BEYER, E.; GRÜBL, P.
Dauerhafte Betonbauwerke, Düsseldorf: Betonverlag 1986

REICHEL, W.
Stoffliche und verfahrenstechnische Einflußfaktoren auf die Dauerbeständigkeit von Beton, 6. Betonsymposium, Apolda 1987, in: Reihe Bauforschung, Baupraxis Nr. 216, S.14–24, Berlin: Bauinformation 1988

WALZ, K.
Herstellung von Beton nach DIN 1045, 2. Auflage, Düsseldorf: Beton-Verlag GmbH 1972

Zement-Taschenbuch 2000, 49. Ausgabe, Hrsg.: Verein Deutscher Zementwerke e.V. 2000

DIN 1045: 1988-07

prEN 206-1: 1999-10

Entwurf der Nationalen Anwendungsregeln von DIN EN 206-1 Beton – Teil 1: Festlegung, Eigenschaften und Konformität für das Gebiet der Bundesrepublik Deutschland (Fassung Juni 2000)

2 Carbonatisierung von Beton

2.1 Kurzer historischer Abriss

Bereits in der Frühzeit des Stahlbetons – damals noch „Eisenbeton" genannt – wurde zunächst noch unbewusst die Bedeutung des alkalischen Milieus des den Stahl umgebenden Betons festgestellt. 1879 wurde berichtet, dass ein Zementüberzug auf Eisen dessen Rosten verhindern kann [KLASEN]. 1908 und 1909 wurde dann schon erkannt, dass es allein die alkalische Umgebung war, die eine Korrosion des Eisens verhütet [ROHLAND]. 1919 wurde festgestellt, dass bereits eine Betonüberdeckung von 1,5 cm genügen sollte, um eine Rostbildung des Eisens abzuwenden [PROBST].

Bereits im Jahre 1916 wurde deutlich, dass bei „... *der außerordentlichen Wichtigkeit, die schon aus Gründen der öffentlichen Sicherheit dem chemischen Verhalten der Eiseneinlagen im Eisenbeton zukommt, es höchst wünschenswert ist, dass der Frage des Rostens der Eiseneinlagen alle Aufmerksamkeit geschenkt werde ...*" [ZSCHOKKE].

Ab Mitte der 50er Jahre setzte eine intensive Forschung zu allen Fragen in Zusammenhang mit der Carbonatisierung ein.

In der Fachliteratur findet man für diesen Vorgang etwa gleichwertig die Schreibweisen Carbonatisierung und Karbonatisierung. Aber auch Carbonisation und Carbonisieren werden benutzt. Statt Carbonatisierung wird häufig auch der Begriff Neutralisierung verwendet, da neben dem Kohlendioxid auch Stickstoffdioxid und möglicherweise auch Schwefeldioxid zur Verringerung der Alkalität des Zementsteins beitragen [KNÖFEL/SCHOLL; ENGELFRIED/TÖLLE].

2.2 Wesen der Carbonatisierung

Die Reaktion der Zementsteinphasen mit Kohlendioxid nennt man Carbonatisierung.

Die Phasen wandeln sich dabei in ein Carbonat und weitere Reaktionsprodukte um und führen zu einer Veränderung des Gefüges des Zementsteins und einer Absenkung des pH-Wertes der Porenlösung.

Die Carbonatisierung, die man auch als chemische Alterung des Betons bezeichnen könnte, hat für den unbewehrten Beton keine Bedeutung. Erst mit der Verwendung von Stahl muss dieser chemischen Reaktion Aufmerksamkeit geschenkt werden. Kurz nach dem Anmachen des Betons nimmt das Anmachwasser einen sehr hohen pH-Wert an. Durch eine gesättigte Calciumhydroxidlösung allein wird ein pH-Wert von etwa 12,5 erreicht. Infolge der in Lösung gehenden Alkalien (KOH und NaOH) steigt die Alkalität auf pH-Werte zwischen 13,0 und 13,8. Das Calciumhydroxid ($Ca(OH)_2$) wird in erster Linie bei der Hydratation des Tricalciumsilicats (C_3S) und des Dicalciumsilicats (C_2S) freigesetzt.

$$2\ C_3S + 6\ H \rightarrow C_3S_2H_3 + 3\ CH$$

$$2\ C_2S + 4\ H \rightarrow C_3S_2H_3 + CH$$

Bei fortschreitender Hydratation geht der $Ca(OH)_2$-Gehalt der Porenlösung praktisch gegen Null und es liegt eine hochalkalische KOH/NaOH-Lösung vor.

Die sich in der Erdatmosphäre befindenden säurebildenden Gase Kohlendioxid (CO_2) und Schwefeldioxid (SO_2) sind bestrebt, das als Portlandit vorliegende $Ca(OH)_2$ und das hochalkalische Porenwasser zu neutralisieren. Die Schutzwirkung für den Stahl wird damit aufgehoben und bei Einwirkung von Luftfeuchtigkeit und Sauerstoff kann der im Beton eingebettete Stahl korrodieren.

Die Carbonatisierung ist ein chemischer Vorgang, wobei dieser fast immer als unerwünschter Prozess betrachtet wird, der die Dauerhaftigkeit von Stahlbeton beeinträchtigt. Dabei wird leicht übersehen, dass die Carbonatisierung auch eine dem Bauwesen dienliche Reaktion ist, die zur Erhärtung kalkgebundener Baustoffe führt.

$$Ca(OH)_2 + CO_2 + H_2O \rightarrow CaCO_3 + 2\ H_2O$$

Die aufgetretenen Probleme durch Betonschäden im Zusammenhang mit der Carbonatisierung (bzw. Neutralisation) sind hauptsächlich auf folgende Ursachen zurückzuführen:

- **Zunahme des Anteils von Zementen mit höherer Festigkeitsklasse**
  Um bestimmte Betonfestigkeiten zu erreichen, kann bei Verwendung von Zement mit höherer Festigkeitsklasse die Zementmenge verringert werden. In der Praxis war es aber häufig so, dass man die Zementmenge konstant ließ, aber mit einem weicheren Beton zwecks leichterer Verarbeitung arbeitete. Infolge des damit verbundenen höheren w/z-Wertes erhöhte sich die Porosität des Betons, der dadurch durchlässiger und demzufolge weniger beständig wird. Das betraf in erster Linie Länder, in denen keine ausreichende Menge an Betonverflüssigern (BV) und Fließmitteln (FM) zur Verfügung stand.
- **Zu geringe Betonüberdeckung der Bewehrung**
  Die Carbonatisierungsfront erreicht vor der erwarteten Lebensdauer der Betonkonstruktion die Bewehrung (Abbildung 2.1).
- **Geringfügig steigender CO_2-Gehalt der Luft**
  Von Anfang des 19. Jahrhunderts bis Mitte der 80er Jahre dieses Jahrhunderts erhöhte sich der CO_2-Gehalt von 280 ppm (0,028%) auf 350 ppm (0,035%). Diese Erhöhung wurde im wesentlichen durch den mit der Industrialisierung und der Zunahme der Weltbevölkerung steigenden Verbrauchs fossiler Brennstoffe, aber auch durch eine nicht vom Menschen verursachte Klimaveränderung verursacht (Abbildung 2.2).
- **Zusätzlicher Einfluss zum Teil ebenfalls zunehmender weiterer Luftschadstoffe (NO, NO_2, SO_2)**
- **Unsachgemäße Betonherstellung**

2.2 Wesen der Carbonatisierung

Abb. 2.1:
Betonschaden infolge Carbonatisierung

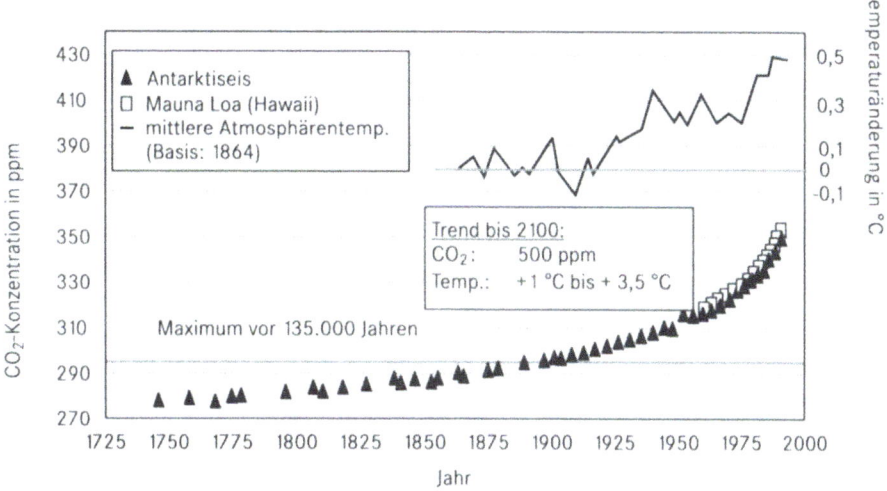

Abb. 2.2: Entwicklung der CO_2-Konzentration und der globalen Temperaturerhöhung (nach EHRENBERG/GEISELER)

2.3 Phasen der Carbonatisierung

Der Carbonatisierungsvorgang besteht aus einer Reihe von Zwischenstufen mit unterschiedlichen Einflussgrößen. Die drei wichtigsten Phasen sind:

1. Diffusion von CO_2 durch die Kapillarporen des Betons

In der ersten Phase findet der Stofftransport des CO_2 in den Poren des Zementsteins statt. Bei diesem Transport handelt es sich um reine Diffusionsvorgänge.
- Größe der Kapillarporen > 10 nm
- Größe der CO_2-Moleküle = 0,23 nm

Parallel dazu erfolgt das Lösen des kristallinen $Ca(OH)_2$ im Feuchtigkeitsfilm an der Porenwandung und dessen Dissoziation.

$$Ca(OH)_2 \rightarrow Ca^{2+} + 2\ OH^-$$

2. Reaktion bzw. Lösen des CO_2 mit bzw. im Feuchtigkeitsfilm an der Porenwandung

In der zweiten Phase löst sich das CO_2 im Wasserfilm der Porenoberfläche. Das gelöste CO_2 reagiert zu einem sehr geringen Teil mit Wasser zu Kohlensäure (H_2CO_3), die in Wasser zu Wasserstoffionen und Carbonationen dissoziert.

$$CO_2 + H_2O \rightarrow H_2CO_3 \rightarrow 2\ H^+ + CO_3^{2-}$$

H_2CO_3 steht dabei mit den Carbonationen CO_3^{2-} im Gleichgewicht.

3. Neutralisation von $Ca(OH)_2$ durch H_2CO_3

In der dritten Phase laufen die eigentlichen Carbonatisierungsreaktionen ab

$$Ca(OH)_2 + H_2CO_3 \rightarrow CaCO_3 + 2\ H_2O$$
$$Ca^{2+} + 2\ OH^- + 2\ H^+ + CO_3^{2-} \rightarrow CaCO_3 + 2\ H_2O \quad \text{(nahezu unlöslich)}$$

Gleichzeitig carbonatisieren die **Alkalihydroxide** KOH und NaOH.

$$2\ NaOH + CO_2 \rightarrow Na_2CO_3 + H_2O$$

Die dabei entstehenden Alkalicarbonate reagieren allerdings sofort mit dem gelösten $Ca(OH)_2$ zu Calciumcarbonat und Alkalihydroxid:

$$Na_2CO_3 + Ca(OH)_2 \rightarrow CaCO_3 + 2\ NaOH\ ^{1)}$$

Das bedeutet, dass die Alkalihydroxide praktisch erst carbonatisieren, wenn sich kein $Ca(OH)_2$ mehr in der Porenlösung befindet. $Ca(OH)_2$ wird aber in der Porenlösung ständig nachgeliefert, da infolge der Carbonatisierung in der Porenlösung ein Mangel an $Ca(OH)_2$ entsteht und dieser Mangel dazu führt, dass die im Zementstein vorhandenen festen $Ca(OH)_2$-Kristalle (Portlandit) in Lösung gehen.

---

[1] Das Verhalten von KOH ist dem von NaOH vergleichbar

2.3 Phasen der Carbonatisierung

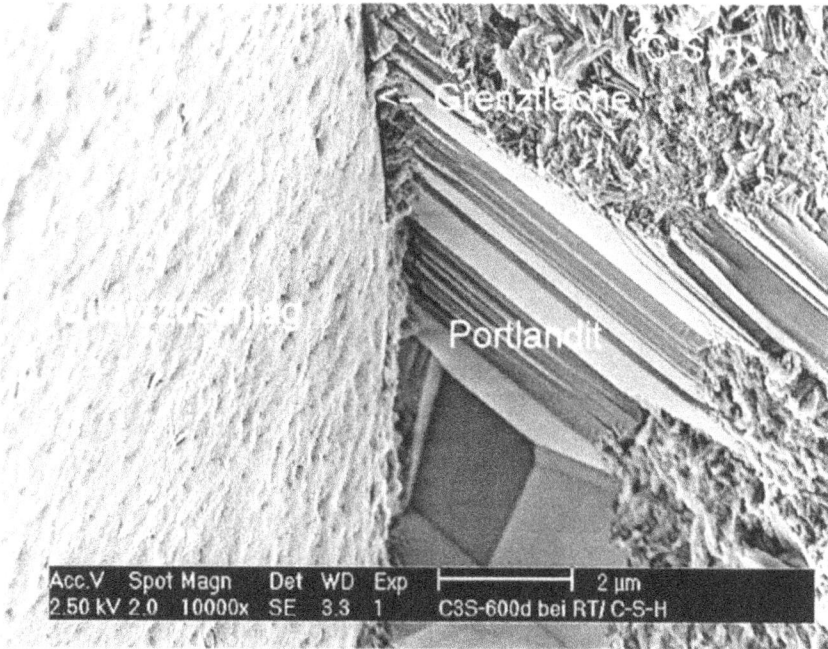

Abb. 2.3: Während der C_3S-Hydratation entstandene plattige und miteinander verwachsene (geschieferte) Portlanditkristalle [Ca(OH)$_2$] in einer Matrix aus nadelförmigen C-S-H-Phasen

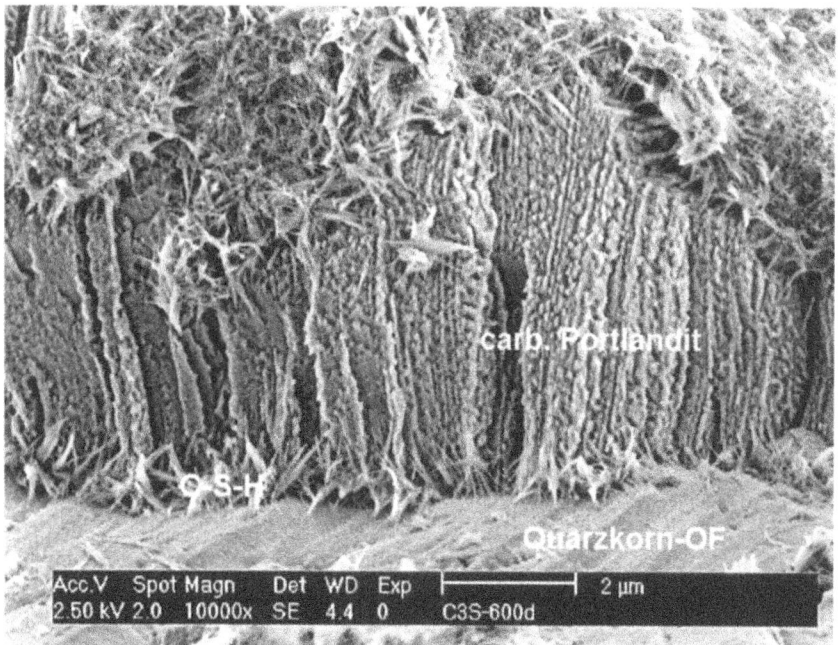

Abb. 2.4: Von der Oberfläche her entlang der Korngrenzen beginnende Carbonatisierung der geschieferten ca. 150 nm dicken Portlanditkristalle

Neben den Alkali- und Erdalkalihydraten können auch alle anderen Hydrate des Zementsteins carbonatisieren, z.B. die C–S–H-Phasen:

$$C_xSH_y + x\,CO_2 \rightarrow x\,CaCO_3 + SiO_2 \cdot y\,H_2O$$

Der hohe pH-Wert der Porenlösung bleibt so lange erhalten, wie noch festes $Ca(OH)_2$ und Alkalien vorliegen. In den Abbildungen 2.3 bis 2.5 sind Details der Carbonatisierung von Portlanditkristallen ersichtlich.

Abb. 2.5a: Strukturierung der glatten Oberfläche eines kompakten Portlanditkristalls durch CO_2-Belastung

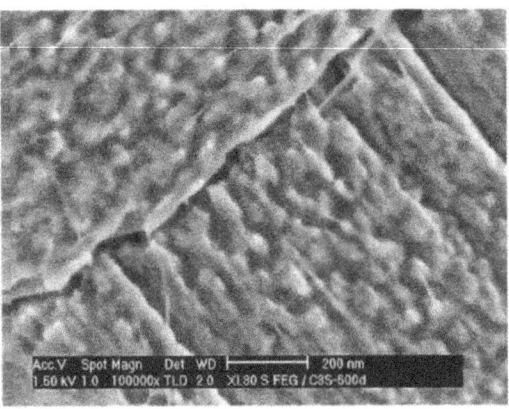

Abb. 2.5b:
Detail von 2.5a bei 100 000facher Vergrößerung (aufgenommen mit dem S FEG der Fa. Philips); zu Beginn des Prozesses bilden sich 20–50 nm große Carbonatisierungszonen

2.4 Auswirkungen der Carbonatisierung

Die Carbonatisierung hat positive und negative Auswirkungen auf den Beton.

Positiv:
- Zunahme der Dichtigkeit des Betongefüges infolge der Volumenzunahme durch das neugebildete Calciumcarbonat

    $Ca(OH)_2 \rightarrow CaCO_3 \qquad \Delta V = +11\%$

- Erhöhung der Dichtigkeit gegenüber Wasser und Gasen durch Abnahme des Gesamtporenvolumens um 20 ... 28%
- Erhöhung der Betonfestigkeiten (β_D, β_{BZ} und β_Z) um 20 ... 50% in Abhängigkeit von der Zementart

Negativ:
- Senkung des pH-Wertes der Porenlösung und damit Gefahr der Stahlkorrosion. Infolge der Korrosionsprodukte des Stahls kommt es zu Abplatzungen des Betons über der Bewehrung.

Das porige Gefüge des Betons enthält frei verdampfbares Wasser, das im Gleichgewicht mit dem Feuchteangebot der Umgebung steht. Aus dieser Sicht wären die Voraussetzungen für eine Stahlkorrosion vorhanden. Die Porenflüssigkeit des Betons besteht aber im wesentlichen aus einer hochalkalischen KOH/NaOH-Lösung, die bei der Hydratation des Zementes entsteht.

Die Porenflüssigkeit des Betons hat einen pH-Wert von etwa 13,0 ... 13,8.

Eine lückenlose Umhüllung des Betonstahls durch den Zementstein mit einer solch hohen Alkalität (und ohne stahlaggressive Ionen) bewirkt, dass sich am Betonstahl eine völlig intakte passivierende Deckschicht ausbildet. Diese **passivierende Deckschicht** ist ein Oxidfilm von ca. 50 nm Dicke aus Eisenoxiden und -hydroxiden.

Diese Schicht stellt einen idealen Schutz gegen Korrosion der Stahlbewehrung dar.

Im Beton ist der Stahl also normalerweise dauerhaft vor Korrosion geschützt, ohne dass sonstige Schutzmaßnahmen notwendig sind. Der Korrosionsschutz des Stahls durch den Beton erfolgt
- primär durch die hohe Alkalität der Porenlösung und
- sekundär durch die abdichtenden Eigenschaften der Betondeckschicht.

Bei Einflüssen, die zu einer Neutralisierung der Porenlösung führen, sinkt der pH-Wert

$Ca(OH)_2 + CO_2 \rightarrow CaCO_3 + H_2O$
pH-Wert 12,5 $\qquad$ pH-Wert ca. 9

Bei einem pH-Wert von ca. 11 verliert der Stahl seine Passivität und beginnt in Gegenwart von Sauerstoff und Feuchtigkeit zu rosten.

2.4.1 Der pH-Wert

Der pH-Wert (*potentio hydrogenii* = Wirksamkeit der Wasserstoffionen) ist der negative dekadische Logarithmus der Wasserstoffionen-Konzentration

$$pH = -\log c_{H^+}$$

Reines Wasser leitet den elektrischen Strom nicht, es ist ein Nichtelektrolyt. Nur ein sehr geringer Teil der Wassermoleküle ist dissoziiert in

$$HOH \rightleftharpoons H^+ + OH^-$$

wobei ein *Dissoziationsgleichgewicht* besteht.

Nach dem Massenwirkungsgesetz lässt sich für die *Dissoziationskonstante K* bei 25 °C formulieren:

$$K = \frac{c_{H^+} \cdot c_{OH^-}}{c_{H_2O}} = 1{,}8 \cdot 10^{-16} \text{ mol/l}$$

c_{H_2O}: Konzentration des Wassers in mol/l

Wegen des äußerst geringen Dissoziationsgrades ist c_{H_2O} praktisch identisch mit der Gesamtkonzentration des Wassers (997 g/l bei 25 °C)

$$c_{H_2O} = \frac{997 \text{ g} \cdot \text{mol}}{1 \cdot 18 \text{ g}} = 55{,}4 \frac{\text{mol}}{\text{l}}$$

Gegenüber der äußerst geringen Ionenkonzentration von $1{,}8 \cdot 10^{-16}$ mol/l bleibt die Menge des nicht dissoziierten Wassers praktisch konstant, d.h., es lässt sich deshalb der Zahlenwert von 55,4 in die Konstante mit einbeziehen. Das Massenwirkungsgesetz vereinfacht sich damit zu dem Ausdruck

$$K \cdot c_{H_2O} = k_W = c_{H^+} \cdot c_{OH^-}$$

$k_W = 1{,}8 \cdot 10^{-16}$ mol/l $\cdot$ 55,4 mol/l $= 1 \cdot 10^{-14}$ mol²/l²

Dieses „Ionenprodukt des Wassers" gilt nicht nur für reines Wasser, sondern auch für alle wässrigen Lösungen, da gegenüber den vergleichsweise geringen Verschiebungen der OH^- und H^+-Ionenkonzentration die Menge der nicht dissoziierten H_2O-Moleküle immer konstant bleibt. So lassen sich deren Gehalte an H^+ und OH^- festlegen, da das Produkt beider Ionenkonzentrationen immer den Wert 10^{-14} ergibt.

Damit wird ersichtlich, dass zur Festlegung der Ionenkonzentration ein Partner genügt, um in vereinfachter Schreibweise die Konzentration anzugeben. Entsprechend dieser Überlegungen ist der **pH-Wert** entstanden. Die Ergänzung zu 14 ist der pOH-Wert. Es ist also

pH + pOH = 14   bzw.

pOH = 14 − pH

Die auf diese Weise entstandene pH-Wert-Skala sieht gemäß Abbildung 2.6 aus.

2.4 Auswirkungen der Carbonatisierung

Die pH-Wert-Skala bedeutet, dass bei einer pH-Wert-Änderung um eine Einheit, z.B. von 5 auf 4, tatsächlich eine Konzentrationsverschiebung eintritt, die das 10fache des Ausgangswertes beträgt, die Konzentration der H^+-Ionen 10-mal größer wird.

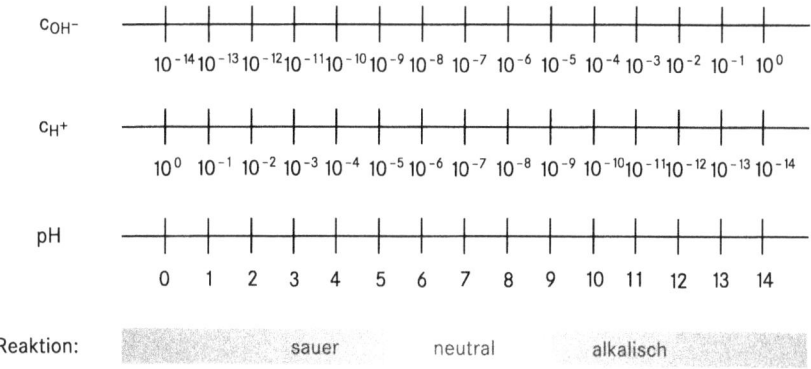

Abb. 2.6: pH-Wert-Skala

Beispiel für die pH-Wert-Berechnung aus der OH^--Konzentration:

$$pH = -\log c_{H^+} = 14{,}0 - (-\log c_{OH^-})$$

z. B.:

$$c_{OH^-} = 500 \text{ mmol}/l = 0{,}5 \text{ mol}/l$$

$$\rightarrow pH = 14{,}0 + \log 0{,}5 = 14{,}0 - 0{,}301 = \mathbf{13{,}7}$$

c_{OH^-} [mol/l]	pH
0,010	12,00
0,050	12,70
0,100	13,00
0,200	13,30
0,300	13,48
0,400	13,60
0,500	13,70
0,600	13,78
0,700	13,85
0,800	13,90
0,900	13,95
1,000	14,00

Beispiel für die pH-Wert-Berechnung einer gesättigten $Ca(OH)_2$-Lösung:

In 1 l Wasser sind 1,26 g $Ca(OH)_2$ gelöst (dissoziiert). Umrechnung in mol $Ca(OH)_2$:

$$\frac{1{,}26 \text{ g} \cdot \text{mol}}{1 \cdot 74 \text{ g}} = 1{,}70 \cdot 10^{-2} \frac{\text{mol}}{l}$$

Da $Ca(OH)_2 \rightleftharpoons Ca^{2+} + 2\,OH^-$, müssen doppelt so viele OH^--Ionen entstehen:

$$c_{OH^-} = 2 \cdot 1{,}70 \cdot 10^{-2} \frac{\text{mol}}{l} = 3{,}40 \cdot 10^{-2} \frac{\text{mol } OH^-}{l}$$

Logarithmieren:

$$-\log(3{,}40 \cdot 10^{-2}) = -(\log 3{,}40 + \log 10^{-2}) = -0{,}532 + 2{,}000 = 1{,}47$$

→ pOH⁻ = 1,47

pH + pOH⁻ = 14 = const.

→ pH = 14,0 − 1,47

= 12,53

Die Messung des pH-Wertes kann grundsätzlich durch
- durch elektrochemische Methoden oder
- durch bestimmte Farbstoffe, **Indikatoren** (Abbildung 2.7)

erfolgen.

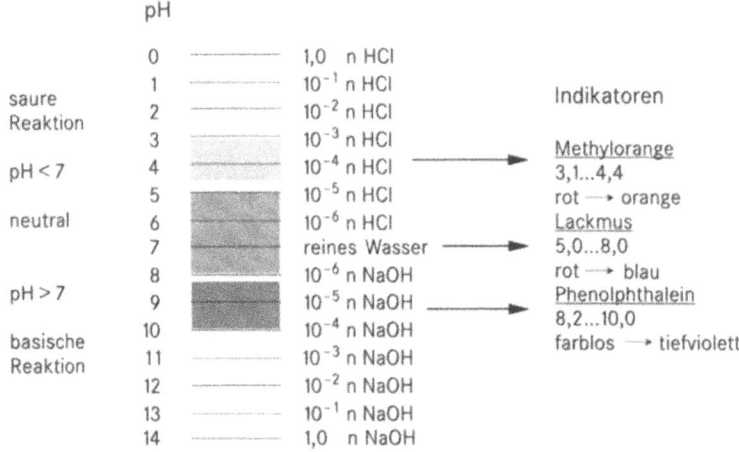

Abb. 2.7: pH-Wert-Bestimmung mit Indikatoren

2.4.2 Korrosion der Bewehrung

Elektrochemische Korrosion (allgemein)

Bei Vorhandensein eines Elektrolyts (Wasser) lösen sich Metallionen aus dem Gitterverband und treten mit Atomen bzw. Molekülen des angrenzenden Mediums in Reaktion. Das Metall verliert dabei an Substanz (Abbildung 2.8). Beim Eisen spricht man dann vom „Rosten".

2.4 Auswirkungen der Carbonatisierung

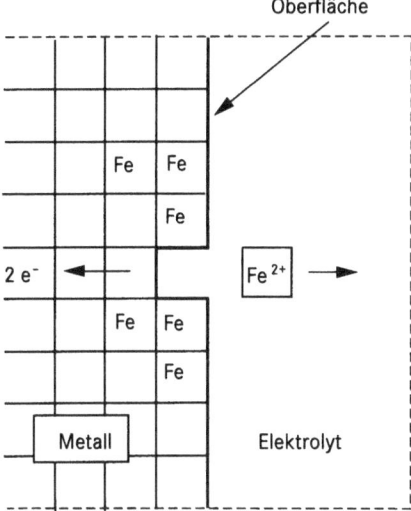

Abb. 2.8:
Anodischer Teilprozess der Metallkorrosion
(nach KNOBLAUCH/SCHNEIDER)

Korrosion von Betonstahl

Die Korrosion der Stahlbewehrung tritt ein, wenn folgende Bedingungen vorliegen:
* Vorhandensein eines Elektrolyts (feuchter Beton),
* Aufhebung der Wirkung der Passivierungsschicht der Stahloberfläche oder Anwesenheit von Chloriden,
* Vordringen von Sauerstoff bis zum Stahl,
* Vorhandensein von Potentialunterschieden zwischen Bereichen der Metalloberfläche (Bildung von Lokalelementen, was praktisch immer gegeben ist).

Nicht mit Korrosion der Stahlbewehrung ist zu rechnen
* in Wasser oder in sehr feuchter Umgebung (keine Carbonatisierung) sowie
* bei großer Trockenheit (z.B. in trockenen Innenräumen), da dann kein Elektrolyt vorhanden ist.

Bei wechselnden Lagerungsbedingungen besteht große Korrosionsgefahr, da sich jeweils für die einzelnen Korrosionsparameter vorübergehend optimale Verhältnisse einstellen (Abbildung 2.9).

Die Korrosion von Betonstahl ist eine elektrochemische Korrosion. Anode und Kathode bilden sich an der Stahloberfläche aus und sind über das Grundmetall elektrisch kurzgeschlossen. Das ist möglich, da Stahl kein völlig homogener Stoff ist, sondern eine Kristallstruktur aufweist. Zudem bildet sich an seiner Oberfläche schon bei der Herstellung infolge Luftkontakts sofort eine Oxidschicht aus, die auch nicht vollkommen gleichmäßig ist, so dass die beim Eintauchen in Wasser sich bildende elektrolytische Doppelschicht nicht über die ganze Oberfläche völlig gleichmäßig aufgebaut sein muss. Somit können sich oberflächlich Zonen unterschiedlichen Potentials ausbilden [TRITTHART]. Die Kathode wird sich besonders dort leicht ausbilden, wo die Kathodenreaktion leicht ablaufen kann. Dies ist in Abbildung 2.10 veranschaulicht, wo schematisch die Korrosion von Eisen im Bereich eines auf der Eisenoberfläche befindlichen Wassertropfens dargestellt ist.

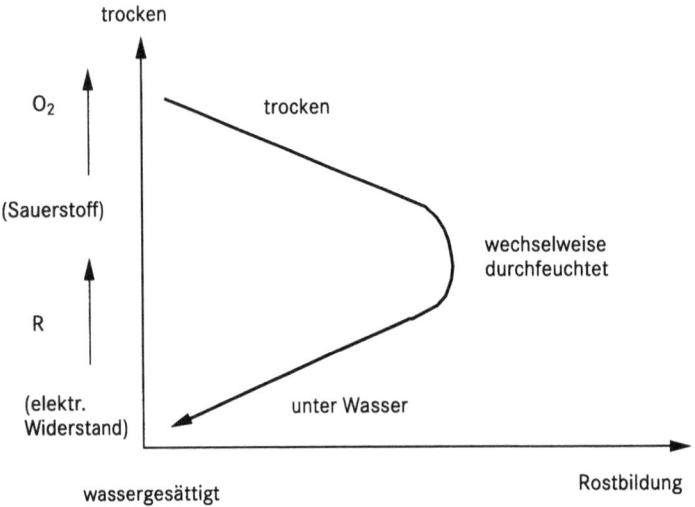

Abb. 2.9: Abhängigkeit der Korrosionswahrscheinlichkeit von der Betondurchfeuchtung (nach TUUTTI)

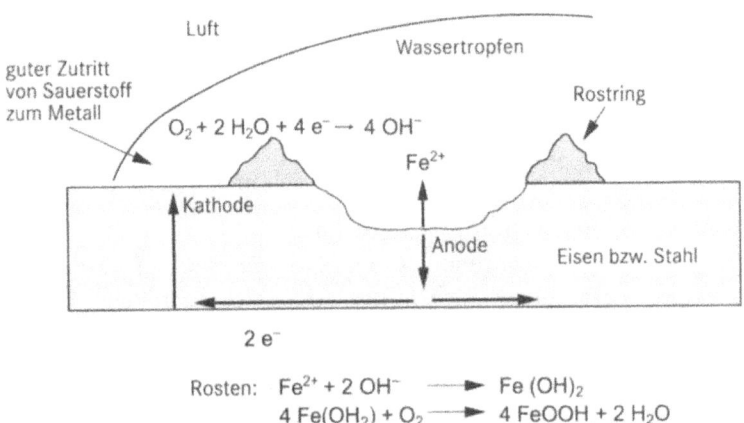

Abb. 2.10: Sauerstoffkorrosion von Eisen bzw. Stahl

Der Bereich der Auflösung des Eisens – also der Korrosionszone – liegt in der Mitte (*Anode*). Der äußerste Rand der benetzten Eisenoberfläche bleibt blank (*Kathode*) und der Rost bildet sich zwischen diesen Zonen. Der Grund dafür ist darin zu sehen, dass der Sauerstoffnachschub dort am besten vor sich gehen kann, wo der Diffusionsweg durch das Wasser zum Stahl besonders kurz ist, also in den Randbereichen, so dass hier die kathodische Reaktion leicht abläuft. Die Eisenauflösung erfolgt dort, wo der Sauerstoff weniger leicht hinkommt, also in der Mitte.

2.4 Auswirkungen der Carbonatisierung

Dabei spielen sich folgende elektrochemischen Vorgänge ab:
- Anode: $Fe \rightarrow Fe^{2+} + 2\,e^-$ (Eisenauflösung)
- Kathode: $O_2 + 2\,H_2O + 4\,e^- \rightarrow 4\,OH^-$ (Bildung von Hydroxidionen)
- Folgereaktion: $Fe^{2+} + 2\,OH^- \rightarrow Fe(OH)_2$
  $4\,Fe(OH)_2 + O_2 \rightarrow 4\,FeOOH + 2\,H_2O$

Zwischen den Eisenionen (Fe^{++}) und den Hydroxidionen (OH^-) kommt es zu einer Reaktion unter Bildung von Eisen(III)hydroxid (gallertartige Konsistenz, grünliche Farbe), das bei weiterer Oxidation in das Eisen(III)oxidhydroxid (porös, rotbraune Farbe), dem bekannten Rost übergeht (Abbildung 2.11).

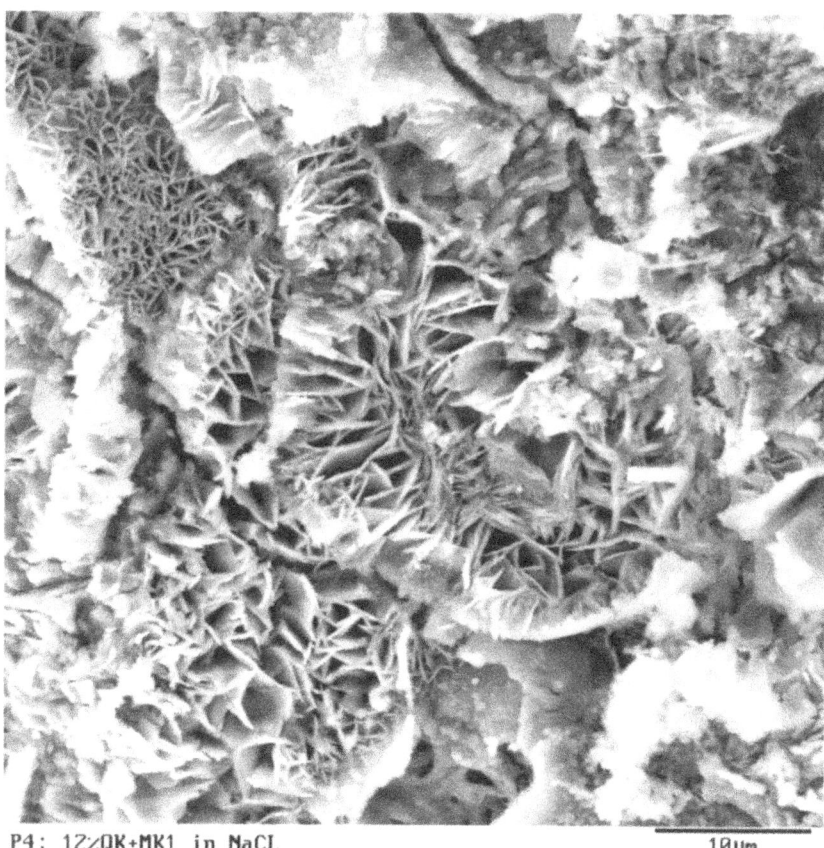

P4: 12%QK+MK1 in NaCL   10µm

Abb. 2.11: Korrosionsprodukte des Stahls bei NaCl-Belastung: Ausbildung einer Kartenhausstruktur aus dünnplattigen Fe-Chlorid- und Fe-Oxid-Hydroxid-Kristallen

Die Korrosionsprodukte nehmen ein größeres Volumen als der metallische Stahl ein. Auf die umgebende Betonschicht wird dadurch ein Druck ausgeübt, der oft ausreicht, um die im Schadensfall manchmal zu geringe Überdeckung abzusprengen (Abbildung 2.12).

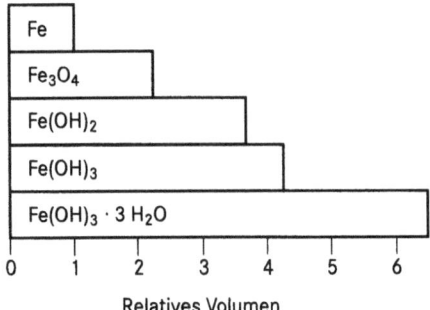

Abb. 2.12: Verhältnisse der Volumina verschiedener Korrosionsprodukte

Korrosion bei Rissbildung

Risse in der Betondeckung sind bei auftretenden Belastungen von Stahlbetonkonstruktionen in den meisten Fällen nicht zu vermeiden. Die Rissbreite ist dabei entscheidend für eine mögliche Korrosion der Stahlbewehrung. Allgemein kann mit steigender Rissbreite von einer erhöhten Gefährdung gesprochen werden, wobei prinzipiell der in Abbildung 2.13 dargestellte Zusammenhang gilt.

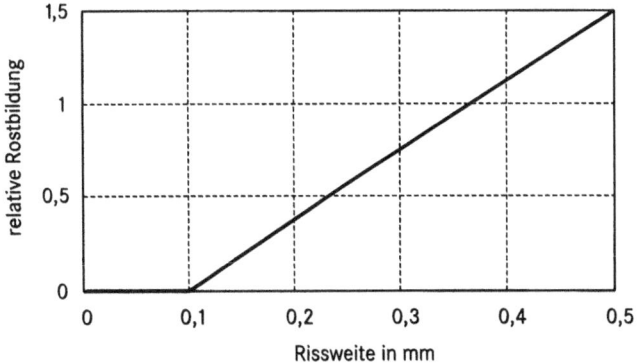

Abb. 2.13: Rostbildung in Abhängigkeit von der Rissweite (nach SORETZ)

Am Riss kann durch eine dichte und dicke Betondeckung im ungerissenen Bereich die Korrosionsgeschwindigkeit ausreichend klein gehalten werden. Die Rissbreiten im Bereich der Bewehrung sind gegenüber der Oberfläche weniger als halb so groß. Risse geringerer Breite können sich durch Versinterung mit Calciumcarbonat bei Einwirkung von Regenwasser und/oder mit Schmutz sowie Produkten der Stahlkorrosion verstopfen. Das Eindringen weiterer korrosionsfördernder Substanzen wird dadurch gebremst (Selbstheileffekt).

2.4 Auswirkungen der Carbonatisierung

Maßnahmen zur Einschränkung der Korrosion

- Beschränkung der Rissbreiten
  - Normaler Stahlbeton < 0,3 mm
  - Spannbeton < 0,2 mm
  - Beton unter aggressiven Bedingungen < 0,1 mm
- Erhöhung der Betondeckung
- Verbesserung der Dichtigkeit des Betons
  Die Dichtigkeit der Betondeckschicht wird durch den Festbetonporenraum charakterisiert. Dieser ist durch die Zementmenge, den w/z-Wert und die Nachbehandlung beeinflussbar.
- Normen

  Die Anforderungen für Zusammensetzung und Eigenschaften von Betonen in Abhängigkeit von den Expositionsklassen für Carbonatisierung sind nach DIN EN 206-1 in Tabelle 2.1 angegeben.

Tab. 2.1: Grenzwerte für Zusammensetzung und Eigenschaften von Beton nach DIN EN 206-1

	Durch Carbonatisierung verursachte Korrosion			
Expositionsklasse	XC1	XC2	XC3	XC4
Höchstzulässiger w/z-Wert	0,75		0,65	0,60
Mindestdruckfestigkeitsklasse [1,2]	C16/20		C20/25	C25/30
Mindestzementgehalt in kg/m^3 [2]	240		260	280
Mindestzementgehalt bei Anrechnung von Zusatzstoffen in kg/m^3	240		240	270
Verwendbare Zementarten	alle Zemente nach DIN 1164			

[1] gilt nicht für Leichtbeton

[2] bei einem Größtkorn der Gesteinskörnung von 63 mm darf der Zementgehalt um 30 kg/m^3 reduziert werden.

Die Anforderungen an die Betondeckung der Bewehrung sind auf die Umweltbedingungen und den Durchmesser der jeweiligen Bewehrung abzustimmen. Entsprechende Zahlenwerte enthält unter Zugrundelegung von DIN 1045-1 Tabelle 2.2 Darüber hinaus existiert ein Merkblatt „Betondeckung und Bewehrung" des Deutschen Beton-Vereins e. V., Ausgabe 1.97.

Tab. 2.2: Anforderungen an die Mindestbetondeckung min c bei carbonatisierungsinduzierter Korrosion nach DIN 1045-1

	Mindestbetondeckung min c [1)2)3)] in mm bei			
Expositionsklasse	XC1	XC2	XC3	XC4
Betonstahl	10	20		25
Spannstahl	20	30		35

[1] Abminderung bei plattenförmigen Bauteilen um 5 mm außer bei XC1

[2] Abminderung um 5 mm bei Fertigteilen, wenn die Festigkeit um 2 Klassen höher liegt, als die geforderte Mindestfestigkeit

[3] Bei Anforderungen an den Verschleiß sind 5 bis 15 mm Opferbeton vorzusehen

2.5 Methoden zur Bestimmung der Carbonatisierungstiefe

Die Carbonatisierungstiefe von Beton kann mit verschiedenen Verfahren bestimmt werden:
- indikative Bestimmung,
- Röntgendiffraktometrie,
- Infrarot-Spektroskopie,
- Mikroskopie,
- Differential-Thermoanalyse,
- chemische Analyse.

Indikative Bestimmung

Als einfachstes Verfahren zur Bestimmung der Carbonatisierungstiefe dient der Nachweis der pH-Wert-Änderung mit Hilfe einer geeigneten Indikatorlösung [GRUBE/KRELL]. Für die Beurteilung von Mörtel und Beton hat sich eine 1%ige Phenolphthaleinlösung in 70%igem Alkohol bewährt, deren Farbe im Bereich von pH > 9 von farblos auf rotviolett umschlägt. An frischen Bruchflächen bleibt beim Aufsprühen dieser Lösung der carbonatisierte Bereich farblos, während sich der nichtcarbonatisierte Bereich rotviolett verfärbt (Abbildung 2.14). Die Carbonatisierungstiefe y wird als Abstand der Farbumschlaggrenze zur jeweiligen Betonoberfläche bestimmt (Abbildung 2.15).

Abb. 2.14:
Prüfung der Carbonatisierungstiefe mit Hilfe des Phenolphthalein-Tests:
farblos = carbonatisiert,
rotviolett = alkalisch

2.5 Methoden zur Bestimmung der Carbonatisierungstiefe

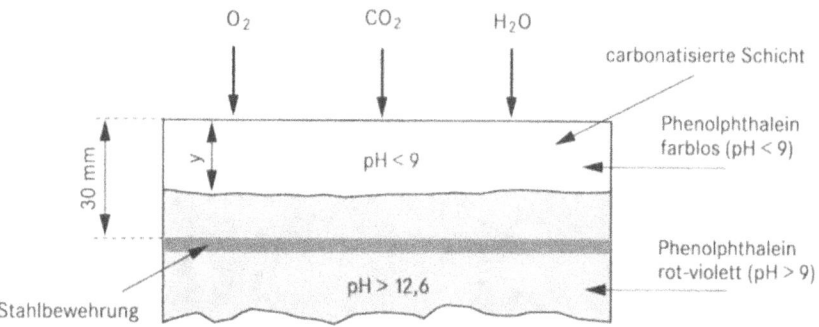

Abb. 2.15: Bestimmung Carbonatisierungstiefe y mit Indikatorlösung

Im Labor wird die Herstellung von Balken mit einem Querschnitt von 10 x 10 cm² für Beton mit einem Größtkorn ≤ 16 mm und von 15 x 15 cm² für Beton mit einem Größtkorn ≤ 32 mm bevorzugt, da hier zu verschiedenen Prüfzeitpunkten jeweils Scheiben abgespalten werden können. Zur Bestimmung der Carbonatisierungstiefe an Bauwerken oder Bauteilen hat sich die Untersuchung von Bohrkernen mit einem Durchmesser von 10 bis 15 cm aus der zu prüfenden Betonoberfläche bewährt. Die Prüfung sollte innerhalb von 2 bis 3 Tagen nach der Entnahme des Bohrkerns erfolgen, um einen Einfluss möglicher Carbonatisierung von den Betonkernmantelseiten klein zu halten.

Von dem zu untersuchenden Probekörper ist eine frische Bruchfläche möglichst senkrecht zur Probekörperfläche herzustellen.

Geschnittene Betonflächen sind zur Bestimmung der Carbonatisierungstiefe nicht geeignet, da

- beim Nassbohren oder -schneiden im nicht carbonatisierten Bereich $Ca(OH)_2$ ausgewaschen und daher u.U. keine alkalische Reaktion angezeigt werden und
- im carbonatisierten Bereich nicht hydratisierte Klinkerkörner angeschnitten werden und sich damit eine alkalische Reaktion zeigt.

Die Indikatorlösung ist gleichmäßig auf die Bruchfläche aufzusprühen. Der Aufsprühvorgang ist so oft zu wiederholen, bis eine deutliche Farbumschlaggrenze erkennbar ist.

Nach dem Ansprühen werden die Probekörper bis zur Messung in der Regel 24 Stunden an Raumluft gelagert, da sich die Farbumschlaggrenze in Abhängigkeit vom Feuchtigkeitsgehalt des Prüfkörpers in Richtung auf größere Carbonatisierungstiefen verschieben kann.

Mikroskopie

Mit lichtmikroskopischen Untersuchungen im Polarisationsmikroskop können u.a. auch carbonatisierte Bereiche in Mikrosystemen bestimmt werden. Bei *gekreuzten Polarisatoren* sind carbonatisierte Bereiche immer heller gefärbt als die angrenzende nicht carbonatisierte Matrix (Abbildung 2.16a). Dabei ist die Grenze zwischen beiden Bereichen immer gut fassbar. Aufgrund der Korngrößen sind die für den hoch-doppelbrechenden Calcit ($CaCO_3$) typischen Interferenzfarben nicht erkennbar. Bei *parallelen Polarisatoren* sind die Unterschiede zwischen carbonatisierten und nicht carbonatisierten Matrixbereichen schwierig zu erfassen, da die Farb- und Gefügeunterschiede auch von der verwendeten Zementart (Portland- oder Hochofenzement) und der Dicke der gebildeten Calcit-reichen Schicht abhängen (Abbildung 2.16b).

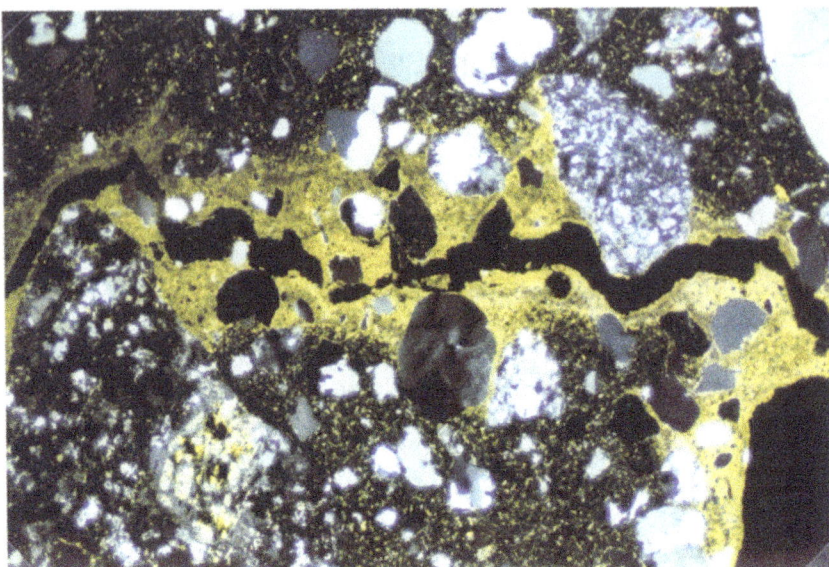

Abb. 2.16a: Carbonatisierung der Rissränder eines Mikrorisssystems in Portlandzement-Beton; Dünnschliffansicht mit gekreuzten Polarisatoren, 30fache Vergrößerung

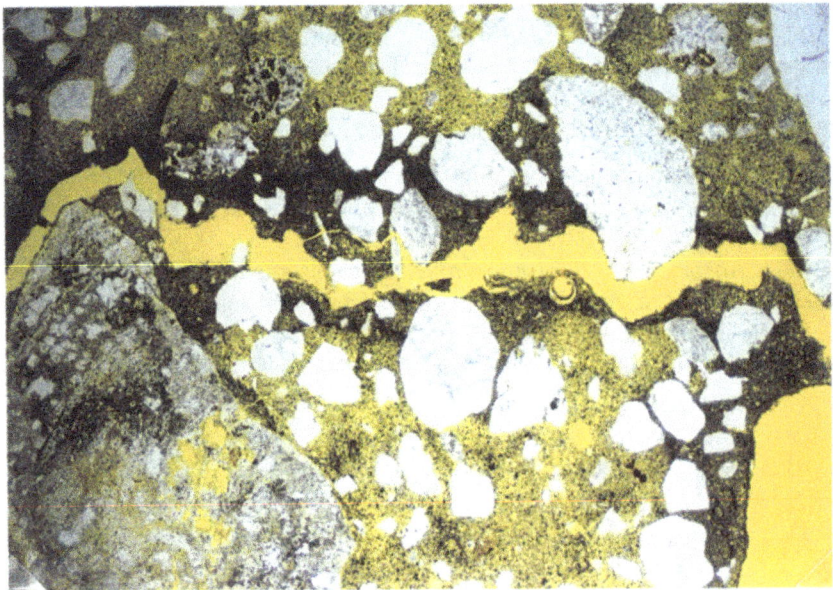

Abb. 2.16b: Carbonatisierung der Rissränder eines Mikrorisssystems in Portlandzement-Beton; Dünnschliffansicht mit parallelen Polarisatoren, 30fache Vergrößerung

Nasschemische Bestimmung

Bei dieser Methode wird der Beton schichtweise abgetragen, zerkleinert und über die OH-Konzentration am pulverförmigen Material durch Titration der OH-Ionen bestimmt.

Elektrochemische Bestimmung

Bei dieser Methode wird der Beton ebenfalls schichtweise abgetragen und zerkleinert. Das Pulver wird aufgeschlämmt und der pH-Wert der wässrigen Lösung mittels Elektroden (Potentialmessung) bestimmt.

Ein relativ neues, zerstörungsfreies Verfahren zur Bestimmung der Carbonatisierungstiefe stellen sogenannte Korrosionssensoren (Ringelektroden) dar [SCHIESSL/RAUPACH] (s.a. Kapitel 4, Chloridkorrosion). Diese Sensoren werden beim Betonieren im Beton so positioniert, dass in unterschiedlichem Abstand von der Oberfläche z.B. Stahlstäbe liegen. Hat die Carbonatisierungsfront eine bestimmte Tiefe erreicht, fließt im betreffenden Stahlstab ein Korrosionsstrom, der gemessen werden kann. Damit ist eine zerstörungsfreie Überwachung des Zustandes der oberflächennahen Betonschicht möglich.

2.6 Berechnung des Carbonatisierungsfortschrittes

Aus den Diffusionsgesetzen, die den Carbonatisierungsfortschritt beschreiben, lässt sich die Lebensdauer einer Stahlbetonkonstruktion berechnen. Unter der Lebensdauer wird dabei der Zeitraum verstanden, der vergeht, bis die Carbonatisierungsfront die Stahlbewehrung des Betons erreicht und unter gegebenen Umständen eine Korrosion der Bewehrung einsetzt. Es ist eine rein theoretische Berechnung, die weitere dauerhaftigkeitsschädigende Einflüsse nicht berücksichtigt. Nach den Diffusionsgesetzen gilt für den Carbonatisierungsfortschritt folgende Beziehung (Anwendung des 1. Fickschen Gesetzes):

$$dm = \frac{D' \cdot F(c_0 - c)}{y} \cdot d\tau$$

dm Menge des in der Zeit $d\tau$ durch die Oberfläche der Probe diffundierten CO_2

D' effektiver Diffusionskoeffizient des CO_2 im carbonatisierten Beton in mm^2/a

F Probenoberfläche, durch die das CO_2 diffundiert

$c_0 - c$ Konzentration des CO_2 an der Probenoberfläche und in der Adsorptionszone ($c_0 = CO_2$ in der Atmosphäre ~ 0,03%, d.h. etwa 0,6 g/m³ Luft)

y Dicke der carbonatisierten Betonschicht

$$dm = m_0 \cdot F \cdot dy$$

m_0 Masse des CO_2, die je Volumeneinheit des Betons adsorbiert wird (10000 ... 50000 g/m³ Beton, d.h. zur vollständigen Carbonatisierung von 1 m³ Beton benötigt wird)

$$m_0 \cdot F \cdot dy = \frac{D' \cdot F(c_0 - c)}{y} \cdot d\tau$$

nach Integration

$$\frac{y^2}{2} = \frac{D' \cdot (c_0 - c)}{m_0} \cdot \tau$$

bei $c = 0$

$$k = \sqrt{\frac{2D' \cdot c_0}{m_0}}$$

k ist ein Koeffizient, der eine charakteristische Größe darstellt, die für den jeweiligen Beton den Carbonatisierungsfortschritt beschreibt und als Carbonatisierungskoeffizient bezeichnet wird.

$$y = \sqrt{\frac{2D' \cdot c_0}{m_0} \cdot \tau} = k \cdot \sqrt{\tau}$$

oder nach k aufgelöst

$$k = \frac{y}{\sqrt{\tau}}, \quad k \text{ in } \frac{\text{mm}}{\text{a}^{0,5}}$$

Da die Carbonatisierungstiefe y der CO_2-Konzentration im Wurzelmaßstab folgt, führt also erst eine 4fach höhere CO_2-Konzentration in der Umgebung zu einer Verdopplung der Carbonatisierungstiefe. Bei der im Labor häufig angewandten Schnellcarbonatisierung mit $CO_2 = 3\%$ wird folglich die Geschwindigkeit der Carbonatisierung um den Faktor $\sqrt{100} = 10$ erhöht.

Beispiel

Berechnung des theoretischen Bedarfs an CO_2, um alles entstandene $Ca(OH)_2$ zu carbonatisieren.
Annahme:
1 m³ Beton → 350 kg Zement → 280 kg Klinker
  60% C_3S :   168 kg C_3S/m³ Beton
  20% C_2S :   56 kg C_2S/m³ Beton

$$\boxed{2\,C_3S + 7\,H \rightarrow C_3S_2H_4 + 3\,CH}$$

$\underline{2\,(3\,CaO \cdot SiO_2)} + 7\,H_2O \rightarrow 3\,CaO \cdot 2\,SiO_2 \cdot 4\,H_2O + \underline{3\,Ca(OH)_2}$

2 (3[40+16] + [28+32])   3 (56 + 18) (Molmassen)
2 · 228 = 456 g/mol   3 (56+18) = 222 g/mol

456 : 222 = 1000 : x

d.h., aus 1 kg C_3S entstehen 0,487 kg $Ca(OH)_2$.

2.6 Berechnung des Carbonatisierungsfortschrittes

$$2\ C_2S + 5\ H \rightarrow C_3S_2H_4 + CH$$

$2 \cdot 172 = 344$ g/mol   74 g/mol

d.h., aus 1 kg C_2S entstehen 0,215 kg $Ca(OH)_2$.

168 kg $C_3S \cdot 0{,}487$ kg $Ca(OH)_2$ / kg C_3S = 81,8 kg $Ca(OH)_2$

56 kg $C_2S \cdot 0{,}215$ kg $Ca(OH)_2$ / kg C_2S = 12,0 kg $Ca(OH)_2$

$\hspace{6cm}$ = 93,8 kg $Ca(OH)_2$ /m³ Beton

Zur vollständigen Carbonatisierung dieser 93,8 kg $Ca(OH)_2$/m³ Beton wird folgende CO_2-Menge benötigt:

$$\underbrace{Ca(OH)_2}_{74\ \text{g/mol}} + \underbrace{CO_2}_{44\ \text{g/mol}} + H_2O \rightarrow CaCO_3 + H_2O$$

74 : 44 = 1000 : x

d.h., 0,594 kg CO_2 / kg $Ca(OH)_2$

0,594 · 93,8

= 55,7 kg CO_2/m³ Beton

Praktische Bestimmung des Carbonatisierungskoeffizienten k eines unbekannten Betons:

1. Messen der Carbonatisierungstiefe y an Betonbruchflächen mit Phenolphthalein (mm)
2. Ermittlung des Alters τ des Betons aus Bauunterlagen (a)

$$k = \frac{y}{\sqrt{\tau}}$$

Je kleiner k

* desto widerstandsfähiger ist der Beton gegenüber dem Carbonatisierungsfortschritt und
* desto größer ist die theoretische Lebensdauer (siehe Abbildung 2.17).

Beispiel

Beton: Güteklasse B 35
Betonalter τ: 10 Jahre
Carbonatisierungstiefe y: 9,5 mm
Mindestüberdeckung der Bewehrung: 25 mm

Berechnung des Carbonatisierungskoeffizienten:

$$k = \frac{y}{\sqrt{\tau}} = \frac{9{,}5\ \text{mm}}{\sqrt{10\ \text{a}}} = 3{,}0\ \frac{\text{mm}}{\text{a}^{0{,}5}}$$

Berechnung der Carbonatisierungstiefe nach einem Jahr:

$$y = k \cdot \sqrt{\tau} = 3{,}0 \, \frac{mm}{a^{0{,}5}} \cdot \sqrt{1\,a} = 3{,}0 \, mm$$

Berechnung der technischen Lebensdauer dieses Betons (d.h., wann erreicht die Carbonatisierungsfront die Stahlbewehrung, die hier mit 25 mm Beton überdeckt ist ?):

$$\tau = \frac{y^2}{k^2} = \frac{625}{9} = 69{,}4 \, a$$

d.h., nach ca. 69 Jahren hat die Carbonatisierungsfront die Stahloberfläche der Bewehrung erreicht (siehe auch Abbildung 2.17).

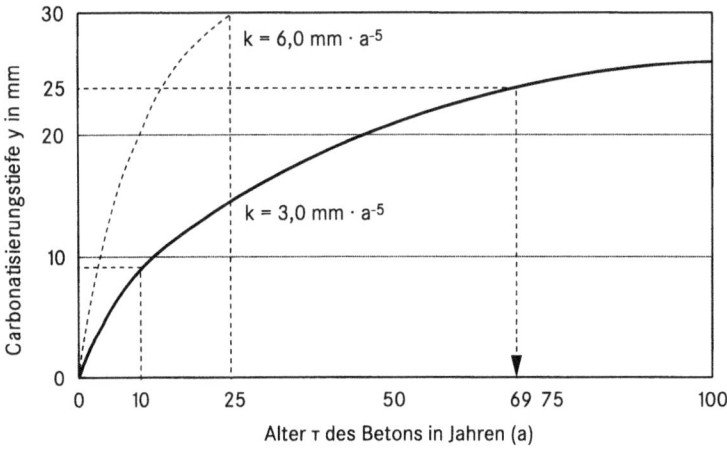

Abb. 2.17: Vorhersage des Carbonatisierungsfortschrittes

Je dicker (y) und dichter (k) die Betonüberdeckung, desto länger dauert es, bis die Carbonatisierungsfront den Stahl erreicht hat

Es wird bsw. bei einer Verdoppelung der Betonüberdeckung eine 4fache Lebenserwartung erreicht, wenn der Beton keine großen Risse aufweist. Eine ganz grobe Abschätzung der zu erwartenden Carbonatisierungstiefe, die nur Tendenzen aufzeigt, ist mittels des Nomogramms der Abbildung 2.18 möglich.

Außenbauteile sind einer veränderlichen relativen Luftfeuchte und kapillaren Durchfeuchtungen bei Schlagregen ausgesetzt. Aus diesem Grunde wurde das $\sqrt{t}$-Gesetz durch Einführung der carbonatisierungswirksamen Zeit modifiziert (Abbildung 2.19) [BUNTE]. Mit den für den Bauwerksstandort maßgebenden Erwartungswerten von Niederschlags- und Trockenperioden und der Schlagregenwahrscheinlichkeit kann mit einer Gleichung die Carbonatisierungstiefe berechnet werden, so dass dann unter Einbeziehung des CO_2-Diffusionskoeffizienten eine Abschätzung des mutmaßlichen Carbonatisierungsfortschrittes mit bauteilbezogenen Eigenschaften möglich wird.

2.6 Berechnung des Carbonatisierungsfortschrittes

Für die Baupraxis folgt daraus, dass der tatsächliche Carbonatisierungsfortschritt geringer ist, als nach dem Wurzel-Zeit-Gesetz zu erwarten wäre.

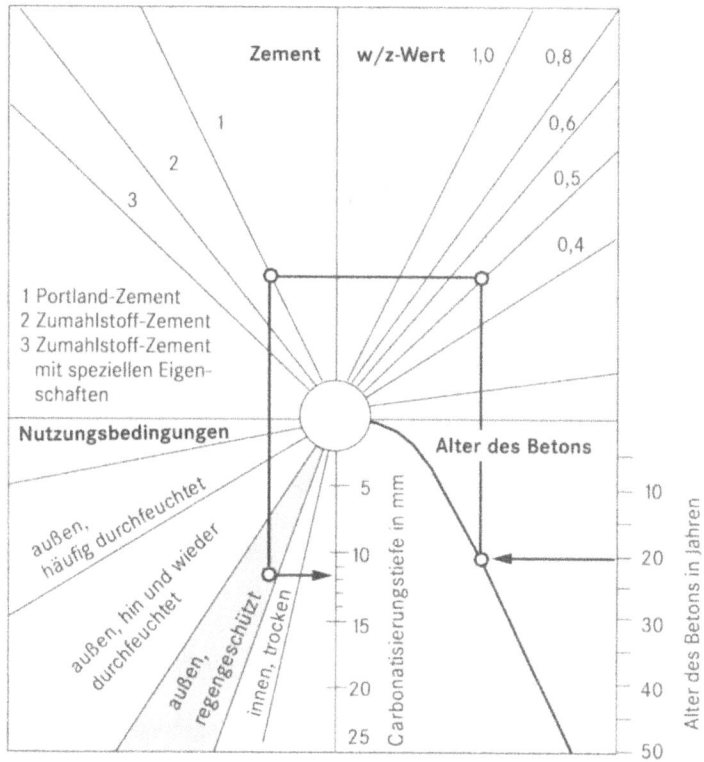

Abb. 2.18: Bestimmung der Carbonatisierungstiefe (nach MEYER)

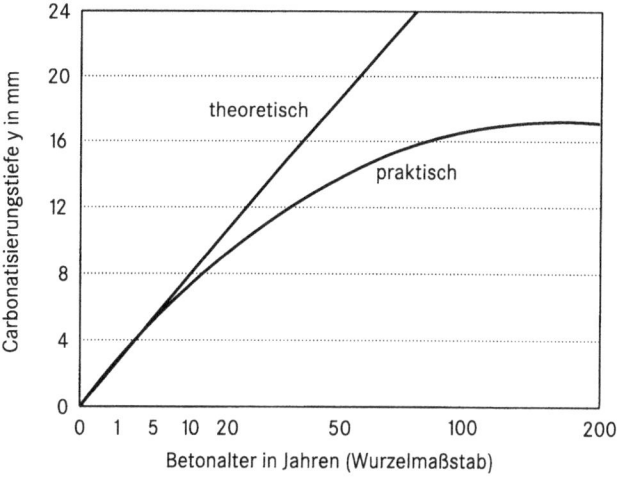

Abb. 2.19: Vorhersage der Carbonatisierungstiefe unter Berücksichtigung von veränderlicher relativer Luft- und Schlagregenfeuchtigkeit (nach BUNTE)

2.7 Carbonatisierungsschwinden

Die Bildung von $CaCO_3$ im Ergebnis der Carbonatisierung führt durch die Volumenzunahme infolge dieser Reaktion zu einer Abnahme der Porosität. Durch die Reaktion von $Ca(OH)_2$ und CO_2 zu $CaCO_3$ und H_2O können drei $CaCO_3$-Modifikationen gebildet werden, deren Volumenzunahmen unterschiedlich ausfallen:

Aragonit –3% Volumenzunahme,
Calcit –12% Volumenzunahme,
Vaterit –19% Volumenzunahme.

Trotz dieser Volumenzunahme tritt infolge Carbonatisierung ein Schwinden auf.

Ursache der beachtlichen Schwindverformungen, die an Zementstein bis zu 4 mm/m betragen können, ist nach HOUST die drastisch veränderte Porenstruktur des carbonatisierten Zementsteins und damit eine stark veränderte Ausgleichsfeuchte. Die BET-Oberfläche kann durch Carbonatisierung um 50% reduziert werden. Dadurch verliert der carbonatisierte Zementstein Wasser und analog dem Trocknungsschwinden verringert sich sein Volumen. So ist letztendlich die verringerte Wassermenge im carbonatisierten Zementstein gegenüber der nicht carbonatisierten Probe bei gleicher, relativer Luftfeuchte der Umgebung, die Hauptursache für das Carbonatisierungsschwinden. Dieses so bedingte Schwinden kann zur Mikrorissbildung führen und dadurch die Carbonatisierung weiter beschleunigen. Trocknungsschwinden und Carbonatisierungsschwinden überlagern sich (Abbildung 2.20).

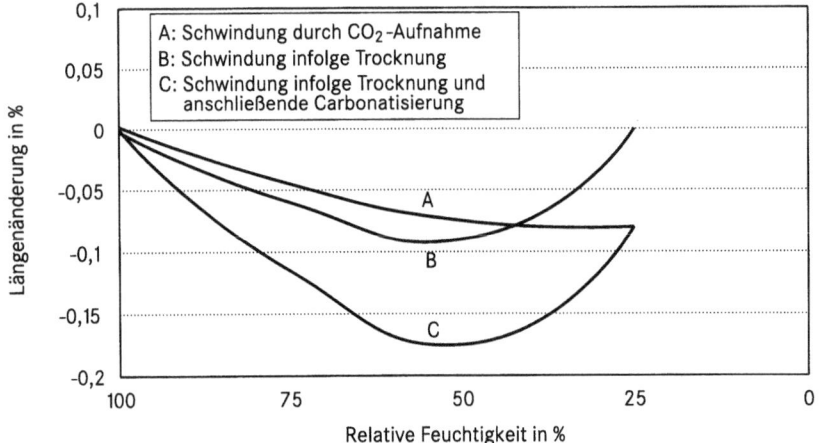

Abb. 2.20: Einfluss der relativen Luftfeuchtigkeit auf Wasserverlust und Schwindung durch CO_2-Aufnahme (nach VERBECK)

2.8 Einflussfaktoren auf die Carbonatisierung

Die Carbonatisierung von Beton wird von einer Reihe von Faktoren beeinflusst. Dazu gehören die CO_2-Konzentration, Luftschadstoffe, Feuchtigkeit und Temperatur, der w/z-Wert der Ausgangsmischung, die Zementsorte, die Nachbehandlung des Betons sowie Zuschläge, Zusatzmittel und Zusatzstoffe.

2.8.1 CO_2-Konzentration

Der CO_2-Gehalt der Atmosphäre ist mit etwa 0,03% praktisch konstant (d.h. etwa 600 mg/m^3 Luft). In Abgasen kann der Gehalt an CO_2 jedoch wesentlich höher liegen. Aus diesem Grunde erhöhen schon kleine Mengen von Abgasen die CO_2-Konzentration stark. Erhöhte CO_2-Gehalte der Luft (bis 0,1%) können daher besonders in Anlagen des Motorfahrzeugverkehrs (z.B. Tunnel, Garagen) auftreten. Auch in Lagerhallen für Obst und Gemüse sowie Gebäuden der Tierhaltung können erhöhte CO_2-Werte angetroffen werden.

In Zusammenhang mit dem durch Industrialisierung und Zunahme der Weltbevölkerung steigenden Verbrauch fossiler Brennstoffe wird in den nächsten Jahren der CO_2-Gehalt der Luft auf etwa 0,04% ansteigen und damit die Carbonatisierungsgeschwindigkeit geringfügig erhöhen.

2.8.2 Feuchtigkeit

Die Feuchtigkeit ist notwendiger Reaktionspartner für eine Carbonatisierung. Durchfeuchteter, nahezu wassergesättigter Beton nimmt praktisch fast kein CO_2 auf (siehe erste Phase der Carbonatisierung). Es findet keine Carbonatisierung statt. Gleiches gilt für eine relative Luftfeuchtigkeit von 100%.

Der Diffusionskoeffizient von CO_2 beträgt
- im Gasraum $1{,}5 \cdot 10^{-8}$ m^2/s und
- in Wasser $0{,}8 \ldots 5 \cdot 10^{-12}$ m^2/s.

Das bedeutet, dass die Diffusion im Gasraum etwa 10.000-mal schneller als die Diffusion im Wasser verläuft, d.h. in wassergefüllten Poren findet eine extrem langsame Diffusion statt.

Vollständig trockener Zementstein carbonatisiert ebenfalls nicht, da ohne eine gewisse Feuchtigkeit die chemische Reaktion der Carbonatisierung nicht ablaufen kann (siehe zweite Phase der Carbonatisierung). Bei extrem trockener Umgebung mit relativen Luftfeuchtigkeiten unter 30% läuft der Carbonatisierungsvorgang auch extrem langsam ab.

Die maximale Carbonatisierungsgeschwindigkeit tritt bei relativen Luftfeuchten zwischen 60 und 80% auf. Das entspricht in etwa den mitteleuropäischen Bedingungen.

Das sich bei der Carbonatisierungsreaktion abspaltende Wasser wird durch Diffusion schnell entfernt und wirkt sich nicht auf den weiteren Carbonatisierungsablauf aus.

Aus den genannten Zusammenhängen ist ersichtlich, dass dem Niederschlag im Freien ausgesetzter Beton langsamer carbonatisiert als Beton, der sich zwar im Freien befindet, aber vor Niederschlag geschützt ist. Das durch den Niederschlag aufgenommene Wasser behindert den CO_2-Transport und die Carbonatisierung kann erst dann wieder beginnen, wenn das Wasser verdunstet ist (Abbildungen 2.21 bis 2.23).

Bei Beton in Innenräumen ist die Carbonatisierungstiefe größer als bei dem der Witterung ausgesetzten. Das Verhältnis der Carbonatisierungstiefen von Beton bei unterschiedlichen Umgebungsbedingungen lautet wie folgt:

Innenkonstruktion : geschützte Außenkonstr. : durchfeuchtete Außenkonstr.
       1   :   0,5   :   0,2 ... 0,3

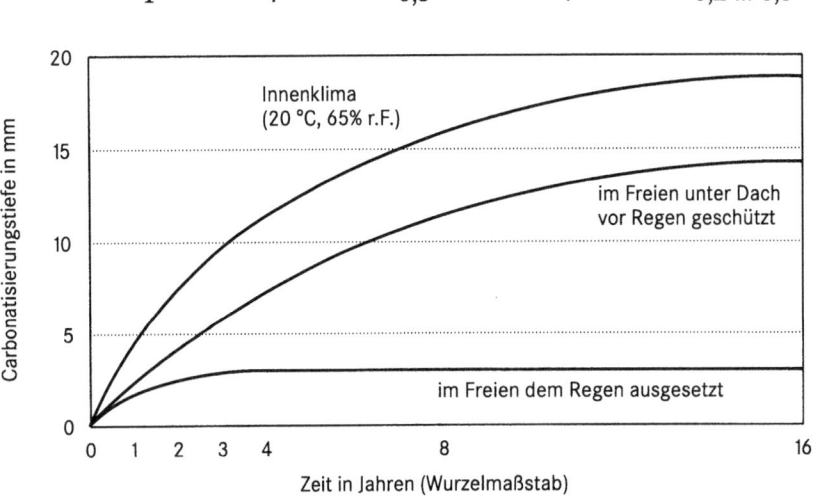

Abb. 2.21: Prinzipielle Entwicklung der Carbonatisierungstiefen bei unterschiedlichen Umgebungsbedingungen (nach Bakker/Roessink)

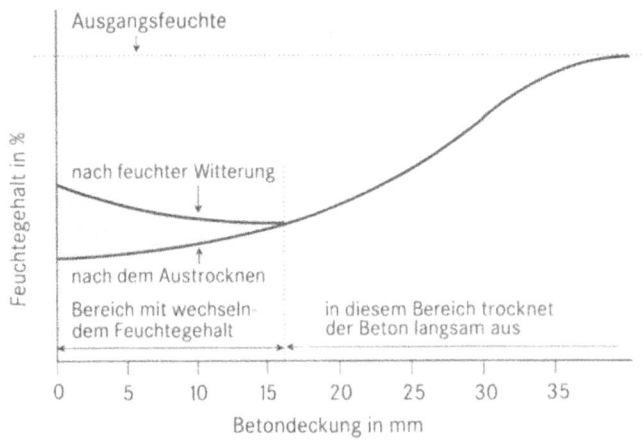

Abb. 2.22: Verlauf des Feuchtegehaltes von Beton im Freien vor Niederschlag geschützt (nach BAKKER/ROESSINK)

2.8 Einflussfaktoren auf die Carbonatisierung

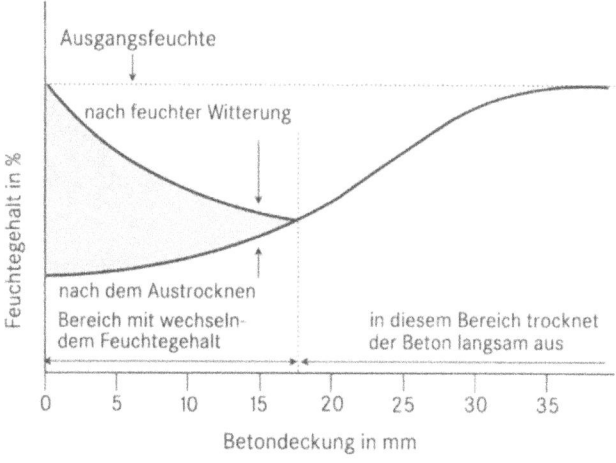

Abb. 2.23: Verlauf des Feuchtegehaltes von Beton im Freien dem Niederschlag ausgesetzt (nach Bakker/Roessink)

2.8.3 w/z-Wert

Der w/z-Wert nimmt in bezug auf die durch die Carbonatisierungsgeschwindigkeit und -tiefe charakterisierte Dauerhaftigkeit von Beton eine dominante Stellung ein. Mit steigendem w/z-Wert erhöht sich der Kapillarporenraum und damit die Gasdurchlässigkeit des Zementsteins.

Das Verhältnis zwischen Carbonatisierungstiefe und w/z-Wert lässt sich in eine lineare Funktion überführen (Abbildung 2.24)

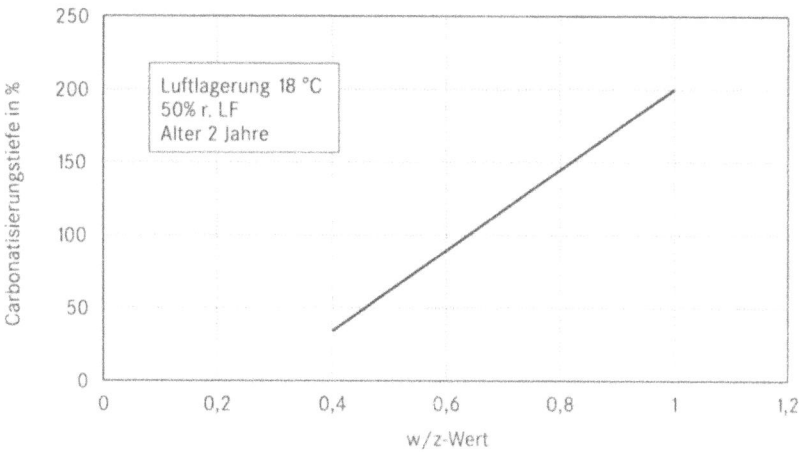

Abb. 2.24: Carbonatisierungstiefe in Abhängigkeit vom w/z-Wert (nach MEYER ET AL.)

Bei einem w/z-Wert < 0,4 geht die Carbonatisierung praktisch gegen Null !

Da zwischen der Carbonatisierungstiefe y und dem w/z-Wert eine lineare Abhängigkeit

$$y \sim w/z$$

und eine Abhängigkeit zwischen Betondruckfestigkeit β_D und dem w/z-Wert in der Form

$$\beta_D \sim 1/\,w/z$$

vorliegt, besteht eine Beziehung zwischen Carbonatisierungstiefe y und der Betondruckfestigkeit (Abbildung 2.25)

$$y \sim 1/\,\beta_D$$

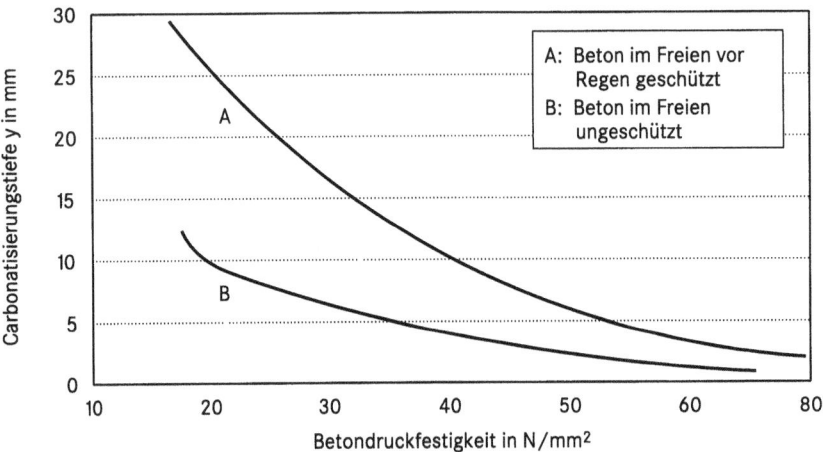

Abb. 2.25: Endcarbonatisierungstiefe in Abhängigkeit von der Betondruckfestigkeit β_{W90} (nach SCHIESSL 1976)

2.8.4 Zementart

Einen entscheidenden Einfluss auf den Carbonatisierungsfortschritt haben Zementgehalt und Zementart.

Je größer die Menge des bei der Hydratation der Portlandzement-Klinkerphasen C_3S und C_2S gebildeten $Ca(OH)_2$ ist, um so mehr CO_2 wird gebunden, bevor die Carbonatisierungsfront weiter fortschreitet. Hinzu kommt, dass die bei der Carbonatisierung entstehenden neuen Phasen insgesamt ein größeres Volumen einnehmen als die ursprünglich vorhandenen, wodurch die Porosität des Zementsteins in der carbonatisierten Zone verringert und der Diffusionswiderstand erhöht wird [BIER; KOELLIKER]. Unter sonst gleichen Bedingungen ist bei Verwendung von Zementen mit hohem Klinkeranteil (CEM I) ein langsamerer Carbonatisierungsfortschritt zu beobachten als bei Zementen mit vermindertem Klinkeranteil (CEM II und CEM III) (Tabelle 2.3. und Abbildung 2.26).

2.8 Einflussfaktoren auf die Carbonatisierung

Tab. 2.3: Einfluss der Zementart auf die Carbonatisierungstiefe

Zementart	relative Carbonatisierungstiefe bei $w/z = 0{,}6$
Portlandzement frühhochfest	0,7
Portlandzement normal	1,0
Portlandzement niedrige Hydratationswärme	1,1
Portlandhüttenzement (30% Hüttensandgehalt)	1,3
Portlandpuzzolanzement	1,3
Hochofenzement (70% Hüttensandgehalt)	1,6

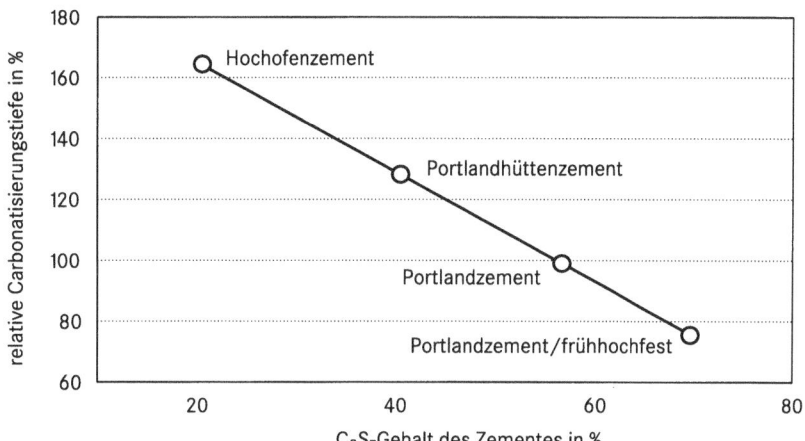

Abb. 2.26: Carbonatisierungstiefe in Abhängigkeit vom C_3S-Gehalt des Zementes (nach KRENKLER)

Der Carbonatisierungsfortschritt wird auch vom Alkaligehalt des Zements beeinflusst [RESCHKE/GRÄF]. Die Abbildung 2.27 zeigt, dass die Carbonatisierungstiefe mit steigendem Alkaligehalt kleiner wird und damit den Carbonatisierungsfortschritt hemmt. Diese Abhängigkeit ist im wesentlichen auf die schnellere Anfangshydratation alkalireicher Zemente zurückzuführen, wodurch das Mörtelgefüge frühzeitig dicht wird und die Carbonatisierung von Beginn an langsamer verläuft.

Betone auf der Basis von Tonerdezement (TZ) weisen im Vergleich zu Betonen mit Portlandzement innerhalb des gleichen Zeitraums eine 2–3-mal größere Carbonatisierungstiefe auf [NÜRNBERGER]. Spektakuläre Schadensfälle an Spannbetonkonstruktionen aus TZ waren das auslösende Moment für intensive Forschungsarbeiten zur Carbonatisierung von TZ-Betonen.

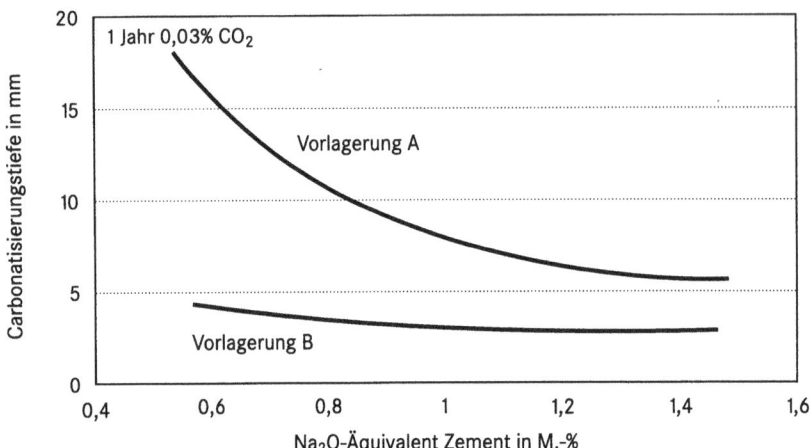

Abb. 2.27: Zusammenhang zwischen dem Na_2O-Äquivalent von Zementen und der Carbonatisierungstiefe (nach RESCHKE/GRÄF); Vorlagerung A: 1 d Form abgedeckt, 1 d Feuchtraum bei 20 °C, 26 d im Klimaraum 20 °C, 65% r. F.; Vorlagerung B: 1 d Form abgedeckt, 1 d Feuchtraum bei 20 °C, 26 d in Edelstahlfolie bei 20 °C

2.8.5 Nachbehandlung

Der Nachbehandlung des Betons durch Feuchthalten nach dem Entschalen (*curing*) kommt im Hinblick auf die Oberflächenqualität und damit auf den Carbonatisierungsfortschritt und die Carbonatisierungstiefe eine besondere Bedeutung zu.

Ohne ausreichende Nachbehandlung kann die für den vollständigen Hydratationsprozess notwendige Wassermenge nicht gesichert werden. Dies führt zu einem porösen Betongefüge, das dann durch den geringen Diffusionswiderstand gegenüber CO_2 den Carbonatisierungsfortschritt beschleunigt.

Der negative Einfluss einer ungenügenden Nachbehandlung wirkt sich besonders bei langsam erhärtenden Zementen (Hochofenzementen) aus.

Die Randzone des Betons ist bei der Herstellung und während der Nutzungsdauer des Bauwerks anderen Bedingungen und schärferen Beanspruchungen ausgesetzt als der Kernbeton. Für die Dauerhaftigkeit von Stahlbetonbauteilen ist die Beschaffenheit der Randzone sehr wichtig [MEYER].

Die **Randzone** des Betons (Betonoberfläche, oberflächennahe Schicht) ist die **entscheidende Schicht** hinsichtlich der Carbonatisierungstiefe des Betons!

Eine Erhöhung der Qualität der Betonrandschicht ist durch den Einsatz saugfähiger und wasserabführender Schalungsbahnen (z.B. Zemdrain) möglich. Durch solche Schalungen wird der wirksame *w/z*-Wert und die Kapillarporosität der oberflächennahen Betonschicht deutlich gesenkt, wodurch der Widerstand gegen die Carbonatisierung steigt (Abbildung 2.28). Insbesondere für Hochofenzemente ist diese Maßnahme zu empfehlen (Abbildung 2.29).

2.8 Einflussfaktoren auf die Carbonatisierung

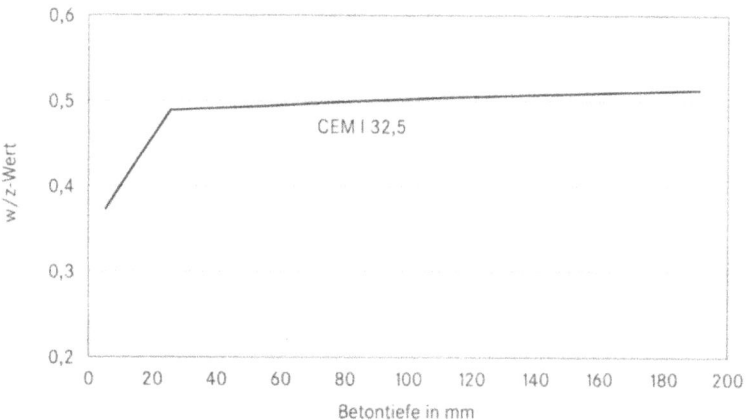

Abb. 2.28: Einfluss einer saugenden Schalungsbahn auf den wirksamen w/z-Wert

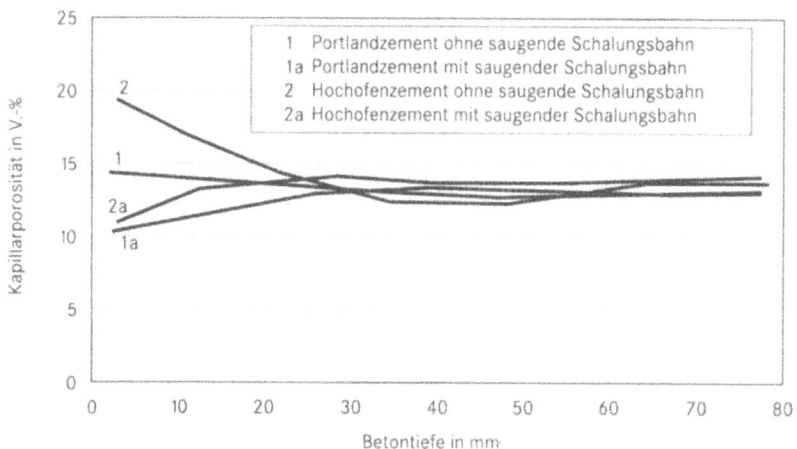

Abb. 2.29: Einfluss einer saugenden Schalungsbahn auf die Kapillarporosität

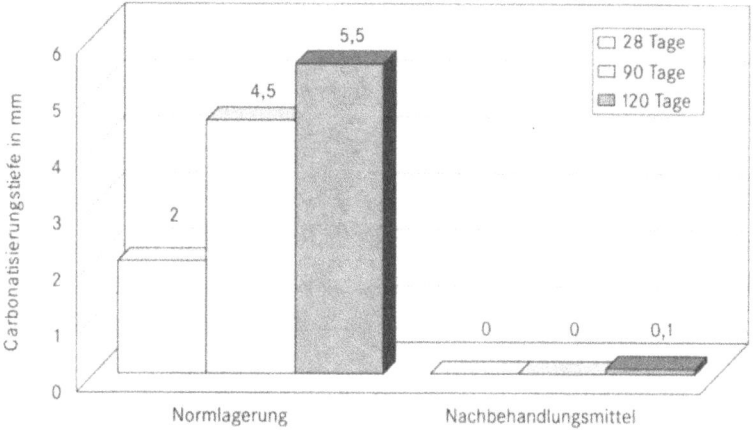

Abb. 2.30: Einfluss eines Nachbehandlungsmittels (Basis aliphatische Kohlenwasserstoffe) auf die Carbonatisierungstiefe von Beton mit CEM III/B 32,5 NW-HS

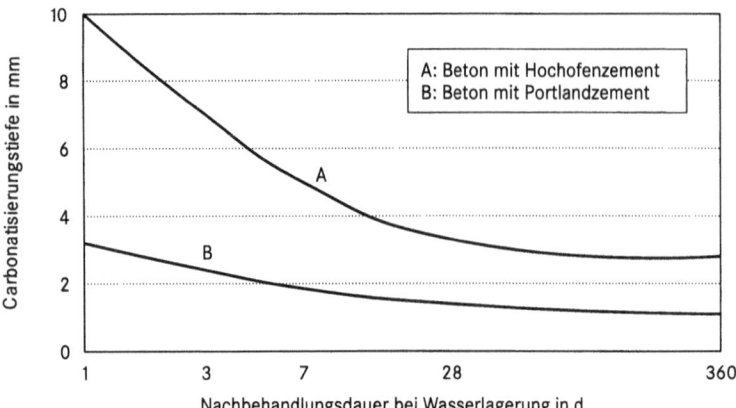

Abb. 2.31: Einfluss der Nachbehandlungsdauer auf die Carbonatisierungstiefe von Beton bei einem konstanten w/z-Wert = 0,60

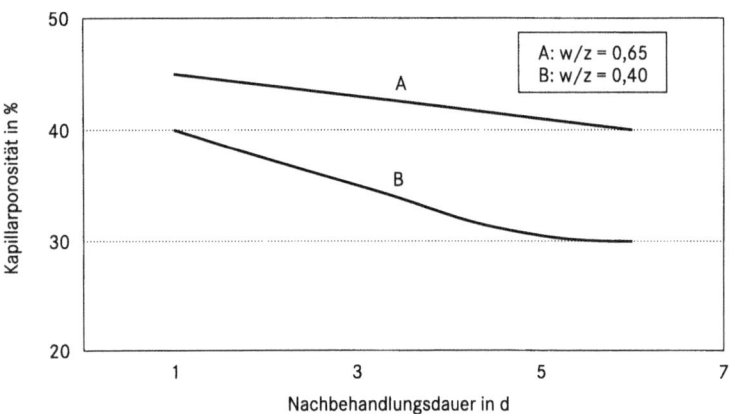

Abb. 2.32: Einfluss der Nachbehandlungsdauer auf die Kapillarporosität von Zementstein aus CEM I 32,5 R (nach BIER)

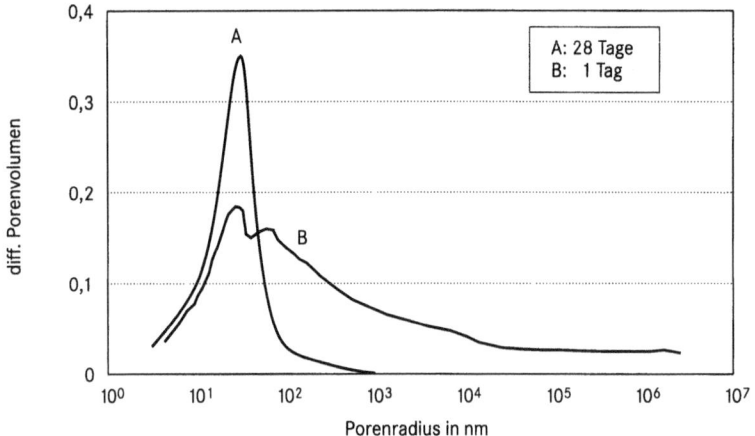

Abb. 2.33: Einfluss der Nachbehandlungsdauer auf die Porenradienverteilung von Zementstein (nach BIER)

2.8 Einflussfaktoren auf die Carbonatisierung

Chemische Nachbehandlungsmittel und ausreichende Nachbehandlungsdauer üben einen sehr günstigen Einfluss auf die Verrrringerung der Carbonatisierungsgeschwindigkeit aus (Abbildungen 2.30 und 2.31). Die Nachbehandlung hat insbesondere Einfluss auf die Kapillarporosität (Abbildungen 2.32 und 2.33).

Nach DIN 1045-3 werden zur Nachbehandlung und zum Schutz des Betons nach dem Betonieren folgende Maßnahmen vorgesehen:

Allgemeines

Während der ersten Tage der Hydratation ist der Beton, falls nicht anders festgelegt, nachzubehandeln und gegebenenfalls zu schützen, um:
* das Frühschwinden gering zu halten;
* eine ausreichende Festigkeit der Betonoberfläche sicherzustellen;
* eine ausreichende Dauerhaftigkeit der Betonrandzone sicherzustellen;
* das Gefrieren zu verhindern;
* schädliche Erschütterungen, Stoß oder Beschädigung zu vermeiden.

Nachbehandlungsverfahren

* Die Nachbehandlungsverfahren müssen sicherstellen, dass ein übermäßiges Verdunsten von Wasser über die Betonoberfläche verhindert wird.
* Eine ausreichende Nachbehandlung ist gegeben, wenn infolge natürlicher Bedingungen während der ersten Tage der Hydratation die Verdunstung über die Betonoberfläche nur gering ist (z.B. bei feuchtem, regnerischem oder nebligem Wetter). Dies ist der Fall, wenn die relative Luftfeuchte 85% nicht unterschreitet.
* Folgende Verfahren sind sowohl allein als auch in Kombination für die Nachbehandlung geeignet:
  - Belassen in der Schalung,
  - Abdecken der Betonoberfläche mit dampfdichten Folien, die an Kanten und Stößen gegen Durchzug gesichert sind,
  - Auflegen von wasserspeichernden Abdeckungen unter ständigem Feuchthalten bei gleichzeitigem Verdunstungsschutz,
  - Anwendung von Nachbehandlungsmitteln mit nachgewiesener Eignung,
  - Aufrechterhalten eines sichtbaren Wasserfilms auf der Betonoberfläche (z.B. durch Besprühen, Fluten).
* Andere Nachbehandlungsverfahren können angewendet werden, wenn sie die Anforderungen erfüllen, dass ein übermäßiges Verdunsten von Wasser über die Betonoberfläche verhindert wird.

Beginn der Nachbehandlung

* Nach Abschluss des Verdichtens und gegebenenfalls der Oberflächenbearbeitung des Betons ist die Oberfläche sobald als möglich nachzubehandeln.

Nachbehandlungsdauer

♦ Die Nachbehandlungsdauer hängt von der Entwicklung der Betoneigenschaften in der Randzone ab.

♦ Bei Umweltbedingungen entsprechend den Expositionsklassen X0 und XC1 nach DIN EN 206-1 (z.B. für Innenbauteile) ist mindestens einen halben Tag nachzubehandeln. Bei mehr als 5 Stunden Verarbeitbarkeitszeit ist die Nachbehandlungsdauer angemessen zu verlängern. Bei Temperaturen der Betonoberfläche unter 5 °C ist die Nachbehandlungsdauer um die Zeit zu verlängern, während der die Temperatur unter 5 °C lag.

♦ Für andere Expositionsklassen als X0 und XC1 nach DIN EN 206-1 unter gemäßigten Klimabedingungen, d.h. 65 bis 85% relative Luftfeuchte, muss der Beton solange nachbehandelt werden, bis die Festigkeit der Oberfläche 50% der charakteristischen Festigkeit des verwendeten Betons erreicht hat. Diese Forderung ist in Tabelle 2.4 in eine entsprechende Mindestdauer der Nachbehandlung umgesetzt. Ein genauer Nachweis ist möglich.

♦ Für andere Klimabedingungen als 65 bis 85% relative Luftfeuchte sind von Tabelle 2.4 abweichende Nachbehandlungszeiten möglich oder erforderlich.

♦ Für Betonoberflächen mit hohem Widerstand gegen Abrieb oder Betonoberflächen, die anderen, in der Projektbeschreibung vorgegebenen Umwelteinwirkungen ausgesetzt sind, ist das Festigkeitsverhältnis nach Tabelle 2.4 um einen Wert anzuheben, der in den bautechnischen Unterlagen anzugeben ist.

Tab. 2.4: Mindestdauer der Nachbehandlung bei anderen Expositionsklassen als X0 und XC1 nach E DIN 1045-2 für 65 bis 85% relative Luftfeuchte

Oberflächentemperatur ϑ in °C	Mindestdauer der Nachbehandlung in Tagen [1]			
	Festigkeitsentwicklung des Betons [3] $r = f_{cm2}/f_{cm28}$ [4]			
	$r \geq 0{,}50$	$r \geq 0{,}30$	$r \geq 0{,}15$	$r < 0{,}15$
$\vartheta \geq 25$	1	2	2	3
$25 > \vartheta \geq 15$	1	2	4	5
$15 > \vartheta \geq 10$	2	4	7	10
$10 > \vartheta \geq 5$ [2]	3	6	10	15

Bemerkung:

[1] Bei mehr als 5 Stunden Verarbeitbarkeitszeit ist die Nachbehandlungsdauer angemessen zu verlängern.

[2] Bei Temperaturen unter 5 °C ist die Nachbehandlungsdauer um die Zeit zu verlängern, während der die Temperatur unter 5 °C lag.

[3] Die Festigkeitsentwicklung des Betons wird durch das Verhältnis r der Mittelwerte der Druckfestigkeiten nach 2 Tagen und nach 28 Tagen (ermittelt nach DIN 1048-5) beschrieben, das bei der Eignungsprüfung oder auf der Grundlage eines bekannten Verhältnisses von Beton vergleichbarer Zusammensetzung ermittelt wurde.

[4] Eine lineare Interpolation zwischen den Spalten der r-Werte ist zulässig.

2.8 Einflussfaktoren auf die Carbonatisierung

Nachbehandlungsmittel
- Nachbehandlungsmittel sind in der Regel nicht zulässig in Arbeitsfugen, für Oberflächen, die beschichtet werden sollen, oder für Oberflächen, an denen ein Verbund zu anderen Materialien erforderlich ist. In diesen Fällen ist entweder nachzuweisen, dass keine nachteilige Auswirkung auf die nachfolgenden Arbeiten besteht, oder die Nachbehandlungsmittel sind vollständig von der Betonoberfläche zu entfernen.

2.8.6 Zuschläge, Zusatzmittel, Zusatzstoffe

Betone mit Leichtzuschlägen haben im Vergleich zum Normalzuschlag infolge der Porosität der Zuschläge einen geringeren Widerstand gegenüber dem Eindringen von CO_2 und Luftfeuchtigkeit [KIDOKORO/TOMITA]. Der Carbonatisierungsfortschritt ist größer als bei Normalbetonen. Einfluss auf die Carbonatisierungstiefe haben Sieblinie und das Größtkorn des Zuschlags.

Der Einfluss von Betonzusatzmitteln auf die Carbonatisierung ist z.T. widersprüchlich [ECKLER/BERGHOLZ].

Verflüssiger sollen positiv wirksam sein, d.h. den Carbonatisierungsfortschritt verzögern und Luftporenbildner sollen ungünstig wirken und ähnliche Effekte wie ein höherer Anteil Anmachwasser haben. Es liegen aber auch Erfahrungen mit positiven Auswirkungen vor.

Der Einfluss von Zusatzstoffen (z.B. Flugaschen) wirkt sich bei sachgerechter Betonherstellung und ausreichender Nachbehandlung verzögernd auf die Carbonatisierung aus [SCHIESSL 1990]. Die puzzolanische Reaktion von Flugaschen führt zu einer Verdichtung des Porengefüges und damit zu einer Reduzierung der Durchlässigkeit des Betons gegenüber CO_2 und Feuchtigkeit. Es besteht bis zu einem Flugaschegehalt von 60 M.-% keine Gefahr des Verlustes der Alkalität, bzw. einer kritischen Verringerung des pH-Wertes der Porenlösung [MENG/WIENS].

2.8.7 Temperatur und thermodynamische Aspekte

Temperatur

Die Temperatur nimmt über mehrere Faktoren Einfluss auf den Carbonatisierungsverlauf, wobei die Wirkung einer Temperaturänderung von der betrachteten Phase der Carbonatisierung abhängt.

Die Löslichkeit von $Ca(OH)_2$ in Wasser ist in Abhängigkeit von der Temperatur in Abbildung 2.34 dargestellt. Mit fallender Temperatur steigt demnach die $Ca(OH)_2$-Konzentration in der Porenlösung an. Dies hat eine Begünstigung der Carbonatisierung bei niedriger Temperatur zur Folge.

Im Gegensatz dazu verschlechtert sich durch die langsame Molekülbewegung bei niedrigen Temperaturen mit sinkender Temperatur die CO_2-Diffusion in den Zementstein. Außerdem existieren bei niedrigen Temperaturen meist sehr hohe relative Luftfeuchten. Das ist darauf zurückzuführen, dass bei konstanter absoluter Feuchte und sinkender Temperatur die relative Feuchte zunimmt. Durch die höhere relative Feuchte ist in den Zementsteinporen mehr Wasser und weniger Luft enthalten. Das bewirkt ebenfalls eine Verschlechterung der CO_2-Diffusion. Im üblichen Temperaturbereich ist keine starke Abhängigkeit der Carbonatisierungsgeschwindigkeit von der Temperatur festzustellen.

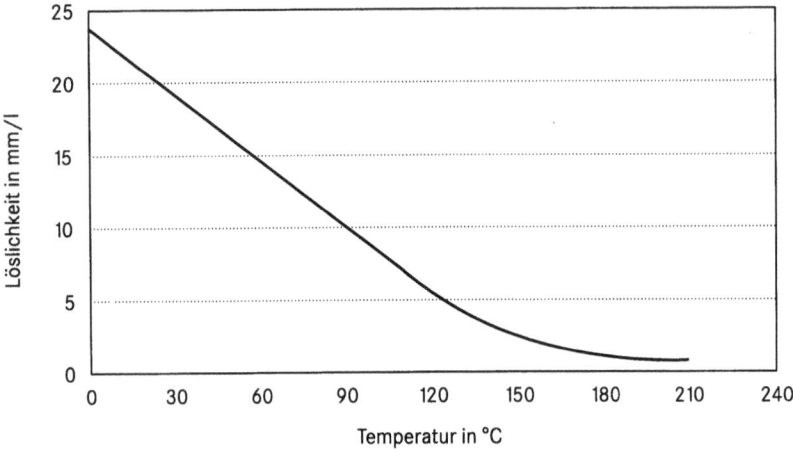

Abb. 2.34: Löslichkeit von $Ca(OH)_2$ in Wasser in Abhängigkeit von der Temperatur (nach OSIN)

Thermodynamische Aspekte

Die Thermodynamik (griechisch: *thermos* = warm, heiß; *dynamos* = Kraft) ist ein Teilgebiet der physikalischen Chemie, das sich mit der Untersuchung der Gesetzmäßigkeiten der Umwandlung von Wärme in andere Energieformen und umgekehrt beschäftigt. Die chemische Thermodynamik ist die Anwendung thermodynamischer Methoden auf chemische Prozesse. Zusammen mit der Kinetik kann die Thermodynamik die Gesamtheit der komplizierten Erscheinungen bei chemischen Umsetzungen und Phasenumwandlungen erfassen. Aber im Unterschied zur Kinetik, die die Geschwindigkeit chemischer Reaktionen, also die Stoffumwandlung mit der Zeit, betrachtet, beschäftigt sich die Thermodynamik mit Gleichgewichten und überlässt der Kinetik die Lösung der Frage, auf welchem Wege, mit welcher Geschwindigkeit und mit welchem Reaktionsmechanismus sie sich einstellen [BABUSCHKIN ET AL. 1965].

Mit Hilfe der Thermodynamik können festgestellt werden:
* die energetische Wahrscheinlichkeit und die Richtung des Verlaufs einer Reaktion,
* Wärmeumsätze bei Reaktionen, die die Berechnung der Wärmebilanzen von Prozessen ermöglichen,
* die Bevorzugung von Reaktionen und die Beständigkeit der sich bildenden Verbindungen,
* die maximale Gleichgewichtskonzentration der Reaktionsprodukte und ihre maximale Ausbeute,

2.8 Einflussfaktoren auf die Carbonatisierung

- die Wege zur Unterdrückung unerwünschter Reaktionen und zur Fernhaltung von Nebenprodukten,
- die Wahl optimaler Reaktionsbedingungen (Temperatur, Druck und Konzentration).

Der Ablauf der Carbonatisierungsreaktionen kann aus thermodynamischer Sicht über die freien Reaktionsenthalpien ΔG_R^T bei verschiedenen Temperaturen berechnet werden. Je negativer dabei der Wert für ΔG_R^T ist, desto wahrscheinlicher ist der Reaktionsablauf. Wenn ΔG_R^T größer als 0 wird, läuft die Reaktion unter den gegebenen Bedingungen nicht ab.

Grundsätzlich carbonatisieren aus thermodynamischer Sicht alle Hydratationsprodukte.

Bei Raumtemperatur sind im System Zementstein-CO_2 nur Calcit ($CaCO_3$), Quarz (SiO_2) und Gibbsit ($Al(OH)_3$) thermodynamisch stabile feste Phasen.

Die nachfolgend ermittelten Werte für Temperaturen von +25 °C und –5 °C sind nicht als absolut verbindlich für den Reaktionsablauf anzusehen, da chemische Reaktionen außer durch die Thermodynamik noch durch andere Faktoren beeinflusst werden.

Berechnung der thermodynamischen Wahrscheinlichkeit der Carbonatisierungsreaktionen

Grundbegriffe und Zeichen der Thermodynamik, die bei den folgenden Berechnungen verwendet werden:

T Temperatur (absolute Temperatur in K).

H Enthalpie (Wärmeinhalt):
Bezeichnung für diejenige Wärmemenge, die beim Aufbau einer Verbindung aus den Elementen frei wird (= exotherme Reaktion) oder verbraucht wird (= endotherme Reaktion). Definitionsgemäß wird die von einem System abgegebene Wärmemenge mit einem „–" versehen.

S Entropie (Maß für den Ordnungszustand eines Systems: gasförmig, flüssig oder fest).

G freie Reaktionsenthalpie (Gibbssches Potential):
Isobares Potential des Prozesses, das den maximalen Teil der Energie des Systems darstellt, der in Arbeit überführt werden kann

(H, S und G sind Zustandsgrößen, deren Änderung durch einen Anfangs- und Endzustand gekennzeichnet sind, wobei der Energiebeitrag der Entropie **nicht nutzbar** ist)

c_p spezifische Wärmekapazität:
Verhältnis der dem System mitgeteilten Wärmemenge zur beobachteten Temperaturerhöhung

a, b, c Stoffspezifische Tabellenwerte für die Funktion $c_p = f(T)$

Exponenten:
T   bei der Temperatur T

Indizes:
R   Reaktionsstoffe
A   Ausgangsstoffe
E   Endprodukte

Berechnungsalgorithmus

Je nach den verschiedenen vorliegenden thermodynamischen Daten wird am zweckmäßigsten folgendes Berechnungsschema angewendet:

Notwendige Daten:

♦ Bildungsenthalpien der Ausgangsstoffe und der Endprodukte aus den Elementen unter Standardbedingungen ΔH^0_{298}

♦ Entropien der Ausgangsstoffe und Endprodukte unter Standardbedingungen S^0_{298}

♦ Gleichungen der Temperaturabhängigkeit der Wärmekapazität der Ausgangsstoffe und Endprodukte $c_p = f(T)$
Es werden tabellierte Näherungsgleichungen vom Typ $c_p = a + bT + cT^{-2}$ benutzt.

Gang der Rechnung

♦ Bestimmung der Reaktionsenthalpie bei 298 K

$$\Delta H^{298}_R = \sum \Delta H^{298}_E - \sum \Delta H^{298}_A$$

♦ Bestimmung der Entropie der Reaktion bei 298 K

$$\Delta S^{298}_R = \sum S^{298}_E - \sum S^{298}_A$$

♦ Bestimmung der Koeffizienten in der Gleichung der Temperaturabhängigkeit der Wärmekapazität

$$\Delta c_{p,R} = \sum c_{p,E} - \sum c_{p,A}$$

ausgedrückt in der Form $\Delta c_p = \Delta a + \Delta bT + \Delta cT^{-2}$

$$\Delta H^T_R = \Delta H^{298}_R + \int_{298}^{T} \Delta c_p \, dT = \Delta H^{298}_R + \int_{298}^{T} \Delta a \, dT + \int \Delta b \cdot T \, dT + \int \Delta c \cdot T^{-2} \, dT$$

$$\int_{298}^{T} \Delta c_p \, dT = \Delta aT + \frac{\Delta b \cdot T^2}{2} - \Delta c \cdot \frac{1}{T} \bigg|_{298}^{T}$$

2.8 Einflussfaktoren auf die Carbonatisierung

$$\Delta H_R^T = \Delta H_R^{298} + \Delta a(T-298) + \frac{\Delta b}{2}(T^2 - 298^2) - \Delta c\left(\frac{1}{T} - \frac{1}{298}\right)$$

$$\Delta S_R^T = \Delta S_R^{298} + \int_{298}^{T} \frac{\Delta c_p}{T} dT = \Delta S_R^{298} + \int \Delta a \frac{dT}{T} + \int \Delta b \cdot T \frac{dT}{T} + \int \frac{\Delta c}{T^2} \frac{dT}{T}$$

$$\int_{298}^{T} \Delta c_p \, dT = \Delta a \cdot \ln T + \Delta b \cdot T - \frac{\Delta c}{2T^2} \Big|_{298}^{T}$$

$$\Delta S_R^T = \Delta S_R^{298} + \Delta a \ln \frac{T}{298} + \Delta b(T-298) - \frac{\Delta c}{2}\left(\frac{1}{T^2} - \frac{1}{298^2}\right)$$

Zwischen ΔG, ΔH und ΔS besteht folgender Zusammenhang (Gleichung von Gibbs-Helmholtz):

$$\Delta G_R^T = \Delta H_R^T - T \cdot \Delta S_R^T$$

Wenn ΔH und ΔS bekannt sind, kann ΔG bestimmt werden.

Die freien Reaktionsenthalpien G_R^T der Zementsteinphasen lassen sich nach dem angeführten Berechnungsalgorithmus und den stoffspezifischen Werten nach Tabelle 2.5 wie folgt berechnen (Beispiel für +25 °C und –5 °C):

Tab. 2.5: Werte für die Berechnung (nach BABUSCHKIN ET AL. 1986)

Formel der Verbindung	$-\Delta H_0^{298}$ [kJ/mol]	S_0^{298} [J/mol·K]	$c_p = f(T)$ für J/mol·K		
			a	$b \cdot 10^3$	$c \cdot 10^{-5}$
Al(OH)$_3$	1292,9	68,4	36,2	190,9	–
CaCO$_3$	1207,7	92,9	104,6	21,9	–26,0
C$_3$AH$_6$	5551,7	404,9	288,5	532,4	–
C$_2$AH$_8$	5439,5	445,5	286,5	642,5	–
C$_4$AH$_{19}$	10094,4	954,6	512,3	1649,6	–
Ca(OH)$_2$	985,3	83,4	79,8	45,2	–
C$_2$SH$_{1,17}$	2667,6	160,8	173,3	93,8	–31,0
C$_3$S$_2$H$_3$	4786,4	312,3	341,4	188,8	–61,4
C$_5$S$_6$H$_{5,5}$	10702,7	611,9	463,1	791,3	–
C$_3$A	3563,0	205,6	260,8	19,2	–50,6
C$_3$A·C$\overline{\text{S}}$·H$_{12}$	8777,4	747,8	476,4	1033,5	–
C$_3$A·3C$\overline{\text{S}}$·H$_{32}$	17590,1	1748,4	870,9	3102,1	–
CaSO$_4$·2H$_2$O	2024,0	194,1	91,4	318,2	–
CO$_2$	393,8	213,8	44,2	9,0	–8,5
H$_2$O	286,0	70,0	53,0	47,7	7,2
SiO$_2$	911,7	41,9	47,0	34,3	–11,3

Beispiel:

$$C_3AH_6 + 3\,CO_2 \rightarrow 3\,CaCO_3 + 2\,Al(OH)_3 + 3\,H_2O$$

$$= \frac{1}{3}C_3AH_6 + CO_2 \rightarrow CaCO_3 + \frac{2}{3}Al(OH)_3 + H_2O$$

(Ausgangsstoffe A) (Endprodukte E)

Berechnung von ΔH_R^{298}

$$\begin{aligned}
\Delta H_R^{298} &= \sum \Delta H_E^{298} - \sum \Delta H_A^{298} \\
&= \left[(-1207{,}7) + \left(-\frac{2}{3} \cdot 1292{,}9\right) + (-286{,}0)\right] - \left[\left(-\frac{1}{3} \cdot 5551{,}7\right) + (-393{,}8)\right] \\
&= (-2355{,}6) - (-2244{,}4) \\
&= -111{,}2 \text{ kJ/mol}
\end{aligned}$$

Berechnung von ΔS_R^{298}

$$\begin{aligned}
\Delta S_R^{298} &= \sum \Delta S_E^{298} - \sum \Delta S_A^{298} \\
&= \left(92{,}9 + \frac{2}{3} \cdot 68{,}4 + 70{,}0\right) - \left(\frac{1}{3} \cdot 404{,}9 + 213{,}8\right) \\
&= 208{,}5 - 348{,}8 \\
&= -140{,}3 \text{ J/mol} \cdot \text{K}
\end{aligned}$$

Berechnung von $\Delta c_{p,R}$

$$\begin{aligned}
\Delta c_{p,R} &= \sum c_{p,E} - \sum c_{p,A} \\
&= \Delta a + \Delta b \cdot T + \Delta c \cdot T^2
\end{aligned}$$

$$\begin{aligned}
\Delta a &= \sum a_E - \sum a_A \\
&= \left(104{,}6 + \frac{2}{3} \cdot 36{,}2 + 53{,}0\right) - \left(\frac{1}{3} \cdot 288{,}5 + 44{,}2\right) \\
&= 181{,}7 - 140{,}4 \\
&= \mathbf{41{,}3}
\end{aligned}$$

$$\begin{aligned}
\Delta b &= \sum b_E - \sum b_A \\
&= \left[10^{-3}\left(21{,}9 + \frac{2}{3} \cdot 190{,}9 + 47{,}7\right) - \left(\frac{1}{3} \cdot 532{,}4 + 9{,}0\right)\right] \\
&= (196{,}9 - 186{,}5) \cdot 10^{-3} \\
&= \mathbf{10{,}4 \cdot 10^{-3}}
\end{aligned}$$

2.8 Einflussfaktoren auf die Carbonatisierung

$$\Delta c = \sum c_E - \sum c_A$$
$$= 10^5 \left[\left(-26{,}0 + \frac{2}{3} \cdot 0 + 7{,}2 \right) - \left(\frac{1}{3} \cdot 0 + (-8{,}5) \right) \right]$$
$$= -10{,}3 \cdot 10^5$$

bei 25 °C:

$$\Delta G_R^{298} = \Delta H_R^T - T \cdot \Delta S_R^T$$
$$= -111{,}2 - 298 \cdot (-140{,}3)$$
$$= -111200 \, J/mol + 41809{,}4 \, J/mol$$
$$= -69390{,}6 \, J/mol$$
$$= \mathbf{-69{,}39 \, kJ/mol}$$

bei −5 °C:

$$\Delta H_R^{268} = \Delta H_R^{298} + \Delta a (T - 298) + \frac{\Delta b}{2}(T^2 - 298^2) - \Delta c \left(\frac{1}{T} - \frac{1}{298} \right)$$
$$= -111{,}2 + 41{,}3 \cdot T + \frac{10{,}4 \cdot 10^{-3}}{2} \cdot T^2 - \frac{-10{,}3}{T} \cdot 10^5 \Big|_{298}^{268}$$
$$= -111200 + \left[(41{,}3 \cdot 268) + \left(\frac{10{,}4 \cdot 268^2}{2 \cdot 10^3} \right) - \left(\frac{-10{,}3 \cdot 10^5}{268} \right) \right] -$$
$$\left[(41{,}3 \cdot 298) + \left(\frac{10{,}4 \cdot 298^2}{2 \cdot 10^3} \right) - \left(\frac{-10{,}3 \cdot 10^5}{298} \right) \right]$$
$$= -111200 + [11068{,}4 + 373{,}5 + 3843{,}3] - [12307{,}4 + 461{,}8 + 3456{,}4]$$
$$= -111200 + (-940{,}4)$$
$$= -112140{,}4$$
$$= \mathbf{-112{,}14 \, kJ/mol}$$

$$\Delta S_R^{268} = \Delta S_R^{298} + \Delta a \ln \frac{T}{298} + \Delta b (T - 298) - \frac{\Delta c}{2} \left(\frac{1}{T^2} - \frac{1}{298^2} \right)$$
$$= -140{,}3 + \left[(41{,}3 \cdot \ln 268) + \left(\frac{10{,}4 \cdot 268}{10^3} \right) - \left(\frac{-10{,}3 \cdot 10^5}{268^2} \right) \right] -$$
$$\left[(41{,}3 \cdot \ln 298) + \left(\frac{10{,}4 \cdot 298}{10^3} \right) - \left(\frac{-10{,}3 \cdot 10^5}{2 \cdot 298^2} \right) \right]$$
$$= -140{,}3 + [41{,}3 \cdot 5{,}59 + 2{,}787 + 7{,}17] - [41{,}3 \cdot 5{,}697 + 3{,}10 + 5{,}79]$$
$$= -140{,}3 + 240{,}86 - 244{,}18$$
$$= \mathbf{-143{,}62 \, J/mol \cdot K}$$

$$\Delta G_R^{298} = \Delta H_R^T - T \cdot \Delta S_R^T$$
$$= -112140,4 - 298 \cdot (-143,62)$$
$$= -73,65 \text{ kJ / mol}$$

Nach diesem Berechnungsschema lassen sich die freien Reaktionsenthalpien weiterer Zementsteinphasen bei den angenommenen Temperaturen von +25 °C und −5 °C ermitteln.

$C_2AH_8 + 2\ CO_2 \rightarrow 2\ CaCO_3 + 2\ Al(OH)_3 + 5\ H_2O$

$C_4AH_{19} + 4\ CO_2 \rightarrow 4\ CaCO_3 + 2\ Al(OH)_3 + 16\ H_2O$

$Ca(OH)_2 + CO_2 \rightarrow CaCO_3 + H_2O$

$C_2SH_{1,17} + 2\ CO_2 \rightarrow 2\ CaCO_3 + SiO_2 + 1,17\ H_2O$

$C_3S_2H_3 + 3\ CO_2 \rightarrow 3\ CaCO_3 + 2\ SiO_2 + 3\ H_2O$

$C_5S_6H_{5,5} + 5\ CO_2 \rightarrow 5\ CaCO_3 + 6\ SiO_2 + 5,5\ H_2O$

$C_3A \cdot C\overline{S} \cdot H_{12} + 3\ CO_2 \rightarrow 3\ CaCO_3 + 2\ Al(OH)_3 + C\overline{S}H_2 + 7\ H_2O$

$C_3A \cdot 3\ C\overline{S} \cdot H_{32} + 3\ CO_2 \rightarrow 3\ CaCO_3 + 2\ Al(OH)_3 + 3\ C\overline{S}H_2 + 23\ H_2O$

Da die Wahrscheinlichkeit der Reaktion steigt, wenn der Wert für ΔG_R^T negativer wird, lässt sich eine Reihenfolge für den Ablauf der verschiedenen Carbonatisierungsreaktionen aufstellen (Tabelle 2.6). Dabei kann festgestellt werden, dass die thermodynamische Wahrscheinlichkeit für Carbonatisierungsreaktionen bei niedrigeren Temperaturen steigt. Eine Ausnahme bildet lediglich Ettringit.

Tab. 2.6: Freie Reaktionsenthalpie der Carbonatisierungsreaktionen einzelner Zementsteinphasen

Zementsteinphasen	ΔG_R^T in kJ/mol	
	bei 25 °C	bei −5 °C
$Ca(OH)_2$ (Portlandit)	−74,58	−78,61
$C_3S_2H_3$ (Afwillit)	−74,37	−78,24
C_2AH_8	−72,18	−75,29
C_3AH_6 (Hydrogranat)	−69,39	−73,65
C_4AH_{12} (Tetrahydrat)	−67,24	−68,78
$C_3A \cdot C\overline{S} \cdot H_{12}$ (Monosulfat)	−63,25	−66,26
$C_2SH_{1,17}$ (Hillebrandit)	−61,72	−65,94
$C_5S_6H_{5,5}$	−47,43	−50,96
$C_3A \cdot 3C\overline{S} \cdot H_{32}$ (Ettringit)	−50,79	−49,06

2.9 Schutz- und Instandsetzungsmaßnahmen gegen stahlbetongefährdende Carbonatisierung

2.9.1 Schutzmaßnahmen

Das Ziel von Schutzmaßnahmen für Stahlbetonkonstruktionen ist die Erhöhung des Widerstandes gegenüber den verschiedenen chemischen und mechanischen Einwirkungen. Der Schutz vor Schäden als Folge der Carbonatisierung besteht zum einen aus Maßnahmen zur Herstellung eines widerstandfähigen Betons und zum anderen aus Maßnahmen zur Erhöhung des Korrosionswiderstandes der Bewehrung (beton- und bewehrungstechnologische Aspekte). Auf verschiedene betontechnologische Maßnahmen wurde bereits im Kapitel 2.8 ausführlich eingegangen, so dass hier nur nochmals kurz zusammengefasst wird.

Betontechnologische Maßnahmen

Dichter Beton
Die Herstellung eines dichten Betons, d.h. Schaffung geringer Porosität insbesondere in der Deckschicht (oberflächennahe Schicht von Außenbauteilen) verhindert einen schnellen Carbonatisierungsfortschritt. Um das zu erreichen, gilt generell
* Minimierung des w/z-Wertes,
* Festsetzung einer Mindestzementmenge gemäß DIN 1045,
* Erzielung praktisch vollständiger Verdichtung, d.h. Minimierung des Anteils an Verdichtungsporen ($\varepsilon \leq 2{,}0$ Vol.-%, in Abhängigkeit von der Konsistenz),
* Gewährleistung eines hohen Hydratationsgrades durch geeignete und ausreichend lange Nachbehandlung,
* zur Erzielung einer dichten Oberfläche sind Schalungen mit saugender Schalhaut zu bevorzugen.

Ausreichende Betondeckung
Die Betondeckung ist gemäß DIN 1045 einhalten. Sie ist abhängig von Zementart und -menge, Betonfestigkeitsklasse und Expositionsklasse.

Verwendung funktionstüchtiger und zweckentsprechender Abstandshalter (Abnahme vor Betonierbeginn) und Überprüfung der Betondeckung am erhärteten Beton durch zerstörungsfreie Prüfverfahren.

Carbonatisierungsbremsen
Bei der Diffusion handelt es sich um den Transport von Gasen aufgrund von Partialdruck- oder Konzentrationsdifferenzen, wobei das Konzentrationsgefälle die treibende Kraft ist.
* Transportmechanismen:
  - Gasdiffusion CO_2 und H_2O,
  - Oberflächendiffusion nur H_2O,
  - Lösungsdiffusion CO_2 und H_2O.

Bei relativ dichten Stoffen ist die Gasdiffusion gering und der Stofftransport erfolgt über Lösungsdiffusion. CO_2 ist in viel geringerem Maße als H_2O zur Lösungsdiffusion fähig,
- daher sind Beschichtungen mit dichtem Gefüge für CO_2 überproportional dichter als für H_2O,
- außerdem ist das H_2O-Molekül kleiner und leichter als das CO_2-Molekül.

Als Carbonatisierungsbremsen geeignet sind Beschichtungen auf der Basis von
- Polyurethanharzen,
- Epoxidharzen und
- Kunststoffdispersionen.

Hydrophobierungsmittel (indirekt durch Verringerung der Feuchtigkeitsaufnahme):
- Silicone,
- Siloxane (makromolekulare siliciumorganische Verbindungen, müssen mit alkalischen Bestandteilen des Betons verträglich sein),
- Polymere Ester der Methacrylsäure = Acrylharze,
- Calciumstearat-Dispersion + Sulfitablauge,

Bewehrungstechnologische Maßnahmen

Diese Maßnahmen schützen den Stahl oder ersetzen ihn durch andere Stoffe, verhindern aber nicht die Carbonatisierung:
- Beschichten des Stahls mit Kunststoffen und Anstrichen, z.B. mit Epoxidharz.
- Galvanisieren des Stahls
  Zink verhindert die Korrosion von Stahl, indem es mit ihm ein elektrochemisches Element bildet. Die Wirkung beruht auf dem Verbrauch des Zinks und ist somit zeitlich beschränkt.
- Hochlegierte Stähle
  Steigerung der Korrosionsbeständigkeit durch Legierungszusätze wie Chrom, Nickel und Molybdän („nichtrostende Stähle").
- Faserverbundstäbe
  Anstelle des Stahls können für Spannbewehrungen auch Verbundstoffe auf der Basis von Kunststoffen in Verbindung mit Glasfasern, Aramidfasern oder Kohlenstofffasern verwendet werden (teuer!).
- Kathodischer Schutz der Bewehrung
  Die Beständigkeit des Stahls beruht auf der Passivierung der anodischen Auflösung. Es besteht nun die Möglichkeit, dass das Potential des Stahls durch eine externe Spannungsquelle in die kathodische Richtung verschoben wird, so dass es nicht mehr anodisch in Lösung gehen kann (aufwendig!).

2.9.2 Instandsetzungsmaßnahmen

Bei Schäden infolge Carbonatisierung handelt es sich im wesentlichen um Oberflächenschäden, die sich durch Betonabsprengungen als Folge von korrodiertem Bewehrungsstahl äußern (Abbildung 2.35).

Abb. 2.35: Carbonatisierungsschaden

Instandsetzungsmaßnahmen haben je nach Schädigungsgrad verschiedene Ziele:
- Wiederherstellung des durch Carbonatisierung verlorengegangenen alkalischen Milieus des Betons durch Realkalisierung,
- dauerhafter Ersatz von zerstörtem Beton durch Erneuerung mit Mörtel und Beton,
- dauerhafte Erneuerung des Korrosionsschutzes der Bewehrung durch Anstriche und Beschichtungen.

In der Richtlinie des Deutschen Ausschusses für Stahlbeton (1990–1992) über den Schutz und die Instandhaltung von Betonbauteilen werden verschiedene Instandsetzungsprinzipien für schadhafte Stahlbetonkonstruktionen und -teile beschrieben. Die Prinzipien der Instandsetzung bei Korrosion infolge Carbonatisierung werden dabei in ihrer grundsätzlichen Lösung erläutert:

- Korrosionsschutz durch Wiederherstellung des alkalischen Milieus (**Instandsetzungsprinzip R**)
  Das Prinzip beruht auf der erneuten Bildung einer Passivschicht auf der Stahloberfläche (Repassivierung) durch Auftrag zementgebundener Instandsetzungsstoffe.

- Korrosionsschutz durch Begrenzung des Wassergehaltes im Beton (**Instandsetzungsprinzip W**)
  Das Prinzip beruht auf einer Absenkung des Wassergehaltes im Beton. Die elektrolytische Leitfähigkeit wird so stark reduziert, dass die Korrosionsgeschwindigkeit auf praktisch vernachlässigbare Werte sinkt.

- Korrosionsschutz durch Beschichtung der Bewehrung – *coating* – (**Instandsetzungsprinzip C**)
  Das Prinzip beruht auf einer Verhinderung der anodischen Eisenauflösung durch Anordnung einer geeigneten Beschichtung der Stahloberfläche.

- Kathodischer Korrosionsschutz (**Instandsetzungsprinzip K**)
  Durch gezielte Beaufschlagung der Bewehrung mit Fremdstrom und/oder die Anordnung von Opfer- oder Inertanoden wird erreicht, dass die gesamte Bewehrung kathodisch wirkt und ihre Korrosion auf diese Weise verhindert wird.

Den Arbeitsablauf einer Instandsetzungsmaßnahme, bei der verschiedene Instandsetzungsprinzipien kombiniert sind, zeigen die Abbildungen 2.36 und 2.37.

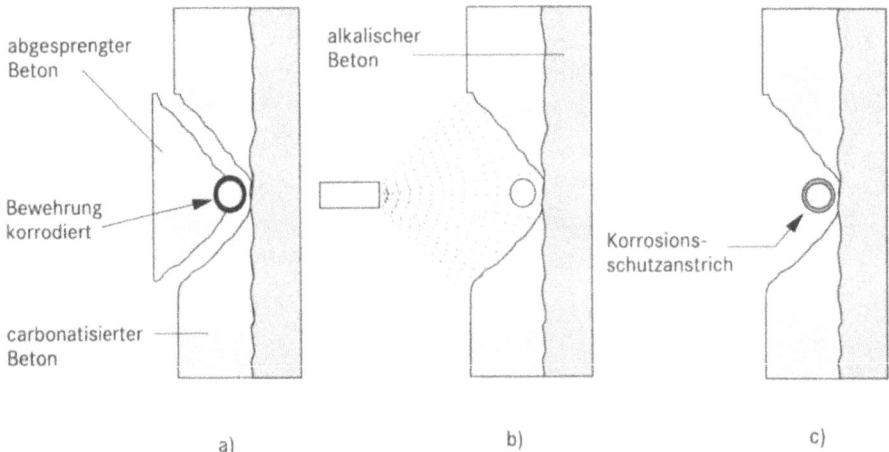

Abb. 2.36: Schematische Darstellung einer Instandsetzungsmaßnahme, Teil 1
a) Schadensfall
b) Vorbehandlung: Reinigen der Betonoberfläche durch Hochdruckwasser- oder Feuchtsandstrahlen. Befreien der Schadstellen von losen Teilen. Freistemmen der Bewehrung und Entrosten durch Sandstrahlen.
c) Korrosionsschutz: Zweifacher Anstrich, meist aus lösemittelfreien Epoxidharzen in ausreichender Schichtdicke auch über Bewehrungsrippen. Einstreuen von feuergetrocknetem Quarzsand 0,4 ... 0,7 mm in die zweite Lage.

2.9 Schutz- und Instandsetzungsmaßnahmen

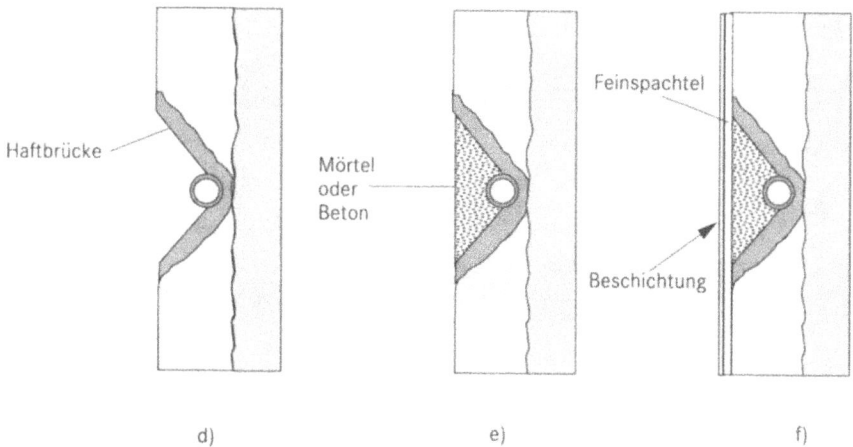

Abb. 2.37: Schematische Darstellung einer Instandsetzungsmaßnahme, Teil 2

d) Haftbrücke: Auftragen einer Haftbrücke aus kunststoffmodifiziertem Zementmörtel oder aus dickflüssigem Epoxidharz zur Verbesserung der Haftung des Füllmörtels auf dem Beton (entfällt bei Spritzbeton).

e) Vermörteln, Betonieren: Auftrag des Füllmörtels in der Regel mehrlagig. Bei größeren Fehlstellen Einbau von Beton oder Spritzbeton. Füllmörtel bzw. Beton durch geeignete Nachbehandlung ausreichend lange schützen.

f) Spachtelung und Beschichtung: Aufbringen von Feinspachtel zur Herstellung eines porenfreien Untergrundes für eine nachfolgende Beschichtung, in der Regel bestehend aus Grundierung und zwei Deckanstrichen.

Realkalisierung des Betons

Unter Realkalisierung wird allgemein die Wiederherstellung eines alkalischen Milieus in einer carbonatisierten Beton- oder Mörtelrandzone verstanden [BUDNIK].

- Tränken des Betons mit alkalischen Lösungen
  (z.B. Kalkmilch, aber wenig erfolgreich, da die Einzelpartikel zu groß sind; keine Diffusion)

- Aufbringen einer zementgebundenen Beton- oder Mörtelschicht mit oder ohne Kunststoffzusätze
  (u.U. mit carbonatisierungshemmenden Mitteln)

- Elektrochemische Realkalisierung
  Sie beruht auf dem Prinzip der Migration von Alkalien unter dem Einfluss eines angelegten elektrischen Feldes. Auf der Betonoberfläche wird eine alkalische Lösung als Elektrolyt aufgebracht, in der ein Elektrodennetz eingebettet ist. Das Elektrodennetz und die lokal für einen elektrischen Anschluss freigelegte Bewehrung werden mit den Polen einer Gleichspannungsquelle verbunden. Die außen angebrachte Elektrode wird als Anode und die Bewehrung als Kathode geschaltet. Nach dem Einschalten finden verschiedene elektrochemische Vorgänge statt, die dafür sorgen sollen, dass sowohl durch Reaktionen in der Umgebung der Bewehrung als auch durch Transport von außen, die Alkalität des Betons wieder auf Werte angehoben wird, bei denen eine Repassivierung erfolgen kann (Abbildung 2.38) [MIETZ ET AL.].

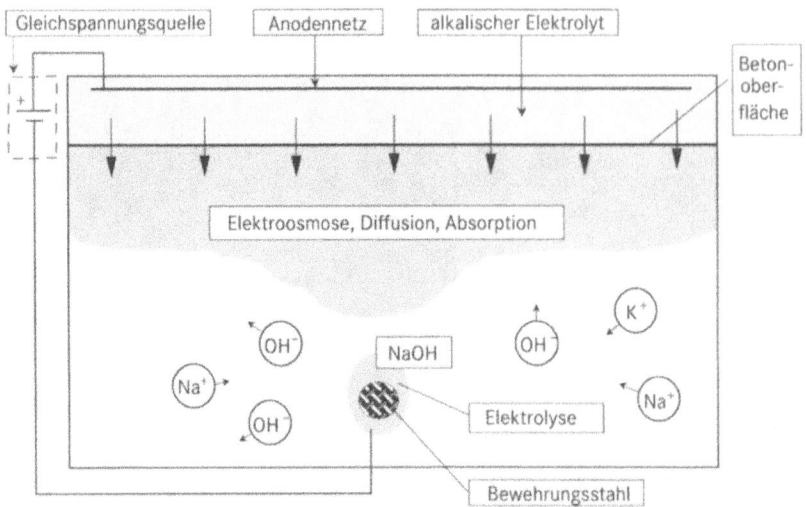

Abb. 2.38: Prinzip der elektrochemischen Realkalisierung für carbonatisierte Stahlbetonbauteile; dunkle Fläche: Bereiche, in denen durch die Behandlung der pH-Wert wieder angehoben wurde (nach MIETZ ET AL.)

2.9.3 Beurteilung der Wirksamkeit carbonatisierungsbremsender Beschichtungen

Will man die Diffusion von CO_2 in den Stahlbeton durch nachträgliche Oberflächenbehandlung reduzieren, ist es erforderlich, Beschichtungen zu verwenden, die einen wesentlich größeren Diffusionswiderstand gegenüber CO_2 besitzen. Derartige Beschichtungen werden als Carbonatisierungsbremsen bezeichnet. Diese sollen nach einer ersten Definition

- den Carbonatisierungswiderstand k des Betons mindestens um den Faktor 10 erhöhen

bzw. nach einer zweiten Definition

- einen Diffusionswiderstand R, angegeben als diffusionsgleichwertige Luftschichtdicke, von mindestens 50 m besitzen [WEBER].

Um die Wirkungsweise einer Beschichtung als Carbonatisierungsbremse einstufen zu können, ist es notwendig, den Carbonatisierungswiderstand des Betons und den der Beschichtung zu berechnen. Die Berechnung erfolgt in beiden Fällen nach der einfachen Beziehung

$$R = \mu_{CO_2} \cdot s$$

dabei bedeuten:

R Diffusionswiderstand oder diffusionsgleichwertige Luftschichtdicke in m

μ_{CO_2} Diffusionswiderstandszahl gegenüber CO_2 (sie gibt an, wievielmal undurchlässiger ein Stoff ist, z.B. eine Beschichtung, als Luft unter gleichen Bedingungen)

s Schichtdicke in m (entweder Carbonatisierungstiefe oder Dicke der Beschichtung)

2.9 Schutz- und Instandsetzungsmaßnahmen

Die μ_{CO_2}-Werte des Betons schwanken je nach Qualität zwischen 250 und 400. Für einen Beton mittlerer Qualität ist in etwa mit dem Wert 300 zu rechnen.

Beispiel 1:

Ein Beton hat eine Carbonatisierungstiefe von 10 mm nach 10 Jahren erreicht. Zu diesem Zeitpunkt errechnet sich nach der Gleichung

$$R = \mu_{CO_2} \cdot s$$

der Carbonatisierungswiderstand in m Luftschicht wie folgt:

$$R = 300 \cdot 0{,}01 \text{ m} = 3{,}00 \text{ m}$$

Ein Carbonatisierungswiderstand von 3 m Luftschicht bedeutet nach Definition 1, dass ein carbonatisierungsbremsender Anstrich für diesen Beton mindestens einen Carbonatisierungswiderstand von 30 m (besser von 50 m) besitzen muss.

Tab. 2.7: Diffusionswiderstandszahlen μ_{CO_2} für CO_2 (nach KLOPFER)

Beschichtungsmaterial	Diffusionswiderstandszahl μ_{CO_2}
Wasserglasanstrich	$2 \cdot 10^4$
Dispersionsanstrich	10^6
Epoxidmörtel	$10^5 \ldots 10^6$
Acrylharzlösung	$2 \cdot 10^6$
1-Komponenten-Polyurethananstrich	$7 \cdot 10^7$

An zwei verschiedenen Beschichtungssystemen soll überprüft werden, ob sie als Carbonatisierungsbremse für den genannten Beton geeignet sind, wobei beide Anstriche in einer Schichtdicke von 100 µm aufgebracht werden sollen.

1. Wasserglasanstrich

   $\mu_{CO_2} = 2 \cdot 10^4$ $\quad\quad\quad\quad \rightarrow R = 2 \cdot 10^4 \cdot 10^2 \cdot 10^{-6}$ m

   $s = 100 \cdot 10^{-6}$ m $\quad\quad\quad\quad\quad\quad\quad = \mathbf{2\ m}$

2. Dispersionsanstrich

   $\mu_{CO_2} = 10^6$ $\quad\quad\quad\quad\quad \rightarrow R = 10^6 \cdot 10^2 \cdot 10^{-6}$ m

   $s = 100 \cdot 10^{-6}$ m $\quad\quad\quad\quad\quad\quad = \mathbf{100\ m}$

Das Rechenbeispiel zeigt, dass der Wasserglasanstrich als Carbonatisierungsbremse ungeeignet ist, da er noch durchlässiger gegenüber CO_2 ist als der Beton. Der Dispersionsanstrich dagegen mit einem μ_{CO_2}-Wert von etwa 10^6 erfüllt die gestellten Anforderungen.

Aus der Abbildung 2.39 ist der Einfluss von Beschichtungen mit unterschiedlichem Diffusionswiderstand für CO_2 auf die Carbonatisierungstiefe von Beton ersichtlich.

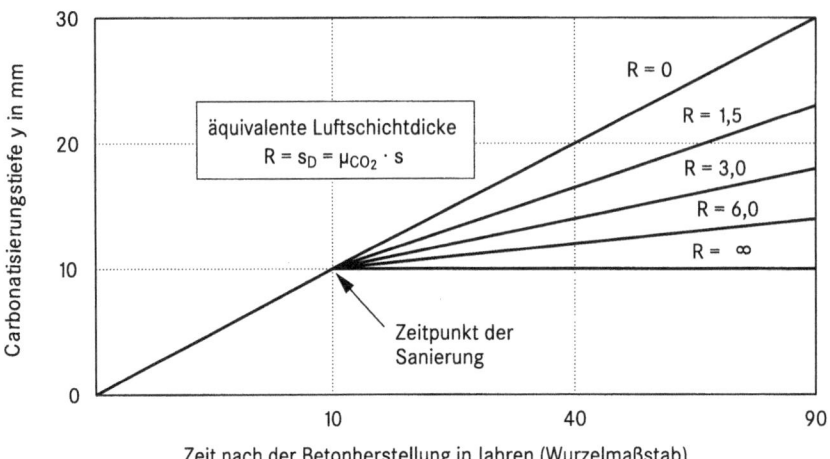

Abb. 2.39: Einfluss von Beschichtungen mit unterschiedlichem Diffusionswiderstand für CO_2 auf die Carbonatisierungstiefe von Beton

Beispiel 2:

Sanierung einer Betonkonstruktion nach 10 Jahren, wobei die Carbonatisierungstiefe 10 mm beträgt

1. $R = 0$ d.h., kein Widerstand gegenüber CO_2,

    z.B. Auftragen eines Kalkputzes mit $\mu_{CO_2} = 30$

    → der Beton carbonatisiert weiter wie mit unbehandelter Oberfläche.

2. $R = \infty$ d.h. kein Eindringen von CO_2 möglich,

    z.B. Auftragen einer 1-Komponenten Polyurethan-Schicht mit $\mu_{CO_2} = 7 \cdot 10^7$

    → keine weitere Carbonatisierung.

2.10 Selbstheilung von Rissen

Die Selbstheilung von Rissen ist ein komplizierter chemisch-physikalischer Vorgang, bei dem das den Riss durchströmende Wasser mit den beteiligten Medien reagiert und die Reaktionsprodukte im Extremfall zu einer völligen Abdichtung des Risses führen.

Als praktisch ausschließliche Ursache für die Selbstheilung kommt die Neubildung von Calciumcarbonatkristallen im Riss infrage, die durch eine chemische Reaktion zwischen den im Wasser enthaltenen Carbonaten bzw. Hydrogencarbonaten und dem Calciumhydroxid des Zementsteins entstehen.

2.10 Selbstheilung von Rissen

Die Calciumcarbonatbildung im Bereich eines wasserführenden Risses läuft dabei in folgenden Stufen ab [SCHIESSL/EDVARDSEN]:

Zunächst das Stoffsystem CO_2–H_2O:

1. Das CO_2 der Luft diffundiert in das Wasser und setzt sich dort mit dem Wasser in geringer Menge (ca. 0,1%) zu Kohlensäure (H_2CO_3) um (Abbildung 2.40).

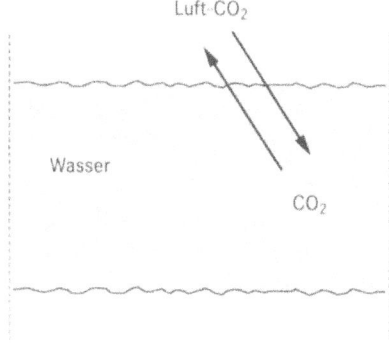

Abb. 2.40:
Auflösung von CO_2 in Wasser unter Bildung von Kohlensäure

2. Die Kohlensäure dissoziiert in zwei Stufen unter Bildung von Bicarbonat (HCO_3^-) und Carbonationen (CO_3^{2-}).

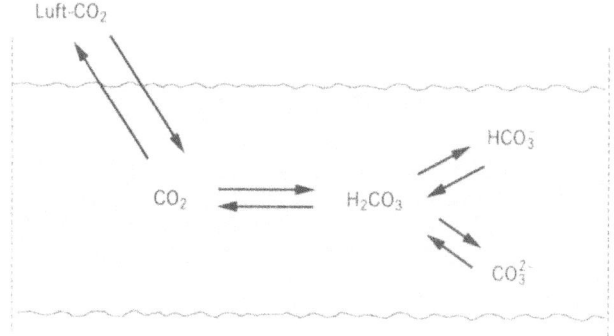

Abb. 2.41:
Dissoziation der Kohlensäure

Im Rissbereich laufen im Stoffsystem CaO_3–CO_2–H_2O folgende Reaktionen ab:

3. An der Kontaktfläche Wasser–Beton gehen Ca^{2+}-Ionen aus dem $Ca(OH)_2$ des Betons in Lösung.

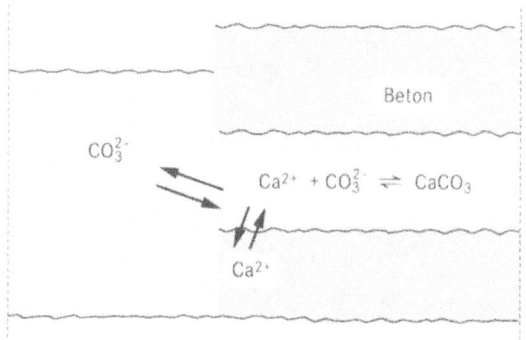

Abb. 2.42:
Calciumcarbonatbildung im wasserdurchströmten Riss

4. Das Ionenprodukt der sich in Lösung befindenden Ca^{2+}- und CO_3^{2-}-Konzentration übersteigt das Löslichkeitsprodukt des Calciumcarbonats (K_L). Die Lösung ist somit übersättigt und es kommt zur Ausfällung von $CaCO_3$.

Die Summe der Schritte 1 bis 4 ergibt die Summengleichung der Calciumcarbonatbildung:

$$Ca^{2+} + 2\ HCO_3^{2-} \rightleftharpoons CaCO_3 + CO_2 + H_2O$$

Die in den beiden genannten Stoffsystemen jeweils stattfindenden Reaktionen hängen von verschiedenen Faktoren ab, z.B. Temperatur, Druck und pH-Wert (auf eine Ableitung der Gesetzmäßigkeiten wird an dieser Stelle verzichtet):

Temperatur: Im warmen Wasser ist weniger CO_2 löslich als im kalten. Gleichfalls werden die Löslichkeiten der Calciumcarbonate mit zunehmender Temperatur geringer. In Abbildung 2.43 ist die Abhängigkeit des Diffusionskoeffizienten des Kohlendioxids D_{CO_2} von der Temperatur dargestellt.

Druck: Mit steigendem CO_2-Partialdruck können mehr Ca^{2+}-Ionen in Lösung gehalten werden. Unter Normaldruck ($p = 1$ atm) beträgt der Partialdruck p_{CO_2} der Luft rd. $0,3 \cdot 10^{-3}$ atm. Somit enthält ein mit der Luft im Gleichgewicht stehendes Wasser bei einer Temperatur von 15 °C rd. 0,60 ppm CO_2 (siehe Abbildung 2.44).

pH-Wert: Mit steigendem pH-Wert nimmt die Ca^{2+}-Ionenkonzentration ab, während die CO_3^{2+}-Ionenkonzentration zunimmt.

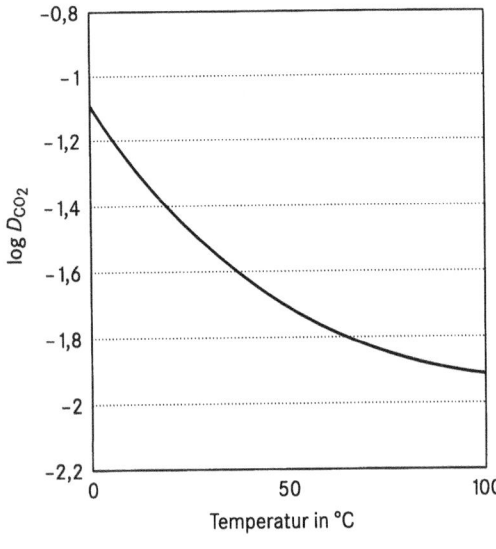

Abb. 2.43:
Abhängigkeit des Diffusionskoeffizienten D_{CO_2} von der Temperatur (nach Literatur in EDVARDSEN)

2.10 Selbstheilung von Rissen

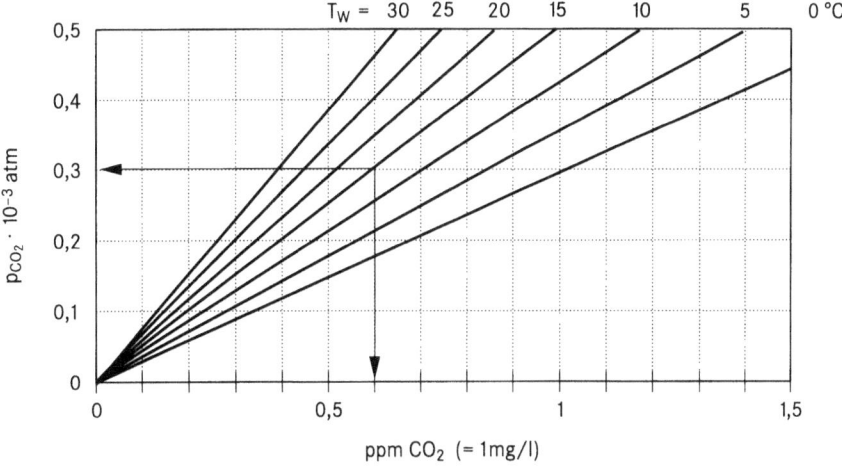

Abb. 2.44: Konzentration des bei Gleichgewicht in Wasser gelösten CO_2 als Funktion vom Partialdruck der Luft und der Wassertemperatur (nach Literatur in EDVARDSEN)

Alle genannten Faktoren haben für die Ausfällungs- oder Auflösungsbedingungen von $CaCO_3$ eine große Bedeutung.

Sobald durch äußere oder innere Umstände eine Veränderung des CO_2-Partialdrucks, der Temperatur oder des pH-Wertes bei einem sich im Gleichgewicht befindlichen $CaCO_3$–CO_2–H_2O-Systems auftritt, kommt es zu einer Störung des Gleichgewichts. Das System muss sich dieser neuen Situation anpassen, indem es sich durch eine neue $CaCO_3$-Ausfällung oder -Auflösung wieder den Gleichgewichtsbedingungen des neuen Gleichgewichtszustandes anpasst.

Für die für die Selbstheilung von Rissen interessierende Calcitausfällung sind somit folgende Veränderungen von Bedeutung:

$CaCO_3$-Ausfällung	$CaCO_3$-Auflösung
fallender p_{CO_2} im Wasser	steigender p_{CO_2} im Wasser
steigende Wassertemperatur	fallende Wassertemperatur
steigender pH-Wert	fallender pH-Wert

Einige Bedingungen, mit denen die Wahrscheinlichkeit einer $CaCO_3$-Ausfällung abgeschätzt werden kann, ist in einem Modell von EDVARDSEN dargestellt worden. Für dieses Modell wurden zunächst die Rissbedingungen vor der Selbstheilung definiert (Abbildung 2.45).

Es wird ein Trennriss vorausgesetzt, der von oben nach unten mit CO_2-haltigem Wasser durchströmt wird. Der Riss und die weitere Umgebung des Betons weisen eine konstante Temperatur auf. Auf der Wassereintrittsseite des Risses ist ein bestimmter Flüssigkeitsdruck vorhanden, der sich über die Risslänge zur Luftseite hin völlig abbaut. Es wird von einer laminaren Wasserströmung mit einer parabelförmigen Geschwindigkeitsverteilung über den Rissquerschnitt ausgegangen. Es wird ferner angenommen, dass das Wasser mit dem CO_2 der Luft im Gleichgewicht stand, bevor es den Riss durchströmt.

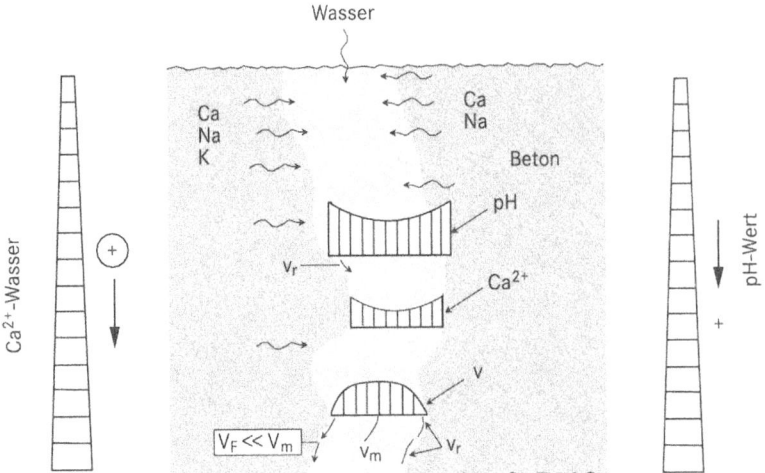

Abb. 2.45: Chemische und physikalische Bedingungen in einem durchströmten Betonriss (nach EDVARDSEN)

Der CO_2-Partialdruck des Wassers ergibt sich somit zu $p_{CO_2} \approx 10^{-3,5}$. Der pH-Wert des Wassers liegt im Bereich von 5,5 ... 7,5. Das Wasser kann von vornherein neben den Bicarbonaten (HCO_3^-) eine bestimmte Menge an Ca^{2+}-Ionen enthalten, ist jedoch noch ungesättigt in Bezug auf $CaCO_3$. Indem dieses CO_2-haltige Wasser den Zementstein durchdringt, löst es Ca^{2+}-Ionen aus dem $Ca(OH)_2$ und den C–S–H-Phasen des Betons und es kommt zu einem pH-Wert-Anstieg des Wassers. Zugleich bewirken die im Porenwasser enthaltenen Alkalien KOH und NaOH ein Ansteigen des pH-Wertes, da sich das Porenwasser mit dem durchströmenden Wasser vermischt. Die Auslaugung des Betons führt zu einer Erhöhung der mittleren Ca^{2+}-Konzentration entlang der Risslänge und entlang des Risspfades ist sowohl ein Gradient im pH-Wert als auch ein Gradient in der Ca^{2+}-Konzentration vorhanden (siehe Abbildung 2.45). Das heißt, an den Risswandungen bieten sich die Bedingungen, die eine Calcitausfällung begünstigen.

Es ist anzunehmen, dass die Selbstheilung der Risse infolge $CaCO_3$-Ausfällung durch die Ansammlung von losen Betonpartikeln und sonstigen Wasserinhaltsstoffen begleitet wird.

Untersuchungen haben ergeben, dass eine vollkommene Abdichtung (Selbstheilung) von Rissen bei Rissweiten < 0,20 mm und mindestens 5 Wochen Wasserbeaufschlagung möglich ist. Dabei ist das Calcitbildungsausmaß unabhängig von den Parametern Zementart, Zuschlagart, Wasserart und Mehlkornart.

2.11 Literatur

BABUSCHKIN, V. I.; MATWEEW, G. M.; MTSCHEDLOW-PETROSJAN, O. P.
Thermodynamik der Silikate, Berlin: Verlag für Bauwesen 1965

BABUSCHKIN, V. I.; MATWEEW, G. M.; MTSCHEDLOW-PETROSJAN, O. P.
Termodinamika Silikatov, Moskau: Strojizdat 1986

BAKKER, R. F. M.; ROESSINK, G.
Zum Einfluß der Carbonatisierung und der Feuchte auf die Bewehrung im Beton, in: Beton-Informationen 31 (1991) H. 3/4, S. 32-35

BIER, TH.
Karbonatisierung und Realkalisierung von Zementstein und Beton, Dissertation. TH Karlsruhe 1988

BUDNIK, J.
Realkalisierung karbonatisierter Betonrandzonen, in: Berichte der Bundesanstalt für Straßenwesen, Serie Brücken und Ingenieurbau, Heft B 1, Hrsg.: Bundesanstalt für Straßenwesen, Bergisch Gladbach, Bremerhaven: Wirtschaftsverlag NW, Verlag für Neue Wiss. 1993

BUNTE, D.
Zum karbonatisierungsbedingten Verlust der Dauerhaftigkeit von Außenbauteilen aus Stahlbeton, Dissertation. TH Braunschweig 1993

ECKLER, H.-O.; BERGHOLZ, W.
Erhöhung der Nutzungsdauer von Stahlbeton durch Carbonatisierungsinhibitoren, Forschungsbericht, Institut für Baustoffe Weimar 1991

EDVARDSEN, C. K.
Wasserdurchlässigkeit und Selbstheilung von Trennrissen in Beton, Dissertation. RWTH Aachen 1994, in: Deutscher Ausschuß für Stahlbeton, Heft 455, Berlin, Köln: Beuth 1996

EHRENBERG, A.; GEISELER, J.
Ökologische Eigenschaften von Hochofenzement: Lebenswegphase Produktion: Energiebedarf, CO_2-Emission und Treibhauseffekt, in: Beton-Informationen 37 (1997) H. 4, S. 51-63

ENGELFRIED, R.; TÖLLE, A.
Einfluß der Feuchte und des Schwefeldioxidgehaltes der Luft auf die Carbonisation des Betons, in: Betonwerk+Fertigteil-Technik 51 (1985) H. 11, S. 722-729

GRUBE; H.; KRELL, J.
Zur Bestimmung der Carbonatisierungstiefe von Mörtel und Beton, in: Beton 36 (1986) H. 3, S. 104-108

HOUST, Y.F.
Carbonation Shrinkage of Hydrated Cement Paste, in: 4. CANMET/ACI Internat. Conference on Durability of Concrete, Sydney 1997, Suppl. Papers, pp. 481-492

HENNING, O.
Naturwissenschaftliches Grundwissen für Ingenieure des Bauwesens, Band 1: Chemie im Bauwesen, Berlin: Verlag für Bauwesen 1972

KIDOKORO, T; TOMITA, R.
Long-Term Experiments on the Carbonation of Artifical Lightweight Aggregate Concrete, in: Review of the 38th General Meeting held in Tokyo, May 1984, The Cement Association of Japan (Ed.), pp. 284-287

KLASEN, L.
Zementüberzug von Eisen zum Schutz gegen Rostbildung, in: Tonindustrie-Zeitung 3 (1879) H. 20/9, S. 355–356

KLOPFER, H.
Die Carbonisation von Sichtbeton und ihre Bekämpfung, in: Bautenschutz und Bausanierung 1 (1978) H. 3, S. 86–88, 91–97

KNOBLAUCH, H.; SCHNEIDER, U.
Bauchemie, 4., neubearbeitete und erweiterte Auflage, Düsseldorf: Werner-Verlag 1995

KNÖFEL, D.; SCHOLL, E.
Einfluß von NO_2-angereicherter Atmosphäre auf zementgebundene Baustoffe, in: Betonwerk+Fertigteil-Technik 57 (1991) H. 1, S. 55–60

KOELLIKER, E.
Die Carbonatisierung von Beton. Ein Überblick,
Teil 1: Beton- und Stahlbetonbau 85 (1990) H. 6, S. 148–153
Teil 2: Beton- und Stahlbetonbau 85 (1990) H. 7, S. 186–189

KRENKLER, K.
Chemie im Bauwesen, Band 1: Anorganische Chemie, Berlin: Springer-Verlag 1980

MENG, B.; WIENS, U.
Wirkung von Puzzolanen bei extrem hoher Dosierung – Grenzen der Anwendbarkeit, in: 13. Internat. Baustofftagung IBAUSIL 1997, Weimar, S. 1.0175–1.0186

MEYER, A.
Oberflächennahe Betonschichten – Bedeutung für die Dauerhaftigkeit, in: Beton 39 (1989) H. 6, S. 148–153

MEYER, A.; WIERIG, H.-J.; HUSMANN, K.
Karbonatisierung von Schwerbeton, in: Schriftenreihe des Deutschen Ausschusses für Stahlbeton, Heft 182, Berlin: Beuth-Verlag 1967

MIETZ, J.; FISCHER, J.; ISECKE, B.
Elektrochemische Verfahren als Korrosionsschutz für Bewehrungsstahl in Stahlbetonbauwerken, in: Festschrift Prof. N. V. Waubke, BMI 9/96, S. 129–132

NÜRNBERGER, U.
Korrosion und Korrosionsschutz der Bewehrung im Massivbau, in: Schriftenreihe des Deutschen Ausschusses für Stahlbeton. Heft 405. Berlin, 1990

OSIN, B. V.
Negaschenaja izvest' kak novoe vjazhushhee veshhestvo, Moskva: Promstrojjizdat 1954

PROBST
Ein Nachweis für die Rostsicherheit des Eisens im Eisenbeton, in: Deutsche Bauzeitung (1919) S. 63–66

RESCHKE, TH.; GRÄF, H.
Einfluß des Alkaligehaltes im Zement auf die Carbonatisierung von Mörtel und Beton, in: Beton 48 (1997) H. 11, S. 664–670

ROHLAND, P.
Über die Oxidation des Eisens und den Eisenbeton, Tonindustrie-Zeitung 32 (1908) H. 21/11, S. 2049

2.11 Literatur

SCHIESSL, P.
Zur Frage der zulässigen Rißbreite und der erforderlichen Betondeckung im Stahlbetonbau unter besonderer Berücksichtigung der Karbonatisierung des Betons, in: Schriftenreihe des Deutschen Ausschusses für Stahlbeton, Nr. 225, Berlin: Ernst & Sohn 1976

SCHIESSL, P.
Wirkung von Steinkohlenflugaschen in Beton, in: Beton 40 (1990) H. 12, S. 519–523

SORETZ, ST.
Korrosionsschutz im Stahlbeton, in: Betonsteinzeitung 33 (1967) H. 2, S. 52–63

TRITTHART, J.
Zur Korrosion von Stahl in Beton, in: Österreichische Ingenieur- und Architekten Zeitschrift 134(1989) H. 12, S. 607–615

TUUTTI, K
Corrosion of Steel in Concrete, CBI forskning/research fo 4.82, Swedish Cement and Concrete Research Institute, Stockholm 1982

VERBECK, G. J.
Karbonatisierung von hydratisiertem Portlandzement, in: Zement-Kalk-Gips 11 (1958) H. 6, S. 272–277

WEBER, H.
Berechnungsverfahren über den Carbonatisierungsfortschritt und die damit verbundene Lebenserwartung von Stahlbetonbauteilen, in: Betonwerk+Fertigteil-Technik 49 (1983) H. 8, S. 508–514

WEBER, H.
Schutz von Stahlbetonbauteilen gegen Karbonatisierung und Chloridionenaufnahme, in: Betontechnik (1988) H. 2 (April), S. 46–49

ZSCHOKKE, B.
Über das Rosten der Eiseneinlagen im Eisenbeton, in: Schweizer Bauzeitung 68 (1916) S. 285–289

3 Neutralisation durch Schwefeldioxid und Stickoxide

Anthropogene (d.h. durch den Menschen beeinflusste bzw. verursachte) Luftverunreinigungen, insbesondere Schwefeldioxid (SO_2) und Stickoxide (NO_x), können ebenso wie Kohlendioxid (nur teilweise anthropogen) in Reaktion mit den Zementsteinphasen treten. In Anlehnung an die als Carbonatisierung bezeichnete Reaktion von Kohlendioxid wird die Reaktion von SO_2 mit den Zementsteinphasen auch als **Sulfatisierung** bezeichnet. Im Vergleich mit CO_2 ist allerdings bei SO_2 und NO_x von etwa 5000fach geringeren Konzentrationen in der durchschnittlichen Atmosphäre auszugehen. Schwefeldioxid ist in Industrieatmosphäre in der Regel in Konzentrationen von 0,1 bis 0,2 mg je m^3 Luft, in extremen Bereichen bis zu 5 mg je m^3 Luft und mehr enthalten (in Weimar wurden 1988 Werte bis zu 6 mg SO_2/m^3 gemessen). Der Stickoxidgehalt der Atmosphäre in verkehrsreichen Ballungsgebieten kann bis zu 1,4 mg je m^3 Luft betragen [HENSEL]. Die höchsten Schadstoffkonzentrationen treten im Januar und Februar, die niedrigsten im Hochsommer auf.

In Deutschland ist durch verschiedene Maßnahmen des Umweltschutzes in den vergangenen Jahren ein Rückgang der SO_2- und NO_x-Konzentrationen in der Atmosphäre festzustellen [ENGELFRIED/TÖLLE; SCHOLL/KNÖFEL].

3.1 Mechanismen der SO_2- und NO_x-Aufnahme

Bei der Wechselwirkung von SO_2 und NO_x mit der Betonoberfläche wird zwischen feuchter und trockener Deposition unterschieden.

Bei der feuchten Deposition gelangen die in Wassertröpfchen gelösten Gasmoleküle mit Regen, Nebel und Schnee auf die Betonoberfläche.

Die trockene Deposition erfolgt durch Adsorption der Gasmoleküle an den Oberflächen und durch Aerosoldeposition vorwiegend aus $(NH_4)_2$, SO_4 und NH_4NO_3.

Prinzipiell ist bei der trockenen Deposition ein tieferes Eindringen der Gasmoleküle in offene, nicht wassergefüllte Poren und damit eine tiefergehende Schädigung möglich, während bei nasser Deposition eine in der flüssigen Phase ablaufende sehr schnelle Reaktion direkt an der Oberfläche stattfindet [SCHOLL/KNÖFEL].

3.1 Mechanismen der SO$_2$- und NO$_x$-Aufnahme

Als Reaktionsprodukte entstehen in beiden Fällen u.a. leicht wasserlösliche Sulfate und Nitrate. Diese Neubildungen können
- bei Einwirkung von Regen ausgewaschen oder
- kapillar, beziehungsweise durch Diffusion in tiefere Zonen des Betons transportiert werden.

Im ersten Fall ist ein Abmehlen der Betonoberfläche die Folge, im zweiten Fall erfolgt eine Korrosionsstimulanz des Bewehrungsstahls durch Nitrat- und Sulfat-Ionen.

SO$_2$-Einwirkung

Findet die SO$_2$-Oxidation in wässrigen Tropfen in der Atmosphäre statt, kommt es in den Tropfen zur Bildung von Schwefelsäure, die durch nasse Deposition auf die Betonoberfläche gelangen kann („saurer Regen"). Als Reaktionspartner in den Wolkentröpfchen dienen Ozon (O$_3$) bzw. Wasserstoffperoxid (H$_2$O$_2$).

Die Grundprinzipien des Reaktionsablaufs von SO$_2$ mit Beton sind bei trockener Deposition die gleichen wie bei der Einwirkung von CO$_2$ auf Beton [ALEXEJEW/ROSENTAL]:
- Diffusion von SO$_2$ in den Porenraum des Zementsteins,
- Lösung des SO$_2$ in der flüssigen Phase unter Bildung von H$_2$SO$_3$,
- Reaktion mit Zementstein zu CaSO$_3$,
- Oxidation des CaSO$_3$ mit Luftsauerstoff zu CaSO$_4$,
- Kristallisation des gebildeten CaSO$_4$ unter Bildung von CaSO$_4 \cdot$ 2 H$_2$O.

Die Eindringtiefe des SO$_2$ in den Beton ist von der Zementsteinporosität abhängig. In Gegenwart von Feuchtigkeit kommt es zur Neubildung von Gips. Die Bildung des Gipses aus Ca(OH)$_2$ und SO$_2$ wird von einer Volumenvergrößerung der festen Phase begleitet, was das weitere Eindringen des Gases in den Beton erschwert. In dichten, feinporigen Betonen kann der Neutralisierungsprozess im frühen Stadium völlig aufhören [KNÖFEL/BÖTTGER; SCHOLL/KNÖFEL].

Untersuchungen mit deutlich höheren SO$_2$-Konzentrationen gegenüber Industrieatmosphäre zeigen, dass die Eindringtiefe der Sulfate maximal nur wenige mm betrug. In der Praxis ist nur ein leichter, wohl unbedeutender, oberflächennaher Angriff zu erwarten. Der Korrosionsschutz der Bewehrung wird in der Regel sicher nicht nachhaltig beeinflusst.

NO$_x$-Einwirkung

Unter dem Begriff Stickoxide (NO$_x$) werden Stickstoffmonoxid (NO) und Stickstoffdioxid (NO$_2$) zusammengefasst. NO und geringe Mengen NO$_2$ werden durch Verbrennungsprozesse freigesetzt. NO ist sehr reaktionsfreudig und bildet mit O$_2$ sofort NO$_2$. Mit H$_2$O setzt sich NO$_2$ zu HNO$_3$ (Salpetersäure) um:

$$2\,NO_2 + H_2O + \frac{1}{2}O_2 \rightarrow 2\,HNO_3$$

Durch Reaktion mit dem durch die Carbonatisierung entstandenen $CaCO_3$ entsteht Calciumnitrat. Auch Calciumnitrat führt zu einer Verdichtung des Zementsteins bzw. bei extrem hohen NO_x-Belastungen zur Zerstörung des Gefüges:

$$2\ HNO_3 + CaCO_3 \rightarrow Ca(NO_3)_2 + H_2O + CO_2$$

Eine Betonschädigung durch Stickoxide ist prinzipiell nach folgenden Schädigungsmechanismen möglich [KNÖFEL/SCHOLL]:
* Umwandlung von Betonbestandteilen durch Salpetersäurebildung → lösender Angriff,
* Volumenvergrößerung (Rissbildung !) durch Kristallisation der Nitrate im Porenraum → treibender Angriff,
* kapillarer Transport bzw. Diffusion der Nitrat-Ionen zur Stahloberfläche der Bewehrung → Stahlkorrosion.

Insgesamt sind sowohl SO_2- als auch NO_x-Einwirkungen auf Beton als Schadensmechanismus von untergeordneter Bedeutung.

3.2 Literatur

ALEXEJEW, S. W.; ROSENTAL, N. K.
Korrosion von Stahlbeton in aggressiver Industrieluft, Berlin: Verlag für Bauwesen 1979

ENGELFRIED, R.
Einfluß der Feuchte und des Schwefeldioxidgehaltes der Luft auf die Carbonatisation des Betons, in: Betonwerk+Fertigteil-Technik 51 (1985) H. 11, S. 722–729

HENSEL, W.
Chemische Reaktionen von Atmosphärilien mit zementgebundenen Baustoffen, in: Betonwerk+Fertigteil-Technik 51 (1985) H. 11, S. 714–721

KNÖFEL, D.
Atmosphärische Einflüsse auf Beton, in: Umwelteinflüsse auf Baustoffoberflächen, Symposium 16.–17. Okt. 1985, Technische Akademie Esslingen, S. 10.1–10.10

KNÖFEL, D.; BÖTTGER, K. G.
Zum Einfluß SO_2-reicher Atmosphäre auf Zementmörtel, in: Bautenschutz und Bausanierung 8 (1985) H. 1, S.1–5

KNÖFEL, D.; SCHOLL, E.
Einfluß NO_2-angereicherter Atmosphäre auf zementgebundene Baustoffe, in: Betonwerk+Fertigteil-Technik 57 (1991) H. 1, S. 53–60

SCHOLL, E.; KNÖFEL, D.
Der Einfluß von Luftschadstoffen auf Betonbauwerke, in: Beton 41 (1991) H. 1, S. 17–21

4 Einwirkung von Chloriden auf Beton

4.1 Kurzer historischer Abriss

Chloride und Beton – diese Problematik besteht seit den Anfangstagen des modernen Betonbaus. Zunächst erkannte man die erhärtungsbeschleunigende Wirkung von Calciumchlorid. 1873 soll in Deutschland Calciumchlorid zum ersten Mal als Beschleuniger verwendet worden sein [MIELENZ]. Calciumchlorid ist zwar der bekannteste und wahrscheinlich auch effektivste Beschleuniger, doch ist er wegen seiner korrosionsfördernden Eigenschaft bei stahlbewehrtem Beton nicht oder nur noch beschränkt einsetzbar. Die korrosionsfördernde Eigenschaft ist bereits seit dem Jahre 1919 bekannt. Dennoch war bis Anfang der 60er Jahre ein Zusatz von bis zu 2 M.-% Calciumchlorid, bezogen auf den Zementgehalt des Betons, als zweckmäßiges Beschleunigungs- und Frostschutzmittel üblich. Seit 1963 ist in Deutschland die Verwendung von Calciumchlorid als Erhärtungsbeschleuniger nicht mehr zugelassen. Ein weiteres Problem im Zusammenhang mit Chloridkorrosion ergab sich durch die Verwendung von Tausalzen im Straßenwinterdienst. In den späten 30er Jahren erkannte man die vorteilhafte Wirkung von Natriumchlorid für das Auftauen von Schneedecken und die Bekämpfung von Glatteis. Seit Ende der 50er Jahre gehört das Tausalz zu den empfohlenen Maßnahmen für den Straßenwinterdienst. Neben Schäden an Teilen der Karosserie von Kraftfahrzeugen und ökologischen Schäden durch die Wirkung der Tausalze auf Böden und Gewässer, schädigten chloridhaltige Auftaumittel insbesondere Verkehrsbauwerke aus Beton, Stahlbeton und Stahl.

4.2 Chloride im Beton

Chloride sind Verbindungen, in denen Chlor als elektronegativer Bestandteil auftritt. Hierzu gehören z.B. die Salze der Salzsäure, wie NaCl und $CaCl_2$. Kommen diese Salze mit Wasser in Berührung, so gehen sie mehr oder weniger schnell in Lösung und zerfallen in Ionen. Cl^--Ionen werden meist auch als Chloride bezeichnet.

Der Eintrag von Chloriden in den Beton ist eine der wesentlichen Ursachen für die Gefährdung von Betonkonstruktionen durch Korrosionsschäden. Dabei können Chloride zum einen das Gefüge des Zementsteins bei Frost oder bei einem möglichen chemischen Angriff schädigen und zum anderen zur Korrosion der Stahlbewehrung führen.

Chloride können auf verschiedene Weise in den Beton gelangen:
- mit den Ausgangsstoffen bei der Betonherstellung (Zement, Zuschläge, Anmachwasser, Zusatzmittel, Zusatzstoffe),
- bei Einwirkung von Meerwasser auf Betonkonstruktionen,
- bei Einwirkung von Tausalzen und
- im Brandfall (z.B. bei PVC-Brand).

4.2.1 Betonausgangsstoffe

Chloride können in allen Ausgangsstoffen für die Betonherstellung vorhanden sein. Sie sind unvermeidbar und werden im allgemeinen als natürlicher Chloridgehalt des Betons bezeichnet. Die Chloride sind in der Regel gleichmäßig im Beton verteilt und können auch während des Hydratationsprozesses in den Calciumaluminat- und Calciumsilicathydratphasen chemisch gebunden werden. Da aus technischen und wirtschaftlichen Gründen eine vollständige Entfernung von Chloriden aus den Betonausgangsstoffen nicht möglich ist, werden die Chloridgehalte in den Ausgangsstoffen auf zulässige Höchstwerte begrenzt.

Tab. 4.1: Zulässige Höchstwerte für Chloridgehalte in den Betonausgangsstoffen nach deutschen Regelwerken bzw. Richtlinien

Ausgangsstoff	Regelwerk	Höchstwerte		
		Beton	Stahlbeton	Spannbeton
Zement	DIN 1164-1	0,1 M.-%	0,1 M.-%	0,1 M.-%
Zuschlag	DIN 4226-1,2	0,04 M.-%[1]	0,04 M.-%[1]	0,02 M.-%[2]
Wasser	DBV Merkblatt[6] DIN 4227-1 u. 5	4500 mg l^{-1}	2000 mg l^{-1}	600 mg l^{-1}
Zusatzmittel	DIBt Richtlinie[7]	0,2 M.-%[3)4)]	0,2 M.-%[3)4)]	0,2 M.-%[3)5)]
Zusatzstoff	DIBt Richtlinie[8)9)]	0,1 M.-%	0,1 M.-%	0,1 M.-%

[1] bei Zuschlag für Beton und Stahlbeton nach DIN 1045 und Spannbeton nach DIN 4227-1 (Vorspannung mit nachträglichem Verbund), Regelanforderungen an den Chloridgehalt

[2] bei Zuschlag für Spannbeton nach DIN 4227-1 (Vorspannung mit sofortigem Verbund) und Einpressmörtel nach DIN 4227-5, erhöhte Anforderungen an den Chloridgehalt (e Cl)

[3] für Einpresshilfen 0,1 M.-%

[4] Höchstwert bezogen auf den Zementgehalt 0,01 M.-%

[5] Höchstwert bezogen auf den Zementgehalt 0,002 M.-%

[6] Deutscher Beton-Verein (DBV): Sachstandsbericht Chlorid im Beton (Fassung April 1996), Wiesbaden: Deutscher Beton-Verein 1996

[7] Deutsches Institut für Bautechnik: Richtlinien für die Erteilung von Zulassungen für Betonzusatzmittel (Zulassungsrichtlinien, Fassung Dezember 1996), in: Mitteilungen Deutsches Institut für Bautechnik 28 (1997) Nr. 5, S. 122–136

[8] Deutsches Institut für Bautechnik: Richtlinien für die Erteilung von Zulassungen für anorganische Betonzusatzstoffe (Zulassungsrichtlinien, Fassung Juni 1993), in: Mitteilungen Deutsches Institut für Bautechnik 24 (1993) Nr. 4, S. 122–132

[9] für natürliches Gesteinsmehl nach [6] und DIN 4226-1 höchstens 0,02 M.-%

4.2 Chloride im Beton

In Tabelle 4.1 sind die z.Z. geltenden zulässigen Höchstwerte gemäß deutscher Regelwerke für die Betonausgangsstoffe zusammengestellt. Die in internationalen Normen angegebenen Höchstwerte für den Chloridgehalt in den Ausgangsstoffen weichen z.T. deutlich voneinander ab.

Um die natürliche Chloridmenge bei der Herstellung des Betons zu begrenzen, wurden Höchstwerte für den zulässigen Gesamtchloridgehalt im Beton festgelegt, die hinsichtlich der Bewehrungskorrosion als unkritisch gelten. Gemäß der europäischen Norm EN 206-1 (Beton; Leistungsbeschreibung, Eigenschaften, Herstellung und Konformität) darf für unbewehrten Beton ein Grenzwert von 1,0 M.-%, für Stahlbeton von 0,4 M.-% und für Spannbeton von 0,2 M.-% Chlorid, bezogen auf den Zementgehalt, nicht überschritten werden. Die in internationalen Regelwerken festgelegten Höchstwerte für zulässige korrosionsunbedenkliche Chloridgehalte im Stahlbeton sind in der Tabelle 4.2 zusammengefasst.

Tab. 4.2: Zulässige Höchstwerte für Chloridgehalte in Stahlbetonteilen gemäß internationaler Regelwerke

Land	Regelwerk	Maximal zulässige Chloridgehalte		
		Cl^-_{gesamt}		Cl^-_{frei}
		M.-% Cl^-/Zement	kg/m^3 Cl^-/Beton	M.-% Cl^-/Zement
Großbritannien	BS 8110 (1985)	0,4	–	–
Norwegen	NS 3420 (1986)	0,4	–	–
RILEM	TC 124-SRC (1994)	0,3–0,5	–	–
USA	ACI Com. 222 (1985)	0,2	–	
	ACI Com. 318 (1989)	0,3	–	0,15–0,30
Australien	AS 3600 (1988)	–	0,8	–

Aufgrund dieser festgelegten Grenzwerte für die maximal zulässigen Chloridgehalte der Betonausgangsstoffe ist chloridinduzierte Korrosion in der Praxis nur möglich, wenn Chloride **zusätzlich** durch **äußere Einwirkungen** in den Beton eindringen können (Meerwasser, Tausalze, Brandfall).

4.2.2 Einwirkung von Meerwasser

Meerwasser enthält sehr große Mengen gelöster Salze, vor allem Chloride und Sulfate. Auf den Beton kann es in verschiedenen Formen einwirken:
- **Dauerbeanspruchung** (dauergetauchter Beton /wassergesättigt/, Dauertauchzone)
  Infolge kapillaren Saugens ist die Eindringgeschwindigkeit der Chloride bei Erstbelastung zunächst hoch. Beim wassergesättigten Beton können an der Betonoberfläche angebotene Chloride nur noch als gelöste Salze bzw. Ionen über die Porenlösung des Zementsteins diffundieren. Die Diffusionsgeschwindigkeit ist vergleichsweise gering und wird vom Konzentrationsgefälle bestimmt (siehe auch Kapitel 4.3, Mechanismus des Eindringens von Chloridionen).

♦ **Wechselbeanspruchung** (Wechseltauchzone, bzw. Wasserwechselzone)
Bei Wechselbeanspruchung mit Meerwasser wird der Beton in der Befeuchtungsphase in seinem Oberflächenbereich zunächst infolge kapillaren Saugens mit Chloridlösung gesättigt. In der Austrocknungsphase verdunstet Wasser und Chloridanreicherungen bleiben im Bereich des Verdunstungsspiegels im Betoninneren zurück und können von dort durch Diffusion in das Betoninnere abgeführt werden. Bei erneutem Kontakt mit Meerwasser füllen sich die Poren wiederum mit diesem, wobei sich durch Lösen der ausgefällten Rückstände die Chloridkonzentration der Porenflüssigkeit im Betoninneren erhöht. Eine mehrmalige Wiederholung des Vorgangs führt so – selbst bei nur geringer Chloridkonzentration des den Beton zeitweise umgebenden Meerwassers – in der Umgebung einer Bewehrung zu starken Chloridanreicherungen. Der geschwindigkeitsbestimmende Faktor einer solchen Chloridanreicherung beim Wechseltauchen ist die Dauer des Austrocknungsvorgangs, da die Wasserabgabe in der Trockenperiode stärker behindert ist als die Wasseraufnahme.

♦ **Kapillarzonenbeanspruchung**
Die Verdunstung der Feuchte im Oberflächenbereich einer aus dem Meerwasser herausragenden und so der Luft ausgesetzten Betonkonstruktion kann in der Kapillarzone zu Salzanreicherungen führen. Dabei wandert die Chloridlösung aus der Dauertauch- bzw. Wasserwechselzone infolge kapillaren Saugens in den Trockenbereich des Betons über dem Wasserspiegel. Hier herrschen ständig Bedingungen vor, die mit denen der Austrocknungsphase in der Wechseltauchzone vergleichbar sind. Die Menge des transportierten Meerwassers erhöht sich somit mit der Kapillarporosität des Zementsteins und der Verdunstung.

Anreicherung der Chloride in Abhängigkeit von der Betonbeanspruchung [REHM ET AL.]:

Dauertauchzone : Wechseltauchzone : Kapillarzone
     1   :   1,8   :   4,4

(Abnahme bei zunehmender Entfernung von der Betonoberfläche)

Der Salzgehalt des Meerwassers ist je nach Herkunft sehr unterschiedlich (Tabelle 4.3).

Im Gegensatz zu kaltem Meerwasser ist heißes Meerwasser, wie z.B. bei Meerwasserentsalzungsanlagen, als besonders betonangreifend einzustufen. Das ist darauf zurückzuführen, dass mit steigender Temperatur der Diffusionskoeffizient größer wird. Eine Erhöhung der Temperatur von z.B. 20 °C auf 30 °C führt zu einer Verdopplung der Eindringgeschwindigkeit [BRODERSEN] [PAGE ET AL.].

4.2 Chloride im Beton

Tab. 4.3: Zusammensetzung von Meerwasser in mg/l (nach VAN HEUMMEN ET AL.)

	Ostsee	Atlantik	Nordsee	Mittelmeer	Arabischer Golf
K^+	180	330	400	420	450
Ca^+	190	410	430	470	430
Mg^{2+}	600	1500	1330	1780	1460
SO_4^{2-}	1250	2540	2780	3060	2720
Na^+	4980	9950	11050	11560	12400
Cl^-	8960	17830	19890	21380	21450
Gesamtsalzgehalt	16,2 ‰	32,6 ‰	35,9 ‰	38,7 ‰	38,9 ‰

4.2.3 Einwirkung von Tausalzen

Wegen seiner Wirtschaftlichkeit und seiner einfachen Handhabung gehört das Tausalz seit Jahren zu den empfohlenen Maßnahmen für den Straßenwinterdienst. Zur Schnee-, Eis- und Reifglättebekämpfung wird in Deutschland hauptsächlich Natriumchlorid (NaCl) angewendet. Es ist am wirtschaftlichsten und seine Schmelzkapazität ist größer als bei Calciumchlorid ($CaCl_2$) und Magnesiumchlorid ($MgCl_2$). Die Chloride gelangen mit dem aufgenommenen Wasser in den Beton. Je nach Qualität des Betons (*w/z*-Wert, Nachbehandlung u.a.) können Eindringtiefen von 50 mm und mehr erreicht werden.

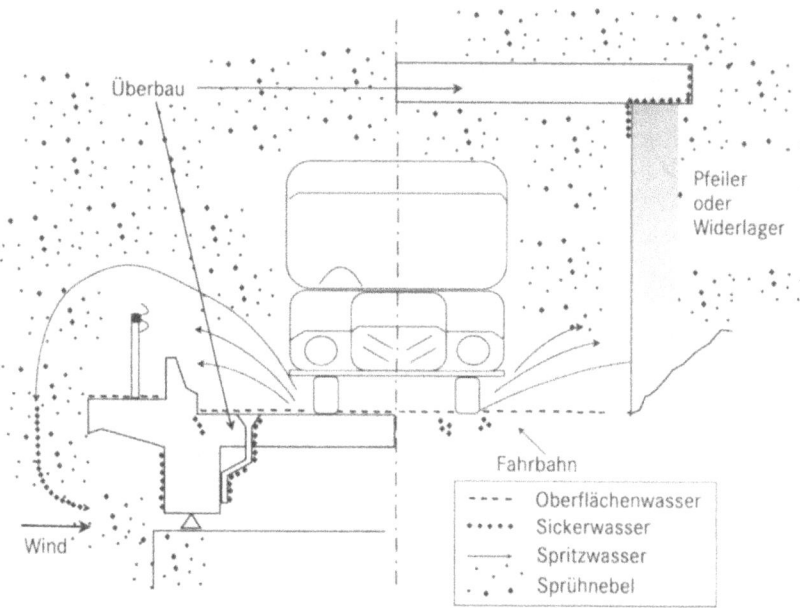

Abb. 4.1: Bereiche unterschiedlicher Chlorideinwirkung bei einer Brücke (nach SPRINGENSCHMID/VOLKWEIN)

Bei der Einwirkung von Tausalzen unterscheidet man 4 Bereiche, (siehe auch Abbildung 4.1) [FLEISCHER]:
- Bereiche, über die Wasser abfließt (Oberflächen, Randbalken, auch Unterflächen bei fehlenden Tropfnasen),
- Sickerwasserbereich bei unzureichender Abdichtung und durchlässigem Betongefüge,
- Spritzwasserbereich, z.B. Pfeiler, die von vorbeifahrenden Fahrzeugen mit erheblichen Wassermengen bespritzt werden,
- Sprühnebelbereich: z.B. bei Brückenuntersichten, durch aufgewirbelte Feuchtigkeit von hohen Fahrzeugen.

Die größten Chlorideindringtiefen mit oft mehr als 50 mm sind in den ersten drei Bereichen feststellbar.

4.2.4 Brandfall

Im Betonbau werden vielfach Kunststoffe eingesetzt, wobei deren Brennbarkeit generell von Nachteil ist. Eine Möglichkeit, sie feuerhemmend einzustellen, besteht in der Zugabe von festen oder flüssigen Brandschutzmitteln, z.B. von chlorierten organischen Substanzen zum ansonsten unveränderten Polymer. Eine andere Möglichkeit besteht durch den Einbau von speziellen Atomen in das Kunststoff-Molekül, die im Brandfall feuerhemmend wirken. Hier haben sich besonders die Halogene Chlor und Fluor als geeignet erwiesen. Typische Polymere sind Polyvinylchlorid (PVC) bzw. Polytetrafluoräthylen (PTFE) [JUNGWIRTH ET AL.].

Im Brandfall wird bereits bei ca. 120 °C der Halogenwasserstoff abgespalten. Beim PVC entsteht dadurch das Gas HCl, das in Wasser löslich ist und mit Löschwasser in Salzsäure übergeht. Brandgase, die sich auf feuchten Betonoberflächen niederschlagen, führen gleichfalls zur Bildung von Salzsäure. Es erfolgt zunächst ein „lösender Angriff" durch konzentrierte Säure. Im weiteren Verlauf reagiert dann der Chlorwasserstoff mit den Calcium-Bestandteilen des Beton zu Calciumchlorid, wobei die Anwesenheit von Wasser und eine relativ hohe Chloridkonzentration an der Oberfläche des Betons das Eindringen der Chlor-Ionen begünstigen. Nach dem Brand dringt die Chloridfront in Abhängigkeit der Porosität und des Feuchtigkeitsgehaltes des Betons weiter vor [LOCHER/SPRUNG].

4.3 Mechanismus des Eindringens von Chloriden

Für die Dauerhaftigkeit des Betons ist die äußere Einwirkung von Chloriden wesentlich. Um ihr Eindringen und damit ihre Einwirkung zu minimieren ist es deshalb wichtig zu klären, auf welche Art und Weise die Chloride in den Beton gelangen und welche Parameter das Eindringen begünstigen bzw. erschweren.

4.3 Mechanismus des Eindringens von Chloriden

Man geht heute davon aus, dass Chloridionen einerseits durch Diffusion, andererseits durch Konvektion, d.h. quasi „huckepack", mit Wasser transportiert werden können.

Die Diffusion wurde ursprünglich als dominierende Ursache für die Transportvorgänge in der flüssigen Phase des Zementsteines und damit auch des Betons angesehen [SMOLCZYK]. Bei der reinen Diffusion ist von einer zeitlich unbegrenzten Eindringtiefe auszugehen. Verschiedene Untersuchungen belegen, dass die Chlorideindringung einem endlichen Grenzwert zustrebt [HARTL/LUKAS]. Das widerspricht einem reinen Diffusionsvorgang.

Bei der erzwungenen Konvektion werden die Chloridionen mit dem eindringenden Wasser in den Beton transportiert. Dabei ist zwischen dem Hydratationssog des Zementes a) und dem kapillaren Saugen b) zu unterscheiden. Während der Hydratationssog nur bei jungen Betonen auftritt, ist kapillares Saugen bei allen porösen Stoffen anzutreffen.

a) Das innere Schrumpfen infolge Zementhydratation bewirkt einen Hydratationssog, d.h. das Nachsaugen von Wasser (Lösung) mit den darin enthaltenen Schadstoffen. Die sich aus dem Schrumpfvolumen des Zementes ergebende Eindringtiefe ist dabei um so größer, je dicker das Bauteil und je niedriger der *w/z*-Wert ist [VOLKWEIN].

b) Wie bei vielen anderen porösen Stoffen können auch im Beton Wasser oder Salzlösungen kapillar aufsteigen. Dabei dringt das Lösungswasser tiefer und mit steilerem Gradienten ein als die zugehörigen Salzionen. Beton wirkt demnach für die Salzionen wie ein Filter. Bei entsprechenden Versuchen wurden dabei Na-Ionen wesentlich stärker ausgefiltert als Cl-Ionen. Bei praxisüblichen Feuchtegehalten des Betons können in Abhängigkeit von den Randbedingungen die Cl-Eindringtiefen 40 bis 70% der Wassereindringtiefen erreichen (Abbildung 4.2).

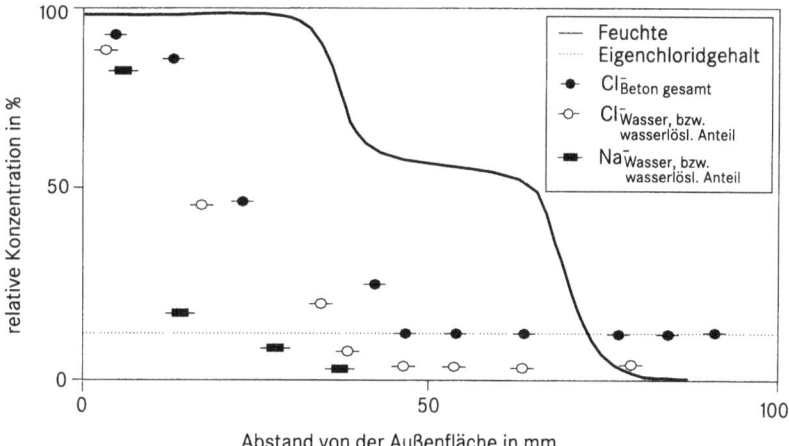

Abb. 4.2: Relative Verteilungen von kapillar aufgesaugtem Wasser und mitgeschleppten Chlor- und Natriumionen nach einer Saugzeit von 72 Stunden (nach VOLKWEIN); (*w/z*-Wert = 0,5, Vorlagerung 65% rel. F., Konzentration der NaCl-Lösung 1,8%,)

Die nach einmaligem Saugvorgang in nur 72 Stunden erzeugten Cl-Verteilungen sind von jenen, die an Bauwerken, z.B. nach mehrjähriger Einwirkung von Tausalzen, gemessen werden können, praktisch nicht zu unterscheiden. Daraus folgt, dass Salze bzw. Ionen in der Praxis überwiegend durch Konvektion befördert werden, und dass die Diffusion vernachlässigbar gering ist [VOLKWEIN].

4.4 Beeinflussung der Transportvorgänge von Chloriden im Beton

Einfluss der Zementart

Betone auf der Basis von Hochofen- oder Flugaschezementen weisen bei vollständiger Hydratation gegenüber Betonen auf der Basis von Portlandzementen eine dichtere Porenstruktur und damit einen höheren Diffusionswiderstand auf. Die Abnahme des Kapillarporenanteiles bei Betonen aus Zementen mit Hochofen- oder Flugaschezementen ist eine Ursache für eine verringerte Chloridpenetration. Die Chloriddiffusionskoeffizienten sinken in der Reihenfolge:

Portlandzement → Flugaschenzement → Hochofenzement

Mögliche Diffusionskoeffizienten in Abhängigkeit von der Zementart:

$D_{Cl} = 5 \cdot 10^{-7}$ cm²/s (Portlandzement)

$= 5 \cdot 10^{-8}$ cm²/s (Flugaschezement)

$= 1 \cdot 10^{-8}$ cm²/s (Hochofenzement).

Bei Hochofenzement wirkt sich der Hüttensandanteil (HÜS) nochmals stark auf den Diffusionskoeffizienten aus.

Tab. 4.4: Relative Durchlässigkeit (Diffusionskoeffizient) für Chloride aus 3molaren NaCl-Lösungen in Betonen aus unterschiedlichen Zementarten (nach Messwerten von BAKKER, BRODERSEN und PAGE)

Zementart	Diffusionskoeffizient in %
Portlandzement	100
Hochofenzement mit 40 M.-% HÜS	25
Hochofenzement mit 60 M.-% HÜS	5
Hochofenzement mit 80 M.-% HÜS	1

Der quantitative Zusammenhang zwischen dem Hüttensandgehalt H des Zementsteins und seinem Diffusionskoeffizienten D für Chloridionen ist in Abbildung 4.3 dargestellt. Die Abnahme der Durchlässigkeit erfolgt nach einer Funktion mit der sechsten Potenz des Hüttensandgehaltes.

4.4 Beeinflussung der Transportvorgänge von Chloriden im Beton

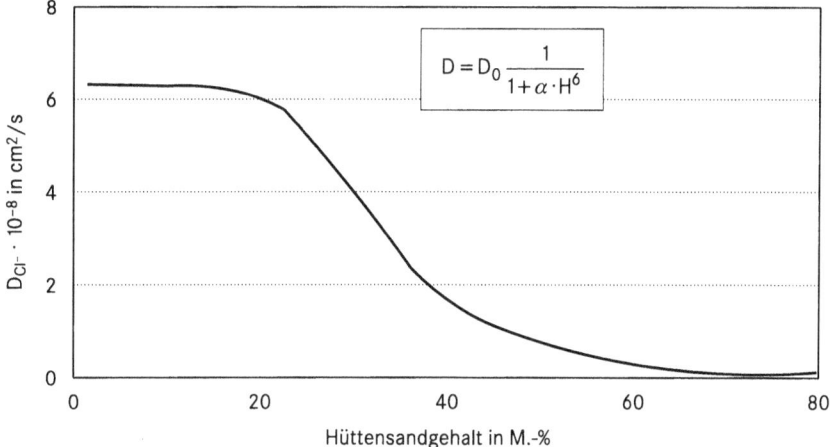

Abb. 4.3: Diffusionskoeffizienten D_{Cl} von Zementsteinen in Abhängigkeit vom Hüttensandgehalt (nach BRODERSEN)

Der hohe Widerstand von Betonen bzw. Zementstein aus Hochofenzement gegen Chloridpenetration ist nicht nur durch die höhere Dichtigkeit ihres Zementsteins erklärbar. Entscheidend ist die Fähigkeit des Zementsteins aus Hochofenzement, größere Mengen von Chlorid adsorptiv zu binden und hierdurch das für die Diffusion notwendige Konzentrationsgefälle zu unterbinden [SMOLCZYK].

Einfluss von Zusatzstoffen zum Beton

Die im Vergleich zu Portlandzementbetonen festgestellte Erhöhung des Transportwiderstandes gegenüber Chlorid bei Zugabe von Hüttensand oder Flugasche zum Beton ist auf die Verdichtung der Porenstruktur durch die Bildung von C-S-H-Phasen aus der puzzolanischen Reaktion zurückzuführen. Eine wesentliche Ursache für die Erhöhung des Diffusionswiderstandes durch die Verwendung von Flugasche ist die wirksame Unterbrechung der Kontinuität des Porensystems durch Reaktionsprodukte, die sich auf der Oberfläche der Flugaschepartikel oder in deren Nähe bilden. Durch diese als *„pore-blocking effect"* bezeichnete Einflussgröße wird der Kapillarporenraum nicht oder nur in geringem Maße reduziert. Dafür werden aber bestimmte Porenanteile für den Transport von Medien nicht mehr zugänglich, so dass eine drastische Reduzierung des Ionentransports durch die Matrix erfolgt [LI/ROY].

Einfluss des Zementgehaltes

Eine Anhebung des Zementgehaltes vermindert das Eindringen von Chloridionen. Mit zunehmendem Zementgehalt stellen sich bei konstantem w/z-Wert geringere Diffusionskoeffizienten ein [RECHBERGER; PAGE/HAVDAHL]. Für oberflächennahe Bereiche ergeben sich niedrigere Diffusionskoeffizienten als für die Kernzonen, wobei dieser Effekt auf eine zementleimreiche Schicht an der Schalfläche zurückzuführen ist. Ähnliche Schichten mit erhöhtem Zementleimgehalt können sich theoretisch auch an der Oberfläche der Stahlbetonbewehrung bilden und zu einem lokal erhöhten Diffusionswiderstand führen [PAGE ET AL.]. Es sollten Zementgehalte von ≥ 350 kg/m^3 zur Anwendung kommen.

Einfluss des *w/z*-Wertes

Eine Absenkung des *w/z*-Wertes reduziert das Eindringen von Chloridionen. Die Werte sollten $\leq 0{,}50$, besser $\leq 0{,}45$ betragen. Die Auswirkung des *w/z*-Wertes auf die mittlere relative Durchlässigkeit (Diffusionskoeffizient) für Chloride in Portlandzement-Betonen zeigt die Tabelle 4.5.

Tab. 4.5: Relative Durchlässigkeit in Abhängigkeit vom *w/z*-Wert
(nach Messwerten von BAKKER, BRODERSEN und PAGE)

w/z-Wert	Diffusionskoeffizient in %
0,60	100
0,50	45
0,40	20

Einfluss der Nachbehandlung

Neben der Zementart und dem *w/z*-Wert hat der Hydratationsgrad des Zements, d.h. die Dauer der Nachbehandlung des Betons vor der Einwirkung des Chlorids, einen deutlichen Einfluss auf die Chlorideindringung. Ähnlich wie beim *w/z*-Wert wirkt sich der günstige Einfluss längerer Nachbehandlung bei Betonen aus Portlandzementen deutlich aus (Tabelle 4.6).

Tab. 4.6: Relative Durchlässigkeit in Abhängigkeit von der Nachbehandlung
(nach Messwerten von BAKKER, BRODERSEN und PAGE)

Dauer der Nachbehandlung in Tagen	Diffusionskoeffizient in %
7	100
14	55
28	45

Einfluss des Zuschlaggrößtkorns

Die Zuschläge sollten nach einer guten Sieblinie zusammengesetzt sein. Die Chlorideindringtiefe nimmt mit wachsendem Größtkorn des Zuschlaggemisches zu:

- bei Erhöhung von 8 auf 16 mm steigt die Chloridtiefe etwa um den Faktor 2,1 und
- bei Erhöhung von 8 auf 32 mm um den Faktor 3,0.

Erklären lässt sich das dadurch, dass die Chloride bevorzugt entlang der Grenzfläche Zuschlag/Zementstein wandern [VOLKWEIN]. Offensichtlich stellt die poröse Kontaktzone an den Zuschlagkörnern einen signifikanten Einflussfaktor für die Eindringgeschwindigkeit dar.

Einfluss der Carbonatisierung

In carbonatisiertem Beton dringen Wasser und damit auch chloridhaltige Lösungen schneller ein [VOLKWEIN]. Diese Erscheinung überrascht insofern, weil durch Carbonatisierung der Porenraum abnimmt und engere Poren entstehen, also letztlich eine geringere Eindringgeschwindigkeit zu erwarten wäre. Ursache dieser beschleunigten Chloridwanderung in carbonatisiertem Beton dürfte der Zerfall chloridhaltiger Hydratphasen durch Carbonatisierung sein.

Einfluss von Rissen

Risse im Beton bewirken mit zunehmender Breite erwartungsgemäß ein verstärktes Eindringen der Chloridionen.

Einfluss der Oberflächenbeschaffenheit des Beton

LUKAS konnte unterschiedliches Eindringungsverhalten von Chloridionen bei abgestrichenen und abgeschalten Betonoberflächen nachweisen. Durch die abgestrichene Oberfläche können Chloridionen tiefer in den Beton eindringen.

Einfluss durch Frost-Tauwechsel (FTW)

Wird die NaCl-Einwirkung mit einer FTW-Beanspruchung kombiniert, dann bilden sich in Abhängigkeit von der Einwirkdauer Chloridionenfronten unterschiedlicher Konzentration aus. Spezielle Untersuchungen hierzu ergaben, dass selbst nach 350 FTW die 0,4%-Front eine mit 3,5 cm Betonüberdeckung geschützte Bewehrung nicht erreicht hat [HARTL/LUKAS].

Einfluss der Temperatur

Der Einfluss der Temperatur auf die Chlorideindringung ist sehr stark. Die Diffusionskoeffizienten steigen progressiv an und verdoppeln sich bei Erhöhung der Lagerungstemperatur von 15 °C auf 25 °C.

4.5 In welcher Form liegen Chloride im Beton vor?

Unabhängig von der Eintragungsart können Chloride im Beton (Zementstein) in folgender Form vorliegen:
- gebunden, in den Hydratphasen des Zementsteines (chemisch),
- gelöst, in der Porenlösung (freie Chloridionen),
- adsorptiv gebunden in Anlagerungskomplexen (physikalisch).

Der Eintrag von Chlorid in Beton ist eine der wesentlichen Ursachen für die Gefährdung von Betonbauwerken durch Korrosionsschäden. Dabei schädigen Chloridionen i.a. das Gefüge des Zementsteines nicht direkt, vielmehr sind es die Bewehrungsstähle, die einem Chloridangriff ausgesetzt sind. D.h. von den freien Chloridionen in der Porenlösung geht die eigentliche Korrosionsgefahr für den Stahlbeton aus.

Es wurde festgestellt, dass ein Teil der Chloride in den Hydratphasen des Zementsteines gebunden wird. Dieser Anteil ist unschädlich, solange er nicht wieder in Lösung geht. Für diesen Anteil wurde der Begriff „Schwellenwert" eingeführt. Durch Carbonatisierung des Betons können die chloridhaltigen Hydratationsprodukte zersetzt und damit das Cl wieder mobilisiert werden.

4.6 Chlorideinbindung durch Bindemittel

Wie oben beschrieben, sind nur die freien Chloridionen in der Lage, die Bewehrung im Beton korrosiv anzugreifen. Ein Teil der Chloride kann aber vom Zementstein fest gebunden werden. Dabei können alle Phasen des Zementklinkers bei ihrer Hydratation Chlorid binden (Tabelle 4.7).

Tab. 4.7: Chloridbindende Hydratphasen von Normzementen (nach SMOLCZYK)

Hydratationsprodukte	Ursprung
Calcium-Silicathydratphasen (C-S-H) $3\,CaO \cdot 2\,SiO_2 \cdot aq$ mit eingebundenem Al_2O_3, SO_3 und **Cl**	C_3S C_2S Hüttensand Puzzolanartige Bestandteile
Calcium-Aluminathydrat-Monophasen (AFm)[1)] $3\,CaO \cdot Al_2O_3 \cdot Ca(OH)_2 \cdot aq$ $3\,CaO \cdot Al_2O_3 \cdot CaSO_4 \cdot aq$ $\quad = C_3A$-Monosulfat $3\,CaO \cdot Al_2O_3 \cdot CaCO_3 \cdot aq$ $3\,CaO \cdot Al_2O_3 \cdot \mathbf{CaCl_2} \cdot aq$ $\quad = $ Friedelsches Salz Calcium-Aluminathydrat-Triphasen (AFt)[1)] $3\,CaO \cdot Al_2O_3 \cdot 3\,CaSO_4 \cdot aq$ $\quad = $ Ettringit $3\,CaO \cdot Al_2O_3 \cdot 3\,\mathbf{CaCl_2} \cdot aq$	C_3A C_4AF Hüttensand Puzzolanartige Bestandteile
Calciumhydroxid $CaO \cdot H_2O = Ca(OH)_2$ $CaO \cdot \mathbf{CaCl_2} \cdot 2\,H_2O$	C_3S C_2S

[1)] Al_2O_3 wird teilweise durch Fe_2O_3 ersetzt

4.6 Chlorideinbindung durch Bindemittel

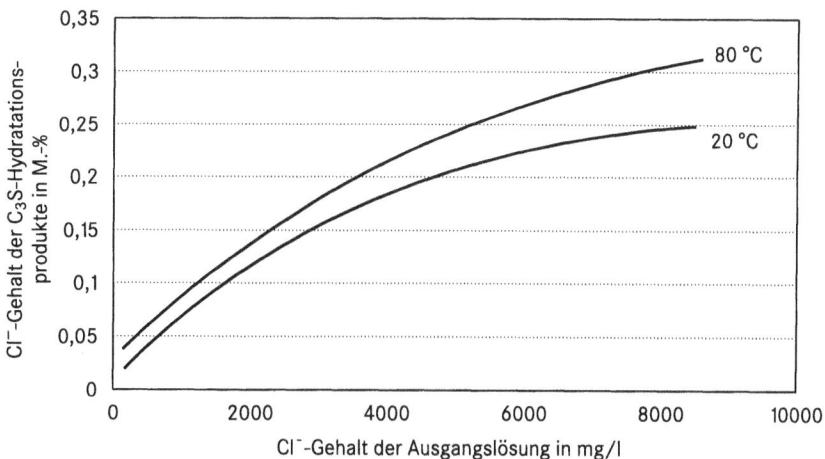

Abb. 4.4: Einbau von Chlorid in die Hydratationsprodukte des C_3S bei 20 °C und 80 °C in Abhängigkeit vom Chloridgehalt (nach RICHARTZ)

Die bei der Hydratation von C_3S und C_2S entstehenden C–S–H-Phasen können Chlorid in fester Form binden. Dabei kann um so mehr Chlorid gebunden werden, je höher der Chloridgehalt der Ausgangslösung und je höher die Temperatur ist, z.B. bei Warmbehandlung (Abbildung 4.4)

Das Chloridbindevermögen der Hydratationsprodukte von C_3S ist nach oben begrenzt, und zwar liegt die obere Einbaugrenze bei 80 °C zwischen 0,30 und 0,35% Cl^- und bei 20 °C zwischen 0,25 und 0,30% Cl^-.

C_3A und C_4AF reagieren mit Chloridlösungen unter Bildung von Friedelschem Salz $3CaO \cdot Al_2O_3 \cdot CaCl_2 \cdot 10H_2O$. Die kristallchemische Bindung der Chloride durch Bildung des Friedelschen Salzes erfolgt, wenn der Chloridgehalt der Lösung (Anmachwasser) 10 g/l nicht überschreitet. Darüberliegende Chloridanteile werden in das Trichloridhydrat ($3CaO \cdot Al_2O_3 \cdot 3CaCl_2 \cdot 32H_2O$) eingebaut. Während diese Verbindung bei Einwirkung von Wasser unter Freisetzung von Chlorid zerfällt, besitzt nach RICHARTZ das Friedelsche Salz auch in erhitzten Lösungen bis 90 °C und einem pH-Wert-Bereich von 7 bis 12,6 eine hohe Stabilität. Die Zufuhr von CO_2 zersetzt das Friedelsche Salz in Gibbsit (Hydrargillit) ($Al[OH]_3$), die Calciummodifikationen Vaterit, Calcit und Aragonit ($CaCO_3$) sowie Chlorid. Die Erhöhung des Sulfatanteils im Beton lässt Ettringit ($3CaO \cdot Al_2O_3 \cdot 3CaSO_4 \cdot 32H_2O$) unter Freisetzung von Chlorid entstehen [Binder].

Nach Untersuchungen von RICHARTZ können in dichtem Beton mit niedrigem w/z-Wert bis zu 0,4 M.-% Chlorid, bezogen auf den Zement, fest und dauerhaft in den Zementstein gebunden werden. Die Chloridbindung ist damit doppelt so hoch wie der höchstmögliche Chloridgehalt eines Betons mit mittlerer Zusammensetzung, wenn die Ausgangsstoffe Zement, Zuschlag, Anmachwasser und Zusatzmittel die höchstzulässigen Chloridgehalte aufweisen. Ist eine zusätzliche Chlorideindringung von außen nicht gegeben, ist mit keiner Chloridkorrosion zu rechnen.

Chloride werden aber nicht nur während der Hydratation in den Zementstein eingebunden. Untersuchungen von BINDER an tausalzbeaufschlagten Betonen zeigten, dass Chlorid bis zum Faktor 1,5 des Richartz-Kriteriums in stabile Aluminate eingebaut werden kann.

4.7 Kritischer korrosionsauslösender Grenzwert

Eine Korrosion der Bewehrung kann nur dann ausgelöst werden, wenn Chloridionen von außen in den Beton in der Menge eindringen, dass es zur Überschreitung eines kritischen korrosionsauslösenden Grenzwertes in Höhe der Stahlbewehrung kommt. Gleichzeitig mit dem Eindringen finden auch chemische und adsorptive Bindungsprozesse statt. Die Chloridionen werden aber nicht vollständig im Zementstein gebunden. Es verbleibt stets eine Restkonzentration an gelösten korrosionswirksamen Chloridionen in der Betonporenlösung.

Unter baupraktischen Gesichtspunkten sind grundsätzlich zwei Definitionen für den kritischen Chloridgehalt möglich [SCHIESS /RAUPACH]:
1. Kritischer Chloridgehalt, bei dem die **Depassivierung der Stahloberfläche eintritt** und die Eisenauflösung beginnt, unabhängig davon, ob diese zu sichtbaren Korrosionsschäden an der Betonoberfläche führt.
2. Kritischer Chloridgehalt, der zu einer **als Schaden einzustufenden Korrosionserscheinung führt**.

Nach der Definition 2 sind in Abhängigkeit von den Umgebungsbedingungen zum Teil erheblich höhere Chloridgehalte zu erwarten als nach Definition 1, da **Korrosionsschäden nur dann auftreten**, wenn neben der **Depassivierung der Stahloberfläche** noch weitere Bedingungen erfüllt sind, die eine entsprechend große Korrosionsgeschwindigkeit bewirken (z.B. **ausreichendes Sauerstoffangebot** und entsprechende **Feuchtigkeitsverhältnisse**).

Der Prozess der Aufkonzentrierung von Chloridionen bis zum Erreichen eines korrosionsauslösenden Grenzwertes hängt neben äußeren Umgebungsbedingungen im wesentlichen von den betontechnischen Parametern ab, die den Chloridtransport beeinflussen. Dabei sind die Zementart und der w/z-Wert die wesentlichen Einflussgrößen.

Über den kritischen korrosionsauslösenden Grenzwert wurden viele Untersuchungen durchgeführt und „Schwellenwerte" angegeben, wobei die Angabe von kritischen Chloridgehalten immer in Verbindung mit den angewandten Untersuchungsverfahren und der durchgeführten analytischen Ermittlung des Chloridgehaltes betrachtet werden muss.

Eine umfangreiche Literaturauswertung von BREIT zeigte, dass ein unterer kritischer korrosionsauslösender Gesamtchloridgehalt bei etwa 0,2 M.-%, bezogen auf den Zementgehalt, liegt. Es wurden jedoch auch korrosionsauslösende Gesamtgehalte bis etwa 1,5 M.-% ermittelt.

Bei verschiedenen Untersuchungen mit Stahl in chloridhaltigen alkalischen Lösungen lässt sich eine signifikante pH-Wert-Abhängigkeit des kritischen Chloridgehaltes von der Lösungskonzentration zeigen. Da die Hydroxidionenkonzentration der Betonporenlösung von der Menge an löslichen Alkalien im Beton

4.7 Kritischer korrosionsauslösender Grenzwert

bzw. Zement abhängt und wechselnde Feuchtigkeitsverhältnisse zu pH-Wert-Schwankungen führen können, ist eine Definition des kritischen korrosionsauslösenden Chloridgehaltes nur anhand der Konzentration der freien Chloridionen in der Porenlösung als nicht hinreichend anzusehen. Nur in Verbindung mit der Kenntnis der Hydroxidionenkonzentration der Porenlösung kann eine ausreichende Beurteilung der freien Chloridionenkonzentration hinsichtlich einer Korrosionsgefahr vorgenommen werden.

Für den Zusammenhang zwischen korrosionsauslösender Chloridionenkonzentration und Hydroxidionenkonzentration (Abbildung 4.5) wurde von BREIT folgende funktionale Beziehung für den pH-Wert-Bereich von 12 bis 14 abgeleitet:

$$\log c_{Cl^-, krit} = 1{,}5 \cdot \log c_{OH^-} - 0{,}245$$

mit $c_{Cl^-, krit}$ = korrosionsauslösende Chloridionenkonzentration [mol · l^{-1}]
c_{OH^-} = Konzentration der Hydroxidionen [mol · l^{-1}].

Übertragen auf das Korrosionssystem **Stahl im Beton** bedeutet das durch elektrochemische Untersuchungen ermittelte Ergebnis der pH-Wert-Abhängigkeit des kritischen korrosionsauslösenden Chloridgehaltes, dass bei niedrigen pH-Werten der Porenlösung (z.B. bei carbonatisiertem Beton oder hohen Zusatzstoffgehalten wie Einsatz von Microsilica) mit einem weitaus kleineren kritischen Chloridgehalt zu rechnen ist als bei Beton mit hohem pH-Wert.

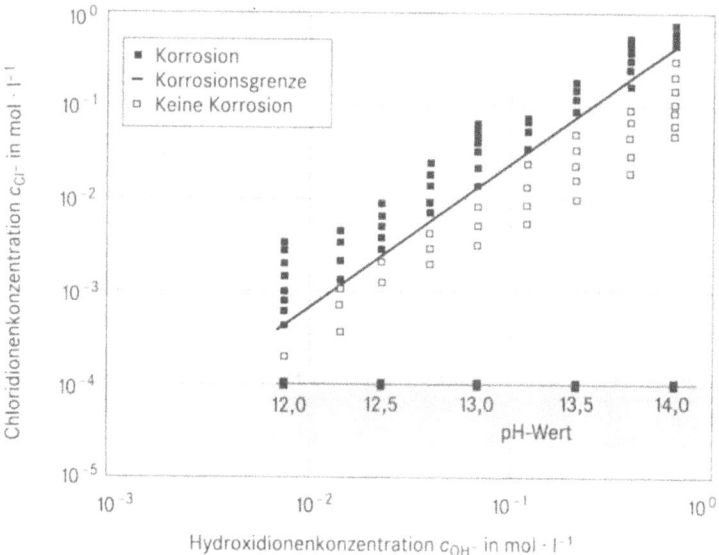

Abb. 4.5: Elektrochemische Korrosionsuntersuchungen an Stahl in chloridhaltigen Lösungen in Abhängigkeit vom pH-Wert (nach SCHIESSL/BREIT)

Bei der Anwendung dieser Erkenntnisse auf Mörtel und Beton kam BREIT im Rahmen von Untersuchungen an Mörtelelektroden in chloridhaltigen Lösungen zu folgendem Ergebnis:

- Startbedingungen für eine Lochfraßkorrosion stellen sich innerhalb von Gesamtchloridgehalten zwischen 0,25 und 0,75 M.-%, bezogen auf den Zementgehalt, ein. Für die untersuchten Mischungszusammensetzungen ergaben sich Wertebereiche des kritischen korrosionsauslösenden Gesamtchloridgehaltes zwischen 0,35 und 0,5 M.-% (Abbildung 4.6).

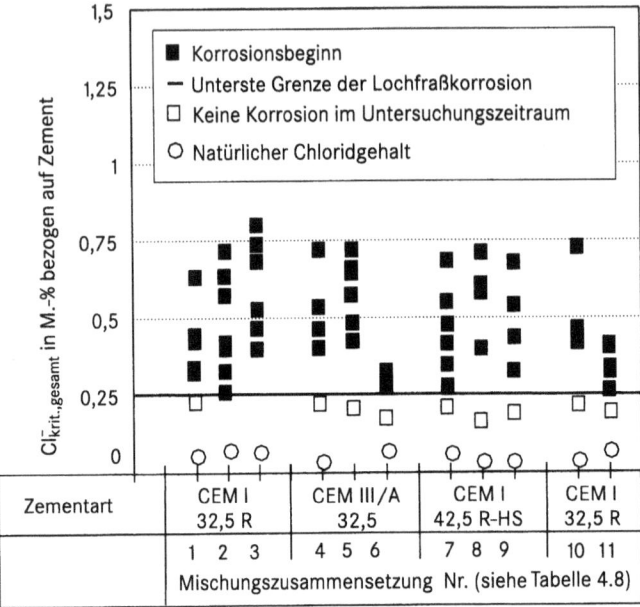

Abb. 4.6: Korrosionsauslösende Gesamtchloridgehalte in Abhängigkeit von der Zementart und der Mischungszusammensetzung (nach SCHIESSL/BREIT)

Tab. 4.8: Zusammensetzung der Mörtelmischungen aus Abbildung 4.6

Kenngröße	Einheit	Zementart										
		CEM I 32,5 R			CEM III/A 32,5			CEM I 42,5 R-HS			CEM I 32,5 R	
		Mischungszusammensetzung										
		1[1]	2	3	4[1]	5	6	7[1]	8	9	10	11
w/z-Wert	-	0,50	0,60	0,50	0,50	0,60	0,50	0,50	0,60	0,50	0,60	0,55
Zement	g	450	450	350	450	450	350	450	450	350	330	450
Wasser	g	225	270	175	225	270	175	225	270	175	270	270
Zuschlag	g	1350	1350	1350	1350	1350	1350	1350	1350	1350	1350	1350
Microsilica	g											45
Flugasche	g										120	

[1] Mischungszusammensetzung gemäß DIN EN 196-1

4.7 Kritischer korrosionsauslösender Grenzwert

Bei keiner der untersuchten Mörtelmischungen wurde unterhalb eines Gesamtchloridgehaltes in Höhe von 0,25 M.-%, bezogen auf den Zementgehalt, Korrosion ausgelöst. Dabei wurde weder ein signifikanter Einfluss der Zementart noch ein eindeutiger Einfluss aus der Mischungszusammensetzung (w/z-Wert und Zementgehalt) auf die korrosionsauslösende Grenzkonzentration festgestellt.

Die Untersuchungen von BREIT verdeutlichen, dass der kritische korrosionsauslösende Chloridgehalt nicht anhand eines konstanten Grenzwertes definiert werden kann. Andererseits kann für die Startbedingungen der Lochfraßkorrosion, die mit dem unmittelbaren Überschreiten des korrosionsauslösenden Grenzwertes gleichzusetzen ist, ein fester Wertebereich der Chloridionenkonzentration angegeben werden. Dieser Bereich ist unabhängig von betontechnischen Kenngrößen.

In Abbildung 4.7 ist die Korrosionswahrscheinlichkeit im ermittelten Wertebereich der Startbedingungen für die Lochfraßkorrosion dargestellt. Beginnende Lochfraßkorrosion setzt zwischen Gesamtchloridgehalten an der Stahloberfläche von 0,25 und 0,75 M.-% bezogen auf den Zementgehalt ein. Die Wahrscheinlichkeit, dass mit Überschreitung des unteren Grenzbereiches (0,25 bis 0,30 M.-%) Korrosion eintritt, liegt bei etwa 10%. Mit steigender Chloridionenkonzentration nimmt das Korrosionsrisiko bis zur oberen Grenze von 0,75 M.-% linear zu. Ab einem Gesamtchloridgehalt von ca. 0,85 M.-% liegen Chloridionenkonzentrationen an der Stahloberfläche vor, die zu flächiger Korrosion führen.

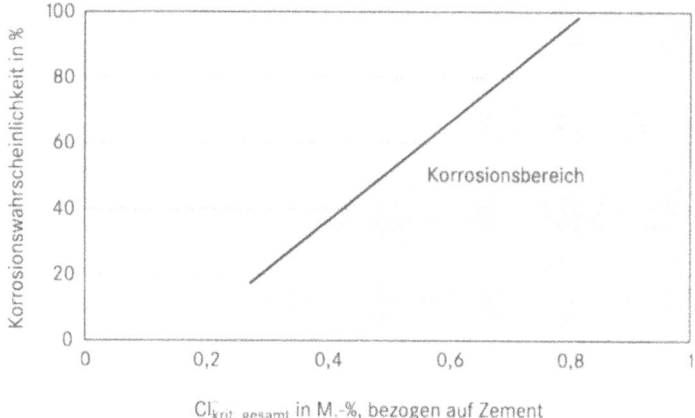

Abb. 4.7: Korrosionswahrscheinlichkeit für die Startbedingungen der Lochfraßkorrosion (nach SCHIESSL/BREIT)

Nach dem derzeitigen Kenntnisstand stellt ein Gesamtchloridgehalt von ca. 0,2 M.-%, bezogen auf den Zementgehalt, die unterste Grenze des kritischen korrosionsauslösenden Chloridgehaltes für Stahl in Beton dar. Das Überschreiten dieser Grenze ist jedoch nicht unbedingt mit einer Initiierung der Lochfraßkorrosion verbunden. Die Wahrscheinlichkeit, dass bereits bei diesem Grenzwert die Startbedingungen für Korrosion vorliegen, ist vergleichsweise niedrig. Das heißt für die Baupraxis, dass es nicht sinnvoll erscheint, sich ausschließlich an diesem unteren korrosionsauslösenden Grenzwert zu orientieren (Ausnahme Spannbetonbauteile).

Die Vielfalt der Nutzungsbereiche bzw. Aufgaben von Bauwerken und Bauteilen von Konstruktionen unter unterschiedlichsten Umgebungsbedingungen sprechen gegen eine fest definierte Grenzkonzentration.

Eine Festlegung des kritischen Chloridgehaltes sollte im Einzelfall und unter Berücksichtigung aller maßgebenden Einflussgrößen durch Spezialisten erfolgen. Dabei kann auf den in der Abbildung 4.7 dargestellten Zusammenhang zwischen Korrosionswahrscheinlichkeit und auf den Zement bezogenen Gesamtchloridgehalt zurückgegriffen werden.

4.8 Bestimmung des Chloridgehaltes

Zur Bestimmung des Chloridgehaltes im Beton werden unterschiedliche Verfahren angewendet, die nicht ohne weiteres vergleichbar sind. In Deutschland wurde vom Deutschen Ausschuss für Stahlbeton (DAfStb) im Jahre 1989 eine „Anleitung zur Bestimmung des Chloridgehaltes von Beton" herausgegeben, mit der die Verfahren zur Bestimmung des Chloridgehaltes vereinheitlicht und die Analysenergebnisse besser vergleichbar gemacht werden können. Diese Anleitung bezieht sich ausschließlich auf die Bestimmung des Gesamtchloridgehaltes im Beton.

Entscheidend für die Beurteilung der Korrosionsgefahr der Stahlbewehrung im Beton ist jedoch die freie Chloridionenkonzentration an der Stahloberfläche. Bislang existieren aber keine einheitlichen Verfahren zur Bestimmung der Konzentration freier Chloridionen. Selbst mit den zur Verfügung stehenden Verfahren sind auch nur durchschnittliche Chloridgehalte eines bestimmten Betonvolumens ermittelbar. Dieser sogenannte schichtintegrale Durchschnittswert ist aber oft wesentlich niedriger als der an den Grenzflächen Zementleim/Stahl und Zementleim/Zuschlag anzutreffende Chloridgehalt. Liegen zur Beurteilung der Korrosionsgefahr nur Analyseergebnisse einer Tiefenlage vor, so können wegen der Gradientenabhängigkeit des Chloridgehaltes keine gesicherten Aussagen getroffen werden.

4.8.1 Quantitative chemische Analyse

Der Gesamtchloridgehalt eines Betons kann mit Hilfe quantitativer Analysen bestimmt werden. Bei diesen Verfahren wird gleichzeitig der freie und der gebundene Chloridionenanteil, d.h. der mittlere Gesamtchloridgehalt, bezogen auf ein Betonvolumen (von 8–80 cm^3) bestimmt [DAfStb, H. 401].

Die quantitative Bestimmung des Gesamtchloridgehaltes von Beton wird in der Regel in einem Laboratorium durchgeführt, da der experimentelle Aufwand erheblich ist. Folgende Verfahren stehen gemäß der „Anleitung zur Bestimmung des Chloridgehaltes von Beton" zur Verfügung:

4.8 Bestimmung des Chloridgehaltes

♦ Potentiometrische Titration,
♦ Direktpotentiometrie und
♦ Photometrie.

Eine ausführliche Beschreibung dieser Verfahren ist in der genannten Anleitung zu finden. Weitere mögliche Verfahren zur analytischen Bestimmung der Gesamtchloridgehalte im Beton sind

♦ die Röntgenfluoreszenzanalyse an Pulverpresslingen sowie
♦ die argentometrische Titration nach Binder [BINDER].

Da quantitative Analyseverfahren aufwendig sind, wurden für die Praxis einfachere und schnellere Verfahren zur Bestimmung des Chloridgehaltes entwickelt, mit denen man am Bauwerk eine ausreichend genaue Chloridgehaltsbestimmung durchführen kann. Dazu zählen z.B. die *Ionenselective Elektrode* (ISE) und das sogenannte „Quantab-Verfahren".

Mit dem ISE-Verfahren werden Ergebnisse erreicht, die vergleichbar mit denen der potentiometrischen Titration sind. Der Nachteil dieser Methode besteht im hohen Kalibrier-und Messzeitaufwand. Eine Umsetzung der ISE-Verfahren auf baustellentaugliche Verwendungen ist mit der RCT-Methode (*Rapide Chloride Test*) und mit einem Verfahren zur kombinierten Bestimmung des Chloridgehaltes und der Carbonatisierungstiefe erfolgt. Mit diesen Verfahren ist die quantitative Bestimmung des Gesamtchloridgehaltes vor Ort möglich [GUSIA/HÖRNER; BREIT].

Beim Quantab-Verfahren handelt es sich um ein Baustellenverfahren zur näherungsweisen (halbquantitativen) Ermittlung des Chloridgehaltes mittels Teststreifen. Dieses Verfahren hat jedoch nur orientierenden Charakter einer Chlorid-Vorprüfung.

4.8.2 Bestimmung (Nachweis) freier Chloridionen

Da für die Lochfraßkorrosion am Stahl nur die Chloridionenmenge maßgebend ist, die im Porenwasser gelöst an die Stahloberfläche gelangt, sind Sprühverfahren entwickelt worden, um lokale Ansammlungen freier Chloridionen am Bauwerk festzustellen.

Chromatverfahren nach Locher und Sprung [LOCHER/SPRUNG]

Beim Chromatverfahren werden Bruchflächen eines z.B. mit Salzsäuredämpfen beaufschlagten Betons nacheinander mit salpetersaurer Silbernitratlösung und gelber Kaliumchromatlösung besprüht. Silberchloridhaltige Bereiche färben sich dadurch gelb, chloridionenfreie durch ausgefallenes Silberchromat rotbraun. Für die Fällung von Silberchromat im wässrigen Lösungsfilm auf der Betonoberfläche ist ein pH-Wert zwischen 6,5 und 10 erforderlich. Die Einstellung dieses pH-Bereiches auf hochbasischen Betonoberflächen ist in der Praxis aber oft nicht möglich.

Bei tausalzbeaufschlagten Betonen ist das Chromatverfahren nicht anwendbar, weil dabei die Betonbruchfläche in der Regel nicht ausreichend neutralisiert wird und somit eine Ausfällung des Silberchromats unterbleibt [nach Literaturangabe bei DORNER].

Verfahren nach Collepardi [nach Literaturangaben bei SCHÖPPEL ET AL.]

Beim Verfahren nach Collepardi werden Bruchflächen eines mit $CaCl_2$-Lösungen beaufschlagten Betons mit Fluoresceinlösung (0,1 g Fluorescein in 100 ml 70%-igen Ethylalkohol) besprüht. Die besprühten Flächen werden getrocknet und anschließend mit einer 0,1molaren Silbernitratlösung besprüht. Die besprühte Fläche verfärbt sich dabei rosa. Im Laufe eines Tages verfärben sich die Bereiche ohne freie Chloridionen immer dunkler, während die chloridhaltigen Bereiche die Rosafärbung beibehalten. Die Anwendung dieses Verfahrens bleibt jedoch meist auf Laborproben beschränkt.

UV-Verfahren nach Schöppel [SCHÖPPEL ET AL.; DORNER]

Beim UV-Verfahren nach Schöppel wird eine wässrige Silbernitratlösung (pH-Wert etwa 7) auf eine Betonoberfläche feinstverteilt aufgesprüht und diese ultravioletter Strahlung (UV-Strahlung) ausgesetzt. Bei direkter Sonnenbestrahlung färben sich Bereiche mit freien Chloridionen schon innerhalb weniger Minuten je nach Konzentration der freien Chloridionen silbergrau bis blaugrau. Chloridionenfreie Bereiche bzw. Bereiche mit gebundenen Chloridionen bleiben braun gefärbt.

Bei sehr trockenem Beton ist die zum Lösen der Chloridionen erforderliche Wassermenge nicht vorhanden. In einem derartigen Fall ist die Anwendung des UV-Verfahrens nicht sinnvoll. Betone mit Portlandhüttenzement oder Hochofenzement können blaugrau bis dunkelgrau gefärbt sein. Diese Eigenfarbe erschwert bei der Anwendung des UV-Verfahrens das Erkennen der Chloridionenverteilung.

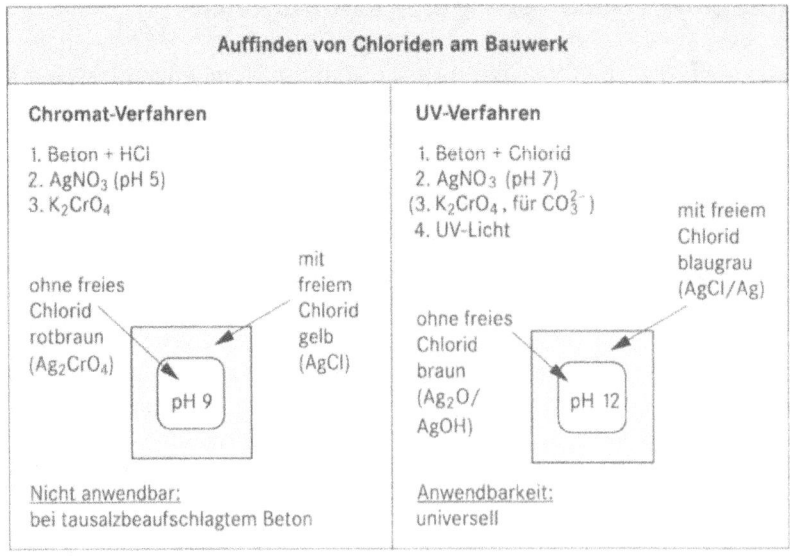

Abb. 4.8: Gegenüberstellung von Chromat- und UV-Verfahren (nach DORNER)

Eine weitere Möglichkeit der Bestimmung freier Chloridionen besteht im Auspressen von Porenlösung. Diese Methode gilt als sicheres Verfahren zur Ermittlung der freien Chloridionenkonzentration. Allerdings ist einzuschränken, dass die mit dieser Methode ermittelten Chloridkonzentrationen die tatsächlich vorhandenen Konzentrationen überschreiten, weil auch gebundene Chloridionen herausgelöst werden.

4.8.3 Nachweis der fest gebundenen Chloridionen

Von außen in den Beton eindringende Chloride (z.B. bei Tausalzbeaufschlagung) lagern sich bevorzugt in die Aluminatphasen des Zementsteins ein. Die chemische Zusammensetzung einzelner scharf umrissener Mineralphasen ähnelt dabei der Zusammensetzung des Friedelschen Salzes ($3\,CaO \cdot Al_2O_3 \cdot CaCl_2 \cdot 10\,H_2O$). Dies konnte mit Hilfe der Elektronenstrahlmikroanalyse (ESMA)[1] festgestellt werden [BINDER]. Auch mit Hilfe der Röntgen-Diffraktometrie ist es möglich, den Anteil der als Friedelsches Salz gebundenen Chloridionen zu bestimmen. Dabei wird jedoch nicht der gesamte Anteil der gebundenen Chloride ermittelt, da Chloridionen nicht nur als Friedelsches Salz gebunden werden.

4.9 Chloridangriff auf Stahlbeton

4.9.1 Elektrochemische Grundlagen

Obwohl Stahl nach den Gesetzen der Thermodynamik ein natürliches Bestreben hat, in eine energieärmere Oxidform überzugehen, ist er in nicht carbonatisiertem und chloridfreiem Beton vor Korrosion geschützt. Dieser Schutz basiert auf der Alkalität der Porenlösung des Betons, bei der sich eine dünne Oxidschicht (Passivschicht) auf der Oberfläche des Stahls ausbildet, die die Eisenauflösung so stark hemmt, dass die Korrosion praktisch zum Stillstand kommt [SCHIESSL/ RAUPACH].

Diese Passivität des Stahls im Beton kann durch zwei Vorgänge verlorengehen:

♦ Absinken des pH-Wertes durch Carbonatisierung (siehe Kapitel 2),
♦ Überschreiten eines kritischen Chlorid-Grenzwertes.

Bei ausreichendem Feuchtigkeits- und Sauerstoffangebot kann es als Folge der Aufhebung der Passivschicht (Depassivierung der Stahloberfläche) zur Korrosion der Stahlbewehrung kommen.

---

[1] ESMA: ein fokusierender Elektronenstrahl ($d \approx 1\,\mu m$) wird auf ein Anschliffpräparat gerichtet. Durch Anregung der Atome wird Röntgenfluoreszenzstrahlung emittiert, deren Intensität zur quantitativen Analyse genutzt werden kann. Die bildliche Darstellung von Rückstreuelektronen (BSE, *back scanning electron*) ermöglicht die Beurteilung von Elektronendichten, z.B. von Mineralien und deren Kornformen.

Die Mechanismen der Stahlkorrosion im Beton sind insbesondere beim Vorhandensein von Chloriden äußerst komplex. Die chloridinduzierte Korrosion von Stahl in Beton ist ein elektrochemischer Vorgang, der durch Potentialdifferenzen auf der Stahloberfläche verursacht wird.

Entstehung von Potentialdifferenzen

Verbindet man zwei unterschiedliche Metalle elektrisch miteinander, so fließen Elektronen vom unedlen zum edlen Metall. Damit liegt ein galvanisches Element mit Anode (unedles Metall) und Kathode (edles Metall), die metallisch und elektrolytisch miteinander verbunden sind, vor. Dieses galvanische Element wird in Zusammenhang mit Korrosionsfragen auch als Korrosionselement bezeichnet. Für die Bildung eines Korrosionselementes kommen nach DIN 50900 drei Ursachen infrage:

- werkstoffseitig: unterschiedliche Metalle oder Werkstoffinhomogenitäten („Kontaktelement"),
- elektrolytseitig: unterschiedliche Konzentrationen bestimmter Stoffe, die den Metallabtrag beeinflussen („Konzentrationselement", im Falle unterschiedlichen Sauerstoffzutritts: „Belüftungselement"),
- werkstoffseitig wie auch elektrolytseitig: unterschiedliche Bedingungen, z.B. Temperatur.

Die Potentialdifferenzen bei Bewehrungskorrosion entstehen

- durch Überlagerung örtlicher Unterschiede in der chemischen Zusammensetzung des Betons,
- durch unterschiedliche Belüftungsverhältnisse,
- durch Inhomogenitäten in der Stahloberfläche und
- durch ungleichmäßige Belegung der Stahloberfläche mit Korrosionsprodukten.

Der elektrochemische Prozess der chlorinduzierten Korrosion ist schematisch in Abbildung 4.9 dargestellt.

An der Anode gehen Eisenionen als Fe^{++} in Lösung, wodurch zwei Elektronen freiwerden. An der Kathode reagieren diese Elektronen mit Wasser und Sauerstoff zu Hydroxilionen. Diese wandern durch den Beton zur Anode und reagieren dort mit den Eisenionen zu Eisenhydroxid, das mit Wasser und Sauerstoff zu Rostprodukten weiterreagiert.

Anode und Kathode sind entweder mikroskopisch klein und liegen dicht beieinander („Mikroelement") oder sie haben größere Abmessungen und liegen örtlich weiter voneinander getrennt („Makroelement").

Mikroelemente führen äußerlich zu gleichmäßigem Stahlabtrag und bilden sich in der Regel bei Korrosion infolge großflächiger Carbonatisierung des Betons bis in Höhe der Bewehrung oder bei sehr hohen nicht lokal begrenzten Chloridgehalten aus [RAUPACH].

4.9 Chloridangriff auf Stahlbeton

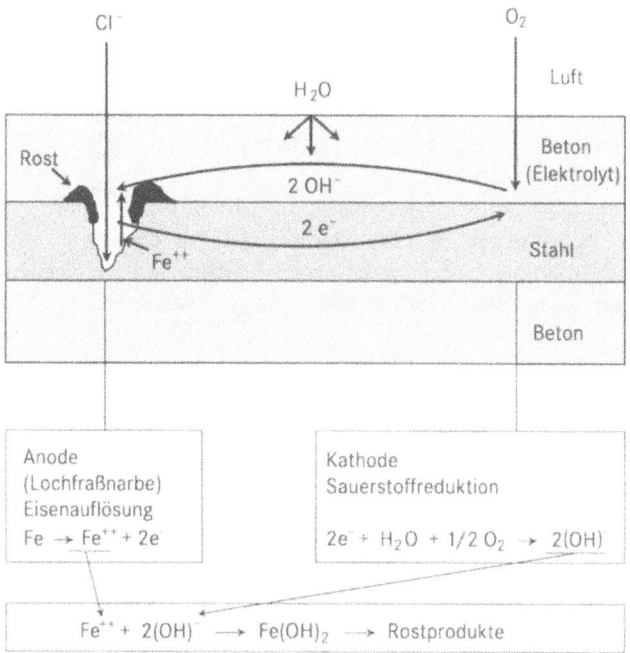

Abb. 4.9: Elektrochemische Vorgänge bei chloridinduzierter Korrosion (nach SCHIESSL ET AL.)

Makroelemte treten in der Regel bei chloridinduzierter Korrosion auf. Die Mechanismen, die in Gegenwart von Chloriden zu Lochfraßkorrosion auf passiven Stahloberflächen führen, sind noch nicht restlos geklärt [SCHIESSL/RAUPACH]. Unter Lochfraßkorrosion wird eine Korrosionsform verstanden, bei der kraterförmige, die Oberfläche unterhöhlende oder nadelstichartige Vertiefungen auftreten, während außerhalb der Lochfraßstellen praktisch kein Flächenabtrag vorliegt. Nach der Zerstörung der Passivschicht auf der Stahloberfläche (Depassivierung) stellt sich in der Lochfraßnarbe eine starke lokale Veränderung des Elektrolyten durch Anreicherung mit Chloridionen ein, wodurch eine rasche Eisenauflösung möglich wird.

Für den Korrosionsprozess müssen mehrere Voraussetzungen zugleich erfüllt sein [SCHIESSL/RAUPACH]:

- Es müssen **Potentialdifferenzen** vorhanden sein. Diese sind praktisch immer vorhanden und können im Falle chloridinduzierter Korrosion einige 100 mV betragen.
- **Anode und Kathode müssen metallisch und elektrolytisch miteinander verbunden sein**. Die metallische Verbindung ist durch das Bewehrungssystem im Beton gegeben. Um eine elektrolytische Verbindung zwischen Anode und Kathode herzustellen, muss der Beton ausreichend feucht sein. In trockenen Innenräumen z.B. ist die elektrolytische Leitfähigkeit des Betons zu gering, um eine Korrosion der Bewehrung zu ermöglichen, auch wenn durch Carbonatisierung des Betons die Depassivierung der Stahloberfläche erfolgte.

- Die **anodische Eisenauflösung** muss durch Depassivierung möglich sein.
- An der Kathode muss **genügend Sauerstoff** zur Bildung der Hydroxilionen vorhanden sein. Dabei muss Sauerstoff von der Oberfläche des Betons zur kathodisch wirkenden Stahloberfläche diffundieren können. Bei Stahlbetonteilen, die ständig unter Wasser liegen (Dauertauchzone), ist dies nicht möglich. Also besteht dort auch keine Korrosionsgefahr.

Als elektrochemischer Vorgang ist die Geschwindigkeit der Korrosion von Stahl im Beton temperaturabhängig. Die Korrosionsgeschwindigkeit in Außenbauteilen aus Stahlbeton unterliegt somit temperaturbedingt starken jahreszeitlichen Schwankungen.

Depassivierung des Betonstahles durch Chloridionen – Wirkungsmechanismus

Chemische Reaktionen

Frei bewegliche Chloride in der Umgebung des eingebetten Bewehrungsstahles wirken in mehrfacher Hinsicht korrosionsfördernd:
- Sie durchdringen die Schutzschicht und reagieren mit Eisen unter Bildung leicht löslicher Eisenchloride bzw. beweglicher Eisenkomplexe. Dabei werden Chloride nicht verbraucht, sondern stehen für weitere Umsetzungen wieder zur Verfügung:

$$Fe^{2+} + 6\,Cl^- \rightarrow FeCl_6^{4-}$$

$$FeCl_6^{4-} + 2\,(OH)^- \rightarrow Fe(OH)_2 + 6\,Cl^-$$

- Sie fördern die Ausbildung von Potentialdifferenzen im Bereich der Bewehrung, indem sie zur Verdichtung des Ionenstromes beitragen und den Umsatz in der Korrosionszelle beschleunigen.
- Durch Hydrolyse von Eisenchlorid kann Salzsäure entstehen:

$$FeCl_2 + H_2O \rightarrow Fe(OH)Cl + HCl$$

- Bereits geringe Chloridmengen können zu einer örtlichen Zerstörung der Schutzschicht führen, es kommt zu starken örtlichen Korrosionsschäden (Lochfraß).

Schadensbild bei Stahlbetonkorrosion

Die Stahlkorrosion führt zu einer Volumenzunahme. Diese bewirkt bei Überschreiten der aufnehmbaren Zugspannung des Betons die Rissbildung im umgebenden Beton und führt zu einem späteren Zeitpunkt zur Absprengung der Betonüberdeckung.

4.9.2 Rolle der Risse auf den Korrosionsfortschritt des Betonstahles

Durch experimentelle Untersuchungen wurde nachgewiesen, dass für alle Risse (selbst die allerfeinsten) gilt: Je größer die Rissbreite, desto größer die Chloridionenkonzentration an der Risswurzel. Das heißt es gibt diesbezüglich keine zulässige Rissbreite, die ein Eindringen der Chlorionen verhindert [HARTL/LUKAS].

Aber dennoch führen Risse mit dem im Stahlbeton üblichen Breiten bis etwa 0,4 mm, ausreichend dichte und dicke Betonüberdeckung vorausgesetzt (mangelhafter Sauerstoff- und Feuchtigkeitszutritt), nach SCHIESSL zu keiner Beeinträchtigung der Dauerhaftigkeit des Tragwerkes.

Im Zusammenhang mit der Bewehrungskorrosion im Riss sind grundsätzlich zwei Korrosionsvorgänge möglich [KELLER/MENN]:

♦ Beim Korrosionsvorgang I (Abbildung 4.10) verlaufen sämtliche elektrochemischen Vorgänge konzentriert im Rissbereich. Auf der depassivierten Stahloberfläche liegen Anoden und Kathoden unmittelbar nebeneinander. Der Sauerstoff wird durch den Riss zugeführt. Der fließende Korrosionsstrom und entsprechend der Korrosionsabtrag sind beim Korrosionsvorgang I im allgemeinen gering.

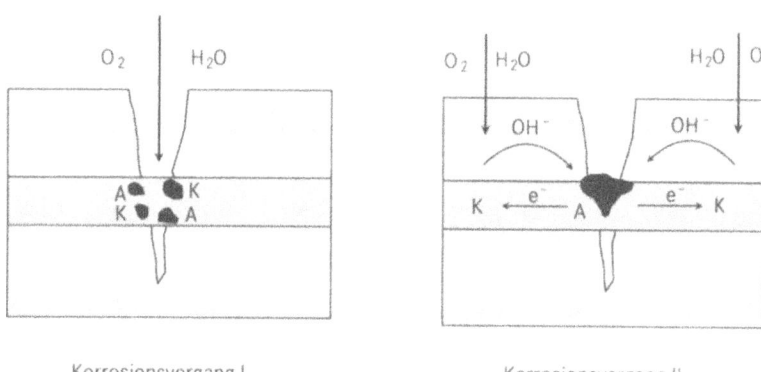

Abb. 4.10: Korrosionsvorgänge im Riss (nach KELLER/MENN)

♦ Beim Korrosionsvorgang II (Abbildung 4.10) erstrecken sich die elektrochemischen Prozesse auf den Bereich zwischen den Rissen oder allgemein auf den ungerissenen Bereich. Es bildet sich ein Makroelement. Die depassivierte Stahloberfläche im Rissbereich wirkt anodisch, die noch passivierte Stahloberfläche zwischen den Rissen kathodisch. Sauerstoff wird durch das Porensystem der Deckschicht zur Kathode geführt. Das Porenwasser in der Deckschicht wirkt als Elektrolyt. Je nach Sauerstoffangebot und elektrolytischem Widerstand kann die wirksame Kathodenfläche ein mehrfaches der Anodenfläche betragen. Der fließende Korrosionsstrom ist in etwa dem Flächenverhältnis von Kathode zu Anode proportional und kann bei großer Kathode sehr stark anwachsen. Korrosionsvorgang II kann daher zu sehr großen Abtragsraten führen. Bevorzugte Ansatzpunkte für Lochfraßkorrosion bilden Hohlstellen unter der Bewehrung, wie sie bei unvollständiger Bewehrungsumhüllung, bei Bewehrungskonzentration oder unter kreuzender Bewehrung anzutreffen sind.

Die oben dargestellten Zusammenhänge gelten grundsätzlich sowohl für Querrisse (Risse quer zum Bewehrungsstahl) als auch für Längsrisse (Risse entlang dem Bewehrungsstahl).

Der Korrosionsprozess der Bewehrung im Riss hängt von einer Vielzahl von Parametern ab. Dazu zählen:
* Rissart: Normalriss oder wasserführender Riss,
* Rissverlauf: Querriss oder Längsriss,
* Rissbreite auf Bewehrungshöhe,
* Bauwerksalter,
* Dicke der Betondeckung,
* Dichtheit der Betondeckung,
* Feuchtigkeit der Betondeckung,
* Chloridgehalt in der Rissflanke auf Bewehrungshöhe.

Hauptparameter bei der Beurteilung von Rissen ist die Rissart: Normalriss (trocken oder immer wassergefüllt) oder wasserführender Riss (sind korrosionsbegünstigend). Von untergeordneter Bedeutung ist die Rissbreite.

Dauerhaftigkeit kann nicht durch Rissbreitenbeschränkung erreicht werden. Nur durch konstruktive Maßnahmen, beispielsweise Abdichtungen oder Injektionen, können wasserführende Risse verhindert bzw. beseitigt werden.

4.10 Schutz- und Instandsetzungsmaßnahmen bei chloridinduzierter Korrosion

4.10.1 Schutzmaßnahmen

Bemessungsgrundsatz für Spannbetonbauteile ist es, die Passivierung des Spannstahles während der gesamten Lebensdauer zu erhalten.

Beim Stahlbeton gibt es zwei Wege zur Gewährleistung einer dauerhaften Nutzung des Bewehrungsstahles:
* Erhaltung der Passivierung,
* geringe Durchlässigkeit der Betondeckung gegenüber Wasser (und damit auch den gelösten Chloriden) und Gasen.

Bereits bei der Projektierung von Bauwerken ist über deren Beanspruchung möglichst genau zu befinden. Denn die **richtige Auswahl geeigneter Schutzmaßnahmen** kann über den geplanten Nutzungszeitraum des Gebäudes erhebliche finanzielle Mittel einsparen.

Besonders gefährdet durch Chloride ist der Bewehrungsstahl, weniger der Beton selbst. Maßnahmen zum Schutz des Betons (Zementsteins) werden deshalb nicht gesondert betrachtet. Ein Teil der Maßnahmen, die zur Verminderung des Eindringens bzw. des Eintrages von Chloriden in den Stahlbeton dienen, verringern gleichzeitig den negativen Einfluss der Chloride auf den Beton selbst.

4.10 Schutz- und Instandsetzungsmaßnahmen bei chloridinduzierter Korrosion

Die Auswahl der Schutzmaßnahmen hängt von der Art der Korrosionsgefährdung, der Qualität der Betondeckung, der Konsequenz vor Korrosionsschäden (Instandsetzungsmöglichkeiten) und den Schutzmöglichkeiten ab.

Es lassen sich zwei Gruppen von Korrosionsschutzmaßnahmen unterscheiden: der aktive und der passive Korrosionsschutz. Unter aktivem Korrosionsschutz versteht man alle Maßnahmen zur Gewährleistung der Dauerhaftigkeit des Betons, die über die Betonzusammensetzung und durch die normalen technologischen Prozesse realisiert werden [REICHEL].

Passiver Korrosionsschutz ist eine **zusätzliche** Maßnahme bei erhöhtem Korrosionsrisiko. Er bedingt die Anwendung zusätzlicher Maßnahmen wie Imprägnierungen, Beschichtungen usw.

Aktiver Korrosionsschutz
Stoffliche Maßnahmen
Korrosioninhibitoren werden dem Frischbeton in Form von Zusatzmitteln zugegeben. Ihre Aufgabe ist es, den Stahl auf chemischem Weg vor Korosion zu schützen. Grundsätzlich sind eine Vielzahl von chemischen Substanzen bekannt, die korrosionsschützende Eigenschaften aufweisen, allerdings ist ihr Verhalten in der hochalkalischen Umgebung des Betons nicht in jedem Fall ausreichend abgeklärt. Ein Problem bei Inhibitoren ist deren Wirksamkeit im Bereich von Rissen, wo sie bei Wasserbeaufschlagung ausgewaschen werden können.

Technologische Maßnahmen
- Nachbehandlung
  In der E DIN 1045-3 werden Ziel, Umfang und Maßnahmen der Nachbehandlung beschrieben (siehe auch Kapitel 2.8.5). Eine einwandfreie Nachbehandlung verhindert das frühzeitige Austrocknen der Betondeckschicht und damit deren unvollständige Hydratation. Dies erfolgt durch wasserhaltende und/oder wasserzuführende Maßnahmen. Dadurch wird sichergestellt, dass der Beton in oberflächennahen Bereichen gleiche Eigenschaften wie in seinem Inneren aufweist.
- Vermeidung von Entmischungen
  Durch ausführungstechnische Maßnahmen ist dafür Sorge zu tragen, dass sich der Frischbeton beim Einbringen nicht, bzw. so wenig wie möglich entmischt. So können in Einzelfällen beispielsweise an horizontal liegenden Fahrbahnplatten gravierende Unterschiede in der Porosität über der Plattendicke festgestellt werden. Ursache hierfür ist die Entmischung von Zementleim und Zuschlag. Die zementleimreichere Deckschicht erfordert eine besonders sorgfältige Nachbehandlung. Sie neigt aufgrund der höheren Kapillarporosität zu stärkerer Wasser- und damit auch Chloridaufnahme.
- Beschichtung der Betonoberfläche

Konstruktive Maßnahmen
- Abdichtung zwischen Fahrbahnbelag und Tragkonstruktion (z.B. Verkehrsflächenbau).
- Ausreichendes Abfließen des mit Salzen belasteten Wassers (Gefälle).
- Bei der Entwässerung von Brücken wird das salzhaltige Wasser stets in Rohren bis zum Pfeilerfuß geführt, damit es durch Wind nicht an den Brückenpfeiler treibt.

- Sicherung der notwendigen Betondeckung. Die notwendige Betondeckung resultiert aus einer Vielzahl von Einflussgrößen: Zementart, Wasserzementwert, Nutzungsdauer, Beanspruchung (Umwelt).
- Anwendung von flexiblen Dichtungsschlämmen als äußere Schutzschicht zum zusätzlichen Schutz der Stahlbewehrung (z.B. bei mangelnder Betonüberdeckung). Durch dispergierte Polymere, denen Zement, Feinsand und Wasser beigegeben werden, entsteht eine gummiartige Schicht, die für Wasserdampf durchlässig aber gegenüber flüssigem Wasser, Kohlendioxid und Chloriden dicht ist.
- w/z-Werte von 0,45 ... 0,55; bei w/z-Werten > 0,60 sichert eine höhere Betondeckung keinen ausreichenden Schutz gegenüber eindringenden Chloridionen. Deshalb ist der Schutz über Verringerung des w/z-Wertes sinnvoller.

Tab. 4.9: Grenzwerte für Zusammensetzung und Eigenschaften von Beton, der Chloriden ausgesetzt ist (nach DIN EN 206-1)

	Durch Chloride verursachte Bewehrungskorrosion					
	Meerwasser			andere Chloride als Meerwasser		
Expositionsklassen	XS1	XS2	XS3	XD1	XD2	XD3
Höchstzulässiger w/z-Wert	0,55	0,50	0,45	0,55	0,50	0,45
Mindestdruckfestigkeitsklasse[1,2]	C30/37[3]	C35/45[3]	C35/45[3]	C30/37[3]	C35/45[3]	C35/45[3]
Mindestzementgehalt[2] in kg/m³	300	320	340	300	320[4]	320[4]
Mindestzementgehalt bei Anrechnung von Zusatzstoffen in kg/m³	270	270	270	270	270	270
Verwendbare Zementarten	alle Zemente nach DIN 1164					

[1] gilt nicht für Leichtbeton
[2] Bei einem Größkorn der Gesteinskörnung von 63 mm darf der Zementgehalt um 30 kg/m³ reduziert werden. In diesem Fall darf [4] nicht angewendet werden.
[3] bei Verwendung von Luftporenbeton eine Festigkeitsklasse niedriger
[4] für massige Bauteile (kleinste Bauteilabmessung 80 cm) gilt: $z = 300$ kg/m³

Passiver Korrosionsschutz
- Beschichtung der Bewehrung
Kunststoffummantelte Bewehrung, z.B. PVC; Epoxidharzbeschichtung auf Pulverlackbasis – Erfahrungen einer bereits 20 Jahre dauernden Anwendung in den USA zeigen, dass die Schutzwirkung auch bei erhöhter Chloridbelastung des Betons dauerhaft erhalten bleibt [HERMANN].
Nachteil von Beschichtungen: äußerst anfällig gegen Beschädigung, schlechterer Verbund, Verbot von Schweißen und Rückbiegen, notwendige Sorgfalt beim Transportieren und Verarbeiten.

4.10 Schutz- und Instandsetzungsmaßnahmen bei chloridinduzierter Korrosion

♦ Verzinkte Bewehrung
Zink bietet bei niedrigen Chloridkonzentrationen einen temporären Schutz; im pH-Wert-Bereich von Beton ist Zink nicht korrosionsbeständig; für hohe Konzentrationen nicht geeignet, definitive Grenzkonzentrationen hierfür sind unbekannt.

♦ Kathodischer Korrosionsschutz
kann erreicht werden [JUNGWIRTH ET AL.]:
a) durch eine leitende Verbindung des Bewehrungsstahls mit einem Metall, das unedler als Eisen ist,
b) durch Anlegen einer Fremdspannung an die Bewehrung, wobei der Bewehrungsstahl als Kathode (Minuspol) funktioniert.
In beiden Fällen wird im Stahl ein Elektronenüberschuss erzeugt, der verhindert, dass Eisen in Lösung geht.

♦ Bewehrung aus Edelstahl
Die Kosten sind etwa 5mal so hoch wie bei normaler Bewehrung.

♦ Tränkmittel z.B. zum Schutz bestehender Betondecken
Tränkung von Betonfahrbahndecken Ende der 40er Jahre in den USA mit einer rasch eindringenden Lösung aus Öl und Benzin (0,27 l/m^3) verhinderte die Abwitterung fast vollständig, in Deutschland konnten diese Ergebnisse nicht bestätigt werden.
Zweimaliger Aufstrich eines Teerölpräparates (0,33 l/m^2) brachte eine deutliche, aber noch nicht befriedigende Verbesserung.
Schmelzimprägnierung von wärmebehandelten Beton mit Rohmontanwachs-Paraffin-Granulat erbrachte eine um etwa 250% höhere Wasserdichtigkeit und einen um ca. 400% höheren Frostwiderstand – hat aber keine praktische Bedeutung [REICHEL].

Korrosionsüberwachungssysteme

Korrosionsüberwachungssysteme haben die Aufgabe, frühzeitig, also vor Beginn einer Korrosion an der Bewehrung, ein Warnsignal zu geben, ohne Proben aus dem Bauwerk entnehmen zu müssen.

Die depassivierenden Substanzen CO_2 oder Cl^- dringen i.d.R. von der Betonoberfläche her durch die Betondeckung zur Bewehrung vor. Die Korrosion des Bewehrungsstahls kann einsetzen, wenn dieser durch die Depassivierungsfront erreicht wird (Abbildung 4.11).

Eine Kenntnis über den zeitlichen Verlauf des Vordringens der Depassivierungsfront erlaubt rechtzeitig relevante Korrosionsschutzmaßnahmen (Sanierungsmaßnahmen). Dies ist deutlich billiger als Reparaturen nach eingetretenen Schäden.

Mittels eines speziell entwickelten Korrosionssensors kann das Vordringen der Depassivierungsfront genau verfolgt werden [SCHIESSL/RAUPACH]. Der Korrosionssensor besteht aus einer Reihe von Einzelsensoren, die innerhalb der Betonüberdeckung zwischen Betonoberfläche und Bewehrung eingebaut sind. Damit kann kontinuierlich verfolgt werden, bis zu welcher Tiefe die Depassivierungsfront vorgedrungen ist (Abbildung 4.12).

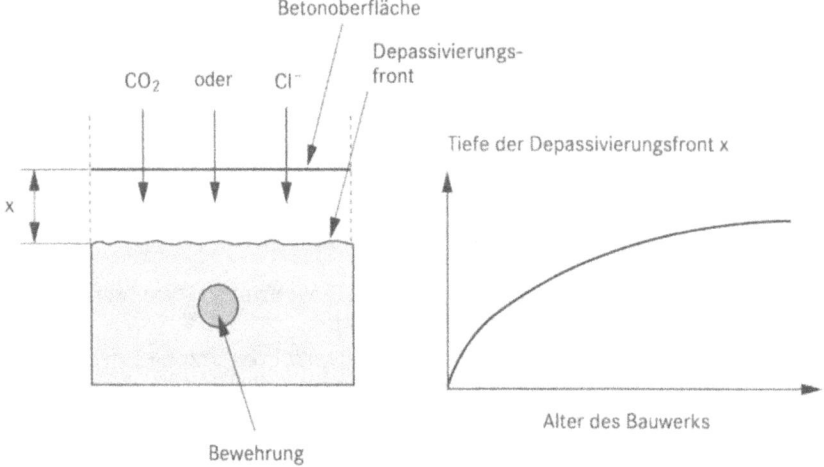

Abb 4.11: Schematische Darstellung des zeitabhängigen Eindringens der Depassivierungsfront in den Beton (nach SCHIESSL/RAUPACH)

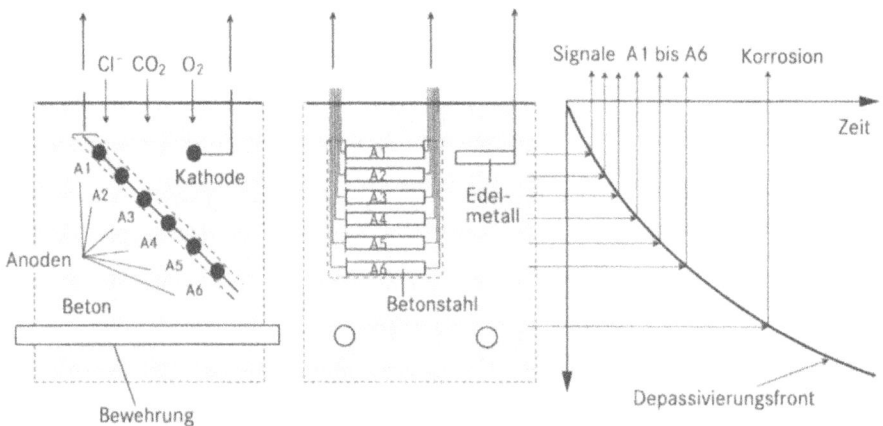

Abb. 4.12: Bestimmung des Abstandes der Depassivierungsfront von der Betonoberfläche mit Hilfe mehrerer Sensoren in verschiedenen Abständen von der Betonoberfläche (nach SCHIESSL/RAUPACH)

Das Prinzip des Einzelsensors basiert auf der elektrochemischen Natur des Korrosionsvorgangs. Ein Sensor besteht aus einem Stück Betonstahl, das über eine nach außen geführte Kabelverbindung mit einem ebenfalls einbetonierten Edelmetall verbunden ist, welches auch im chloridhaltigen oder carbonatisierten Beton nicht korrodiert. Nach Depassivierung eines Betonstahlstücks entsteht ein galvanisches Element zwischen diesem und dem Edelmetall, dessen Stromfluss als Signal gemessen werden kann. Hat die Depassivierungsfront zwei oder mehrere Sensoren erreicht, so kann der weitere zeitliche Verlauf des Eindringens von Cl^- oder CO_2 unter bestimmten Annahmen extrapoliert und die unbeeinträchtigte Nutzung abgeschätzt werden.

Korrosionssensoren kommen bei Stahl- oder Spannbetonkonstruktionen zum Einsatz, die extremen Einwirkungen oder Einwirkungsbereichen ausgesetzt sind, z.B. im Bereich von Pfeilern, die sich im Meerwasser befinden.

4.10.2 Instandsetzungsmaßnahmen

Eine Erneuerung des Korrosionsschutzes der Bewehrung ist dann erforderlich, wenn es zur Korrosion infolge Carbonatisierung oder korrosionsauslösendem Chloridgehalt gekommen und mit einem weiteren Fortschreiten der Korrosion zu rechnen ist. Prinzipiell ist dabei so zu verfahren, dass zunächst die angerostete Bewehrung freizulegen und nach dem Entrosten vor Korrosion zu schützen ist. Nach Möglichkeit sollte der Bewehrungsstahl wieder eine basische Umgebung erhalten, welche am besten durch eine zementgebundene Matrix des Ausbesserungsmörtels erreicht wird.

In der „Richtlinie für Schutz und Instandsetzung von Betonbauteilen" des Deutschen Ausschusses für Stahlbeton sind Planung, Durchführung und Überwachung von Schutz- und Instandsetzungsmaßnahmen für Bauwerke und Bauteile aus Beton und Stahlbeton nach DIN 1045 geregelt. Für den Korrosionsschutz der Bewehrung werden dabei auf der Grundlage der maßgebenden Korrosionsmechanismen Korrosionsschutzprinzipien definiert (siehe Kapitel 2.9.2).

Bei der Chloridkorrosion sind dabei einige Besonderheiten zu beachten, die die Wahl und Durchführung von Instandsetzungsmaßnahmen beeinflussen und Zusatzmaßnahmen erfordern.

Elektrochemischer Chloridentzug

Um nicht sämtlichen „chloridverseuchten" Beton durch Abtrag entfernen zu müssen, steht mit der zerstörungsfreien Entfernung der Chloride aus dem Beton mittels elektrochemischem Chloridentzug eine attraktive Alternative zur Verfügung. Das Verfahren beruht auf dem Vorgang der Ionenmigration. Dabei wird die Bewehrung an den Minuspol und die in einem außenseitig aufgebrachten Elektrolyten befindliche Anode an den Pluspol einer Gleichspannungsquelle angeschlossen. Im elektrischen Stromfeld bewegen sich die negativ geladenen Chloridionen entlang der Stromlinien von der Kathode, d.h. der Bewehrung, weg in Richtung Anode (Abbildung 4.13).

Gleichzeitig mit der Ionenmigration findet an der Bewehrung eine Elektrolyse statt. Dabei werden Hydoxilionen erzeugt. Sinkt der Chloridgehalt im Bereich der Bewehrung unter den kritischen Wert, so erhält die Passivschicht an der Bewehrungsoberfläche wieder ihre Wirksamkeit. Als Anode werden bei einmaliger Verwendung Betonstahlmatten eingesetzt oder bei Wiederverwendung Titannetzgitter [MIETZ ET AL.]. Die Geschwindigkeit, mit der die Chloride aus dem Beton entfernt werden, ist proportional dem Stromfluss durch den Beton. Dieser ist für eine bestimmte Spannung am höchsten, wenn der elektrische Widerstand des Betons möglichst klein ist (bei Wassersättigung des Betons). Um diese Forderung zu erfüllen, ist der auf der Betonoberfläche befindliche Elektrolyt ständig feucht zu halten. Geeignet dafür sind Zellulose, Tongemische oder stark verzögerter Spritzbeton.

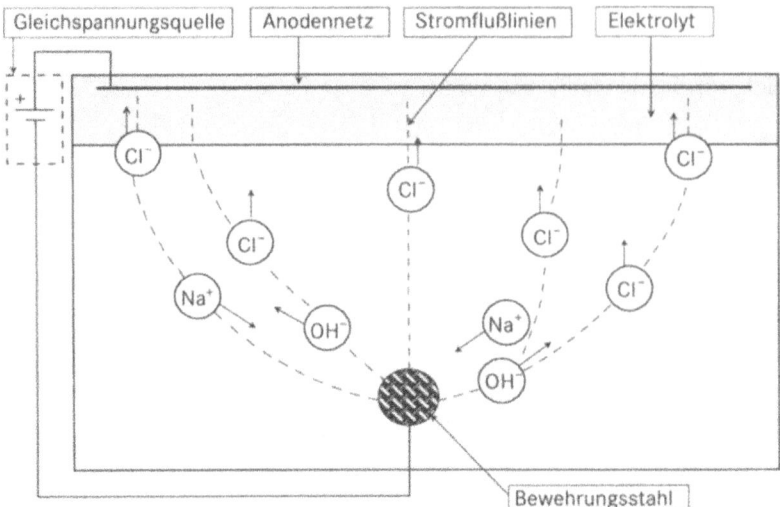

Abb. 4.13: Prinzip des elektrochemischen Chloridentzugs für chloridverseuchte Stahlbetonbauteile (nach MIETZ ET AL.)

Die Dauer des elektrochemischen Chloridentzuges hängt von der Zementart (Abbildung 4.14), der Dichtigkeit und der Betondeckung sowie der Umgebungstemperatur ab. Weitere Einflussgrößen auf die Dauer liegen in der angelegten Spannung zur Erzeugung des elektrischen Feldes sowie in der zur Verfügung stehenden Oberfläche der Stahlbetonbewehrung. Üblich sind Behandlungszeiten von 10 ... 20 Tagen. Unter extremen Bedingungen (Hochofenzement = hohe Dichtigkeit des Betons, große Betonüberdeckung, kalte Jahreszeit usw.) kann sich die Behandlungsdauer bis zu 60 Tagen erstrecken. Die Kosten (ca. 20 AT Arbeitsaufwand +60 ... 90 DM/m^2) sind mit anderen Verfahren vergleichbar [EICHERT ET AL.].

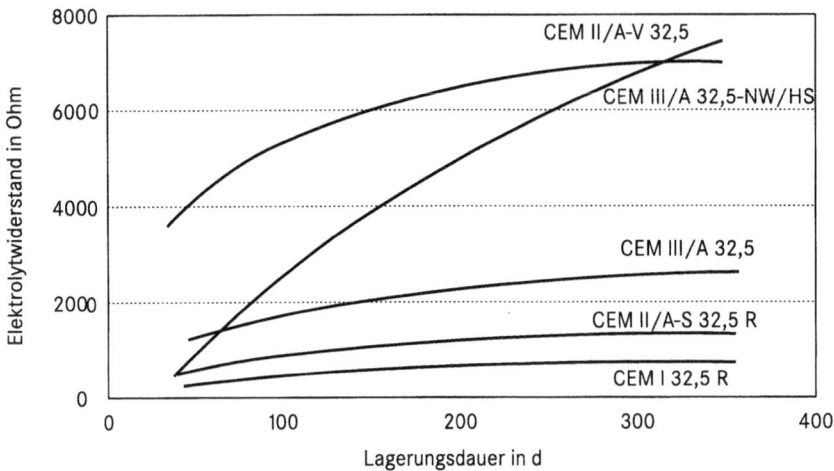

Abb. 4.14: Einfluss der Zementart auf den elektrischen Widerstand von Beton (nach SCHIESSL/RAUPACH)

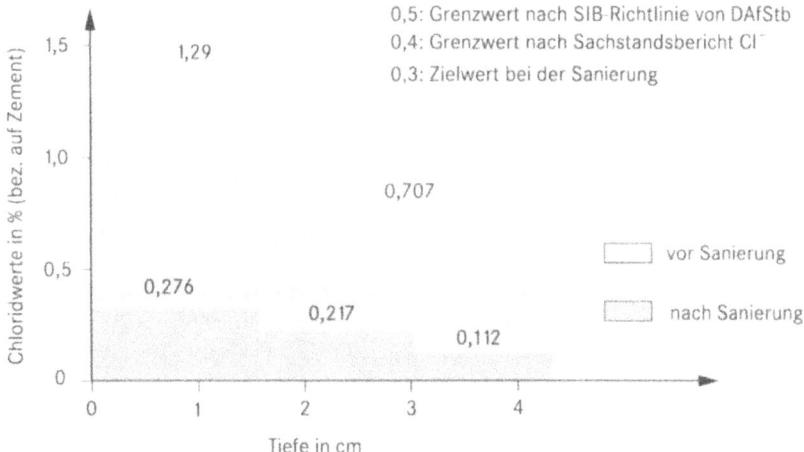

Abb. 4.15: Chloridgehalt vor und nach der Sanierung einer chloridverseuchten Stahlbetonkonstruktion mit Hilfe eines elektrochemischen Chloridentzuges (nach EICHERT ET AL.)

Die Tiefenwirksamkeit des Verfahrens wird durch die Lage der Bewehrung bestimmt, d.h. die Reduzierung der Chloridgehalte findet im Bereich zwischen Betonoberfläche und Bewehrung statt. In Bereichen hinter der Bewehrung sind i.d.R. keine Veränderungen in der Chloridkonzentration mehr existent.

4.11 Literatur

Anleitung zur Bestimmung des Chloridgehaltes von Beton/Arbeitskreis „Prüfverfahren Chlorideindringtiefe" des Deutschen Ausschusses für Stahlbeton, Deutscher Ausschuß für Stahlbeton, Heft 401, Berlin: Beuth-Verlag 1989

BINDER, G.
Über den Chlorideinbau und dessen Nachweis in tausalzbeaufschlagten Betonen,
in: Zement-Kalk-Gips 46 (1993) H. 12, S. 784–791

BREIT, W.
Kritischer korrosionsauslösender Chloridgehalt – Sachstand (Teil 1), in: Beton 48 (1998) H. 7, S. 442–449

BREIT, W.
Kritischer korrosionsauslösender Chloridgehalt – Neuere Untersuchungsergebnisse (Teil 2) Beton 48 (1998) H. 8, S. 511–521

BREIT, W.
Untersuchungen zum kritischen korrosionsauslösenden Chloridgehalt für Stahl in Beton. Aachener Beiträge zur Bauforschung ABBF, Band 8 (Dissertation D 82 an der RWTH Aachen), Hrsg.: Institut für Bauforschung der RWTH Aachen (ibac), Aachen: Verlag der Augustinus Buchhandlung 1997

BRODERSEN, A. H.
Zur Abhängigkeit der Transportvorgänge verschiedener Ionen im Beton von Struktur und Zusammensetzung des Zementsteins, Dissertation. RWTH Aachen 1982

DORNER, H. W.
Neue Verfahren zur Bestimmung der Chlorionen in Beton, in: Bautenschutz + Bausanierung 11 (1988) H. 3, S. [103]–[108]

EICHERT, H.-R.; WITTKE, B.; ROSE, K.
Elektrochemischer Chloridentzug, in: Beton 42 (1992) H. 4, S. 209–213

Einflüsse auf das Eindringen von Chloriden in Beton, in: Beton-Informationen (1988) H. 3/4, S. 46–47

FLEISCHER, W.
Neue Wege bei der Auswahl und Überwachung von Baustoffen und Bauverfahren, Technische Universität München, Baustoffinstitut. Jahresmitteilungen 1993, Heft 2, S. A19–A37

GUSIA, P. J.; HÖRNER, H.-J.
Kombinierte Bestimmung Chlorid-Gehalt und Karbonatisierungstiefe, in: Beton 49 (1998) H. 9, S. 550–556

HARTL, G.; LUKAS, W.
Untersuchungen zur Chlorideindringung in Beton und zum Einfluß von Rissen auf die chloridinduzierte Korrosion der Bewehrung, in: Betonwerk+Fertigteil-Technik 53 (1987) H. 7, S. 497–506

HERMANN, K.
Epoxidharzbeschichtete Bewehrung, in: Cementbulletin 60 (1992) H. 3, 8 S.

JUNGWIRTH, D.; BEYER, E.; GRÜBL, P.
Dauerhafte Betonbauwerke, Düsseldorf: Beton-Verlag GmbH 1986

KELLER, TH.; MENN, CH.
Der Einfluß von Rissen auf die Bewehrungskorrosion, in: Beton- und Stahlbetonbau 88 (1993) H. 1, S. 16–20 und H. 2, S. 47–51

LI, S.; ROY, D. M.
Investigation of Relations Between Porosity, Pore Structure, and Cl-Diffusion of Fly Ash and Blended Cement Pastes, in: Cement & Concrete Research 16 (1986) No. 5, S. 749–759

LOCHER, F. W.; SPRUNG, S.
Einwirkung von salzsäurehaltigen PVC-Brandgasen auf Beton, in: Betontechnische Berichte 1970, Düsseldorf: Betonverlag 1971, S. 33–55

MIELENZ, R. C.
History of Chemical Admixtures for Concrete, in: Concrete International, Design & Construction 6 (1984) No. 4, S. 40–53

MIETZ, J.; FISCHER, J.; ISECKE, B.
Elektrochemische Verfahren als Korrosionsschutz für Bewehrungsstahl in Stahlbetonbauwerken, in: Festschrift für Prof. N. V. Waubke; BMI (1996) H. 9, S.129–132

NÜRNBERGER, U.
Chloridkorrosion von Stahl in Beton – Grundlegende Zusammenhänge-Baupraktische Erfahrungen, in: Betonwerk+Fertigteil-Technik 50 (1984) H. 9, S. 601–612 (Teil 1), H. 10, S. 697–704 (Teil 2)

PAGE, C. L.; HAVDAHL, J.
Electrochemical Monitoring of Corrosion of Steel in Microsilica Cement Pastes, in: Materiaux et Constructions 18 (1985) No. 103, S. 41–47

PAGE, C. L.; SHORT, N. R.; EL TARRAS, A.
Diffusion of Chloride Ions in Hardened Cement Paste, in: Cement & Concrete Research 14 (1981) No. 3, S. 395–406

4.11 Literatur

RAUPACH, M.
Zur chloridinduzierten Makroelementkorrosion von Stahl in Beton, in: Deutscher Ausschuss für Stahlbeton, Heft 433, Berlin: Beuth-Verlag 1992

RECHBERGER, P.
Elektrochemische Bestimmung von Chloriddiffusionskoeffizienten in Beton, in: Zement-Kalk-Gips 38 (1985) H. 11, S. 679–684

RECHBERGER, P.
Elektrochemische Modellversuche zur Frage der chloridinduzierten Betonstahlkorrosion, in: Zement-Kalk-Gips 36 (1983) H. 10, S. 582–590

REHM, G.; NÜRNBERGER, U.; NEUBERT, B.; NENNINGER, F.
Einfluß von Betongüte, Wasserhaushalt und Zeit auf das Eindringen von Chloriden in Beton, in: Deutscher Ausschuß für Stahlbeton, Heft 390, S. 7–41, Berlin: Beuth-Verlag 1986

REICHEL, W.
Stoffliche und verfahrenstechnische Einflußfaktoren auf die Dauerhaftigkeit von Beton (Teil 1), in: Betontechnik 8 (1987) H. 5, S. 137–142

RICHARTZ, W.
Die Bindung von Chlorid bei der Zementerhärtung, in: Zement-Kalk-Gips 22 (1969) H. 10, S. 447–456

Richtlinie für Schutz und Instandsetzung von Betonbauteilen, Hrsg.: Deutscher Ausschuß für Stahlbeton, Berlin: Beuth-Verlag 1990–1992

SCHIESSL, P.; BREIT, W.; WEYDERT, R.
Instandsetzungsprinzipien C und W – Unter welchen Bedingungen funktionieren sie wirklich?, in: 13. Internationale Baustofftagung IBAUSIL, Tagungsbericht-Band 1, Hrsg.: F.A. Finger Institut für Baustoffkunde, Bauhaus-Universität Weimar 1997, S. 1-0407–1-0433

SCHIESSL, P.; RAUPACH, M.
Chloridinduzierte Korrosion von Stahl in Beton, in: Beton-Informationen (1988) H. 3/4, S. 33–45

SCHIESSL, P.; RAUPACH, M.
Influence of Concrete Composition and Microclimate on the Critical Chloride Content in Concrete, in: Corrosion of Reinforcement in Concrete, International Symposium, Wishaw, Warwickshire, UK, Elsevier 1990, S. 49–58

SCHIESSL, P.; RAUPACH, M.
Korrosionsgefahr von Stahlbetonbauwerken, in: Beton 45 (1994) H. 3, S. 146–149

SCHIESSL, P.; WIENS, U.
Neue Erkenntnisse zum Einfluß von Steinkohlenflugasche auf die chloridinduzierte Korrosion von Stahl in Beton, in: 13. Internationale Baustofftagung IBAUSIL, Tagungsbericht-Band 1, Hrsg.: F.A. Finger Institut für Baustoffkunde, Bauhaus-Universität Weimar 1997, S. 1-0161–1-0173

SCHÖPPEL, K.; DORNER, H.; LETSCH, R.
Nachweis freier Chlorionen auf Betonoberflächen mit dem UV-Verfahren, in: Betonwerk+Fertigteil-Technik 54 (1988) H. 11, S. 80–85

SMOLCZYK, H.-G.
Flüssigkeit in den Poren des Betons – Zusammensetzung und Transportvorgänge in der flüssigen Phase des Zementsteins, in: Beton-Informationen 24 (1984) H. 1, S. 3–10

SPRINGENSCHMID, R.; VOLKWEIN, A.
Über das Langzeitverhalten von Brücken aus Stahlbeton – oder das komplizierte Verhältnis zwischen Beton und Wasser, in: Straßenbau u. Technik (1984) H. 8, S. 13–19

VAN HEUMMEN, H.; BOVÉE, J.; VAN DER ZANDEN, H.; BIJEN, J.
Materials and Durability, Proceedings Symposium „Saudia Arabian-Bahrain Causeway", Technische Universität Delft, Fakultät für Bauingenieurwesen 1985, S. 98–119

VOLKWEIN, A.
Untersuchungen über das Eindringen von Wasser und Chlorid in Beton, Dissertation. TU München 1991

VOLKWEIN, A.; SPRINGENSCHMID, R.
Corrosion of Reinforcement in Concrete Bridges at Different Age Due to Carbonation and Chloride Penetration, Proceedings of the 2nd Intern. Conference on the Durability of Building Materials and Components, Washington D.C., September 1981

5 Sulfatwiderstandsfähigkeit von Beton

5.1 Kurzer historischer Abriss

Eine wichtige Größe für die Dauerhaftigkeit von Beton ist sein Widerstand gegenüber Sulfatangriff. Die Dauerhaftigkeit muss bei Einwirkung betonangreifender Wässer über die gesamte Nutzungsdauer gewährleistet sein. Der Zerstörungsgrad eines Sulfatangriffs variiert und kann bis zum Zersetzen des Betons zu einer plastischen Masse reichen.

Der betonschädigende Einfluss von Sulfaten ist seit 1877 bekannt. Erste systematische Untersuchungen über die bei Einwirkung von Sulfaten ablaufenden schädigenden Reaktionen im Zementstein wurden von CANDLOT und MICHAELIS um 1890 durchgeführt [CANDLOT; MICHAELIS]. Aus diesen Untersuchungen ging hervor, dass die Gefügeschäden des Zementsteins mit der Bildung einer komplexen, kristallwasserreichen Verbindung zusammenhängen. Sie wurde von MICHAELIS wie folgt beschrieben:

$$3\,CaO \cdot Al_2O_3 \cdot 3\,CaSO_4 \cdot 30\,H_2O$$

Dieses Salz wurde von MICHAELIS wegen seines typischen nadelförmigen Erscheinungsbilds und seiner gefügeschädigenden Wirkung als „Zementbazillus" bezeichnet.

Zahlreiche spätere Untersuchungen führten zu dem Schluss, dass die Gefügezerstörung in Verbindung mit der Einwirkung sulfathaltiger Lösungen auf die chemische Reaktion der aluminatischen bzw. aluminatisch-ferritischen Zement-Klinkerphasen mit Sulfationen zurückzuführen ist.

In Deutschland ereignete sich der erste größere durch Sulfatangriff verursachte Schadensfall um 1890 in Magdeburg. Die neu errichtete Sternbrücke über die Elbe musste wenige Jahre nach ihrer Fertigstellung abgerissen werden. Ursache dafür war, dass die schädigende Wirkung von Quellwasser mit sehr hohem Sulfatgehalt (rund 2000 mg SO_4^{2-}/l) auf den jungen Beton noch unbekannt war. Die Betonpfeiler hoben sich infolge „Quellung" um 8 cm (!) innerhalb von 2 Jahren und spalteten sich dabei auf [BICZOK].

Dieser spektakuläre Schadensfall war für die führenden Wissenschaftler der damaligen Zeit der Anlass, verstärkt nach Möglichkeiten zur Erhöhung der Beständigkeit von Beton gegen Sulfatangriff zu suchen. Es wurden im Verlaufe der Zeit geeignete betontechnologische Maßnahmen vorgeschlagen, die in zahlreichen Normen und Richtlinien enthalten sind.

5.2 Schadensmechanismus des Sulfatangriffs auf Beton

Die Einwirkung von Sulfaten auf den Beton zählt zu den Angriffen, bei denen die angreifenden Medien chemisch mit Bestandteilen des Betons reagieren. Der Sulfatangriff kann nur in Gegenwart von Feuchtigkeit stattfinden. Der Schädigungsmechanismus kann lösender oder treibender Art sein.

Bei **lösendem Angriff** durch aggressive Substanzen werden besonders die calciumhaltigen Phasen des Zementsteins und dabei wiederum das im Vergleich zu den C–S–H-Phasen leichter umsetzbare $Ca(OH)_2$ angelöst und ausgewaschen, was zu einer Schädigung durch Substanzverlust führt.

Bei **treibendem Angriff** entstehen Reaktionsprodukte, die im Vergleich zu den Ausgangsstoffen ein größeres Volumen einnehmen. Die aus der Bildung voluminöser Produkte resultierenden Druckspannungen verursachen Quellen, Rissbildung, Festigkeitsverlust und haben schließlich einen Abbau des Zementsteins zur Folge. Die Überschreitung der aufnehmenden Spannungen des Zementsteins durch den sich bildenden Kristallisationsdruck führt zur Schädigung und Zerstörung des Gefüges.

5.3 Ursachen des Sulfattreibens

Sulfatangriff läuft stets in der wässrigen Phase ab. Dies bedeutet, dass
- nur von freien Sulfationen (SO_4^{2-}) schädigende Reaktionen mit Bestandteilen des Zementsteins erwartet werden können und
- in trockener Umgebung kein Sulfatangriff stattfinden kann [KOLLO].

Beim Sulfattreiben unterscheidet man hinsichtlich der Ursachen zwischen innerem und äußerem Sulfatangriff.

Innerer Sulfatangriff wird verursacht durch:
- überhöhten Gipsgehalt des Zementes (u.a. durch fehlerhafte Gipsdosierung bei der Zementmahlung, was praktisch nicht vorkommt) oder
- bei Kontakt von Gips mit Zementmörtel, z.B. bei fehlerhafter Sanierung gipshaltigen Mauerwerks mit Zementmörtelinjektionen. Dabei reagieren SO_4^{2-}-Ionen aus Gips (Sulfationen) mit den Klinkerphasen C_3A und C_4AF bzw. den Hydratphasen C_3AH_6 oder Monosulfat zum treibenden Mineral Ettringit (Abbildung 5.1).

Äußerer Sulfatangriff wird verursacht durch:
- sulfathaltige Wässer und Böden oder
- SO_2 in der Luft.

→ a) Diffusion der Sulfationen in die Poren,
   b) Reaktion zwischen Sulfationen SO_4^{2-} und $Ca(OH)_2$ und weiteres Vordringen der Sulfationen,
   c) Reaktion der Sulfationen (→ Ettringit).

5.3 Ursachen des Sulfattreibens

Abb. 5.1:
Ettringit
(ESEM-Aufnahme)

Unterschiede zwischen innerem und äußerem Sulfatangriff

Beim inneren Angriff
- erfolgt die Reaktion relativ schnell, primär durch Gips und
- die Geschwindigkeit des Angriffs nimmt mit der Zeit ab.

Beim äußeren Angriff
- ist die Reaktion zeitabhängig und erfolgt erst bei einer bestimmten Sulfatkonzentration in den Poren,
- sind oft hohe Sulfatkonzentrationen vorhanden (z.B. kann diese in Meerwasser ≥ 1000 mg SO_4^{2-} /l betragen),
- nimmt der Angriff mit der Zeit zu und
- hängen der Zeitraum bis zum Einsetzen der Gefügeschädigung und deren Umfang auch vom jeweils vorhandenen Kation ab ($NH_4^+ > Mg^{2+} > Na^+ > Ca^{2+}$).

Tab. 5.1: Reaktionen von angreifenden Sulfaten mit Bestandteilen des Zements und die dabei vorwiegend entstehenden Reaktionsprodukte

Angreifendes Medium	Reaktionspartner im Zementstein	Reaktionsprodukt
$CaSO_4$	$4\,CaO \cdot Al_2O_3 \cdot 13\,H_2O$	$CaSO_4 \cdot 2\,H_2O$
	$3\,CaO \cdot CaSO_4 \cdot 12\,H_2O$	$3\,CaO \cdot Al_2O_3 \cdot CaSO_4 \cdot 12\,H_2O$
		$3\,CaO \cdot Al_2O_3 \cdot 3\,CaSO_4 \cdot 32\,H_2O$
Na_2SO_4	$Ca(OH)_2$	$CaSO_4 \cdot 2\,H_2O$
	$4\,CaO \cdot Al_2O_3 \cdot 13\,H_2O$	$3\,CaO \cdot Al_2O_3 \cdot CaSO_4 \cdot 12\,H_2O$
	$3\,CaO \cdot Al_2O_3 \cdot CaSO_4 \cdot 12\,H_2O$	$3\,CaO \cdot Al_2O_3 \cdot 3\,CaSO_4 \cdot 32\,H_2O$
$MgSO_4$	$Ca(OH)_2$	$CaSO_4 \cdot 2\,H_2O$
	$3\,CaO \cdot 2\,SiO_2 \cdot n\,H_2O$	$Mg(OH)_2 \cdot n\,H_2O$
	$4\,CaO \cdot Al_2O_3 \cdot 13\,H_2O$	$3\,CaO \cdot Al_2O_3 \cdot CaSO_4 \cdot 12\,H_2O$
	$3\,CaO \cdot Al_2O_3 \cdot CaSO_4 \cdot 12\,H_2O$	Ettringit wird durch $MgSO_4$-Lösung zersetzt [TAYLOR].

5.4 Wirkungen des Sulfatangriffs

Innerer Angriff

C_3A reagiert mit $CaSO_4 \cdot 2H_2O$-Lösung oder allgemein mit sulfathaltiger Lösung unter erheblicher Volumenvergrößerung zu schwerlöslichen, komplexen Calciumaluminatsulfathydraten, z.B. zu Ettringit.

Vergleich der Molvolumen von C_3A und Ettringit:

$$\varrho_{C_3A} = 3{,}04 \text{ g}/\text{cm}^3$$

$$M_{C_3A} = 270{,}2 \text{ g}/\text{mol} \qquad \text{Molvolumen} = \frac{270{,}2 \text{ g} \cdot \text{cm}^3}{3{,}04 \text{ g} \cdot \text{mol}} = 88{,}8 \text{ cm}^3/\text{mol}$$

$$\varrho_{\text{Ettringit}} = 1{,}75 \text{ g}/\text{cm}^3$$

$$M_{\text{Ettringit}} = 1254{,}6 \text{ g}/\text{mol} \qquad \text{Molvolumen} = \frac{1254{,}6 \text{ g} \cdot \text{cm}^3}{1{,}75 \text{ g} \cdot \text{mol}} = 716{,}9 \text{ cm}^3/\text{mol}$$

$$\text{Ergebnis: Verhältnis} = \frac{\text{Molvolumen Ettringit}}{\text{Molvolumen } C_3A} \approx 8$$

Die Kristallisation von Ettringit erfolgt bevorzugt in den Mikroporen und auf der Zuschlagoberfläche, d.h. an der Phasengrenzfläche Zementstein/Zuschlag (Abbildungen 5.2 und 5.3).

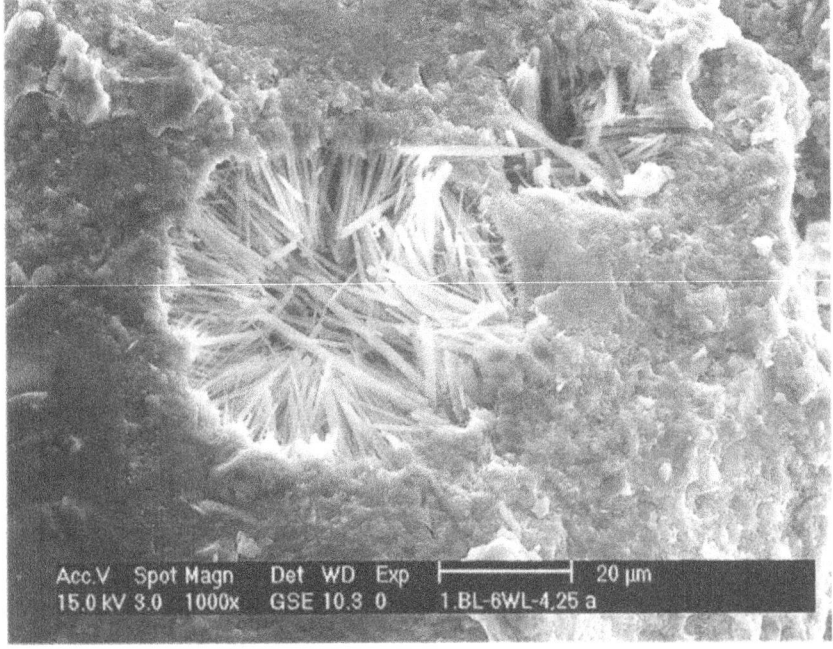

Abb. 5.2: Ettringit in einer Luftpore (ESEM-Aufnahme): gerichtetes Wachstum der Ettringitkristalle; fast völlig zugewachsene Pore

5.4 Wirkungen des Sulfatangriffs

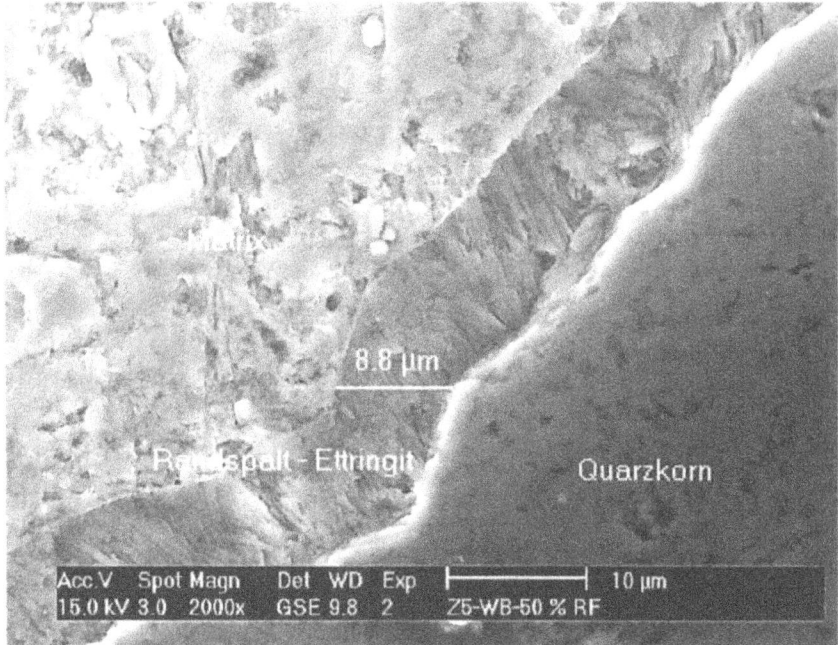

Abb. 5.3: Ettringit auf Zuschlagoberfläche (ESEM-Aufnahme)

Ursache

Der Zementstein besitzt an der Phasengrenzfläche Zuschlag/Mörtelmatrix eine größere Porosität als in der Mörtelmatrix. Dadurch wird

- das Sulfateindringen begünstigt; Ca^{2+} und Al^{3+} wandern ebenfalls in diese poröse Zone,
- Ettringit über Lösungsphase in dieser höher porösen Phasengrenzfläche gebildet und
- große $Ca(OH)_2$-, Gips- und Ettringitkristalle können im Grenzflächenbereich Zuschlag/dichter Zementstein entstehen.

Der Nachweis kann mit der Elektronenstrahlmikroanalyse (ESMA) und dem Rasterelektronenmikroskop (REM/ESEM) erfolgen (Abbildung 5.4).

Theoretische Zusammensetzung von Ettringit:

		wasserfrei
Al_2O_3	8,1%	15,0%
SO_3	19,1%	35,3%
CaO	26,9%	49,7%
H_2O	45,9%	–
	100,0%	100,0%

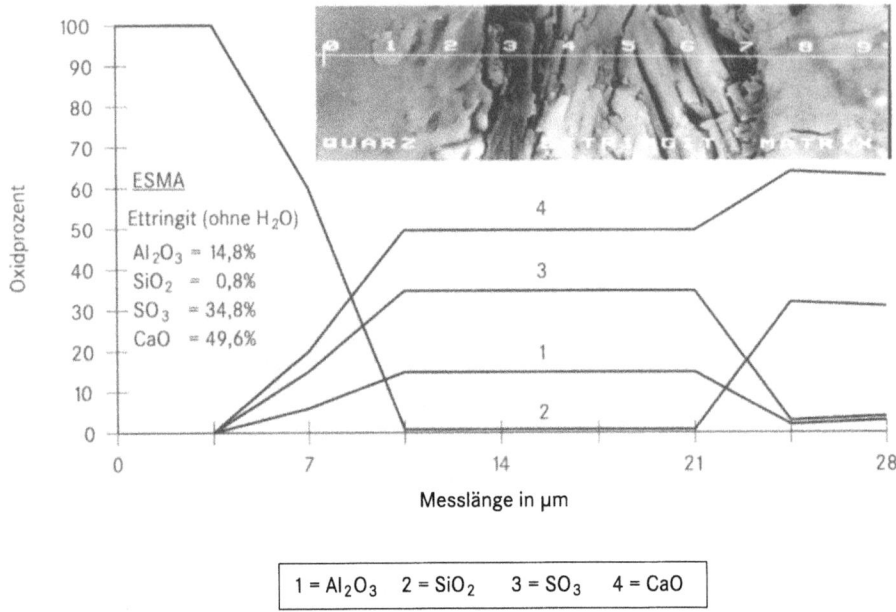

Abb. 5.4: Mit der Elektronenstrahlmikroanalyse ermittelte Oxidverteilung über einen Prüfkörperquerschnitt: Zuschlagkorn – Ettringit – Zementstein (siehe Gefügeausschnitt mit den Messpunkten 0–9 im Abstand von 3,5 µm) nach einer Sulfatbelastung

Äußerer Angriff

Die Reaktion der Sulfationen erfolgt entsprechend Abbildung 5.5 mit den bereits vorhandenen C–A–H- oder C–A–$\bar{S}$–H-Phasen (Zwischenprodukte).

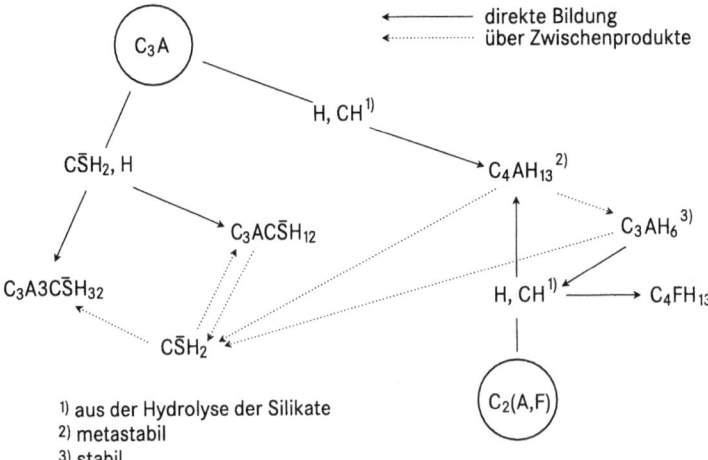

1) aus der Hydrolyse der Silikate
2) metastabil
3) stabil

Abb. 5.5: Bildungsmöglichkeiten für Ettringit und Monosulfat bzw. AFt und AFm (nach KUHS)

Auswirkungen des Sulfatangriffs auf das Betongefüge

Der äußere Sulfatangriff ist eine Funktion des Vorhandenseins der chemischen Reaktionspartner (C_3A, C_4AF) und der Dichtigkeit des Gefüges, d.h. des Widerstandes des Betons gegenüber dem Eindringen aggressiver Medien.

Die Ettringitbildung bewirkt eine Dehnung bzw. ein Quellen des Betons unter Aufbau von Druck- und Zugspannungen. Durch das Ausfällen des Ettringits werden zunächst das Porengefüge verdichtet und die Festigkeit des Betons gesteigert. Danach fällt bei weiter zunehmender Dehnung durch Bildung von Mikrorissen und Gefügeveränderungen die Festigkeit auf einen Bruchteil der Ausgangsfestigkeit ab (Abbildungen 5.6 und 5.7).

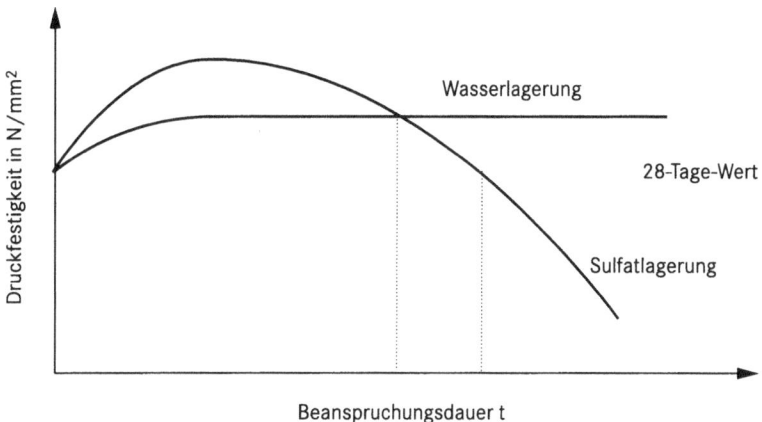

Abb. 5.6: Schematischer Druckfestigkeitsverlauf von sulfat- und wassergelagerten Prüfkörpern (nach HOFFMANN)

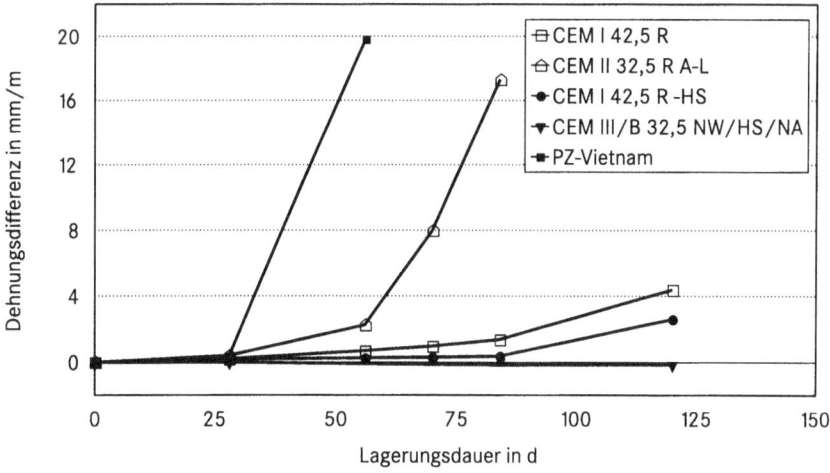

Abb. 5.7: Einfluss der Sulfatlagerung auf die Dehnung von Mörteln mit unterschiedlichen Zementarten (Dehnungsdifferenz $\Delta\varepsilon = \varepsilon_{Sulfatlagerung} - \varepsilon_{Wasserlagerung}$); Lagerung der Flachprismen 1 x 4 x 16 cm^3 in 10%iger Na$_2$SO$_4$-Lösung bei 20 °C

Neben dem Ettringit kann sich durch die Reaktion von Calciumhydroxid mit Sulfationen wasserlöslicher Gips bilden. Dieser kann sowohl durch Volumenzunahme als auch durch Auslaugungsprozesse Gefügeveränderungen bewirken. Die Gipsbildung ist nur möglich, wenn durch eine sehr hohe Sulfatzufuhr die SO_4^{2-}-Konzentration der Lösung auf Werte ansteigt, die die maximale Löslichkeit von Sulfationen in $Ca(OH)_2$-haltigen Lösungen von rd. 1300 mg SO_4^{2-}/l überschreitet [WISCHERS/SPRUNG].

5.5 C₃A-Gehalt und Sulfatwiderstand

Die Sulfatbeständigkeit des Portlandzementes ist abhängig vom Mengenverhältnis der Klinkermineralien C_3S, C_2S, C_3A und $C_2(A,F)$ und den aus ihnen gebildeten Hydratationsprodukten, einschließlich $Ca(OH)_2$.

Die Hydratationsprodukte der Klinkerphasen C_3S und C_2S besitzen gegenüber Sulfatlösungen die höchste Beständigkeit aller Zementkomponenten, können aber nach TAYLOR von Sulfatlösungen ebenfalls angegriffen werden.

Für eine Einschätzung der Sulfatbeständigkeit von Portlandzementen spielt im Gegensatz zu den CS-Phasen der C_3A-Gehalt eine wesentlich stärkere Rolle (Abbildung 5.8).

Die Sulfatbeständigkeit ist entscheidend vom C_3A-Gehalt und dessen Reaktionsfähigkeit abhängig.

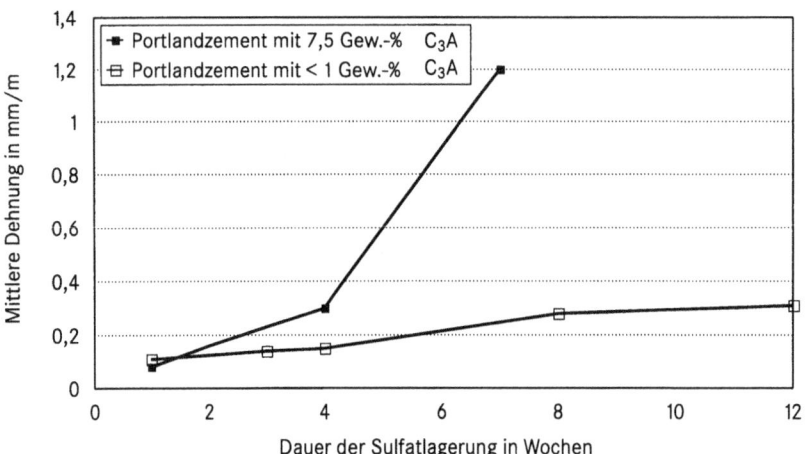

Abb. 5.8: Dehnung von Flachprismen 1 x 4 x 16 cm³ bei Lagerung in 0,31 mol Na_2SO_4-Lösung bei +20 °C (nach SMOLZYK)

5.5 C_3A-Gehalt und Sulfatwiderstand

In Abhängigkeit von der am Reaktionsort vorhandenen

- Sulfatkonzentration (ausgedrückt als SO_4^{2-} mg/l oder als Verhältnis Al_2O_3/SO_3 oder $Al_2O_3/CaSO_4$),
- von der Temperatur sowie
- vom pH-Wert und
- der Alkalität (OH^--Konzentration, Natriumäquivalent)

können zwei verschiedene Komplexsalze entstehen.

1. Bei geringen Sulfatkonzentrationen und pH-Werten zwischen 12,5 und 13,5 sowie einem Natriumäquivalent von 2 bis 4% (aber praktisch irrelevant) entsteht überwiegend das sulfatärmere Calciumaluminatsulfathydrat
 $\rightarrow C_3A \cdot C\bar{S} \cdot H_{12}$ = **Monosulfat**.
2. Bei höheren Sulfatkonzentrationen und pH-Werten zwischen 10,8 und 12,5 sowie bei Raumtemperatur und einem Natriumäquivalent zwischen 0,4 und 1,0% ist das sulfatreichere Calciumaluminatsulfathydrat beständiger
 $\rightarrow C_3A \cdot 3\,C\bar{S} \cdot H_{32}$ = **Trisulfat (Ettringit)**.

Die Hydrate der C_4AF-Phase sind ebenfalls wie das C_3A in der Lage, mit Sulfationen komplexe Calciumverbindungen zu bilden. Die Hydratationsgeschwindigkeit sowie die Umsetzung mit SO_4^{2-} sind gegenüber C_3A aber stark verringert. So wurde z.B. noch nach 60 d Hydratation von C_4AF in Anwesenheit von Gips nicht umgesetztes C_4AF festgestellt [COLLEPARDI ET AL.].

Beide Calciumaluminatsulfathydrate sind in der Lage, isomorphe Verbindungen auszubilden. Es entstehen Mischkristallreihen mit fast gleichen Abmessungen in der Elementarzelle, so dass alle diese Verbindungen ähnliche kristallographische Merkmale aufweisen.

Nach SMOLCZYK wurden für die beiden Calciumaluminatsulfathydrate Monosulfat und Trisulfat einheitliche Oberbegriffe eingeführt:

- für die Monosulfatphase
 AFm-Phase = **T**ricalcium-**A**luminat-**F**errit-**M**onosulfathydrat-Phase

- für die Trisulfatphase
 AFt-Phase = **T**ricalcium-**A**luminat-**F**errit-**T**risulfathydrat-Phase

Nach dem Mischungsverhältnis von Al_2O_3 zu $CaSO_4$ ergeben sich z.B. [NEGRO/BACHIORRINI]:

- $Al_2O_3 : CaSO_4 = 1 : 3$ Ettringit
- $Al_2O_3 : CaSO_4 = 1 : (1...3)$ Ettringit und Monosulfat
- $Al_2O_3 : CaSO_4 = 1 : 1$ Monosulfat

Weitere Mischkristalle können Silicate isomorph aufnehmen.

Thaumasit ($CaSiO_3 \cdot CaCO_3 \cdot CaSO_4 \cdot 15\,H_2O$) bildet sich in 2 Etappen:
1. Einwirkung von Sulfatlösung auf C_3A $\rightarrow$ Trisulfat
2. CO_2- und SiO_2-Zufuhr $\rightarrow$ Umwandlung von Trisulfat in Thaumasit (Abbildung 5.9).

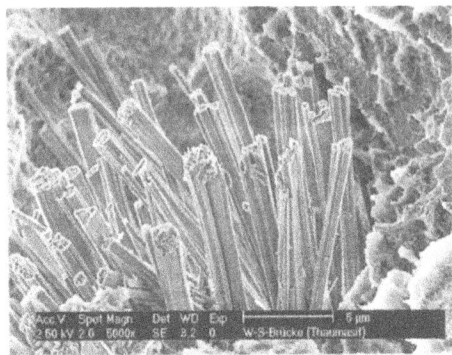 

Abb. 5.9: Thaumasit (ESEM-Aufnahme);
links: 5000fache Vergrößerung, rechts: 20.000fache Vergrößerung

Die Elementarzelle des Thaumasits nimmt nur ca. 45% des Volumens von Ettringit ein. Daher wird im Vergleich zum Ettringit eine geringere Dehnung hervorgerufen, aber bei der Thaumasitbildung wird ständig Al_2O_3 für eine erneute Ettringitbildung freigesetzt. Der SiO_2-Verbrauch aus den C–S–H-Phasen führt zu einer Verringerung der Druckfestigkeit. Betonbauteile aus normalem Portlandzement als auch HS-Zementen können durch die Bildung von Thaumasit gefährdet werden. Gegenwärtig ist noch unklar, ob das für die Thaumasitbildung erforderliche Carbonat aus Kalkstein bzw. Dolomit kommt. Thaumasit bildet sich praktisch nur bei tiefen Temperaturen ($< 10\ °C$, vorzugsweise $< 5\ °C$) und offenbar erst nach einer Ettringitbildung bei Sulfatangriff.

Die Wirkung von **reinem Ettringit** und SiO_2-haltigen **AFt-Mischkristallen** auf die Sulfatbeständigkeit ist sehr unterschiedlich:

- reiner Ettringit führt oft zur Zerstörung,
- Mischkristalle von AFt sind oft völlig unschädlich.

Ursachen

- Reiner, d.h. eisenarmer Ettringit, bildet bei pH = 12,5 ... 12,9 büschelförmige, lange Nadeln direkt auf der C_3A-Oberfläche, ohne dass vorher C_3A in Lösung geht. Diese Nadeln sind nach SCHWIETE ET AL. Ursache der Treiberscheinungen.
- Mischglieder der AFt-Phasen, d.h. eisenreicher Ettringit, kristallisieren sehr langsam über die Lösungsphase. Sie bilden kleine Prismen (ca. 5 µm) und sind daher nach SMOLCZYK nicht in der Lage, den lokal gerichteten Kristallisationsdruck der topochemisch gewachsenen Calciumaluminatsulfate auszuüben.
- Im Gegensatz dazu besagt die Theorie von MEHTA, dass Ettringit nur im kolloiden Zustand große Dehnungen hervorrufen kann, da das Kolloid große Mengen Wasser aufnehmen kann.
- Maßgebend für den Sulfatwiderstand ist nicht der absolute C_3A-Gehalt des Klinkers, sondern das Verhältnis von C_3A/C_4AF. Je kleiner der Zahlenwert wird, desto stärker vermindert sich die Neigung zum Treiben [WISCHERS/ SPRUNG].
- Einfluss des $Ca(OH)_2$ und des Natriumäquivalent-Gehaltes in der Porenlösung. Eisenarmer und damit treibender Ettringit bildet sich nur in Gegenwart von gelöstem $Ca(OH)_2$. Bei $Ca(OH)_2$-Mangel entstehen kalkarme Aluminathydrate, z.B. Gehlenithydrat C_2ASH_6 und Hydrogranat $C_3A(F)H_6$.

5.5 C$_3$A-Gehalt und Sulfatwiderstand

Unabhängig von dem ablaufenden Expansionsmechanismus wird weltweit die Sulfatbeständigkeit eines Portlandzementes durch seinen C$_3$A-Gehalt charakterisiert.

DIN 1164: C$_3$A < 3% für Portlandzement mit hohem Sulfatwiderstand und ASTM C 150-63: C$_3$A < 5%.

C$_4$AF als mittlere Zusammensetzung der Ca-Al-Ferrite im Klinker kann formal auch als C$_3$A + CF aufgefasst werden. Damit wird deutlich, dass bei entsprechenden Randbedingungen auch C$_4$AF mit Sulfat reagiert und Ettringit bzw. AFt-Phase bilden kann.

Einbau von SiO$_2$ in hydratisiertes C$_3$A und C$_4$AF

Die Mischkristalle zwischen dem Tricalciumaluminathydrat C$_3$AH$_6$ und der Verbindung Grossular C$_3$AS$_3$ werden als Hydrogranate bezeichnet und besitzen eine wesentlich höhere Sulfatbeständigkeit als das reine C$_3$AH$_6$.

Da sich das Al der Hydrogranate kontinuierlich durch Fe ersetzen lässt, kann dieses Mischkristallsystem mit der allgemeinen Formel

$$C_3A_{1-x}F_xS_zH_{6-2z} \quad 0 \leq x \leq 1 \text{ und } 0 \leq z \leq 3$$

dargestellt werden.

Hydrogranate der Zusammensetzung C$_3$(A,F)S$_{0,75}$H$_{4,5}$ werden nach SCHWIETE/IWAI durch 0,1 n Na$_2$SO$_4$-Lösung nicht mehr angegriffen.

Wird C$_4$AF in Gegenwart von CaO und C$_3$S hydratisiert, so entsteht als siliciumoxidreichste Verbindung das sulfatbeständige C$_3$(A,F)SH$_4$.

Die Bildung von Hydrogranat ist ein Grund für gute Sulfatbeständigkeit sowohl von C$_4$AF-reichem Portlandzement als auch von Hochofenzement.

Bei der Hydratation von C$_3$A wird bei Raumtemperatur nach ZUR STRASSEN nur 0,1 mol SiO$_2$ in Hydrogranatphasen eingebaut. Dieser Grenzwert erhöht sich auf 0,6 mol SiO$_2$, wenn in der Ausgangsmischung bereits Al$_2$O$_3$ und SiO$_2$ in inniger Mischung vorliegen (Hydratation glasiger Schlacken).

Die Sulfatkorrosion beruht nicht nur auf Treibwirkung von Neubildungen, sondern auch auf CaO-Abbau; d.h. festes Ca(OH)$_2$ wird gelöst. Die Folge ist eine höhere Porosität und eine Verringerung der Druckfestigkeit. Die Eindringtiefe von Sulfat beträgt nach 5 Jahren ca. 5 ... 10 mm bei normalem Beton, z.T. findet der CaO-Abbau noch in 20 mm Tiefe statt.

Der hohe Sulfatwiderstand von Calciumaluminat-Zementen (TEZ) beruht nach TAYLOR auf der Blockung der Poren mit Al(OH)$_3$-Gel, so dass ein Eindiffundieren der Sulfatlösung in den CA-Zementstein praktisch nicht mehr möglich ist. Außerdem liegt kein Ca(OH)$_2$ vor, das mit Sulfat zu Gips reagieren könnte.

Ebenso ist Sulfathüttenzement (SHZ) sehr beständig gegenüber angreifenden Sulfatlösungen. Das hängt wie beim TEZ mit dem Fehlen von Ca(OH)$_2$ zusammen sowie damit, dass das vorhandene Al$_2$O$_3$ bereits im Ettringit gebunden vorliegt.

5.6 Einfluss von Zusatzstoffen auf den Sulfatwiderstand

Steinkohlenflugasche

Die Verbesserung des Sulfatwiderstandes durch die puzzolanische Wirkung von Steinkohlenflugasche (SFA) ist im wesentlichen auf die Erhöhung der Betondichtigkeit und die Gewährleistung eines durch zusätzliche Bildung von CaO-ärmeren C-S-H-Phasen verbesserten Diffusionswiderstandes gegen Sulfationen zurückzuführen. Außerdem wird durch die Bindung des $Ca(OH)_2$ während der puzzolanischen Reaktion der SFA die Gefahr der Sekundärbildung von Gips und Ettringit gemindert [SCHUBERT/LÜHR; IRASSAR/BATIC]. Die aus Puzzolanen entstehenden Hydratationsprodukte sind kieselsäurereich [WISCHERS/SPRUNG]. Die Porenwandungen aus solchen Hydratationsprodukten können die Diffusion bestimmter negativ geladener Ionen durch Sorptionseffekte vermindern, und zwar aufgrund der gelartigen Morphologie oder aufgrund der Tatsache, dass sie als dichte Überzüge den Zutritt von Sulfationen zu aluminathaltigen Phasen erschweren.

Die Verbesserung ist um so stärker, je niedriger der C_3A-Gehalt des Portlandzementes ist.

Die günstige Wirkung der SFA auf den Sulfatwiderstand wird z.T. auch auf die Reduzierung des C_3A-Gehaltes bei einem Teilaustausch von Zement durch SFA zurückgeführt. Sie ist jedoch nur von untergeordneter Bedeutung [HÄRDTL].

Der Einfluss der SFA auf die Ettringitbildung in den ersten Tagen der Zementhydratation ist als maßgebliche Ursache der systematischen Unterschiede in ihrem Verhalten auf den Sulfatwiderstand zu sehen. Wird die Ettringitbildung in diesem Zeitraum durch die SFA gefördert, verringern sich die auftretenden Dehnungen nach Sulfatbeaufschlagung. Durch die damit verbundene vermehrte Umsetzung des C_3A im Anfangsstadium stehen bei späterem Sulfatangriff weniger aluminathaltige Phasen für die Ettringitbildung zur Verfügung [MEHTA]. Da die puzzolanische Reaktion der SFA erst nach einigen Wochen voll wirksam wird, spielt der Zeitpunkt des ersten Sulfatangriffs in diesem Fall eine Rolle.

In Deutschland ist es nach der Richtlinie des DAfStb „Verwendung von Flugasche nach DIN EN 450 im Betonbau" (1996) zulässig, anstelle eines Zementes mit hohem Sulfatwiderstand (HS-Zemente) einen Normzement zu verwenden und dem Beton bei der Herstellung SFA zuzusetzen. Voraussetzung ist, dass der Sulfatgehalt der angreifenden Lösung 1500 mg SO_4^{2-}/l nicht überschreitet, der Flugaschezusatz je nach Zementart mindestens 10 oder 20%, bezogen auf den Gehalt von Zement + Flugasche $(z + f)$, beträgt und der $w/(z + 0{,}4f)$-Wert nicht größer als 0,50 ist. Es gilt für:

- CEM I und CEM II/A-S, B-S, A-L $f/(z + f) \geq 20\%$ und
- CEM II/A-T, B-T und CEM III/A $f/(z + f) \geq 10\%$.

Da Steinkohlenflugasche Al_2O_3 in größeren Mengen in das System einbringt, sollte geklärt werden, ob bei Temperaturen unter +10 °C o.g. Regelung in jedem Fall auf der sicheren Seite liegt.

Hüttensand

Der Sulfatwiderstand von Hüttenzementen nimmt unabhängig vom C_3A-Gehalt des Portlandzementklinkers mit zunehmendem Hüttensandgehalt ab, ehe er bei höheren Hüttensandgehalten über etwa 60% auf hohe Werte ansteigt [LOCHER]. Ursache ist der hohe Diffusionswiderstand des erhärteten Hochofenzements, der so groß ist, dass Sulfationen nicht eindringen können. Dazu ist jedoch ein Hüttensandgehalt von mindestens 65 M.-% erforderlich. Nach LOCHER ist ab einem Hüttensandgehalt von 65%, unabhängig vom Al_2O_3-Gehalt des Hüttensandes und vom C_3A-Gehalt des Portlandzement-Anteils, dieser Zement sulfatresistent. In diesem Bereich wirkt eine Erhöhung des Hüttensandgehaltes wesentlich stärker als eine Verminderung des w/z-Wertes. Bei niedrigen Hüttensandgehalten ist der Diffusionswiderstand geringer, so dass Sulfationen eindringen können und mit den sulfatempfindlichen Hydratationsprodukten sowohl des Klinkers als auch des Hüttensandanteils reagieren und Ettringit bilden können. Die Erhöhung von Dichtigkeit und Diffusionswiderstand wird durch Bildung eines praktisch undurchlässigen Niederschlags aus Calciumsilicathydrat verursacht, der die Kapillarporen verschließt. Es ist aber auch möglich, dass in Gegenwart des Hüttensandes oder anderer latent hydraulischer oder puzzolanischer Stoffe entstehende CaO-ärmere Calciumsilicathydrate ein dichteres Gefüge ausbilden (siehe SFA) oder dass der Gehalt an grobkörnigem Calciumhydroxid im Zementstein, das möglicherweise die Diffusion fördert, unter einem gewissen Grenzwert vermindert werden muss [LOCHER]. Die Dichtigkeit wird nur dann erhöht, wenn der Hüttensandanteil ausreichend reaktionsfähig ist, d.h. eine ausreichend hohe Mahlfeinheit besitzt.

Microsilica

Microsilica ist ein besonders reaktionsfähiger puzzolanischer Betonzusatzstoff. Die ausgezeichnete Wirksamkeit von Microsilica gegen treibenden Angriff zeigt Abbildung 5.10. Schon 10% Microsilica verbessern das Betongefüge so gut, dass auch mit einem nicht sulfatbeständigem Zement ein sehr hoher Widerstand erreicht werden kann.

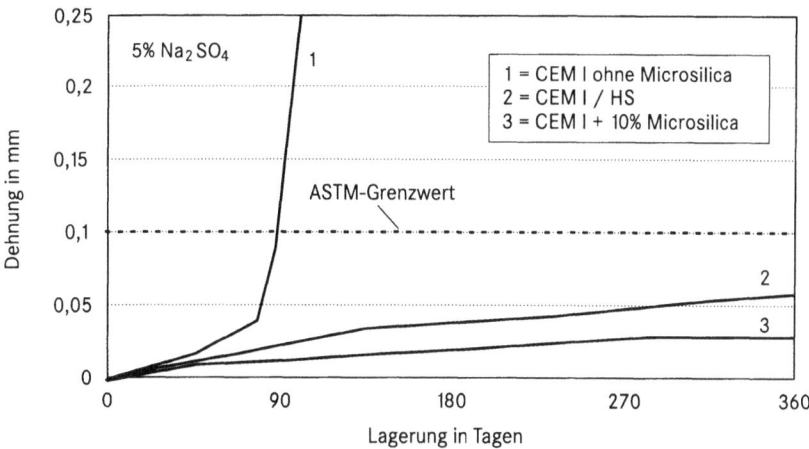

Abb 5.10: Einfluss von Microsilica auf den Sulfatwiderstand von Mörtelprismen (ASTM C 1012) [nach HOOTON]

Dabei werden sogar die hervorragenden Ergebnisse eines Portlandzement-HS übertroffen. Es ist zu vermuten, dass bei Anwesenheit von Microsilica sulfatbeständige Hydrogranate gebildet werden, die den hohen Sulfatwiderstand microsilicahaltiger Betone begründen [KÖNIG/WAGNER].

5.7 Einfluss verschiedener Sulfatlösungen auf Zementstein

Die Korrosionswirkung bei Sulfatangriff ist sowohl von der Konzentration der Sulfatlösung als auch der Art des Kations abhängig (allgemein gilt für Kationen: $NH_4^+ > Mg^{2+} > Na^+ > Ca^{2+}$). Sulfate kommen in der Praxis häufig als Magnesiumsulfat $MgSO_4$ (Auftaumittel) oder Ammoniumsulfat $(NH_4)_2SO_4$ (Landwirtschaft) vor.

Wirkung von $MgSO_4$-Lösung

a) Reaktion mit C_3A- und C_4AF-Hydraten zu AFt bzw. AFm:

$$Ca(OH)_2 + MgSO_4 + 2H_2O \rightarrow CaSO_4 \cdot 2H_2O + Mg(OH)_2$$
$$\uparrow$$
$$= \text{Brucit}$$

$$3CaO \cdot Al_2O_3 \cdot 6H_2O + 3CaSO_4 \cdot 2H_2O + 24H_2O$$
$$\rightarrow 3CaO \cdot Al_2O_3 \cdot 3CaSO_4 \cdot 32H_2O$$

b) Durch Umsetzung des $Ca(OH)_2$ in das nahezu unlösliche $Mg(OH)_2$ tritt eine Basizitätserniedrigung ein, die letztlich den Zerfall der C–S–H-Phasen einleitet:

$$3CaO \cdot 2SiO_2 \cdot n H_2O + 3 MgSO_4$$
$$\rightarrow 3(CaSO_4 \cdot 2H_2O) + 3Mg(OH)_2 + 2SiO_2 \cdot n H_2O$$

Das Magnesiumhydroxid reagiert anschließend mit der Silicatphase und bildet ein **unlösliches, gelartiges Magnesiumsilicat**.

Wirkung von $(NH_4)_2SO_4$-Lösung

a) Bildung der sulfathaltigen Korrosionsprodukte AFt und AFm erfolgt wie bei $MgSO_4$

$$(NH_4)_2SO_4 \rightleftharpoons 2NH_4^+ + SO_4^{2-}$$

$$Ca(OH)_2 \rightleftharpoons Ca^{2+} + 2OH^-$$

$$NH_4^+ + OH^- \rightleftharpoons NH_4OH \rightleftharpoons NH_3 + H_2O$$

$$Ca^{2+} + SO_4^{2-} + 2H_2O \rightarrow CaSO_4 \cdot 2H_2O \text{ (Gipsbildung)}$$

$$3CaO \cdot Al_2O_3 \cdot 6H_2O + 3CaSO_4 + 26H_2O \rightarrow C_3A \cdot 3CaSO_4 \cdot 32H_2O$$
(Ettringitbildung)

b) Abbau der Basizität des Zementsteins durch Auslaugen der löslichen Bestandteile, insbesondere des Ca^{2+}

5.7 Einfluss verschiedener Sulfatlösungen auf Zementstein

Durch den Abbau des Ca(OH)$_2$ tritt eine Auflockerung des Zementsteingefüges auf, die oft wegen des begrenzten Volumens der angreifenden Ammoniumsulfatlösung von untergeordneter Bedeutung ist. Ist jedoch ein ständiger Abtransport der Calciumionen und eine kontinuierliche Erneuerung der Ammoniumsulfatlösung gegeben, können erhebliche Schädigungen in sehr kurzer Beanspruchungszeit auftreten.

(NH$_4$)$_2$SO$_4$-Lösungen bewirken die stärkste Korrosion aller Sulfatlösungen

Einfluss der Konzentration der Sulfatlösung

Ein weiteres Maß für die Aggressivität eines angreifenden Mediums ist die Konzentration der Sulfationen:
- die Aggressivität der sulfathaltigen Lösungen wird von der Konzentration bestimmt, es besteht aber kein linearer Zusammenhang,
- der Grenzwert beträgt ca. 10000 mg SO$_4^{2-}$/l, oberhalb dessen soll keine weitere Zunahme des Sulfatangriffs mit Erhöhung der Konzentration erfolgen [WITTEKIND],
- die Höhe der Sulfatkonzentration besitzt auch einen Einfluss auf die Art der sulfatischen Korrosionsprodukte:
  - bis 1000 mg werden als Korrosionsprodukte **AFt** und **AFm** gebildet,
  - über 1000 mg SO$_4^{2-}$/l erfolgt zusätzlich die Bildung von **Gips**.

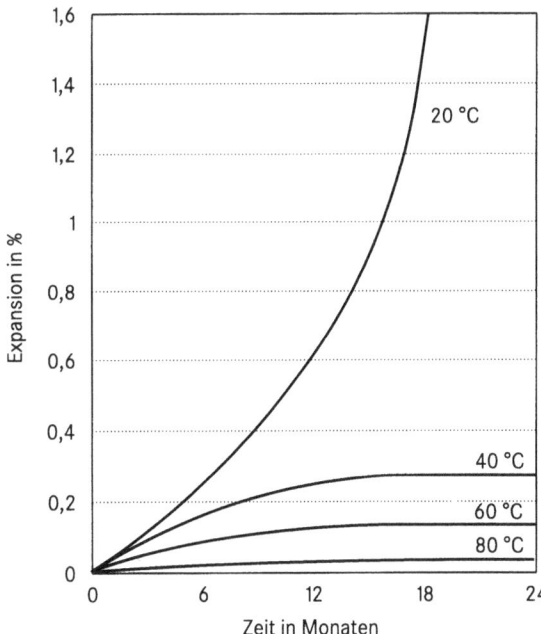

Abb. 5.11: Dehnung bei Sulfatkorrosion in Abhängigkeit von der Temperatur (nach RICHARDS)

Einfluss der Temperatur auf die Sulfatkorrosion
- bei +10 °C deutlich größere Dehnungen als bei +20 °C,
- bei ≪ 10 °C ist die Dehnung von HS-Zementen ähnlich groß wie bei Portlandzement,
- bei +40 °C auch bei normalem Portlandzement keine Dehnung,
- bei tiefen Temperaturen (+5 °C) entsteht neben Ettringit Thaumasit. Dabei wird das erforderliche SiO_2 den C-S-H-Phasen entzogen und es kommt zu einem Festigkeitsverlust des Betons.

Das Ausmaß der Dehnungen $\Delta l/l$ steigt mit sinkender Temperatur (Abbildung 5.11)

5.8 Betonangreifende Flüssigkeiten, Böden und Dämpfe

Die Möglichkeit eines Betonangriffs richtet sich zunächst nach den äußeren Gegebenheiten des Baugrundes.
- **Bindige Böden** sind nur wenig wasserdurchlässig. Eine höhere Schadstoffkonzentration im Grundwasser wird nach ihrem Abbau nur langsam wieder ersetzt werden.
- **Sandböden** sind wasserdurchlässig. Folglich kommt es zu einer ständigen Ergänzung der angreifenden Bestandteile im Grundwasser.
- **Stehende Wässer** sind aus den gleichen Gründen weniger gefährlich als fließende Wässer.
- **Schwankender Wasserspiegel** verstärkt den Betonangriff, da die gelösten Salze im weniger durchfeuchteten Bereich auskristallisieren und durch ihren Kristallisationsdruck den Beton zerstören können.
- Bei **Wässern mit dunkler Farbe**, einem fauligen Geruch, aufsteigenden Gasblasen oder ausgeschiedenen Salzen besteht Verdacht auf betonangreifende Stoffe.

Anforderungen an Beton mit hohem Widerstand gegen chemische Angriffe
Ist Beton einem chemischem Angriff durch natürliche Böden, Grundwasser und Meerwasser ausgesetzt hat, nach DIN EN 206-1 eine Zuordnung zu speziellen Expositionsklassen zu erfolgen (Tabelle 5.2).

Tab. 5.2: Expositionsklassen bei chemischen Angriff nach DIN EN 206-1

XA1	chemisch schwach angreifende Umgebung nach Tabelle 5.3	Behälter von Kläranlagen; Güllebehälter
XA2	chemisch mäßig angreifende Umgebung nach Tabelle 5.3 und Meeresbauwerke	Betonbauteile, die mit Meerwasser in Berührung kommen; Bauteile in betonangreifenden Böden
XA3	chemisch stark angreifende Umgebung nach Tabelle 5.3	Industrieabwasseranlagen mit chemisch angreifenden Abwässern; Gärfuttersilos und Futtertische der Landwirtschaft; Kühltürme mit Rauchgasableitung

5.8 Betonangreifende Flüssigkeiten, Böden und Dämpfe

Die Grenzwerte der chemischen Merkmale für die jeweiligen Expositionsklassen enthält Tabelle 5.3. Die darin vorgenommene Klasseneinteilung chemisch angreifender Umgebungen ist nach DIN EN 206-1 gültig für natürliche Umgebungen mit einer Wasser / Bodentemperatur zwischen 5 °C und 25 °C und einer Fließgeschwindigkeit des Wassers, die klein genug ist, um näherungsweise hydrostatische Bedingungen anzunehmen. Für die Beurteilung ist der höchste Angriffsgrad maßgebend, auch wenn er nur von einem der Werte erreicht wird. Liegen zwei oder mehrere Werte im oberen Viertel eines Bereiches (bei pH im unteren Viertel), so erhöht sich der Angriffsgrad um eine Stufe (ausgenommen Meerwasser und Niederschlagswasser). Die angreifenden Merkmale sind nach den in der Tabelle 5.3 angegebenen Prüfverfahren zu bestimmen.

Tab. 5.3: Grenzwerte für die chemischen Merkmale der Expositionsklassen XA1–XA3 nach DIN EN 206-1

Chemisches Merkmal	Referenzprüfverfahren	XA1	XA2	XA3
Grundwasser				
SO_4^{2-} mg/l in Wasser	EN 196-2	$\geq$ 200 und $\leq$ 600	> 600 und $\leq$ 3000	> 3000 und $\leq$ 6000
pH-Wert	ISO 4316	$\leq$ 6,5 und $\geq$ 5,5	< 5,5 und $\geq$ 4,5	< 4,5 und $\geq$ 4,0
CO_2 mg/l angreifend	PrEN 13577	$\geq$ 15 und $\leq$ 40	> 40 und $\leq$ 100	> 100 bis zur Sättigung
NH_4^+ mg/l	ISO 7150-1 oder ISO 7150-2	$\geq$ 15 und $\leq$ 30	> 30 und $\leq$ 60	> 60 und $\leq$ 100
Mg^{2+} mg/l	ISO 7980	$\geq$ 300 und $\leq$ 1000	> 1000 und $\leq$ 3000	> 3000 bis zur Sättigung
Boden				
SO_4^{2-} mg/kg insgesamt [1]	EN 196-2 [2]	$\geq$ 2000 und $\leq$ 3000 [3]	> 3000 [3] und $\leq$ 12.000	> 12.000 und $\leq$ 24.000
Säuregrad in ml/kg	DIN 4030-2	> 200 Baumann-Gully	in der Praxis nicht anzutreffen	

[1] Tonböden mit einer Durchlässigkeit von weniger als 10^{-5} m/s dürfen in eine niedrigere Klasse eingestuft werden.

[2] Das Prüfverfahren beschreibt die Auslaugung von SO_4^{2-} durch Salzsäure; Wasserauslaugung darf statt dessen angewandt werden, wenn am Ort der Verwendung des Betons Erfahrung hierfür vorhanden ist.

[3] Falls die Gefahr der Anhäufung von Sulfationen im Beton – zurückzuführen auf wechselndes Trocknen und Durchfeuchten oder kapillares Saugen – besteht, ist der Grenzwert von 3000 mg/kg auf 2000 mg/kg zu vermindern.

Die Anforderungen an die Zusammensetzung und Eigenschaften des Betons bei chemischem Angriff sind nach DIN EN 206-1 in Tabelle 5.4 festgelegt. Dabei werden die Anforderungen unter Annahme einer beabsichtigten Nutzungsdauer von mindestens 50 Jahren unter üblichen Instandhaltungsbedingungen festgelegt.

Tab. 5.4: Grenzwerte für die Zusammensetzung und Eigenschaften von Beton bei chemischem Angriff nach DIN EN 206-1

	Aggressive chemische Umgebung		
Expositionsklasse	XA1	XA2	XA3
Höchstzulässiger w/z-Wert	0,60	0,50	0,45
Mindestdruckfestigkeitsklasse [1]	C 25/30	C 35/45	C 35/45
Mindestzementgehalt [2] in kg/m^3	280	320	320
Mindestzementgehalt bei Anrechnung von Zusatzstoffen in kg/m^3	270	270	270
Verwendbare Zementarten	Alle Zementarten nach DIN 1164	Alle Zementarten nach DIN 1164 [3]	

[1] gilt nicht für Leichtbeton

[2] bei einem Größtkorn der Gesteinskörnung von 63 mm darf der Zementgehalt um 30 kg/m^3 reduziert werden.

[3] Bei chemischem Angriff durch Sulfat (ausgenommen bei Meerwasser) muss oberhalb der Expositionsklasse XA1 Zement mit hohem Sulfatwiderstand (HS-Zement) verwendet werden. Bei einem Sulfatgehalt des angreifenden Wassers von $SO_4^{2-} \leq 1500$ mg/l darf anstelle von HS-Zement eine Mischung aus Zement und Flugasche verwendet werden.

Die Werte in Tabelle 5.4 beziehen sich auf die Verwendung von Zementen nach DIN 1164-1.
Bei
- chemischem Angriff der Expositionsklasse XA3 oder stärker,
- Anwesenheit anderer angreifender Chemikalien als in Tabelle 5.3,
- chemisch verunreinigtem Untergrund und
- hoher Fließgeschwindigkeit von Wasser unter Mitwirkung von Chemikalien nach Tabelle 5.3

sind Schutzmaßnahmen für den Beton erforderlich, wenn nicht ein besonderes Gutachten eine andere Lösung vorschlägt.

DIN EN 206-1 enthält nicht mehr die in DIN 1045, Ausgabe 07/1988 vorgeschriebenen Wassereindringtiefen in Abhängigkeit des jeweiligen Angriffsgrades. Hierin war gefordert:
- Wassereindringtiefe von ≤ 50 mm bei schwachem Angriff (entspricht etwa Expositionsklasse XA1) sowie
- Wassereindringtiefe ≤ 30 mm bei starkem Angriff (entspricht etwa Expositionsklasse XA3).

Für die Beurteilung des Angriffs werden herangezogen:
- pH-Wert,
- Gehalt an kalklösender Kohlensäure CO_2 (exakt HCO_3^-),
- Gehalt an Ammonium NH_4^+,
- Gehalt an Magnesium Mg^{2+},
- Gehalt an Sulfat SO_4^{2-}.

Beim **chemischen Angriff** unterscheidet man nach DIN 4030 gemäß Tabelle 5.5 vorwiegend zwei Arten:

Tab. 5.5: Betonangreifende Wässer und Böden nach DIN 4030

Lösender Angriff	Treibender Angriff
Säuren pH-Wert < 6,5	vorwiegend Sulfate
austauschfähige Salze	
organische Fette und Öle	
weiches Wasser	

5.9 Betonparameter und Sulfatkorrosion

Die Sulfatbeständigkeit von Beton wird neben der Art des Bindemittels beeinflusst durch:
- w/z-Wert,
- Zementgehalt,
- spezifische Oberfläche des Zementes und
- Verdichtung des Betons.

Durch diese Parameter wird das Porensystem des Zementsteins bestimmt und damit die Dichtigkeit des Betons sowie seine Sulfatbeständigkeit.

Die Sulfatbeständigkeit des Betons gegenüber **äußerem** Angriff steigt nach OUYANG ET AL. durch:
- niedrigen w/z-Wert,
- hohen Zementgehalt,
- niedrige Zementfeinheit und
- Zugabe von Flugasche.

Die Sulfatbeständigkeit des Betons gegenüber **innerem** Angriff steigt durch:
- niedrigen Zementgehalt,
- niedrigen w/z-Wert,
- niedrige Mahlfeinheit,
- Zugabe von Flugasche und
- großen Porenraum zur Aufnahme von sekundär gebildeten Phasen.

Zuschläge können ebenfalls Ursache der Sulfatkorrosion sein, z.B. verwitterter Granit mit amorpher bzw. schlecht kristallisierter Tonerde des Feldspats. Es können AFt-Phasen gebildet werden [REIS]. Auch lehmhaltige Zuschläge können mobiles Al_2O_3 zur AFt-Phasenbildung freisetzen. Pyrit im Boden kann bei Luftzutritt zu Sulfat aufoxidiert werden und damit als Sulfatquelle dienen.

Maßnahmen bei zu erwartendem Sulfatangriff

1. Verwendung von sulfatresistentem Portlandzement (z.B. CEM I 32,5-NW/HS)
   mit $C_3A \leq 3\%$
   und $Al_2O_3 \leq 5\%$ → hohe Sulfatbeständigkeit
   Berechnung des C_3A-Gehaltes aus der chemischen Analyse des Zementes (nach BOGUE):

   $$C_3A = 2{,}65 \cdot Al_2O_3 - 1{,}69 \cdot Fe_2O_3$$

   Ist C_3A gleich 0, ist theoretisch keine Ettringitbildung möglich, es ist aber Al_2O_3 aus C_4AF zu beachten!

2. Verwendung von Hochofenzementen mit $\geq 66\%$ Hüttensand
   (z.B. CEM III/B 32,5 -NW/HS)

3. Verwendung von Flugasche nach DIN EN 450
   - CEM I und II/A-S, B-S, A-L mit $\geq 20\%$ SFA, bezogen auf $z + f$
   - CEM II/A-T und III/A mit $\geq 10\%$ SFA, bezogen auf $z + f$

Beispiel: Beton für eine Kläranlage

		Belebungsbecken Sohle, Wände	Nachklärbecken Kronenbereich Laufbahn
Anforderungen		B 35 / Wasserundurchlässigkeit	
		hoher Frostwiderstand; hoher Widerstand gegen starken chemischen Angriff (1000 mg SO_4^{2-}/l im Grundwasser/Baugrund)[1]	hoher Frost-Tausalz-Widerstand
Beton		Kiesbeton 0/32 mit Pumpförderung	
		Konsistenz KR	LP-Beton ($\varepsilon = 5 \pm 0{,}5$ Vol.-%) Konsistenz KP
Zementart		CEM III/A 32,5-NW/NA	CEM I 32,5 R
Zementgehalt z	kg/m³	345	370
SFA f	kg/m³	50[1]	–
Wassergehalt w	kg/m³	180	170
w/z		0,52	0,46 < 0,50
$w/(z + 0{,}4f)$		0,49 < 0,50	–
Größtkorn	mm	32	32
Zuschlaggehalt g	kg/m³	1728	1710
Körnungen bei Sieblinie im Bereich AB	M.-%	0/2a = 34 2/8 = 18 8/16 = 24 16/32 = 24	
Zusatzmittel		BV	BV, LP
Druckfestigkeit d = 28 / 56 Tage	N/mm²	42,8 / 50,2[2]	43,0 / –
Wassereindringtiefe e_{28}	mm	22 < 30	20 < 30
CDF-Test		–	Bestanden

[1] Nach RILI DAfStb 09/96 „Verwendung von Flugasche nach DIN EN 450 im Betonbau" gilt:
$f / (z + f) \geq 0{,}10$ bei Einsatz von CEM III/A

[2] Vereinbartes Nachweisalter beim Beton mit CEM III/A ist d = 56 Tage

Nachbehandlung des Betons:
- Belassen in Schalung 3–7 Tage, Folienabdeckung;
- die Schalung ist 5 cm höher als die Sollhöhe zwecks Feuchthalten der Wandköpfe (insbesondere Laufbahnbereich);
- nach dem Entschalen Aufbringen Curing-Mittel und Folienabdeckung.

5.10 Prüfverfahren

Schnellprüfverfahren

Um im Laborversuch bei relativ kurzer Versuchsdauer Aussagen zum Sulfatwiderstand des Zements treffen zu können, sind zahlreiche Schnellverfahren entwickelt worden. Charakteristisch für diese Prüfverfahren sind:
- starke Überhöhung des Angriffsgrades durch Wahl hochkonzentrierter Salzlösungen – laut DIN 4030 bzw. DIN EN 206-1 wird bei einer Konzentration von > 3000 mg SO_4^{2-}/l im Grundwasser von „sehr starkem Angriffsgrad" bzw. „chemisch stark angreifender Umgebung" gesprochen; im Laborverfahren werden aber Konzentrationen von ca. 25000 mg SO_4^{2-}/l verwendet.
- bewusste Schwächung der Widerstandsfähigkeit des Prüfkörpers, z.B. durch erhöhte Gefügeporosität (hoher w/z-Wert).
- Wahl von Prüfkörperabmessungen mit großem Verhältnis Oberfläche zu Volumen.

In Deutschland gibt es z.Z. kein Normverfahren; auch die europäische Norm sieht kein derartiges Prüfverfahren vor. Nach LOCHER (1999) ist die Präzision der bisherigen Schnellprüfverfahren so niedrig, dass gegenwärtig eine Normung nicht zweckmäßig ist.

Prüfverfahren für äußeren Angriff

Zwei Prüfverfahren für äußeren Sulfatangriff (keine DIN-Verfahren) finden gegenwärtig in Deutschland Anwendung. Für das Prüfen des Sulfatwiderstandes von Zement mit Klein- und Flachprismen (WITTEKINDT- und KOCH-STEINEGGER-Verfahren) gelten dabei folgende Vorschriften.

Ein Zement gilt als Zement mit hohem Sulfatwiderstand, wenn die relative Biegezugfestigkeit $\beta_{BZ,S}/\beta_{BZ,W}$ von wasser-, Ca(OH)$_2$- bzw. sulfatgelagerten 1 x 1 x 6 cm^3-Kleinprismen wenigstens 0,7 beträgt und die bezogene Längenänderung von sulfatgelagerten 1 x 4 x 16 cm^3-Flachprismen 0,5 mm/m nicht übersteigt. Für die Prüfung wird für die Klein- und Flachprismen Mörtel aus jeweils 1 Gewichtsteil Zement, 1 Gewichtsteil Normensand I (fein), 2 Gewichtsteilen Normensand II (grob) und 0,6 Gewichtsteilen destilliertem Wasser hergestellt (Mörtel nach DIN 1164-1958).

WITTEKINDT-Verfahren

1. Herstellen von Mörtelprismen (Flachprismen nach o.g. Abmessungen und Zusammensetzung) mit einem w/z-Wert von 0,60. Für 6 Flachprismen (1 Form) werden
   - 250 g Zement,
   - 250 g Sand I,
   - 500 g Sand II und
   - 150 ml Wasser
   benötigt.

2. 2 Tage Feuchtraumlagerung in der Form und nach Entformung weitere 12 Tage Wasserlagerung.

3. Lagerung der Prüfkörper in einer 4,4%igen Natriumsulfatlösung bei 20 °C. Zur Herstellung dieser Lösung werden 99,80 g $Na_2SO_4 \cdot 10H_2O$ je Liter Wasser gelöst. Sie enthält 24,80 g SO_3/l (29.755 mg SO_4^{2-}/l).

4. Die Dehnung der Prismen wird zwischen den auf den Stirnseiten angebrachten Meßzapfen gemessen. Die Längen der im Wasser gelagerten Flachprismen werden zum ersten Mal unmittelbar vor der Einlagerung in die Natriumsulfatlösung, im Alter von 14 Tagen und dann 8 Wochen nach der Einlagerung (Regelprüftermin) gemessen. Um ggf. die Zeitabhängigkeit der Dehnung erfassen zu können, können weitere Termine für die Längenmessungen 28 d (56 d siehe oben), 70 und 91 d nach Einlagerung vorgesehen werden. Maßgebend für die Beurteilung bleibt jedoch der Regelprüftermin 56 d nach Beginn der Einlagerung in die Na_2SO_4-Lösung. Aus der bei der Einlagerung ermittelten Ausgangslänge l_0 und der nach 8 Wochen ermittelten Länge l wird die Längenänderung $l - l_0$ in mm/m errechnet.

Zemente mit hohem Sulfatwiderstand haben nach 8 Wochen Sulfatlagerung im allgemeinen Dehnungen von höchstens 0,5 mm/m.

KOCH-STEINEGGER-Verfahren

1. Herstellen von Mörtelprismen (Kleinprismen nach o.g Abmessungen und Zusammensetzung). Für 4 Prismen (1 Form) werden
   - 15,0 g Zement,
   - 15,0 g Sand I,
   - 30,0 g Sand II und
   - 9,0 ml Wasser
   benötigt.

2. Verdichten auf dem Rütteltisch.

3. 24 h Lagerung bei 20 °C und 90% r.F. mit einem feuchten Filterpapier abgedeckt und ohne Berührung des Mörtels.

4. 28 Tage Lagerung in destilliertem Wasser.

5. Eine Hälfte der Prüfkörper verbleibt bis zur Festigkeitsprüfung im destillierten Wasser; die andere Hälfte der Prüfkörper wird an Gummiringen in 10%ige Natriumsulfatlösung gehängt (4 Prismen je Glas mit 600 ml Lösung).
6. Tägliche indirekte Prüfung der Sulfataufnahme durch Nachtitration mit 2n Schwefelsäure (vorher einige Tropfen Phenolphthalein zugeben).
7. Bestimmung der relativen Biegezugfestigkeit $\beta_{BZ,S}/\beta_{BZ,W}$ nach 14, 28, 56 und 84 d Sulfatlagerung, d.h. die Biegezugfestigkeit $\beta_{BZ,S}$ nach Sulfatangriff bezogen auf die Biegezugfestigkeit $\beta_{BZ,W}$ nach Wasserlagerung (Abbildung 5.12)
8. Visuelle Bewertung der äußeren Beschaffenheit (Risse, Zerfall) mit Hilfe einer Bewertungstafel.

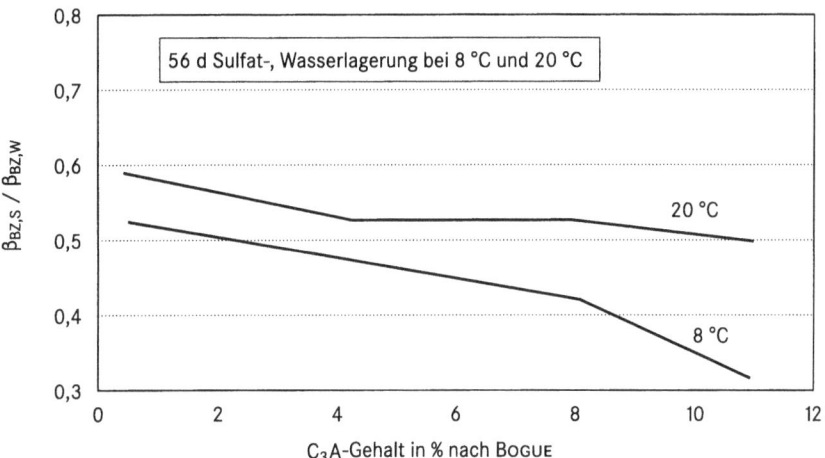

Abb. 5.12: Biegezugfestigkeitsverhältnis in Abhängigkeit vom C_3A-Gehalt nach KOCH-STEINEGGER an Kleinprismen

MNS-Verfahren

Am F. A. Finger-Institut für Baustoffkunde (FIB) wurde für die praxisnahe Charakterisierung des Sulfatwiderstandes von Mörtel und Beton ein neues Prüfverfahren entwickelt [MULENGA ET AL.].

1. Herstellen von Betonprismen mit den Abmessungen 40 x 40 x 160 mm³ (Sieblinie A/B 8) oder Gewinnung von Bohrkernen ($d = 50$ mm, $l = 150$ mm) aus Altbeton oder neu hergestellten Betonplatten (Sieblinie A/B 16); w/z-Wert = 0,5.
2. Die Proben bleiben 2 Tage feucht in der Form und weitere 5 Tage unter Wasser. Danach werden die Bohrkerne und Betonprismen bis zum Sulfatangriff 21 Tage im Klimaraum bei 20 °C und 65% relativer Luftfeuchtigkeit gelagert.
3. Sättigung der Prüfkörper mit Wasser bzw. 5%iger Na_2SO_4-Lösung durch Unterdruck bei ca. 150 mbar.

4. Lagerung bei 8 °C in Wasser bzw. 5%iger Na$_2$SO$_4$-Lösung, die monatlich erneuert wird.

5. Nach jeweils 28 d wird die uniaxiale Zugfestigkeit der Prüfkörper zwischen den auf den Stirnseiten angebrachten Zugstempeln gemessen (Abbildung 5.13).

Als Prüfkriterium wird ein Zugspannungserhältnis $\beta_{Z,S}/\beta_{Z,W}$ von mindestens 0,7 der in Sulfatlösung bzw. in Wasser gelagerten Probekörper nach 56 d bzw. 84 d festgelegt. Bei Altbeton liegt der Prüftermin bei 180 d.

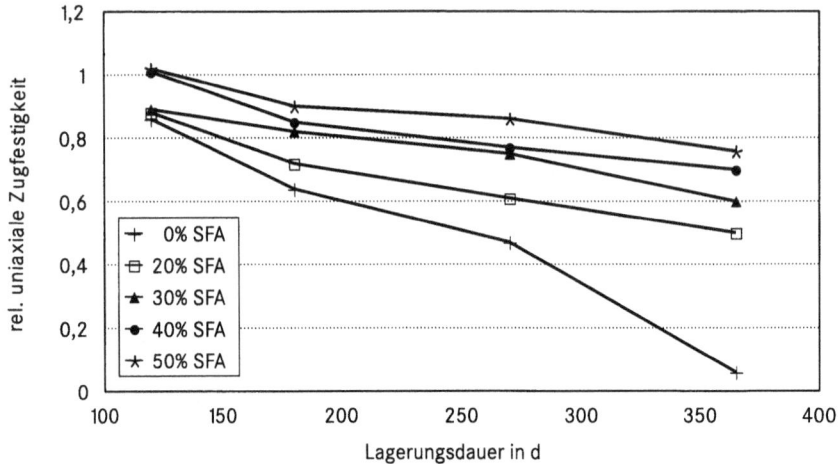

Abb. 5.13: Zugfestigkeitsverlauf von bei Unterdrucksättigung getränkten Betonbohrkernen nach Lagerung in Wasser bzw. 5%iger Na$_2$SO$_4$-Lösung bei 8 °C in Abhängigkeit vom SFA-Gehalt (Betonmischungen aus CEM I 42,5 und SFA S-B/E; $w/(z + f) = 0,5$; 365 d Wasservorlagerung)

CEN-Verfahren

1. Herstellen von Mörtelprismen mit den Abmessungen 2 x 2 x 16 cm^3 nach DIN EN 196-01.

2. 24 h Feuchtraumlagerung in der Form und nach Entformen weitere 27 d unter Wasser lagern.

3. Lagerung in einer Na$_2$SO$_4$-Lösung mit einer Konzentration von 16 g SO$_4^{2-}$/l bei +20 °C, die monatlich erneuert wird. Vergleichslagerung in Wasser.

4. Ermittlung der Längenänderungen nach 4, 8, 12, 16, 20, 28, 40 und 52 Wochen.

SVA-Verfahren (vom Sachverständigenausschuss SVA des DAfStb vorgeschlagen)

1. Herstellen von Normprismen mit den Abmessungen 4 x 4 x 16 cm^3 nach DIN EN 196-01; w/z-Wert = 0,5.

2. 2 d Feuchtraumlagerung in der Form und nach Entformen weitere 12 d Vorlagerung in gesättigter Ca(OH)$_2$-Lösung.

3. Lagerung in einer 4,4%igen Na$_2$SO$_4$-Lösung bei + 20 °C bzw. in gesättigter Ca(OH)$_2$-Lösung als Vergleichslagerung. Die Lösungen werden monatlich erneuert.

4. Beurteilung des Sulfatwiderstandes anhand der Dehnungsdifferenz ($\Delta\varepsilon \leq 0{,}50$) nach 91 d.

Anmerkung: Die Lagerung bei +20 °C beim CEN- und SVA-Verfahren ist wirklichkeitsfremd, da der Sulfatangriff i.d.R. im Untergrund stattfindet und die Bodentemperatur dort meistens unter +10 °C beträgt. Der Sulfatangriff steigt mit sinkender Temperatur aber stark an.

Prüfverfahren für inneren Angriff

LE CHATELIER-ANSTETT-Probe

1. Feingemahlenes Gemisch ($R_{90} = 0$) aus 100 Teilen getrocknetem, 14 d hydratisiertem Zement und 50 Teilen Gips zu einem normsteifen Brei anrühren.

2. Einfüllen in LE-CHATELIER-Ringe (Abbildung 5.14), mit Glasplatte bedecken, 24 h unter Wasser lagern und den Abstand der Nadelspitzen messen (Nullmessung).

3. Tägliche Messung des Nadelspitzenabstandes und Angabe der Dehnung in mm als Differenz zwischen gemessenem Nadelspitzenabstand und der Nullmessung.

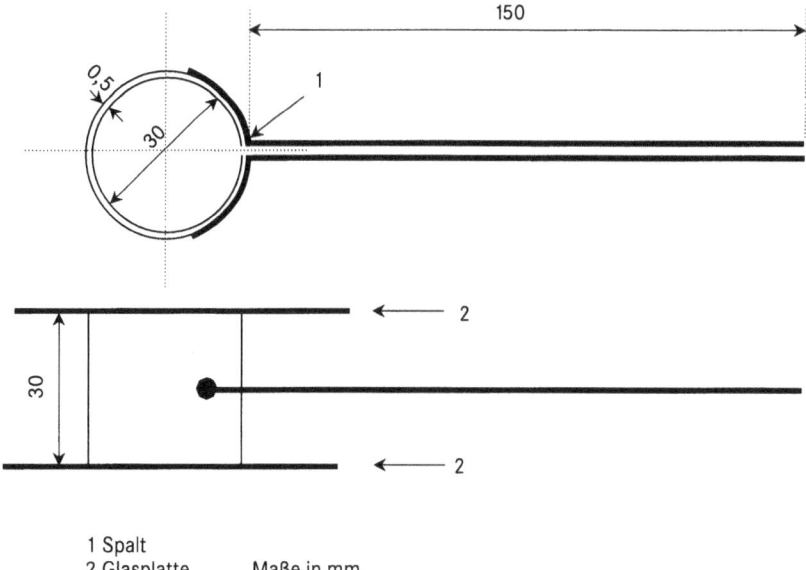

1 Spalt
2 Glasplatte   Maße in mm

Abb. 5.14: LE-CHATELIER-Ring nach DIN EN 196, Teil 3

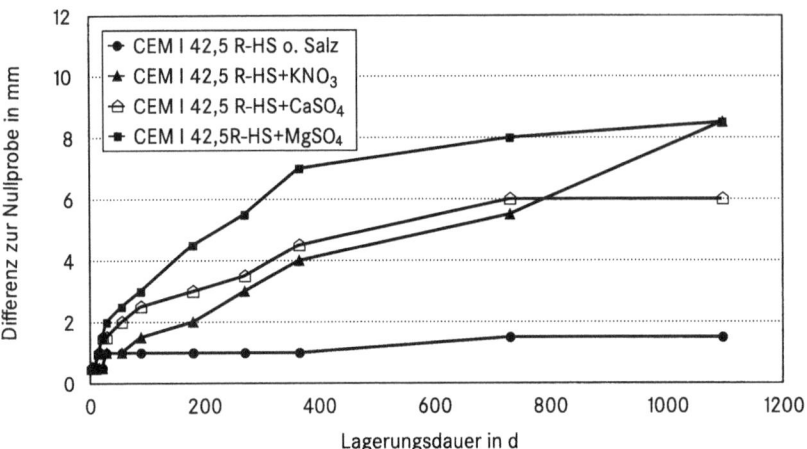

Abb. 5.15: Dehnung (= Nadelspitzenabstand als Differenz zur Nullmessung) von Prüfkörpern aus CEM I 42,5 R-HS mit und ohne bauschädliche Salze nach 3 a Wasserlagerung

Dehnungsmessungen mit LE-CHATELIER-Ringen wurden am F.A. Finger-Institut für Baustoffkunde bei Verträglichkeitsuntersuchungen unterschiedlicher Bindemittel mit bauschädlichen Salzen durchgeführt [STÜRMER]. Als Maß für die Verträglichkeit zwischen Bindemittel und Salzen wurden die Dehnungen ermittelt, die sich beim Kontakt beider Systeme einstellen. Dabei wurde ein innerer Angriff simuliert, d.h. die Salze wurden mit Gehalten von 10%, bezogen auf die Bindemittel-Einwaage im Mörtelanmachwasser gelöst. In Abbildung 5.15 ist die Wirkung einzelner Salze als Dehnungsdifferenz zur jeweiligen Nullprobe dargestellt.

Prüfverfahren in den USA

ASTM C 452

Das Verfahren ist nur für die Prüfung von Portlandzement vorgesehen. Der SO_3-Gehalt des zu prüfenden Zements wird durch Zusatz von gemahlenem Gips auf 7,0 M.-% erhöht. Aus dem Zement-Gips-Gemisch werden 2,5 x 2,5 x 25 cm^3-Prismen aus Mörtel (1 : 2,75, $w/z = 0,485$) hergestellt, deren Längenänderung bei Wasserlagerung ein Maß für den Sulfatwiderstand des Zements ist. Nach 28 Tagen Wasserlagerung beträgt die Dehnung von Portlandzementen mit 0 bis 2 M.-% C_3A im Mittel etwa 0,35 mm/m, mit 10 bis 13 M.-% C_3A etwa 1,5 mm/m. Bei diesem Verfahren wird der **innere Sulfatwiderstand** geprüft, da der Prüfkörper das Sulfat schon zu Beginn der Prüfung in gleichmäßiger Verteilung enthält.

Schnellverfahren

Als Kennzeichen für den Sulfatwiderstand wird die Dehnung von 2,5 x 2,5 x 15 cm^3-Prismen und 2,5 x 2,5 x 25 cm^3-Prismen aus Mörtel 1 : 4, 1 : 5 und 1 : 6 mit Normsand und einem Wasserzusatz entsprechend einem Ausbreitmaß von 100 bis 115% verwendet. Die Prismen lagern in Na_2SO_4- und $MgSO_4$-Lösungen verschiedener Konzentration (Prüfung des **äußeren Sulfatangriffs**).

5.11 Literatur

BICZOK, J.
Betonkorrosion – Betonschutz, Berlin: Verlag für Bauwesen 1968

CANDLOT, E.
Sur les propriétés des produits hydrauliques, in: Bull. Soc. Encour. Ind. Nat. 89 (1890), S. 682–689

COLLEPARDI, M.; BALDINI, G.; PAURI, M.
Tricalcium Aluminate Hydration in the Presence of Lime, Gypsum and Sodiumsulfate, in: Cement & Concrete Research 8 (1978) No. 5, S. 571–580

DEUTSCHER AUSSCHUSS FÜR STAHLBETON
DAfStb-Richtlinie „Verwendung von Flugasche nach DIN EN 450 im Betonbau", Berlin und Köln: Beuth Verlag 1996

HÄRDTL, R.
Veränderung des Betongefüges durch die Wirkung von Steinkohlenflugasche, Dissertation. RWTH Aachen 1994, Berlin: Beuth-Verlag 1995

HOFFMANN, D.
Die Sulfatbeständigkeit von Mörteln und Betonen, Dissertation. Hochschule für Architektur und Bauwesen Weimar 1989

HOOTON, R. D.
Influence of Silica Fume Replacement of Cement on Physical Properties and Resistance to Sulfate Attack, Freezing and Thawing and Alkali-Silica Reactivity, in: ACI Materials Journal 90 (1993) No. 2, S. 143–151

IRASSAR, E. F.; BATIC, O. R.
Effects of Low Calcium Fly Ash on Sulfate Resistance of OPC Cement, in: Cement & Concrete Research 19 (1989) No. 2, S.194–202

IRASSAR, E. F.; DI MAIO, A.; BATIC, O. R.
Sulfate Attack on Concrete with Mineral Admixtures, in: Cement & Concrete Research 26 (1996) No. 1, S. 113–123

KOCH, A.; STEINEGGER, H.
Ein Schnellprüfverfahren für Zemente auf ihr Verhalten bei Sulfatangriff, in: Zement-Kalk-Gips 13 (1960) H. 7, S. 317–324

KÖNIG, R.; WAGNER, J. P.
Mikrosilica, Woermann GmbH & Co. KG Darmstadt 1999

KOLLO, H.
Sulfatwiderstand – Ein Aspekt der Dauerhaftigkeit von Beton, Beton-Informationen 30 (1990) H. 1, S. 8–11

KUHS, R.
Einfluß des Gipses auf Klinker mit verschiedenem Aluminiumgehalt, Tonindustrie Zeitung u. Keramische Rundschau 83 (1959) H. 16, S. 388–394

LOCHER, F. W.
Sulfatwiderstand von Zement und seine Prüfung, in: ZKG-INTERNATIONAL 51 (1998) H. 7, S. 388–398

Mehta, P. K.
Effect of Fly Ash Composition on Sulfate Resistance of Cement, in: ACI-Journal (1986) No. 6, S. 994–1000

Mehta, P. K.
Mechanism of Sulphate Attack on Portland Cement Concrete – Another Look, in: Cement & Concrete Research 13 (1983) No. 3, S. 401–406

Mehta, P. K.
Scanning Electron Micrographic Studies of Ettringite Formation, in: Cement & Concrete Research 6 (1976) No. 2, S. 169–182

Michaelis, W.
Der Cementbacillus, in: Tonindustrie-Zeitung 16 (1892) H. 6, S. 105–106

Mulenga, D. M.; Nobst, P.; Stark, J.
Praxisnahes Prüfverfaren zum Sulfatwiderstand von Mörtel und Beton mit und ohne Flugasche, in: Beiträge zum 37. Forschungskolloquium des Deutschen Ausschusses für Stahlbeton am 7. und 8. 10. 1999 an der Bauhaus-Universität Weimar. Weimar 1999, S. 197–213

Negro, A.; Bachiorrini, A.
Expansion Associated with Ettringite Formation of Different Temperatures, in: Cement & Concrete Research 12 (1982) No. 6, S. 677–684

Ouyang, Ch.; Nanni, A.; Chang, Wen F.
Internal and External Sources of Sulfate Ions in Portland Cement Mortars: Two Types of Chemical Attack, in: Cement & Concrete Research 18 (1988) No. 5, S. 699–709

Prüfen des Sulfatwiderstands von Zement mit Klein- und Flachprismen (überarbeitete Version von Zt-Rg/Sd vom 06.10.1978), Forschungsinstitut der Zementindustrie Düsseldorf 1996

Prüfverfahren für Zement – Teil X: Bestimmung der Sulfat- oder Meerwasserbeständigkeit von Zementen. CEN; Europäische Vornorm, Entwurf pr ENV 196-X, Oktober 1995

Reis, M. O. B.
Formation of Expansive Calcium Sulphoaluminate by the Action of the Sulphate Ion on Weathered Granites in a Calcium Hydroxide-Saturated Medium, in: Cement & Concrete Research 11 (1981) No. 4, S. 541–547

Richards, J. D.
The Effect of Various Sulphate Solutions on the Strength and Other Properties of Cement Mortars at Temperatures up to 80 °C, in: Magazine of Concrete Research 17 (1965) No. 51, S. 69–76

Schubert, P.; Lühr, H.-P.
Zum Sulfatwiderstand flugaschehaltiger Mörtel und Betone, in: Betonwerk+Fertigteil-Technik 45 (1979) H. 3, S. 177–182

Schwiete, H. E.; Iwai, T.
Über das Verhalten der ferritischen Phase im Zement während der Hydratation, in: Zement-Kalk-Gips 17 (1964) H. 9, S. 379–386

Schwiete, H. E.; Ludwig, U.; Jäger, P.
Untersuchungen im System 3 CaO · Al_2O_3 – $CaSO_4$ – CaO – H_2O, in: Zement-Kalk-Gips 17 (1964) H. 6, S. 229–236

Smolczyk, H. G.
Die Ettringit-Phasen im Hochofenzement, in: Zement-Kalk-Gips 14 (1961) H. 7, S. 277–283

STRASSEN ZUR, H.
Die chemischen Reaktionen bei der Zementerhärtung, in: Zement-Kalk-Gips 11 (1958) H. 4, S. 137-143

STÜRMER, S.
Injektionsschaummörtel für die Sanierung historischen Mauerwerks unter besonderer Berücksichtigung bauschädlicher Salze, Dissertation. Bauhaus-Universität Weimar 1998

TAYLOR, H. F. W.
Cement Chemistry, 2nd Edition, London: Thomas Telford Publishing 1997

WISCHERS, G.; SPRUNG, S.
Verbesserung des Sulfatwiderstandes von Beton durch Zusatz von Steinkohlenflugasche – Sachstandsbericht Mai 1989, Teil 1: Beton 40 (1990) H. 1, S.17-20, Teil 2: Beton 40 (1990) H. 2, S. 62-66

WITTEKINDT, W.
Sulfatbeständige Zemente und ihre Prüfung, in: Zement-Kalk-Gips 13 (1960) H. 12, S. 565-571

6 Schädigende Ettringitbildung im erhärteten Beton

6.1 Kurzer historischer Abriss

Das Problem der Raum-Beständigkeit von Beton ist seit seiner breiten Anwendung als Baustoff Ende des 19. Jahrhunderts Gegenstand zahlreicher Untersuchungen. Bereits im vorigen Jahrhundert beobachtete man Treiberscheinungen im erhärteten Beton, die damals oft in Unkenntnis der Reaktionen im Zementstein auf „fehlerhafte" Zemente zurückgeführt wurden. Zu diesen Erscheinungen zählten:
- Kalktreiben,
- Magnesiatreiben und
- Gipstreiben/Sulfattreiben.

Durch Begrenzung der im Zement bzw. im Beton zulässigen Höchstmenge des jeweiligen „Verursachers" können derartige Schäden gezielt verhindert werden. Ebenso muss eine nachträgliche Zufuhr von Stoffen in den Beton vermieden werden, die Treibreaktionen auslösen können.

Ettringit ist von allen Hydratneubildungen im Zementstein sicher die Verbindung mit den verschiedensten Gesichtern. Ohne die gewünschte Ettringitbildung im Frühstadium der Erhärtung wäre ein normgerechtes Erstarren der Zemente nicht denkbar. Quellzemente oder schwindungskompensierte Zemente basieren ebenso wie der Sulfathüttenzement ganz wesentlich auf der Bildung von Ettringit. In nahezu allen Mörteln und Betonen ist Ettringit ein ganz normaler Bestandteil, wenn auch z.T. in sehr geringer Menge.

Bildet sich dagegen Ettringit zu späteren Zeitpunkten im bereits erhärteten Beton, so kann dies – muss aber nicht – zu teilweise schweren Schäden führen. So gesehen kann man den Ettringit auch die Sphinx der Zementchemie nennen.

Als natürlich vorkommendes Mineral wurde Ettringit 1874 von LEHMANN (1925 in Weimar gestorben) in den Kalksteineinschlüssen der Basaltlava des Ettringer Bellerberges bei Mayen (Eifel) entdeckt. Natürliche Ettringit-Vorkommen gibt es außerdem in einer Kontaktzone von Scawt Hill, Irland sowie in Aricona und Crestmore, Californien.

Um das Jahr 1890 gelang es CANDLOT und MICHAELIS bei Untersuchungen über die Ursache des „Gipstreibens", den „Zementbazillus" Ettringit präparativ herzustellen und seine Bedeutung für das Zustandekommen des Sulfattreibens zu erkennen. Im Jahre 1917 stellten PASSOW und SCHÖNBERG Ettringit in einem zerstörten Beton unter dem Mikroskop fest.

Erste publizierte Arbeiten über eine betonschädigende späte Ettringitbildung stammen aus den Jahren 1945 [LERCH] und 1965 [KENNERLY]. LUDWIG konnte Schäden von gipshaltigem Mauerwerk, das mit Zement verpresst wurde, auf eine nachträgliche Ettringitbildung zurückführen.

Betonschäden in Form charakteristischer Netzrissbildung und z.T. extremer Dehnung sowie von Festigkeitsverlusten häuften sich seit den 70er Jahren. Zunehmend traten Schäden in Zusammenhang mit einer Ettringitbildung im erhärteten Beton an wärmebehandelten Betonfertigteilen (Schleuderbetonmaste, Spannbetonschwellen, Außenwandelemente, Treppenstufen u.a.) auf, die während ihrer Nutzung einer freien Bewitterung mit häufiger Durchfeuchtung ausgesetzt waren. Es wurde festgestellt, dass diese Schäden im Zusammenhang mit einer Ettringitbildung im erhärteten Beton entstehen. Betroffen waren vor allem hochwertige Betone mit hohen Festigkeiten und hoher Dichte. Seit 1980 [HEINZ/ LUDWIG] wurden zahlreiche Untersuchungen zu dieser verspäteten Ettringitbildung (*Delayed Ettringite Formation*) im Beton als Folge der Wärmebehandlung durchgeführt und unterschiedliche Hypothesen zum Schadensmechanismus aufgestellt.

In letzter Zeit wird zunehmend auch in Verbindung mit Schäden an nicht wärmebehandelten Betonbauteilen eine auffällige Ettringitbildung in Gefügestörungen und Poren beobachtet.

6.2 Grundlagen

Ettringit (Tricalciumaluminat-Trisulfathydrat) ist eine wesentliche strukturbildende Komponente in hydratisierten handelsüblichen Portlandzementen. Er ist ein meist säulenförmiges, hexagonal-prismatisch kristallisierendes Mineral der folgenden chemischen Zusammensetzung:

$3\,CaO \cdot Al_2O_3 \cdot 3\,CaSO_4 \cdot 32\,H_2O$

$= Ca_6Al_2[(OH)_4, SO_4]_3 \cdot 26\,H_2O$

$= C_3A \cdot 3\,C\overline{S} \cdot H_{32}$

Theoretische Zusammensetzung von Ettringit:

$C_3A \cdot 3\,C\overline{S} \cdot H_{32}$ ⟹
- 21,54 % C_3A ⟶ 26,82 % CaO, 8,13 % Al_2O_3
- 32,55 % $CaSO_4$ ⟶ 19,14 % SO_3
- 45,91 % H_2O

Für 1 mol Ettringit gilt:

$C_3A \quad \cdot 3\,C\overline{S} \quad \cdot 32\,H$

$270{,}20\,g \;+\; 3 \cdot 136{,}14\,g \;+\; 32 \cdot 18\,g \;=\; 1254{,}62\,g$

→ Die Molmasse beträgt 1254,6 g/mol.

Reiner Ettringit weist bei der chemischen Analyse – wasserfrei gerechnet – folgende Zusammensetzung auf:

CaO   = 49,7%

Al_2O_3 = 15,0%

SO_3 = 35,3%

Das Masseverhältnis SO_3/C_3A im Ettringit beträgt:

SO_3/C_3A = (3 · 80,06 g) / 270,20 g = 0,889 SO_3/C_3A.

Ettringit kristallisiert hexagonal-prismatisch. Nach dem Strukturmodell von TAYLOR liegen in den Kristallen Säulen aus den Kationen der Zusammensetzung $\{Ca_3[Al(OH)_6] \cdot 12H_2O\}^{3+}$ vor. Darin sind die $Al(OH)_6^{3-}$-Oktaeder über gemeinsame Kanten mit den CaO_8-Polyedern verknüpft, d.h. die in das Kristall eingebauten Aluminium-Ionen sind über OH^--Gruppen an je zwei Ca^{2+}-Ionen gebunden. In den zwischen den Säulen verbleibenden Hohlräumen (Kanälen) sind die SO_4^{2-}-Tetraeder und die verbleibenden Wassermoleküle eingelagert, so dass die einzelnen Säulen mit einer anionischen Schicht aus $[(SO_4)_3 \cdot 2H_2O]^{6-}$ umgeben sind (Abbildung 6.1). Die Wassermoleküle sind demnach teilweise sehr locker in der Ettringitstruktur gebunden, wodurch das leichte Abspalten eines Anteils des Wassers bei Trocknung oder erhöhten Temperaturen begründet wird, so dass Ettringit mit unterschiedlichen Kristallwasseranteilen existieren kann.

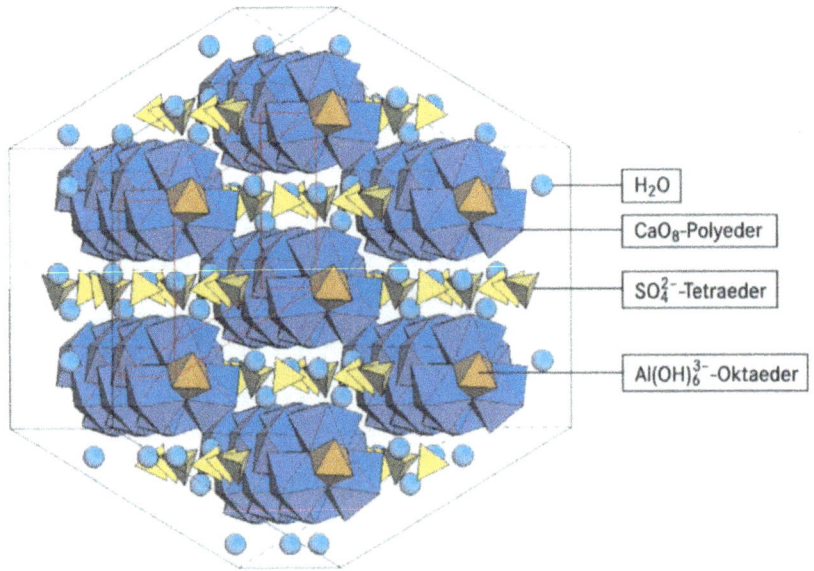

Abb. 6.1: Strukturmodell von Ettringit (nach NEUBAUER, Erlangen)

6.3 Ettringit im Frischbeton

Nach dem derzeitigen Erkenntnisstand setzt die primäre Ettringitbildung aus C_3A und Gips unter Anwesenheit von Calciumhydroxid sofort nach der Wasserzugabe ein:

$$3\,CaO \cdot Al_2O_3 + 3\,(CaSO_4 \cdot 2\,H_2O) + 26\,H_2O \rightarrow 3\,CaO \cdot Al_2O_3 \cdot 3\,CaSO_4 \cdot 32\,H_2O$$

Sie setzt sich solange fort, bis die hierfür notwendige Sulfationenkonzentration in der Lösungsphase nicht mehr ausreicht. Dann reagiert das verbliebene C_3A unter teilweiser Auflösung des bereits entstandenen Ettringit zu Monosulfat. Um z.B. 10% C_3A vollständig in Ettringit umzuwandeln, wären 9,1% SO_3 (d.h. 19% Gips) erforderlich. Nach EN 197-1 ist der maximal zulässige Sulfatgehalt je nach Zementart und Festigkeitsklasse auf 3,5 ... 4,0% begrenzt, d.h. es kommt reaktionskinetisch bedingt immer zur Bildung von Monosulfat.

Abbildung 6.2 zeigt die aus ESEM-Abbildungen abgeleiteten Untersuchungsergebnisse zur frühen Hydratation. Daraus können folgende Tendenzen bezüglich der Phasenbildung und -einwirkung abgeleitet werden [STARK ET AL.]:

1. **Ettringit**: Unmittelbar nach dem Anmachen wird Ettringit gebildet. Es handelt sich um kurzsäulige prismatische Kristalle mit einer Länge von bis zu 500 nm und einer Basis zwischen 50 und 250 nm. Ein weiteres Kristallwachstum in Längsrichtung setzt erst nach mehreren Stunden wieder ein, wobei die Hauptwachstumsphase zwischen 12 und 24 h beobachtet wird. Die Länge liegt jetzt bei 1,5 bis 2,5 µm.

2. **Syngenit**: Bei alkalireichen Zementen entsteht neben Ettringit zu Reaktionsbeginn zusätzlich Syngenit. Diese Phase, die leistenförmige Kristalle bildet, ist jedoch nicht stabil, sondern beginnt sich ab etwa 5 h Hydratationsdauer unter Bildung von Gips und Kaliumsulfat zu zersetzen. Der Vorgang setzt etwa zeitgleich mit der Bildung erster nadelförmiger C–S–H-Phasen ein und ist am Ende der Beschleunigungsphase abgeschlossen.

3. **C–S–H-Phasen**: Die C–S–H-Phasen bilden sich zu Beginn der Beschleunigungsperiode auf C_3S-Partikeloberflächen. Es sind vereinzelt kleine (< 200 nm Länge), stark inhomogen verteilte C–S–H-Büschel zu beobachten. Im weiteren Hydratationsverlauf bis 24 h wachsen die C–S–H-Phasen kontinuierlich bis auf eine Länge von 600 nm, wobei die Nadelspitzen einen Durchmesser von ca. 5 nm aufweisen. Das Wachstum erfolgt von der Basis, so dass es aufgrund der extremen Spitznadeligkeit zu einer starken Gefügeverzahnung kommt.

4. **Portlandit**: Portlandit bildet sich etwa zeitgleich mit den C–S–H-Phasen. Die Verteilung dieser Phase im Gefüge ist stark heterogen. Die dünnplattigen, pseudohexagonalen Portlanditkristalle zeigen die Tendenz entlang ihrer Basis zu verwachsen, so dass geschieferte, kompakte bis einige µm große Aggregate entstehen.

5. **Monosulfat**: Da im frühen Hydratationsstadium ausreichend Sulfat im Vergleich zur Verfügbarkeit von C_3A für die Ettringitbildung vorhanden ist, wird kein Monosulfat gebildet. Die spätere Kristallisation von Monosulfat geschieht nicht primär durch Ettringitabbau, sondern über die direkte Reaktion.

152   6 Schädigende Ettringitbildung im erhärteten Beton

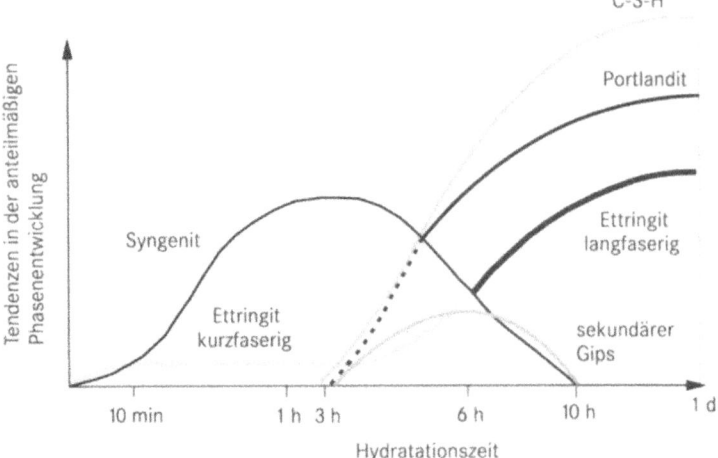

Abb. 6.2: Schematische Darstellung der Hydratphasenbildung bei der Zementhydratation (nach STARK ET AL.)

Die frühe Phase der Hydratation von C_3A in Anwesenheit von Sulfat zeigen die ESEM-Aufnahmen der Abbildungen 6.3, 6.4 und 6.5.

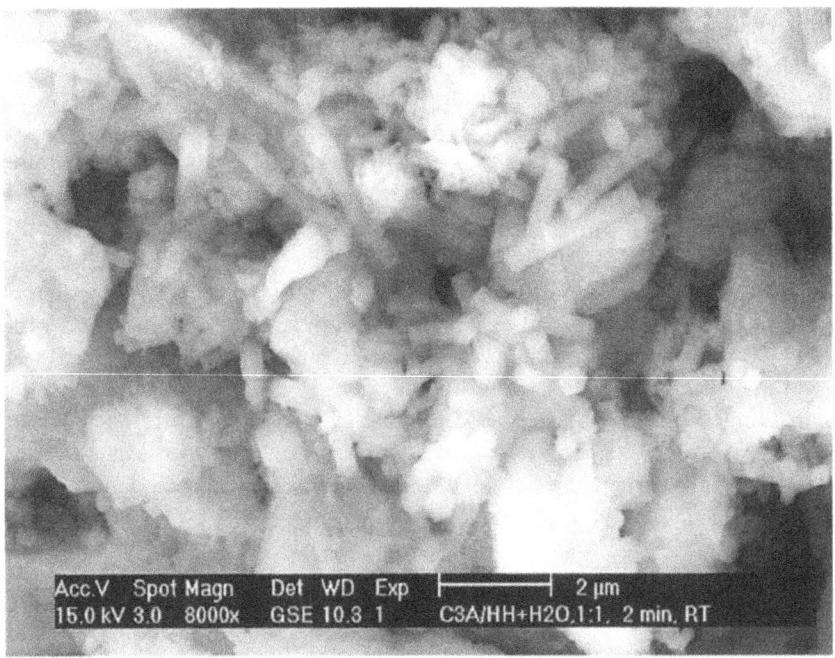

Abb. 6.3: Frühe Hydratation von C_3A in Anwesenheit von Sulfat (nach 2 min)

6.3 Ettringit im Frischbeton

Abb. 6.4: Frühe Hydratation von C_3A in Anwesenheit von Sulfat (nach 1 h: geringes Längenwachstum von Ettringit, kein Dickenwachstum)

Abb. 6.5: Frühe Hydratation von C_3A in Anwesenheit von Sulfat (nach 24 h: durch Umkristallisation entstandene, deutlich ausgebildete plattige, hexagonale Monosulfatkristalle)

Im normal erhärtenden Beton liegt in der Regel sowohl Ettringit als auch Monosulfat vor. Zusammen bilden sie ca. 10 ... 15% der Hydratneubildungen.

Ettringit ist ein Reaktionsprodukt bei der Hydratation von normalen Portlandzementen. Die Anwesenheit von Ettringit im Beton ist damit nicht zwangsläufig ein Hinweis auf eine betonschädigende Reaktion.

6.4 Ettringit im erhärteten Beton

Rasterelektronische Aufnahmen zeigen, dass Ettringit im Beton in den verschiedensten Erscheinungsformen, oft in Form von kugelförmigen Aggregationen, filzartig oder auch parallel angeordneten prismatischen Kristallen unterschiedlicher Größe auftritt.

Untersuchungen am F. A. Finger-Institut für Baustoffkunde zum Ettringit-Habitus mit einem atmosphärischen Rasterelektronenmikroskop (ESEM, *Environmental Scanning Electron Microscope*), d.h. ohne präparative Beeinflussung (Trocknung, Bedampfung, Hochvakuum) wurden an synthetisch hergestelltem Ettringit und an Ettringitformationen in stark geschädigten Labor-Betonen durchgeführt. Es war festzustellen, dass die bisher bei den REM-Untersuchungen im Hochvakuum gefundenen größeren nadelförmigen Ettringit-Kristalle (Dicken im µm-Bereich) aus vielen parallelen, dicht aneinanderliegenden, sehr schlanken Kristallen mit Dicken im Bereich zwischen 50 nm und maximal 500 nm bestehen (Abbildungen 6.6 und 6.7), unabhängig davon, ob Ettringit im Beton frei in Hohlräumen auskristallisieren konnte, in Kontaktzonen unter räumlicher Behinderung oder synthetisch in einer Lösung entstanden ist. Die feinen Strukturen wurden im konventionellen REM durch die aufgedampfte Kohlenstoffschicht von ca. 30 nm Dicke überdeckt.

Kristallisiert Ettringit z.B. in Poren aus, in denen er im Wachstum nicht behindert wurde, weist Ettringit den typischen stengeligen Habitus auf (Abbildung 6.8), es bilden sich typische Ettringit-Sphäroide (Abbildung 6.9).

Die Ursachen der vielen verschiedenen Erscheinungsformen von Ettringit sind bisher noch nicht vollständig geklärt. Von Einfluss sind offensichtlich die Zusammensetzung, die Konzentrationsverhältnisse und der pH-Wert in der Porenlösung im Beton, der Bildungsmechanismus, der Einbau von Fremdionen, die räumlichen Bedingungen u.a. Nach Untersuchungen von CHARTSCHENKO und BOLLMANN spielt die OH-Konzentration (pH-Wert des Lösungsgemisches) für den Kristallisationsprozess und die Morphologie des Ettringits eine Rolle.

6.4 Ettringit im erhärteten Beton

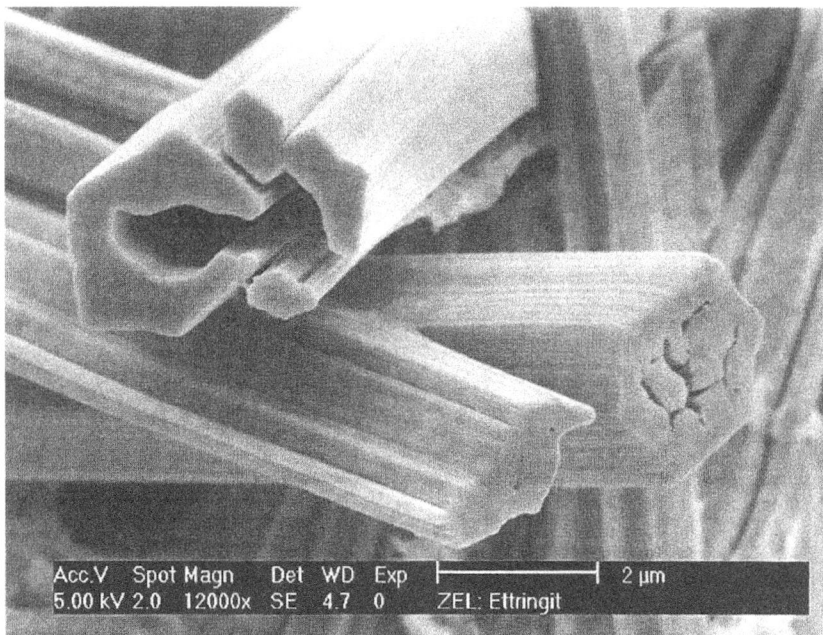

Abb. 6.6: Sehr schlanke Ettringitkristalle mit einer Dicke von 20 bis 200 nm, die dicht aneinander liegen und dickere nadelförmig erscheinende Strukturen bilden; ohne Kohlenstoffbedampfung im ESEM unter Wasserdampfatmosphäre

Abb. 6.7: Schlanke Ettringitkristalle, die nadelförmig erscheinende Strukturen mit hexagonalem Querschnitt und einer Aggregat-Dicke von 2 µm bilden; ohne Kohlenstoffbedampfung im ESEM unter Wasserdampfatmosphäre (in geschädigtem Laborprobekörper entstanden)

Abb. 6.8: Stengeliger Ettringit in Pore

Abb. 6.9: Pore mit kugelförmigen Ettringitformationen

MEHTA beschreibt zwei Modifikationen von Ettringit, die in Habitus und Größe stark differieren.

Typ I Große nadelförmige Kristalle (*lath-like crystals*), die 10 bis 100 µm lang und mehrere Mikrometer dick sein können. Sie bilden sich bei niedrigen Hydroxid-Ionen-Konzentrationen, d.h. bei niedrigem pH-Wert in der Porenlösung.
Wenn hydratisierte Zemente beträchtliche Mengen dieser großen Ettringitkristalle enthalten, führt das zu hohen Festigkeiten, aber nicht zu Treibeffekten. Nach MEHTA wirkt die Ettringitmodifikation vom Typ I nicht expansiv.

TYP II Kleine stäbchenförmige Kristalle (*rod-like crystals*), die nur 1 bis 2 µm lang und 0,1 bis 0,2 µm dick sind. Diese bilden sich bei hohen Hydroxid-Ionen-Konzentrationen, wie sie während der Hydratation von Portlandzementen vorliegen. Die tatsächliche Größe dieser Kristalle soll meist noch wesentlich kleiner sein.
Enthält Beton beträchtliche Mengen dieses mikrokristallinen Ettringits, kann es durch Wasseradsorption zu Treiberscheinungen kommen.

6.5 Schädigende Ettringitbildung infolge unsachgemäßer Wärmebehandlung

In der Fertigteilindustrie wird in vielen Fällen durch Wärmebehandlung, d.h. durch Wärmezufuhr von außen, die Hydratationsgeschwindigkeit des Zementes erhöht und damit die Festigkeitsentwicklung des Betons, so dass Anforderungen an die Frühfestigkeit (Ausschal-, Stapel-, Vorspannfestigkeit) bereits nach Stunden erfüllt werden können.

Neben der angestrebten schnellen Festigkeitsentwicklung kann bei zu hohen Temperaturen im Betonelement aber auch das Verhältnis der Hydratphasen Monosulfat/Ettringit (Trisulfat) stark zum Monosulfat verschoben werden. Das kann weitreichende Konsequenzen für die Dauerhaftigkeit des Betons haben, da unter bestimmten Randbedingungen während der Nutzung im erhärteten Beton eine verspätete Ettringitbildung ablaufen kann, die z.B. ein Stahlbetonelement zerstören kann (Abbildung 6.10). Gehäuft auftretende Schäden an wärmebehandelten Betonbauteilen, die während der Nutzung häufiger Durchfeuchtung ausgesetzt waren, führten 1989 zur „Richtlinie zur Wärmebehandlung von Beton" des DAfStb. Bei strikter Einhaltung der in dieser Richtlinie des DAfStb genannten Regeln für die Durchführung einer Wärmebehandlung ist nach den bisherigen Erfahrungen keine schädigende Ettringitbildung zu erwarten.

Die thermodynamische Stabilität von Ettringit verringert sich mit steigender Temperatur (ca. 70 °C ... 90 °C) zugunsten von Monosulfat. Die theoretische Umwandlungstemperatur liegt bei etwa 90 °C. Durch die in der Porenlösung immer vorhandenen Alkalien wird sie aber auf Werte unter 90 °C gesenkt. Die theoretische Umwandlungstemperatur von Ettringit in Monosulfat kann mittels thermodynamischer Berechnungen ermittelt werden.

Abb. 6.10: Durch verspätete Ettringitbildung als Folge zu hoher Wärmebehandlungstemperatur zerstörtes Betonelement

6.5.1 Thermodynamische Berechnungen zur Ettringitbildung

Vom thermodynamischen Standpunkt aus ist, unabhängig vom Verhältnis $C_3A/CaSO_4$, sowohl die Bildung von Tri- als auch Monosulfat möglich.

Beständig bei 25 °C ist, unabhängig vom Verhältnis $C_3A/CaSO_4$, das Trisulfat, da die Reaktion zu Trisulfat im Vergleich zur Reaktion zu Monosulfat immer den höheren negativen Wert der freien Reaktionsenthalpie ΔG aufweist [BABUSCHKIN ET AL. 1965].

Die freie Reaktionenthalpie ΔG der Umwandlung

$$C_3A \cdot 3C\overline{S} \cdot H_{32} \rightarrow C_3A \cdot C\overline{S} \cdot H_{12} + 2C\overline{S}H_2 + 16H$$

hat bei +25 °C einen positiven Wert ($\Delta G = +16{,}8$ kJ/mol), d.h.

- diese Reaktion ist also nur bei höheren Temperaturen thermodynamisch wahrscheinlich;
- bei Normaltemperatur muss aus thermodynamischer Sicht Trisulfat vorliegen, vorausgesetzt, die Reaktionspartner sind in entsprechender stöchiometrischer Zusammensetzung vorhanden.

Die Genauigkeit der thermodynamischen Berechnungen hängt von der Genauigkeit der verfügbaren Werte für ΔH, ΔS und c_p ab. Die nachfolgenden Berechnungen der freien Reaktionsenthalpien ΔG_R^T basieren auf den von BABUSCHKIN ET AL. 1986 veröffentlichten thermodynamischen Daten (s. Tabelle 2.5 in Kapitel 2).

6.5 Schädigende Ettringitbildung infolge unsachgemäßer Wärmebehandlung

Berechnung der freien Reaktionsenthalpie ΔG_R^T für die Ettringitbildung bei 25 °C, 50 °C und 100 °C:

$$C_3A + 3C\bar{S}H_2 + 26H \rightarrow C_3A \cdot 3C\bar{S} \cdot H_{32}$$
(Ausgangsstoffe A)   (Endprodukte E)

Berechnung von ΔH_R^{298}

$$\begin{aligned}\Delta H_R^{298} &= \sum \Delta H_E^{298} - \sum \Delta H_A^{298} \\ &= 17590{,}1 - \left[-3563 + 3(-2024) + 26(-286)\right] \\ &= -17590{,}1 + 3563 + 6072 + 7436 \\ &= \mathbf{-519{,}1 \text{ kJ / mol}}\end{aligned}$$

Berechnung von ΔS_R^{298}

$$\begin{aligned}\Delta S_R^{298} &= \sum \Delta S_E^{298} - \sum \Delta S_A^{298} \\ &= 1748{,}4 - (205{,}6 + 3 \cdot 194{,}1 + 26 \cdot 70{,}0) \\ &= 1748{,}4 - 205{,}6 - 582{,}3 - 1820 \\ &= \mathbf{-859{,}5 \text{ J / mol} \cdot \text{K}}\end{aligned}$$

Berechnung von $\Delta c_{p,R}$

$$\begin{aligned}\Delta c_{p,R} &= \sum c_{p,E} - \sum c_{p,A} \\ &= \Delta a + \Delta b \cdot T + \Delta c \cdot T^2\end{aligned}$$

$$\begin{aligned}\Delta a &= \sum a_E - \sum a_A \\ &= 870{,}9 - (260{,}8 + 3 \cdot 91{,}4 + 26 \cdot 53{,}0) \\ &= 870{,}9 - 1913{,}0 \\ &= \mathbf{-1042{,}1}\end{aligned}$$

$$\begin{aligned}\Delta b &= \sum b_E - \sum b_A \\ &= 10^{-3}\left[3102{,}1 - (19{,}2 + 3 \cdot 318{,}2 + 26 \cdot 47{,}7)\right] \\ &= 10^{-3} \cdot (3102{,}1 - 2214{,}0) \\ &= \mathbf{888{,}1 \cdot 10^{-3}}\end{aligned}$$

$$\begin{aligned}\Delta c &= \sum c_E - \sum c_A \\ &= 10^5\left[0 - (-50{,}6 + 3 \cdot 0 + 26 \cdot 7{,}2)\right] \\ &= \mathbf{-136{,}6 \cdot 10^5}\end{aligned}$$

6 Schädigende Ettringitbildung im erhärteten Beton

bei 25 °C:

$$\Delta G_R^{298} = \Delta H_R^T - T \cdot \Delta S_R^T$$
$$= -519100 - 298 \cdot (-859{,}5)$$
$$= -519100 \text{ J/mol} + 256131 \text{ J/mol}$$
$$= \mathbf{-262{,}969 \text{ kJ/mol}}$$

bei 50 °C:

$$\Delta H_R^{323} = \Delta H_R^{323} + \Delta a(T-298) + \frac{\Delta b}{2}\left(T^2 - 298^2\right) - \Delta c\left(\frac{1}{T} - \frac{1}{298}\right)$$

$$= 519{,}1 + \left[-1042{,}1 \cdot 323 + \frac{888{,}1 \cdot 323^2}{2 \cdot 10^3} + \frac{136{,}6 \cdot 10^5}{323}\right] -$$

$$\left[-1042{,}1 \cdot 298 + \frac{888{,}1 \cdot 298^2}{2 \cdot 10^3} + \frac{136{,}6 \cdot 10^5}{298}\right]$$

$$= -519100 - 336598 + 46327 + 42291 + 310546 - 39433 - 45839$$
$$= \mathbf{-541{,}806 \text{ kJ/mol}}$$

$$\Delta S_R^{323} = \Delta S_R^{298} + \Delta a \ln \frac{T}{298} + \Delta b(T-298) - \frac{\Delta c}{2}\left(\frac{1}{T^2} - \frac{1}{298^2}\right)$$

$$= -859{,}5 + \left[-1042{,}1 \cdot \ln 323 + \frac{888{,}1 \cdot 323}{10^3} + \frac{136{,}6 \cdot 10^5}{2 \cdot 323^2}\right] -$$

$$\left[-1042{,}1 \cdot \ln 298 + \frac{888{,}1 \cdot 298}{10^3} + \frac{136{,}6 \cdot 10^5}{2 \cdot 298^2}\right]$$

$$= -859{,}5 - 6021{,}25 + 286{,}856 + 65{,}46 + 5936{,}84 - 264{,}653 - 76{,}91$$
$$= \mathbf{-933{,}15 \text{ J/mol} \cdot \text{K}}$$

$$\Delta G_G^{323} = \Delta H_R^T - T \cdot \Delta S_R^T$$
$$= -541806 - 323 \cdot (-933{,}15)$$
$$= \mathbf{-240{,}399 \text{ kJ/mol}}$$

bei 100 °C:

$$\Delta H_R^{373} = \Delta H_R^{373} + \Delta a(T-298) + \frac{\Delta b}{2}\left(T^2 - 298^2\right) - \Delta c\left(\frac{1}{T} - \frac{1}{298}\right)$$

6.5 Schädigende Ettringitbildung infolge unsachgemäßer Wärmebehandlung

$$\Delta H_R^{373} = -519100 + \left[-1042{,}1 \cdot 373 + \frac{888{,}1 \cdot 373^2}{2 \cdot 10^3} + \frac{136{,}6 \cdot 10^5}{373}\right] -$$

$$\left[-1042{,}1 \cdot 298 + \frac{888{,}1 \cdot 298^2}{2 \cdot 10^3} + \frac{136{,}6 \cdot 10^5}{298}\right]$$

$$= -519100 - 388703 + 61780 + 36622 + 310546$$
$$- 39433 - 45839$$
$$= \mathbf{-584{,}127 \ kJ/mol}$$

$$\Delta S_R^{373} = \Delta S_R^{298} + \Delta a \ln \frac{T}{298} + \Delta b (T-298) - \frac{\Delta c}{2}\left(\frac{1}{T^2} - \frac{1}{298^2}\right)$$

$$= -859{,}5 + \left[-1042{,}1 \cdot \ln 373 + \frac{888{,}1 \cdot 373}{10^3} + \frac{136{,}6 \cdot 10^5}{2 \cdot 373^2}\right] -$$

$$\left[-1042{,}1 \cdot \ln 298 + \frac{888{,}1 \cdot 298}{10^3} + \frac{136{,}6 \cdot 10^5}{2 \cdot 298^2}\right]$$

$$= -859{,}5 - 6170{,}79 + 331{,}26 + 49{,}09 + 5940 - 264{,}7 - 76{,}9$$
$$= \mathbf{-1054{,}66 \ J/mol \cdot K}$$

$$\Delta G_G^{373} = \Delta H_R^T - T \cdot \Delta S_R^T$$
$$= -584127{,}63 - 373 \cdot (-10554{,}66)$$
$$= \mathbf{-190{,}739 \ kJ/mol}$$

Die Wahrscheinlichkeit einer Reaktion steigt, wenn der Wert für ΔG_R^T kleiner wird, d.h. mit sinkender Temperatur nimmt die Wahrscheinlichkeit für die Ettringitbildung zu, mit steigender Temperatur nimmt die Wahrscheinlichkeit für die Ettringitbildung ab.

Berechnung der freien Reaktionsenthalpie ΔG_R^T für die Monosulfatbildung bei 25 °C, 50 °C und 100 °C:

$$C_3A + C\overline{S}H_2 + 10H \rightarrow C_3A \cdot C\overline{S} \cdot H_{12}$$
(Ausgangsstoffe A)   (Endprodukte E)

Die Berechnung erfolgt analog zur Ettringitbildung unter Verwendung der stoffspezifischen Daten aus Tabelle 2.5.

bei 25 °C:

$$\Delta G_R^{298} = \Delta H_R^T - T \cdot \Delta S_R^T$$

$$\Delta G_R^{298} = -333400 - 298 \cdot (-351{,}9)$$
$$= \mathbf{-225{,}53 \text{ kJ / mol}}$$

bei 50 °C:

$$\Delta G_G^{323} = \Delta H_R^T - T \cdot \Delta S_R^T$$
$$= -339400 - 323 \cdot (-381{,}1)$$
$$= \mathbf{-216{,}74 \text{ kJ / mol}}$$

bei 100 °C:

$$\Delta G_G^{373} = \Delta H_R^T - T \cdot \Delta S_R^T$$
$$= -370690 - 373 \cdot (-420{,}69)$$
$$= \mathbf{-213{,}77 \text{ kJ / mol}}$$

Die Wahrscheinlichkeit einer Reaktion sinkt, wenn der Wert für ΔG_R^T größer wird, d.h. mit steigender Temperatur nimmt auch die Wahrscheinlichkeit der Monosulfatbildung ab, aber weniger als die Wahrscheinlichkeit der Ettringitbildung.

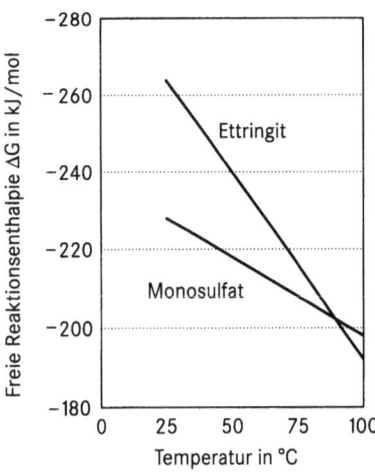

Abb. 6.11:
Temperaturabhängigkeit der freien Reaktionsenthalpie für Ettringit und Monosulfat
(nach BABUSCHKIN ET AL. 1965)

Bei der Interpretation dieser Ergebnisse muss unbedingt beachtet werden, dass **bei Anwesenheit von Alkalien** die so berechnete Grenztemperatur von ca. 90 °C nach unten verschoben wird. Eine Berechnung der Umwandlungstemperatur in Anwesenheit von Alkalien ist bislang nicht möglich.

Die thermische Stabilitätsgrenze des Ettringits sinkt mit zunehmendem Alkaligehalt in der Porenlösung [WIEKER ET AL.; BOLLMANN/STARK]. Betontemperatu-

6.5 Schädigende Ettringitbildung infolge unsachgemäßer Wärmebehandlung

ren oberhalb der jeweiligen Stabilitätsgrenze des Ettringits können deshalb zur Zerstörung von Ettringit z.B. unter Bildung von Monosulfat und Sulfat führen. Monosulfat wird bei nachfolgendem Absinken der Temperatur metastabil, so dass sich bei ausreichendem Wasserangebot (Feuchteeinwirkung) Ettringit erneut bilden kann. Diese Vorgänge finden unter den Bedingungen einer Wärmebehandlung und nachfolgend feuchten Nutzungsbedingungen statt.

In Abhängigkeit vom Alkaligehalt kann durch Alkalihydroxide (KOH und NaOH) die Zersetzungstemperatur von Ettringit bis in den Bereich zwischen 50 ... 60 °C gesenkt und damit die Monosulfatbildung schon in diesem Temperaturbereich begünstigt werden.

Bei der Hydratation von Zement bilden sich immer Alkalihydroxide in der Porenlösung. Die als Gemisch aus K_2SO_4 und Na_2SO_4 vorliegenden Alkalisulfate reagieren mit dem bei der Hydratation der Klinkerminerale C_3S und C_2S entstehenden $Ca(OH)_2$ zu Alkalihydroxid und Gips.

$$Na_2SO_4 + Ca(OH)_2 + 2H_2O \xrightarrow{20\,°C} CaSO_4 \cdot 2H_2O + 2NaOH$$

Der entstandene Gips reagiert sofort weiter zu schwerlöslichem Ettringit:

$$C_3A + 3C\bar{S} \cdot H_2 + 26H \longrightarrow C_3A \cdot 3C\bar{S} \cdot H_{32}$$

Zunächst läuft die Reaktion in Anwesenheit von NaOH bzw. KOH wie folgt ab:

$$C_3A \cdot 3C\bar{S} \cdot H_{32} + 4NaOH \underset{20\,°C}{\overset{50\,...\,80\,°C}{\rightleftarrows}} C_3A \cdot C\bar{S} \cdot H_{12} + 2Na_2SO_4 \\ +2Ca(OH)_2 + 20H_2O$$

und bei einer weiteren Temperaturerhöhung (über 80 °C):

$$C_3A \cdot C\bar{S} \cdot H_{12} + 2NaOH \underset{20\,°C}{\overset{>\,80\,°C}{\rightleftarrows}} C_3AH_6 + Na_2SO_4 + Ca(OH)_2 + 6H_2O$$

Es stellt sich folglich je nach Temperaturbedingungen ein Gleichgewicht zwischen gebundenem und mobilem Sulfat (Na_2SO_4, K_2SO_4) ein.

$$CaSO_4 \cdot 2H_2O + 2NaOH \underset{20\,°C}{\overset{>\,50\,°C}{\rightleftarrows}} Ca(OH)_2 + Na_2SO_4 + H_2O$$

d.h. bei 20 °C ist das Sulfat gebunden, z.B. in Ettringit. Bei $\vartheta > 50$ °C liegt es ungebunden vor, z.B. in der Porenlösung.

6.5.2 Sulfatbindung in Abhängigkeit von der Erhärtungstemperatur

Untersuchungen von WIEKER/HERR und HERR ET AL. haben diese aus thermodynamischen Berechnungen folgenden Konsequenzen verdeutlicht. Wenn man Zementleimproben bei verschiedenen Temperaturen erhärten lässt, zu unterschiedlichen Zeiten die Porenlösung aus dem erhärteten Zementstein auspresst und die darin gelösten Ionen bestimmt, wird insbesondere durch die Sulfationenkonzentration (SO_4^{2-}) die temperaturabhängige Bindung des Sulfats deutlich (Abbildungen 6.12, 6.13 und 6.14).

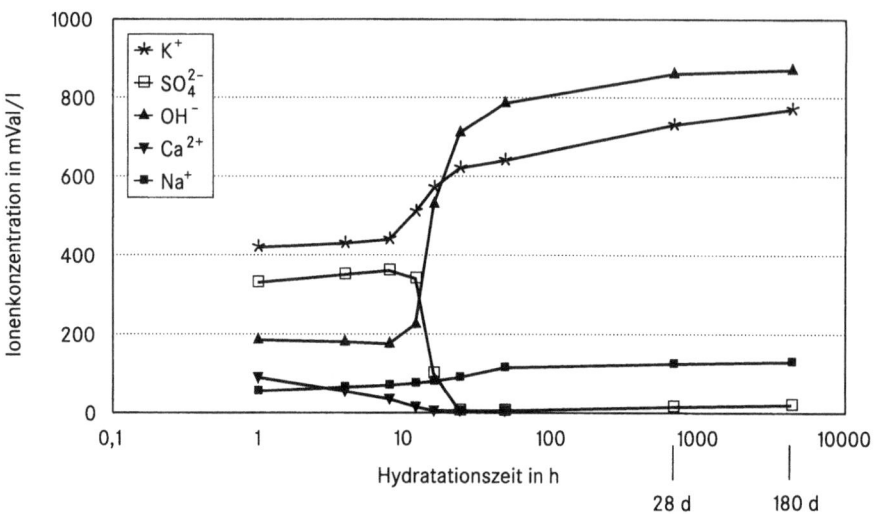

Abb. 6.12: Zusammensetzung der Porenflüssigkeit von normal erhärtetem CEM I 52,5; Na_2O-Äquiv. = 1,13% (nach WIEKER/HERR)

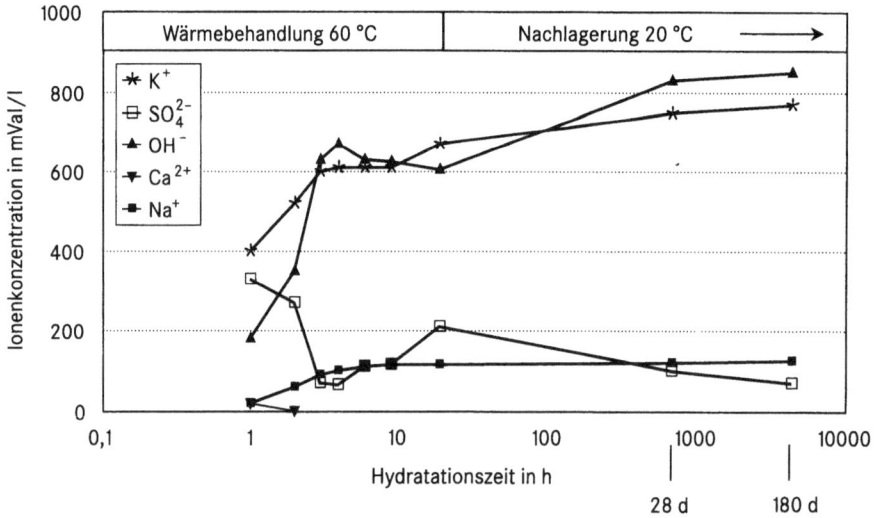

Abb. 6.13: Zusammensetzung der Porenflüssigkeit von wärmebehandeltem CEM I 52,5; Na_2O-Äquiv. = 1,13% (nach WIEKER/HERR)

Anmerkung:
Val = mol : Wertigkeit
→ für K^+, Na^+, OH^- mVal = mmol
→ für SO_4^{2-}, Ca^{2+} mVal = $\frac{1}{2}$ mmol (d.h. 200 mVal/l = 400 mmol/l)

6.5 Schädigende Ettringitbildung infolge unsachgemäßer Wärmebehandlung

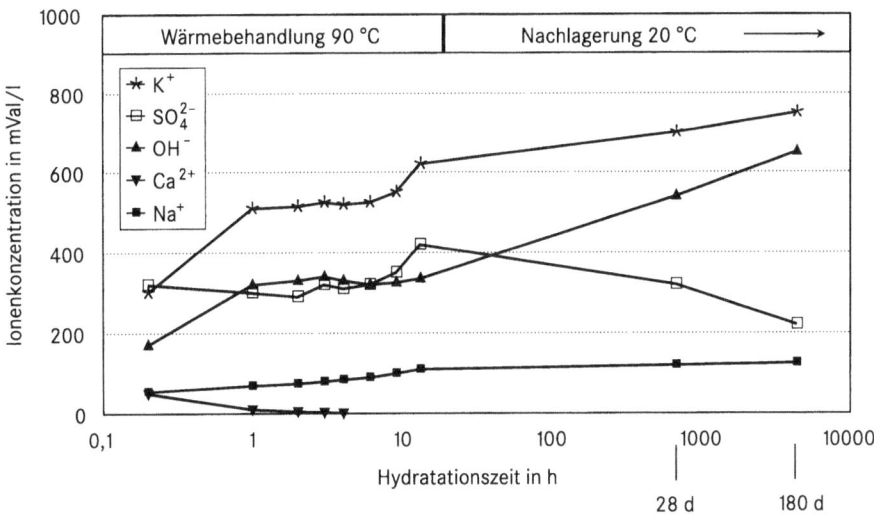

Abb. 6.14: Zusammensetzung der Porenflüssigkeit von wärmebehandeltem CEM I 52,5; Na$_2$O-Äquiv. = 1,13% (nach WIEKER/HERR)

Bei den in den Abbildungen 6.12 bis 6.14 dargestellten Erhärtungsbedingungen mit etwa gleichem Reifegrad (1300 °C · h/Saulsche Regel) wird deutlich, dass bei hohen Wärmebehandlungstemperaturen eine große Menge an Sulfat nicht gebunden wird, also in der Porenlösung vorliegt.

Nach der Wärmebehandlung lag mit bis zu 500 mVal/l eine sehr hohe Sulfatkonzentration in der Porenlösung des Betons vor, während in normalerhärtetem Beton die Sulfatkonzentration in der Porenlösung 5 ... 15 mVal/l betrug. Diese hohe Sulfatkonzentration wurde auf die Zersetzung von bereits gebildetem Ettringit und z.T. auch Monosulfat infolge zu hoher Wärmebehandlungstemperaturen zurückgeführt.

Aus Abbildung 6.15 wird ersichtlich, dass die SO_4^{2-}-Konzentrationen in der Porenlösung mit zunehmender Wärmebehandlungstemperatur ansteigen, was auf die Ettringitzersetzung zurückgeführt wurde. Dieser Effekt war um so stärker, je höher der Alkaligehalt (% Na$_2$O-Äquivalent) und das molare SO$_3$/Al$_2$O$_3$-Verhältnis der Zemente war.

In wärmebehandelten Betonen kann es während der Nutzung bei Umgebungstemperaturen wieder zur Bildung des in diesem Temperaturbereich thermodynamisch stabilen Ettringit kommen (primärer oder rekristallisierter Ettringit). Eine erneute Ettringitbildung erfolgt aus Monosulfat und C$_3$AH$_6$ sowohl mit dem in der Porenlösung vorhandenem SO_4^{2-} (überwiegend aus gelösten Alkalisulfaten) als auch mit dem, wie nachfolgend erläutert, an C–S–H-Phasen angelagerten SO_4^{2-}.

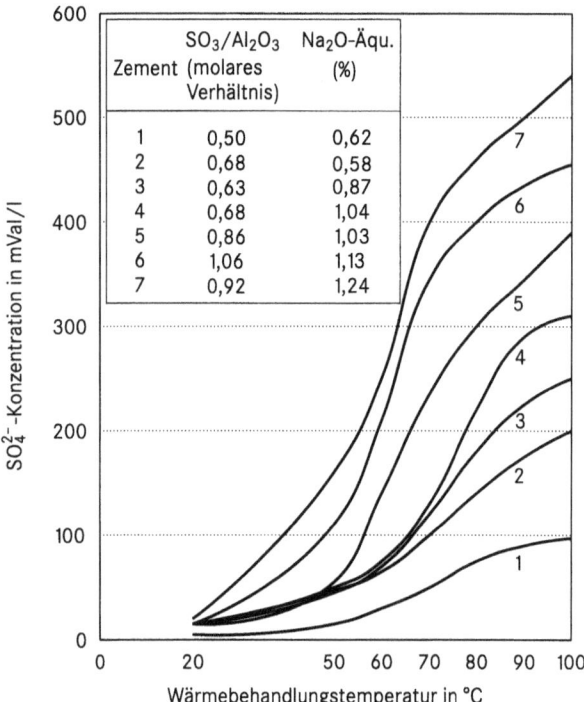

Abb. 6.15: Einfluss der Wärmebehandlungstemperatur (1300 Gradstunden nach SAUL) und der chemischen Zusammensetzung von Portlandzement auf die Sulfationenkonzentration in den Porenlösungen unmittelbar nach Beendigung der Wärmebehandlung (nach WIEKER/HERR)

Aus Abbildung 6.14 wird deutlich, dass die aus dem erhärteten Zementstein ausgepresste Porenlösung am Ende der Wärmebehandlung eine SO_4^{2-}-Konzentration von ca. 420 mVal/l aufweist und nach einer Lagerung bei +20 °C nach 180 Tagen nur noch ca. 210 mVal/l. Das heißt, dass das ursprünglich mobile Sulfat (in der Porenlösung) gebunden wurde. Diese Bindung des Sulfats in erhärtetem Zementstein in Form von Ettringit kann bei fehlendem Kristallisationsraum zum Aufbau von Kristallisationsdrücken führen, die bei Überschreiten der Zugfestigkeit des Zementsteins zur Rissbildung führen.

Beispielsweise ergibt sich bei der Bildung von Ettringit aus C_3AH_6 mit mobilem Sulfat eine Volumenvergrößerung auf das 4,8fache!

		Volumenvergrößerung
C_3A	→ Ettringit	= 8,0 x
C(AF)	→ Ettringit (AFt)	= 5,7 x
C_3AH_6	→ Ettringit	= 4,8 x
C_3AH_6	→ Monosulfat	= 2,5 x
Monosulfat	→ Ettringit	= 2,3 x

Andere Untersuchungen ergaben, dass der Mechanismus der Ettringitbildung im erhärteten Beton nach der Wärmebehandlung aber mehr im Zusammenhang mit der Sulfatadsorption durch das Gefüge aus nanokristallinem C-S-H steht. Bei einer Wärmebehandlung wird die Hydratation beschleunigt, d.h. im gleichen Zeitraum entstehen mehr C-S-H-Phasen. Es wird angenommen, dass das Sulfat während der Wärmebehandlung an die bei der beschleunigten Hydratation entstehenden C-S-H-Phasen adsorptiv gebunden wird und für eine Ettringitbildung vorerst nicht zur Verfügung steht [SCRIVENER ET AL.; ODLER/CHEN 1996; FU ET AL.]. Ein Ansteigen der Temperatur beschleunigt die Sulfatadsorption durch die C-S-H-Phasen. Je mehr Gefüge aus nanokristallinem C-S-H gebildet wird, desto mehr Sulfat wird eingebunden, so dass die Konzentration an verfügbarem Sulfat sinkt und dadurch die Ettringitbildung begrenzt wird. Die C-S-H-Phasen wirken als Sulfatdepot, das später als innere Sulfatquelle dient. Die im erhärteten Beton während der Feuchtlagerung stattfindende Ettringitbildung aus den sulfatärmeren Verbindungen hängt dann von der Diffusionsrate des Sulfates aus dem erhärteten Gefüge aus nanokristallinem C-S-H ab. Sulfat, das bei höheren Temperaturen adsorbiert wurde, wird viel langsamer wieder abgegeben, als Sulfat, das bei normalen Temperaturen adsorbiert wurde. Diese langsame Sulfatabgabe ist die entscheidende Ursache dafür, dass es zu einer Schädigung durch **verspätete** Ettringitbildung kommen kann. Von FU und BEAUDOIN wird geschlussfolgert, dass alle Maßnahmen, die die Sulfatadsorption durch das Gefüge aus nanokristallinem C-S-H reduzieren, dazu dienen würden, eine Schädigung durch verspätete Ettringitbildung zu vermeiden. Dazu zählen das Vermeiden erhöhter Temperaturen während der Anfangshydratation, sowohl bei der Wärmebehandlung als auch in normalerhärtenden Betonen (Hydratationswärme, hochsommerliche Temperaturen), sowie ausreichend lange Vorlagerungszeiten bei der Wärmebehandlung.

Das Sulfat kann nach einer Wärmebehandlung bzw. Erhärtung bei erhöhten Temperaturen entweder in der Porenlösung [WIEKER ET AL.] oder adsorptiv an die C-S-H-Phasen angelagert (u.a. [ODLER/CHEN 1996; SCRIVENER ET AL.; FU ET AL.]) vorliegen und damit unter feuchten Nutzungsbedingungen als mobiles Sulfat (innere Sulfatquelle) für eine verspätete Ettringitbildung zur Verfügung stehen.

6.5.3 Einfluss der Betonzusammensetzung auf die späte Ettringitbildung

Ettringit besteht rein formal betrachtet aus C_3A und $CaSO_4$ sowie Wasser. Es ist also naheliegend, dass bei den Bemühungen zur Senkung des Risikos einer betonschädigenden späten Ettringitbildung die chemisch-mineralogische Zusammensetzung des Zementes als eine Haupteinflussgröße untersucht wurde. So sind der C_3A- und der SO_3-Gehalt als die beiden wesentlichsten Zementbestandteile für die späte Ettringitbildung immer Gegenstand von Untersuchungen. Die Zementmenge je m^3 Beton ist daneben selbstverständlich maßgebend für die maximal bildbare Menge an Ettringit.

Die Verwendung C_3A-freier Zemente führt aufgrund der fehlenden Aluminatkomponete zu keiner schädigenden Ettringitbildung. In normalen Portlandzementen kann jedoch meist kein Zusammenhang zwischen C_3A-Gehalt und Ettringitbildung festgestellt werden. In diesen Zementen, außer HS-Zementen, liegt gegenüber Sulfat immer ein C_3A-Überschuss vor. Die C_3A-Gehalte in Klinkern aus deutschen Zementwerken liegen zwischen 6,8 und 15,6%, die SO_3-Gehalte für die Zemente CEM I 32,5 R, CEM I 42,5 R und CEM I 52,5 R zwischen 2,35 und 4,14, so dass Sulfat der mengenmäßig entscheidende Reaktionspartner für die maximal bildbare Ettringitmenge ist. Deshalb wird der Sulfatgehalt häufig als ein wesentlicher Einflussfaktor auf die Ettringitbildung infolge Wärmebehandlung angesehen. Ein höherer Sulfatgehalt des Zementes soll zu einem größeren inneren Potential an Sulfaten für die verspätete Ettringitbildung führen. Daher wurden zur Vermeidung von Schäden durch Ettringitbildung in Verbindung mit der Wärmebehandlung verschiedene Grenzwerte vorgeschlagen. Eine Abhängigkeit der mit der Ettringitbildung in Zusammenhang stehenden Dehnung von dem Verhältnis SO_3/Al_2O_3 wurde z.B. von ODLER und CHEN (1995) nicht gefunden. Im Gegensatz dazu empfehlen KALDE, HEINZ und LUDWIG die Absenkung des molaren Verhältnisses SO_3/Al_2O_3 auf einen Wert kleiner 0,60 (Abbildung 6.16). BIELAK ET AL. bestätigten mit ihren Untersuchungen, dass unterhalb dieses Wertes keine Schäden an wärmebehandelten Betonelementen festzustellen waren.

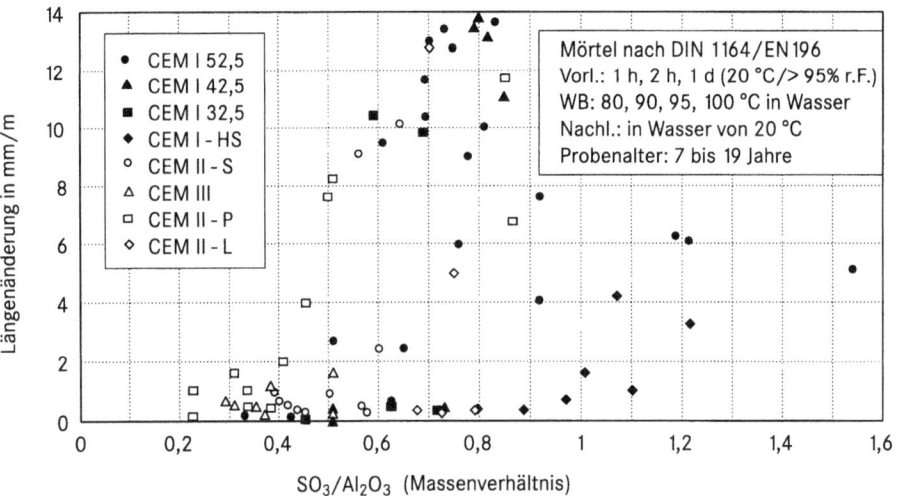

Abb. 6.16: Maximale Dehnungen von 90 verschiedenen wärmebehandelten Zementmörteln in Abhängigkeit vom SO_3/Al_2O_3-Verhältnis (nach KALDE ET AL.)

Der Einsatz von puzzolanischen und latent-hydraulischen Zumahl- oder Zusatzstoffen kann durch Senkung des Sulfatgehaltes positiv hinsichtlich der Vermeidung von Schadenspotentialen bei der Wärmebehandlung wirken [HEINZ]. Nach Untersuchungen am F. A. Finger-Institut für Baustoffkunde zum Einfluss des pH-Wertes auf die Stabilität des Ettringits scheint die positive Wirkung dieser

6.5 Schädigende Ettringitbildung infolge unsachgemäßer Wärmebehandlung

Zusätze bei der Ettringitbildung im erhärteten Beton aber eher auf der Verringerung des pH-Wertes zu beruhen.

Andere Untersuchungen zeigen aber auch, dass es keine lineare Abhängigkeit der Dehnung vom Sulfatgehalt gibt und dieser damit nicht als allein entscheidender Einflussfaktor zu bewerten ist [SCRIVENER/LEWIS]. Selbst bei Sulfatgehalten von 5% wurden an normalerhärteten Mörteln keine messbaren Dehnungen festgestellt. Bei Wärmebehandlung traten bei Sulfatgehalten von 3% keine Dehnungen auf, bei 4% wurde ein Dehnungsmaximum erreicht und ab 5% Sulfatgehalt verringerten sich die Dehnungen wieder.

Bei Untersuchungen zum Einfluss des Alkaligehaltes wurde gefunden, dass bei gleichem Sulfatgehalt durch erhöhten Alkaligehalt nach der Wärmebehandlung eine höhere Sulfatkonzentration in der Porenlösung vorlag, was auf einen erhöhten Anteil an zersetztem Ettringit hinweist, wobei die OH^--Ionen-Konzentration abnahm [HÜBERT ET AL.]. Das entstandene größere Potential für die Ettringitrekristalisation führte bei nachfolgender Feuchtlagerung an Mörtelprismen zu größeren Dehnungen und damit höherem Schadensausmaß. Höhere Alkaligehalte im Zement erhöhen demnach das Schädigungspotential bei einer Wärmebehandlung, vor allem in Verbindung mit hohen Sulfatgehalten. Es wird daher eine Begrenzung des Alkaligehaltes im Zement empfohlen [GLASSER], jedoch offizielle Grenzwerte in Verbindung mit der Wärmebehandlung bisher nicht festgelegt.

Bei Zugabe von Microsilica zum Beton reduziert sich vor allem bei wärmebehandelten Betonen die Dehnung [MELAND ET AL.; SHAYAN ET AL. 1994]. Das wird darauf zurückgeführt, dass die Alkalien mit dem Microsilica reagieren und zu einem geringerem Alkaligehalt in der Porenlösung führen. Auch wird durch die Reduzierung der Porengröße und die Bildung zusätzlicher C-S-H-Phasen die Dichtigkeit des Gefüges erhöht. Da die Zugabe anderer puzzolanischer oder latent hydraulischer Stoffe auch eine Verringerung des Alkaligehaltes in der Porenlösung bewirken kann, ist diese Maßnahme in jedem Fall positiv [SHAYAN ET AL. 1996].

6.5.4 Laborversuche zur Dauerhaftigkeit wärmebehandelter Betone

Bei Langzeituntersuchungen zur Dauerhaftigkeit wärmebehandelter Betone ergab sich an Probekörpern das in Abbildung 6.17 dargestellte Schadensbild. Betroffen waren vor allem Betone mit einer ähnlichen Zusammensetzung, wie sie bis etwa 1988 für die Herstellung von wärmebehandelten Spannbetonschwellen verwendet wurde ($z = 570$ kg/m^3; $w/z = 0{,}35$). Diese Probekörper wurden unsachgemäß wärmebehandelt (zu kurze Vorlagerungszeit; Durchwärmtemperaturen bis 90 °C) und nachfolgend wechselnden Lagerungsbedingungen ausgesetzt (Feuchte- und Temperaturwechsel zur Simulation der freien Bewitterung).

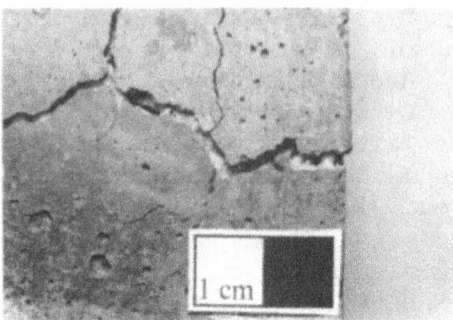

Abb. 6.17: Betonprobekörper mit sehr starker Netzrissbildung und Phasenneubildungen in den Rissen Würfel von 10 cm Kantenlänge, 5 Jahre Wechsellagerung nach Wärmebehandlung bei 90 °C, w/z = 0,35, SO_3/Zement = 3,9%

Eine unsachgemäße Wärmebehandlung führt überwiegend durch physikalische Effekte bereits zu Gefügestörungen (Vorschäden), die dann durch die verspätete Bildung von Ettringit verstärkt werden können, so dass das in den Abbildungen 6.17 und 6.19 dargestellte Schadensbild entsteht.

Extrem starke Dehnungen wurden an Betonbalken (10 x 10 x 40 cm³) mit niedrigem w/z-Wert und hohem Zementgehalt nach mehrjähriger Wechsellagerung ermittelt (Abbildung 6.18).

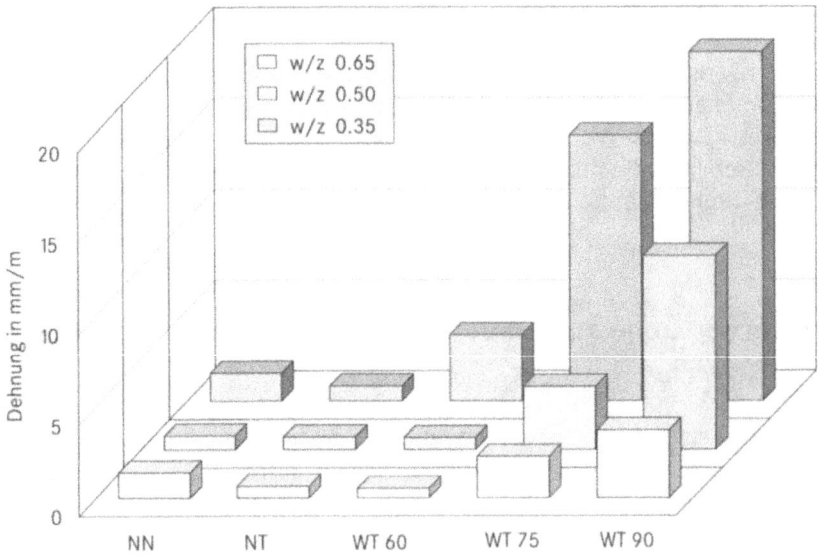

NN - Normalverfestigung mit Nachbehandlung
NT - Normalverfestigung ohne Nachbehandlung
WT - Wärmebehandlung bei 60 °C, 75 °C bzw. 90 °C ohne Nachbehandlung

Abb. 6.18: Dehnungen nach 3 Wechsellagerungszyklen – Laborversuche (CEM I 42,5 R), SO_3-Gehalt 3,3%

6.5 Schädigende Ettringitbildung infolge unsachgemäßer Wärmebehandlung

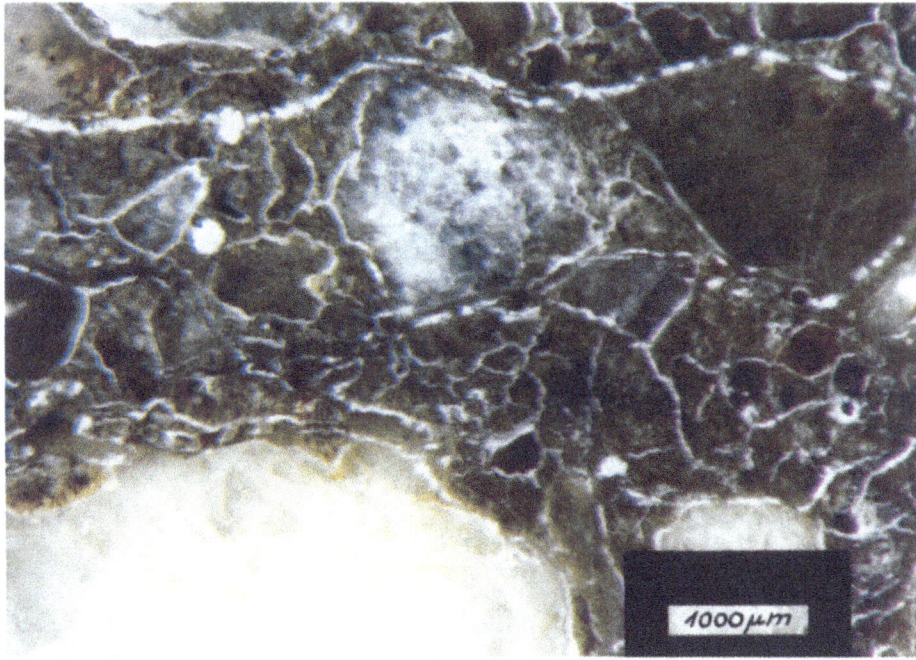

Abb. 6.19: Lichtmikroskopische Aufnahme, Anschliff eines sehr stark geschädigten Betons, (w/z-Wert 0,35; SO_3-Gehalt des Zementes 3,9%; bei 90 °C wärmebehandelt, nachfolgend wechselnde Temperatur- und Feuchtebedingungen), Untersuchung ca. 5 Jahre nach Herstellung, Ettringit (weiß) in Rissen und Zuschlaggrenzflächen

Analog zu den gemessenen Längenänderungen der Balken wurde eine starke innere Schädigung des Betons (Abbildung 6.19) festgestellt, die sich auch in einem deutlichen Abfall der Druckfestigkeit und des dynamischen E-Moduls äußerte.

Bei diesen Langzeituntersuchungen war mit steigendem Zementgehalt, sinkendem w/z-Wert, steigender Verfestigungstemperatur und zunehmender Anzahl von Wechsellagerungszyklen augenscheinlich ein Anstieg der Ettringitmenge (REM) und eine Verstärkung der auftretenden Schäden zu verzeichnen, d.h.

- der steigende Zementgehalt bei sinkendem w/z-Wert bedeutet eine Zunahme der absoluten Menge an Reaktionspartnern pro Volumeneinheit und ein zunehmend dichteres Gefüge;
- bei steigender Verfestigungstemperatur während der Anfangserhärtung wird
  - die Zersetzung von bereits gebildetem Ettringit bewirkt,
  - die weitere Bildung von Ettringit verhindert,
  - die Vorschädigung des Betongefüges gefördert;
- freie Bewitterung mit häufiger Durchfeuchtung (simuliert durch Wechsellagerungszyklen) ermöglicht durch Transport und Akkumulation potentieller Reaktionspartner (Aluminatphasen, Sulfationen, Wasser) Phasenneubildungen in Fehlstellen des Betongefüges;
- Vorschäden können durch freie Bewitterung und Phasenneubildungen verstärkt werden und allmählich zur völligen Zerstörung des Betons führen.

Können in sehr dichten Betonen Phasenneubildungen stattfinden (Zufuhr von Wasser über Mikrorisse), ist die Gefahr von Gefügeschäden deutlich größer als in Betonen mit höherem Anteil an groben Poren. Aus Abbildung 6.18 ist ersichtlich, dass wärmebehandelte Betone mit w/z-Wert 0,35 am stärksten geschädigt wurden, während Betone mit w/z-Wert 0,5 und 0,65 weniger bzw. nicht nachweisbar geschädigt wurden.

Wie bei allen Phasenneubildungen bzw. -umwandlungen in erhärtetem Beton ist eine die Gebrauchseigenschaften wesentlich beeinträchtigende Schädigung immer an drei Bedingungen geknüpft (Abbildung 6.20):

• es müssen die **Reaktionspartner** über ein **Poren- und/oder Risssystem** durch **Wasser** als Transportmedium und als Reaktionspartner zueinander kommen.

Solange eine der Voraussetzungen fehlt, z.B. Feuchtezufuhr, wird auch ein unsachgemäß wärmebehandeltes Betonelement mit Vorschäden ausreichende Gebrauchseigenschaften aufweisen.

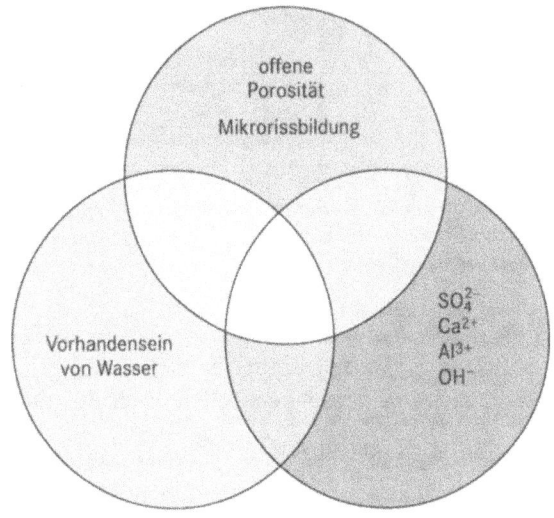

Abb. 6.20:
Voraussetzungen für Phasenneubildung oder -umwandlung im erhärteten Beton

6.5.5 Vorbeugende Maßnahmen

Die in Zusammenhang mit zu hohen Wärmebehandlungstemperaturen aufgetretenen Schäden infolge verspäteter Ettringitbildung sind durch Einhaltung der Vorschriften der „Richtlinie zur Wärmebehandlung von Beton" des Deutschen Ausschusses für Stahlbeton (September 1989) vermeidbar. Darin sind je nach zu erwartender Feuchtebeanspruchung des Betons unter Nutzungsbedingungen, Anforderungen an die Wärmebehandlung, wie z.B. Mindestdauer der Vorlagerung und Höchsttemperaturen festgelegt (Tabelle 6.1 und Abbildung 6.21).

6.5 Schädigende Ettringitbildung infolge unsachgemäßer Wärmebehandlung

Tab. 6.1: Grenzwerte für das Erwärmen des in die Schalung eingebrachten Betons nach der Richtlinie des DAfStb, Sept. 1989

Wärmebehandlung		Feuchtigkeitsklasse der Betonbauteile	
		WO	WF
Vorlagerungsdauer t_V	(h)	1 3	4[1)]
max. Betontemperatur T_V	(°C)	30 30	40[1)]
Aufheizrate R_A	(K/h)	≤ 20[2)]	≤ 20[2)]
max. Betontemperatur T_D[3)]	(°C)	80	60

[1)] alternativ
[2)] bei Leichtbeton ist die Aufheizrate auf etwa 10 K/h zu begrenzen
[3)] Einzelwerte dürfen um bis zu 5 °C höher sein
WO: Innenbauteile in trockener Umgebung
WF: Außenbauteile mit wechselnder Umgebung

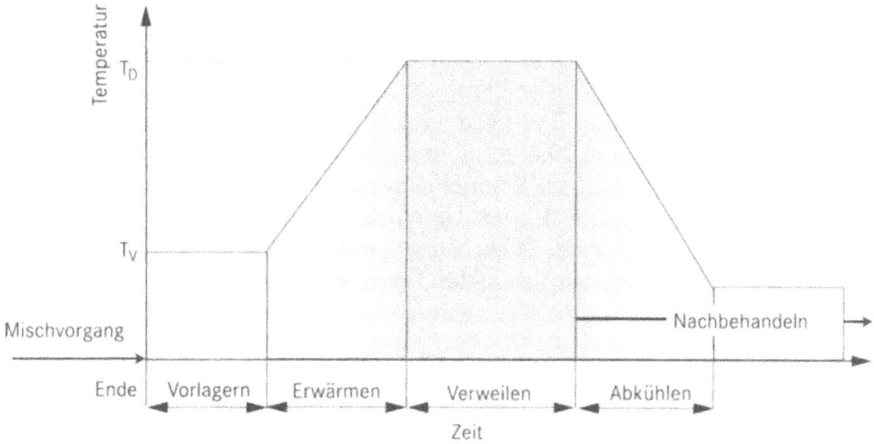

Abb. 6.21: Behandlungsregime (Schema)

Nach LOCHER ET AL. erfordern Betone mit w/z-Werten unter 0,4 eine deutlich längere Vorlagerungszeit vor der Wärmebehandlung als Betone mit höheren w/z-Werten, damit das vor und während des Erstarrens im Anmachwasser gelöste Sulfat optimal gebunden wird und später nicht als innere Sulfatquelle zur Verfügung stehen kann. Da in solchen Betonen nur eine sehr geringe Menge an Porenlösung vorhanden ist, wird das Sulfat wesentlich langsamer durch den gleichfalls gelösten C_3A-Anteil gebunden als in Betonen mit höheren w/z-Werten.

Die Ettringitbildung lässt sich außerdem durch latent hydraulische und/oder puzzolanische calciumbindende Zusatzstoffe (z.B. Hüttensand, Silicastaub oder Steinkohlenflugasche) einschränken [KALDE ET AL.]. Es bildet sich dann unter Verbrauch von $Ca(OH)_2$ zusätzliches Calciumsilicathydrat, das den Porenraum reduziert und damit zu einem dichteren Gefüge insbesondere im Bereich um die Zuschläge führt. Dadurch wird der schadensfördernde Feuchte- und Stofftransport im Beton eingeschränkt [WISCHERS ET AL.; SHAYAN ET AL. 1996].

6.6 Späte Ettringitbildung in nicht wärmebehandelten Betonen

Erhöhte Temperaturen während der Erhärtung mit den Folgen der verspäteten Ettringitbildung treten nicht nur infolge gezielter Wärmebehandlung auf, sondern können auch unter ungünstigen Randbedingungen im Beton entstehen. Mögliche Ursachen dafür sind:

- sommerliche Witterungsverhältnisse und damit Zuschlagtemperaturen von weit über 30 °C,
- hohe Temperaturen des verwendeten Zementes (z.B. > 60 °C),
- Eigenwärmeentwicklung infolge Zementhydratation.

Die Kombination der oben genannten Randbedingungen führte z.B. im Kern von Stützmauern zu Temperaturen von über 70 °C [LAWRENCE ET AL.]. Der Einsatz von Scherbeneis oder die Kühlung mit flüssigem Stickstoff als mögliche Gegenmaßnahmen verteuern den Kubikmeter Beton um bis zu 50%.

Allein aus der Eigenwärmeentwicklung (massige Bauteile und/oder hoher Zementgehalt) kann z.B. bei Verwendung eines frühhochfesten Portlandzementes und einer Zementmenge von 350 kg/m³ im Kern einer Betonkonstruktion ein Temperaturanstieg von bis zu 50 K resultieren.

In nicht wärmebehandelten Betonen, die während der **Nutzung** höheren Temperaturen (sog. verspätete Wärmebehandlung) und wechselnden Feuchtebedingungen ausgesetzt sind, kann es ebenso wie in wärmebehandelten Betonen zu einer Ettringitbildung im bereits erhärteten Beton kommen.

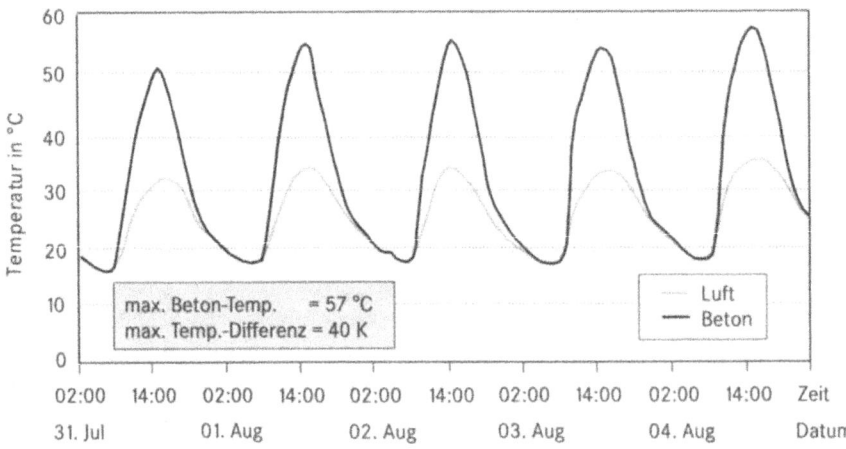

Abb. 6.22: Temperaturverlauf in der oberen Schicht (5 mm) einer Betonplatte, die der freien Bewitterung ausgesetzt war

Die Temperaturmessung in der oberen Schicht freigelagerter Betonplatten bestätigte, dass Temperaturen von 60 °C für Betonoberflächen unter intensiver Sonneneinstrahlung realistisch sind (Abbildung 6.22). Es wird auch von Temperaturen von 60 °C bis 80 °C bei dunklen Oberflächen berichtet, die z.B. in exponier-

6.6 Späte Ettringitbildung in nicht wärmebehandelten Betonen

ten Betonfahrbahnabschnitten, Außenwandelementen, Brückenbauteilen, Parkdecks u.a. auftreten können.

In ständig unter trockenem Normalklima gelagerten bzw. genutzten Betonen (z.B. Innenbauteile) ist auch nach mehrjähriger Nutzungsdauer Ettringit schwierig nachweisbar, da die Menge an Ettringit i.d.R. an der unteren Nachweisgrenze (XRD) liegt. Sind Betone während der Nutzung dagegen wechselnden Feuchtebedingungen ausgesetzt, können bereits nach relativ kurzen Zeiträumen (ca. 6 Monate) in Poren (Abbildung 6.23) Ettringitkristallformationen festgestellt werden, ohne dass eine wesentliche Beeinträchtigung der Festbetoneigenschaften nachzuweisen ist. Häufig findet man auf Zuschlagoberflächen eine mit Ettringit angereicherte weiße Schicht.

Treten während der Trockenphasen erhöhte Temperaturen auf, verstärkt sich der Effekt der Anreicherung von Ettringit in Poren und Kontaktzonen zwischen Zuschlag und Zementstein. In geschädigten Betonen ist Ettringit auch in Rissen zu finden.

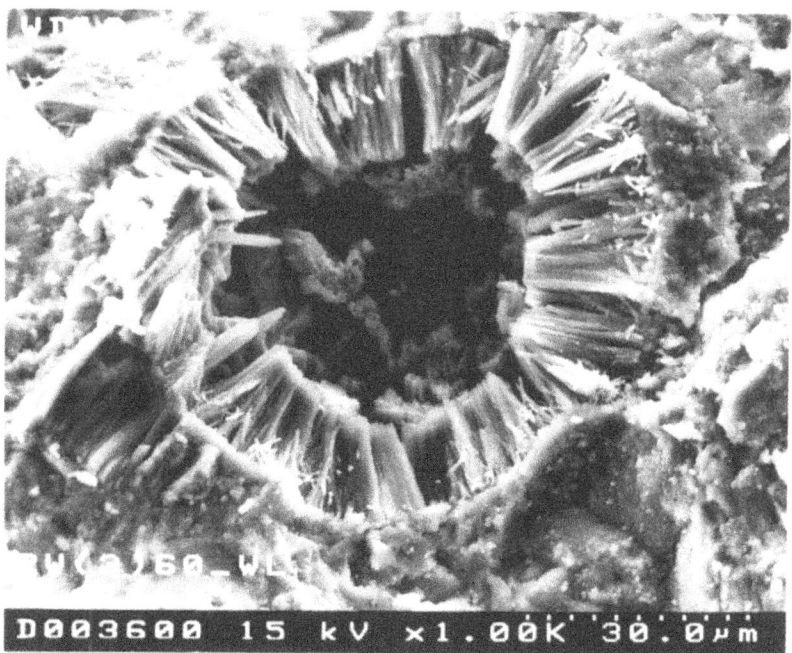

Abb. 6.23: Orientierte Ettringitkristallbildung in einer Luftpore eines LP-Betons

Welche Vorgänge führen in nicht wärmebehandelten Betonen im bereits erhärteten Gefüge zu den beobachteten Ettringitanreicherungen und durch welchen Mechanismus wird der vorher „unsichtbare" Ettringit sichtbar?
Ursachen der Anreicherung von Ettringit im erhärteten Beton können sein:
* **zusätzliche Bildung von Ettringit** durch innere Sulfatquellen, z.B. aus vorhandenem Monosulfat oder sulfatfreien Phasen in Verbindung mit Transportvorgängen und mobilem Sulfat,
* Mobilisierung von **vorhandenem Ettringit** und/oder seiner Phasenbestandteile, deren Transport, lokale Anreicherung und Rekristallisation.

6.6.1 Innere Sulfatquellen und späte Sulfatfreisetzung

Die Ettringitbildung im erhärteten Beton nach der Wärmebehandlung bzw. nach Einwirkung erhöhter Temperaturen wird, wie bereits dargelegt, vor allem auf das in der Porenlösung vorliegende Sulfat und das verstärkte Sulfatbindungsvermögen der C–S–H-Phasen bei erhöhten Temperaturen zurückgeführt. Dieses Sulfat steht dann unter entsprechenden Nutzungsbedingungen (Feuchtezufuhr, niedrigere Temperaturen) als mobiles Sulfat wieder für die Ettringitbildung zur Verfügung. Somit kann sich Ettringit aus sulfatarmen bzw. sulfatfreien Aluminatphasen (z.B. C_3A, Monosulfat, C_3AH_6) sowohl mit dem SO_4^{2-} der Alkalisulfate in der Porenlösung als auch mit dem SO_4^{2-}, das an die C–S–H-Phasen angelagert ist, bilden. Diese verspätete Ettringitbildung findet ohne äußere Sulfatquelle statt.

Frost- und Frost-Tausalz-Belastung

Nach STARK und LUDWIG (siehe auch Kapitel 7) können sowohl Frost- als auch Frost-Tausalz-Belastungen zur Bildung von Ettringit aus Monosulfat führen. Monosulfat wird während der Hydratation immer gebildet. Ettringit ist unter Frosteinwirkung sehr stabil, während sich Monosulfat teilweise in Ettringit umwandelt. Vor der Befrostung stand kein Sulfat für eine thermodynamisch bei tiefen Temperaturen begünstigte Umwandlung von Monosulfat zu Ettringit zur Verfügung. Das notwendige Sulfat wird entweder durch den partiellen Zerfall des Monosulfats durch Carbonatisierung oder durch partielle Umwandlung von Monosulfat in Monochlorid bei Tausalzangriff geliefert. Der dabei entstehende Gips kann mit dem noch nicht zersetzten oder umgewandelten Monosulfat zu einer zusätzlichen Ettringitbildung führen.

Carbonatisierung

KUZEL und PÖLLMANN erklären die verspätete oder erneute Ettringitbildung aus Monosulfat unter Mitwirkung von CO_2 und Wasser. Danach wird Monosulfat durch Carbonatisierung über die Zwischenstufen Halbcarbonat und Monocarbonat zu stabilem $CaCO_3$ und $Al(OH)_3$ abgebaut. Der freiwerdende Gips steht für die Umsetzung mit noch unverändertem Monosulfat zur Verfügung. Ob der Ettringitbildung durch Carbonatisierung tatsächlich eine praktische Bedeutung zukommt, wurde bisher nicht nachgewiesen.

Klinker

Als weitere innere Sulfatquelle wird das zunächst im Klinker fest eingebundene Sulfat angesehen [COLLEPARDI], das im Laufe der Nutzungsdauer, z.B. durch fortschreitende Hydratation der Klinkerbestandteile, freigesetzt werden könnte und somit ohne äußere Sulfatzufuhr für eine zusätzliche Ettringitbildung im erhärteten Beton zur Verfügung steht.

Der SO_3-Gehalt im Portlandzement-Klinker deutscher Zementwerke liegt im Durchschnitt aller Zementwerke bei 0,78%. Der niedrigste Wert betrug 0,20%, der Höchstwert 2,07%. Letzterer Wert resultiert aus einem ganz speziellen Rohstoffvorkommen (Tabelle 6.2).

6.6 Späte Ettringitbildung in nicht wärmebehandelten Betonen

Tab. 6.2: Chemische Zusammensetzung typischer Zementklinker

Gehalt in %	Normaler Portlandzement	Frühhochfester Portlandzement	Sulfatresistenter Portlandzement	Portland-weißzement
SiO_2	20,5	19,6	20,5	20,9
Al_2O_3	6,5	6,0	4,8	4,3
Fe_2O_3	3,5	3,3	6,2	0,5
CaO	64,4	66,6	61,8	66,7
CaO_{frei}	1,4	1,8	0,7	1,2
$CaO_{effektiv}$	62,5	64,3	60,6	65,4
SO_3	1,0	0,7	0,9	0,2
MgO	3,3	2,1	1,9	1,6

Das im Klinker vorliegende Sulfat bildet primär mit den Alkalien Alkalisulfate:

K_2SO_4	→	Arcanit
Na_2SO_4	→	Thenardit
$Na_2SO_4 \cdot 3\,K_2SO_4$	→	Glaserit (Aphthitalit)
$Na_2SO_4 \cdot CaSO_4$	→	Glauberit
$K_2SO_4 \cdot 2\,CaSO_4$	→	Ca-Langbeinit

K_2SO_4 (≤ 1,0%) ist eine selbständige Phase (Schmelze) im Klinker, die sich nicht mit der Klinkerschmelze mischt. Sie erstarrt zuletzt und überzieht Alit und andere Klinkerminerale mit einer dünnen Haut (Abbildung 6.24). Diese Alkalisulfate lösen sich sofort bei Kontakt mit Wasser.

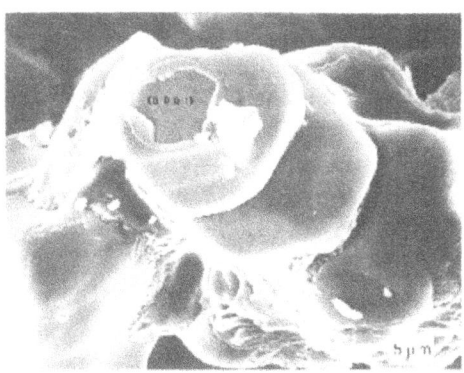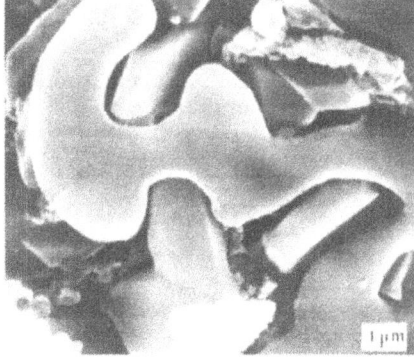

Abb. 6.24: Alkalisulfatausscheidungen auf Alit;
links: 2000fache Vergrößerung, rechts: 10 000fache Vergrößerung

Im Hinblick auf die Hydratation können die Alkalien im Zementklinker in „wasserlösliche" und „in Klinkermineralien gebundene" (wasserunlösliche) eingeteilt werden. Der Anteil der sofort wasserlöslichen Alkalien ist nahezu identisch mit den **sulfatisch gebundenen Alkalien**. Die in den Klinkermineralien eingebauten Alkalien gehen in dem Maße in Lösung, wie die Klinkerminerale hydratisieren. Die sulfatisch gebundenen Alkalien erhöhen die Frühfestigkeit der Zemente und reduzieren die 28-Tage-Festigkeit.

Nach POLLITT und BROWN besteht ein Zusammenhang zwischen dem Verhältnis Alkalisulfat- zu Gesamtalkaligehalt im Klinker und dem Sulfatmodul (Abbildung 6.25).

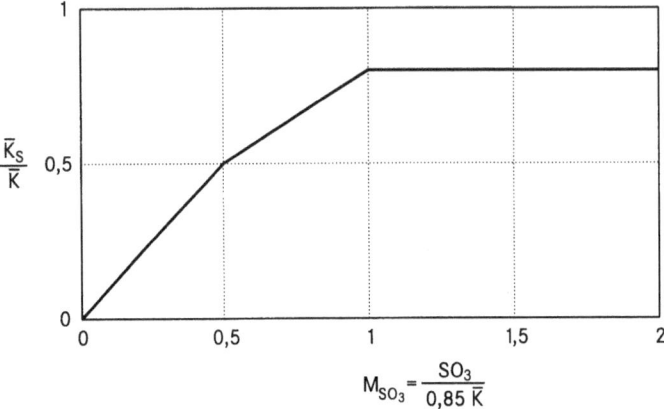

Abb. 6.25: Verhältnis lösliche (sulfatgebundene) Alkalien zu Gesamtalkaligehalt als Funktion des Sulfatmoduls (nach POLLITT/BROWN)

Dabei ist $\overline{K}_S / \overline{K}$ das Verhältnis zwischen löslichen (sulfatgebundenen) Alkalien sowie dem gesamten Alkaligehalt (beide in K_2O-Äquivalenten ausgedrückt) und M_{SO_3}, der „Sulfatmodul", das Molverhältnis zwischen dem SO_3 und dem gesamten Alkaligehalt ($M_{SO_3} = SO_3 / 0{,}85\ \overline{K}$). Die Bindung der Alkalien hängt vom Sulfatmodul ab (Tabelle 6.3):

Tab. 6.3: Alkalieinbindung im Klinker

M_{SO_3}	Bindungsform	Alkalimenge $\overline{K}_S$, die sulfatisch gebunden ist
≤ 0,5	Alkaliüberschuss: gesamtes SO_3 als Alkalisulfat gebunden	$\overline{K}_S = 1{,}18\ SO_3$
0,5 ... 1,0	ausgewogenes Verhältnis: zunehmender Anteil SO_3 an CaO gebunden	$\overline{K}_S = 0{,}7\ SO_3 + 0{,}2\ \overline{K}$
≥ 1,0	Sulfatüberschuss: konstanter Anteil an Alkalien sulfatisch gebunden	$\overline{K}_S = 0{,}8\ \overline{K}$

$CaSO_4$, d.h. schwer löslicher Anhydrit II tritt im Portlandzement-Klinker nur bei deutlichem SO_3-Überschuss gegenüber den Alkalien auf. $CaSO_4$ ist in schwindungskompensierten Zementen neben $C_4A_3\overline{S}$ anzutreffen. $CaSO_4$ kann im Portlandzement-Klinker in geringen Mengen bei großem Sulfatüberschuss gegenüber den Alkalien vorliegen (schwefelreiche Kohle und schwefelreiche Rohstoffe). SO_2 reagiert in diesem Fall mit dem $CaCO_3$ aus dem Rohmehl zu $CaSO_4$. Dies führt zur Erhöhung der Gefahr der Ansatzbildung im Brennprozess. Schon aus diesem Grunde ist es verständlich, dass eine Übersulfatisierung des Klinkers die große Ausnahme darstellt. Im normalen Portlandzement-Klinker tritt Anhydrit als selbständige Phase praktisch nicht auf [KLEMM/MILLER]. Aber selbst wenn dies bei einem ungewöhnlichen Klinker der Fall sein sollte, würde dieser Anhydrit im Frühstadium der Erhärtung in Lösung gehen.

Nur ein ganz geringer Anteil des Sulfatträgers, weniger als 5% (also ≤ 0,1% SO_3), sind in den Klinkerphasen gebunden und werden erst während der Hydratation freigesetzt. Bei normalen Klinkersulfatgehalten kann dieses Sulfat als innere Sulfatquelle für eine betonschädigende Ettringitbildung praktisch ausgeschlossen werden.

Nach HERFORT ET AL. ist Anhydrit bei Klinkerbrenntemperaturen von 1450 °C zwar thermodynamisch stabil, aber nur bei einem molaren Verhältnis SO_3/Alkalien > 3. Ein so hoher Sulfatüberschuss gegenüber Alkalien dürfte die große Ausnahme sein. Starke Ansatzbildung im Zyklonvorwärmer wäre die Folge.

Ob in einem erhärteten Zementstein noch Calciumsulfat vorliegt, kann nach ASTM C 65-91 „*Standard Test Method for Calcium Sulfate in Hydrated Portland Cement Mortar*" überprüft werden.

6.6.2 Wechselnde Feuchtebelastung und schadensfördernde Randbedingungen

Ergebnisse verschiedener Untersuchungen zeigen, dass unter wechselnder Feuchtebelastung eine Anreicherung von Ettringit in Poren, Rissen und Schwachstellen des Gefüges gefördert wird [JOHANSEN ET AL.; SCRIVENER/WIEKER; STADELMANN ET AL.; STARK/BOLLMANN]. Bei hohen pH-Werten ist Ettringit danach feinkristallin und wenig stabil und kann sich daher in der Porenflüssigkeit eines feuchten Betons lösen und in Hohlräumen rekristallisieren. Zu den schadensfördernden Randbedingungen zählen die Vorschädigungen des Betons, die einen Feuchte- und Stofftransport im Gefüge erst ermöglichen, sowie die Porengrößenverteilung und hohe Zementgehalte.

Die häufig zur Erklärung herangezogene temperaturabhängige Stabilität des Ettringit kann bei vielen Schadensfällen an nicht wärmebehandelten und AKR-geschädigten Betonen nicht die Ursache für die Ettringitanreicherungen sein. Entscheidenden Einfluss hat dagegen die Zusammensetzung der Lösungsphase im Zementstein, Mörtel oder Beton und der Stabilitätsbereich von Ettringit.

Die in Portlandzementen üblichen Alkaligehalte im Bereich zwischen 0,8 und 1,2% Na_2O-Äquivalent führen bei niedrigen w/z-Werten immer zu pH-Werten in der Porenlösung zwischen 13,5 und 14 (Abbildung 6.27). Treten während der Nutzung keine Carbonatisierungs- und Auslaugungserscheinungen auf, bleiben diese hohen pH-Werte und damit die anfänglich gebildete Form des Ettringit erhalten. Bei einem Vergleich der Angaben zum Stabilitätsbereich von Ettringit und dem pH-Wert der Porenlösung im erhärteten Zementstein, Mörtel oder Beton stellt sich nun aber die Frage, ob Ettringit unter diesen Bedingungen überhaupt gebildet werden kann bzw. bereits entstandener Ettringit stabil bleibt (Abbildung 6.27).

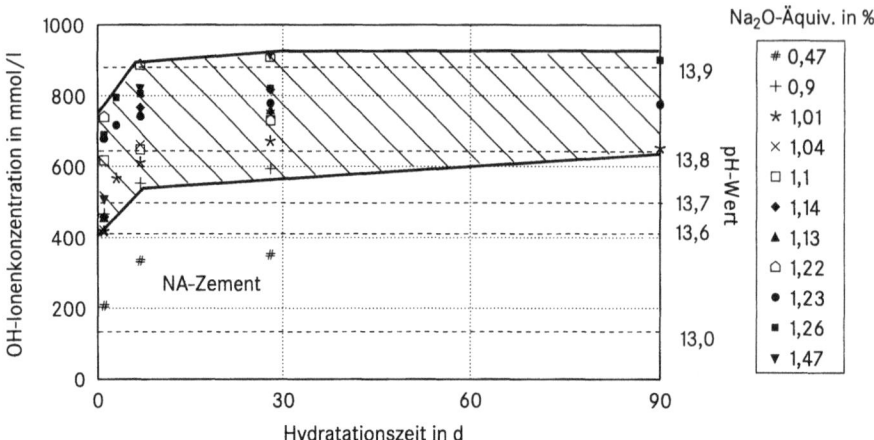

Abb.6.26: OH-Ionen-Konzentration und pH-Wert von Porenlösungen unterschiedlicher Zemente CEM I (32,5: gefüllte Zeichen; 42,5: leere Zeichen sowie das #-Zeichen) mit w/z = 0,5

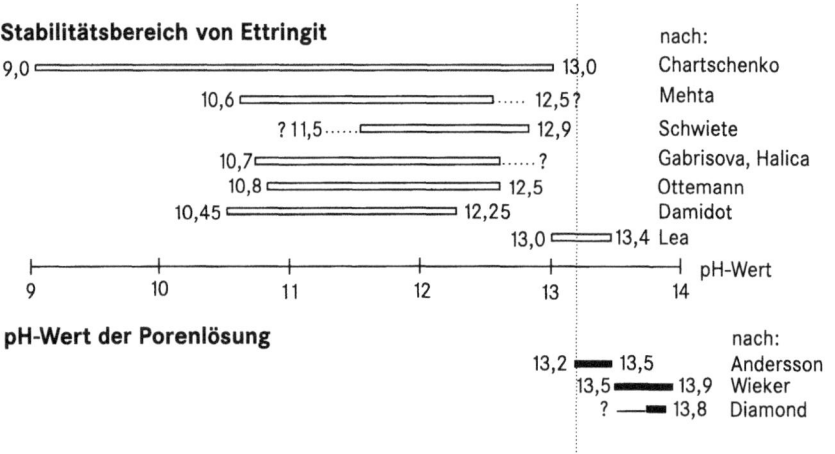

Abb. 6.27: Vergleich zwischen pH-Stabilitätsbereich von Ettringit und pH-Bereich der Porenlösung nach Literaturangaben
Anmerkung: Die Berechnung des pH-Wertes aus der OH-Ionen-Konzentration (Wasserstoff-Ionen-Konzentration) ist normalerweise nur möglich, wenn die Gesamtkonzentration in der Lösung nicht über 0,1n liegt. Zur Bewertung der unterschiedlichen Literaturangaben wurde in dieser Darstellung jedoch trotzdem aus den Ionenkonzentrationen ein theoretischer pH-Wert errechnet, bei dem die Ionenkonzentration der Ionenaktivität gleichgesetzt wurde.

Die Zusammensetzung der Porenlösung kann am besten nach einer Phasentrennung fest-flüssig durch Auspressen der Porenlösung aus Zementstein bei hohen Drücken von 320 bis 375 MPa und Analyse der Ionenkonzentration in der Flüssigphase bestimmt werden.

6.6 Späte Ettringitbildung in nicht wärmebehandelten Betonen

Der Hauptanteil der Alkalien geht sofort bei Hydratationsbeginn in Lösung. Der weitere Konzentrationsanstieg ist dann auf den Verbrauch der Lösungsphase bei der Hydratation und das Freisetzen von Alkalien aus den Klinkermineralien je nach Hydratationsfortschritt zurückzuführen. Bei den meisten üblichen Portlandzementen (außer NA-Zementen) liegt der pH-Wert der Porenlösung im Zementstein bei $w/z = 0{,}5$ bereits nach 1 d über 13,6 und steigt durch den weiteren Verbrauch der Lösungsphase bei Hydratationsfortschritt bereits nach 28 Tagen auf Werte über 13,8 an (Abbildung 6.26). In der Praxis werden häufig noch wesentlich niedrigere w/z-Werte angewendet, so dass aufgrund des geringeren Anteils der Lösungsphase die Ionenkonzentrationen noch höher sind. Das heißt, das die Hydratphasen umgebende Medium weist meist OH-Ionenkonzentrationen über 600 mmol/l auf.

In Betonbauteilen, die während der Nutzung z.B. der freien Bewitterung ausgesetzt sind, verändert sich die Zusammensetzung der Porenlösung durch den Einfluss der Feuchte (Transport- und Auslaugungsvorgänge) zwangsläufig. Während diese Vorgänge in dichten Betonen langsam ablaufen und vor allem die oberflächennahen Bereiche erfassen, können hohe Kapillarporosität und Mikroschäden diese Vorgänge fördern, so dass schneller auch tiefere Bauteilbereiche betroffen sind. Der Alkaligehalt und damit der Ionengehalt der Porenlösung kann dadurch sehr stark abgesenkt werden.

Das wird bei Versuchen an Zementstein- und Mörtelkleinstprismen (10 x 10 x 10 mm^3) deutlich, die bereits im Alter von einem Tag einer ständigen Wasser- oder Luftlagerung ausgesetzt wurden. Nach einer Lagerungsdauer von einem Jahr zeigt die chemische Analyse deutlich, dass der Anteil an wasserlöslichen Alkalien stark sinkt (Abbildung 6.28), was sich auf die Zusammensetzung der Porenlösung im Sinne einer pH-Wert-Senkung auswirken muss. Dabei verringerte sich der Na_2O-Gehalt, der nur etwa 1/5 des K_2O-Gehaltes beträgt, in gleicher Weise, wie der K_2O-Gehalt. Auch der Anteil an fest eingebundenen Alkalien ist bei ständiger Wasserlagerung der Proben geringer, so dass davon ausgegangen werden muss, dass auch die ursprünglich im Zement fest eingebundenen Alkalien im Hydratationsverlauf in wasserlöslicher Form vorliegen. Durch die ständige Wasserlagerung der Proben und den dabei ablaufenden Auslaugungsvorgang ist der Anteil der Alkalien, die dann in den Hydratationsprodukten fest eingebunden werden, auch geringer. Dagegen blieb der Anteil an Sulfaten unabhängig von der Lagerungsart gleich, so dass auch bei ständiger Wasserlagerung dieser für die Ettringitbildung notwendige Reaktionspartner zur Verfügung steht.

Neben äußeren Einflüssen, die zu einer pH-Wert-Absenkung führen, können aber auch andere Mechanismen die Zusammensetzung der Lösungsphase beeinflussen. Dazu gehört die Einbindung von Alkalien in feste Reaktionsprodukte. Werden sie z.B. bei einer Alkali-Kieselsäure-Reaktion im AKR-Gel eingebunden, führt das auch zu einer Absenkung des Alkaligehaltes in der umgebenden Lösung.

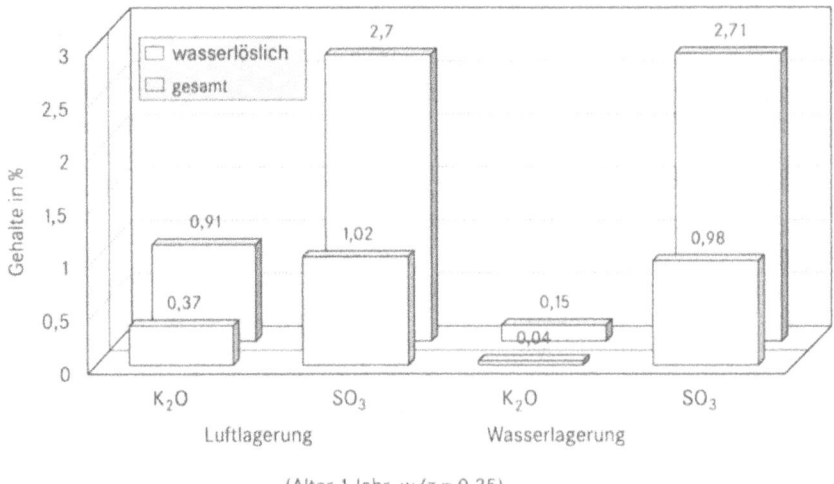

Abb. 6.28: Alkali- und Sulfatgehalt von Zementsteinproben nach 1-jähriger Wasser- oder Luftlagerung (nach BOLLMANN/STARK)

Synthese von Ettringit

Da Ettringit im Beton und Zementstein nur in sehr geringen Mengen vorkommt, sind analytische Untersuchungen schwierig, so dass Modellsysteme für Grundlagenuntersuchungen herangezogen werden müssen. Ettringit kann nach stöchiometrischer Zusammensetzung der Ausgangskomponenten aus der Lösung ausgefällt werden. Durch die unter Gleichgewichtsbedingungen in Abhängigkeit von der Löslichkeit und Stabilität des Ettringit in der Lösung verbleibenden Ionen wird der pH-Wert des Mediums beeinflusst. Bei den hier beschriebenen Untersuchungen lag der gemessene pH-Wert bei 10,7. GABRISOVA ET AL. und HAVLICA/SAHU geben bei ihren Untersuchungen diesen Wert von 10,7 als untere Grenze für die Stabilität von Ettringit an.

In zementgebundenen Systemen wird der pH-Wert jedoch normalerweise durch die Alkalien bestimmt und liegt im Bereich oberhalb pH 13,0. Deshalb wurde in den Modellversuchen durch Zugabe von KOH zu den Reaktionslösungen der pH-Wert variiert. Da die pH-Wert-Messung bei so hoch konzentrierten Alkalilaugen sehr problematisch und fehlerbehaftet ist, wurde auf den aus der OH^--Ionen-Konzentration berechneten theoretischen pH-Wert zurückgegriffen, wobei die Ionenkonzentration der Ionenaktivität gleichgesetzt wurde.

Ab OH^--Ionen-Konzentrationen von 0,32 mol/l (theoretischer pH-Wert 13,51) wurde nicht mehr nur Ettringit, sondern in zunehmendem Maße auch Monocarbonat gebildet. Ettringit entstand in geringen Mengen bis zu einer OH^--Ionen-Konzentration von 0,37 mol/l, d.h. einem theoretischen pH-Wert von 13,57. Ab einer OH^--Ionen-Konzentration von 0,40 mol/l (theoretischer pH-Wert 13,6) konnten röntgenographisch als kristalline Reaktionsprodukte im wesentlichen nur noch die sulfatfreien Verbindungen Monocarbonat und Portlandit (bzw. Calcit) nachgewiesen werden (Abbildung 6.29), wobei der Sulfatgehalt der Lösungsphase anstieg. Die Monocarbonat- bzw. Calcitbildung ist darauf zurück-

6.6 Späte Ettringitbildung in nicht wärmebehandelten Betonen

zuführen, dass die Untersuchungen nicht unter CO_2-freien Bedingungen durchgeführt werden konnten, so dass die wahrscheinliche Bildung anderer sulfatarmer oder sulfatfreier Phasen nicht nachweisbar war. Bei Wiederholung der Untersuchungen unter Stickstoffatmosphäre entstand als sulfatfreies Reaktionsprodukt außerdem C_3AH_6. Monosulfat wurde auch unter diesen Bedingungen nicht nachgewiesen.

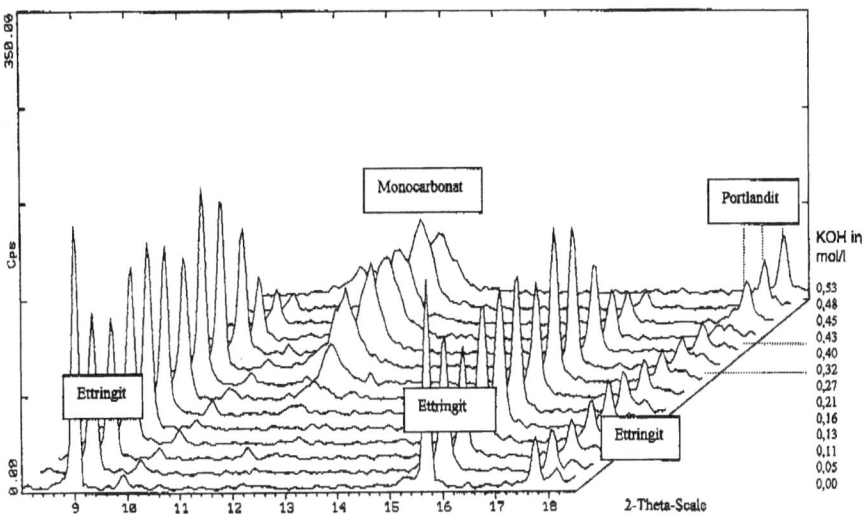

Abb. 6.29: Röntgenanalysen von synthetischem Ettringit bei unterschiedlichen KOH-Konzentrationen (nach BOLLMANN/STARK)

Unter den genannten Versuchsbedingungen (Einfluss von OH^--Ionen und CO_3^{2-}-Ionen) war bei pH-Werten oberhalb 13,6, wie sie bei normalen Portlandzementen schon nach einem Tag Hydratationsdauer bei w/z-Werten von 0,5 auftreten, eine Ettringitbildung also kaum oder gar nicht mehr möglich. Es entstanden sulfatarme oder sulfatfreie Reaktionsprodukte, die unter CO_2-Einfluss instabil waren und leicht carbonatisierten. Eine in der Literatur häufig erwähnte Abhängigkeit der Ettringitmorphologie von der OH^--Ionen-Konzentration in der Reaktionslösung konnte bei den mikroskopischen Untersuchungen mit dem atmosphärischen Elektronenmikroskop (ESEM) nicht nachgewiesen werden. Ettringit entstand in Abhängigkeit vom pH-Wert nur in unterschiedlichen Mengen (mit steigendem pH-Wert abnehmende Ettringitmenge).

Zersetzung von synthetischem Ettringit

Normalerweise findet die primäre Ettringitbildung im Beton überwiegend innerhalb der ersten Stunden der Hydratation statt. In dieser Zeit wird der pH-Wert der Porenlösung durch die Menge der sofort löslichen Alkalien bestimmt und liegt innerhalb der ersten Stunde noch bei etwa 13,0. Erst bei weiterer Hydratation durch Verbrauch der Lösungsphase steigt die OH^--Ionen-Konzentration weiter an. Damit stellt sich die Frage, ob der primär gebildete Ettringit unter den veränderten pH-Bedingungen der umgebenden Lösungsphase stabil bleibt.

Die Versuche zeigen, dass in der Lösung ausgefällter Ettringit bei nachfolgender pH-Wert-Erhöhung der Lösung durch KOH-Zugabe mit steigendem pH-Wert zunehmend instabil wird. Bei OH^--Ionen-Konzentrationen von 0,40 und 0,50 mol/l beginnt Ettringit sich langsam zu zersetzen und es bilden sich wiederum unter CO_2-Einfluss die sulfatfreien Reaktionsprodukte Monocarbonat und Portlandit (Abbildung 6.30). Sulfat ist in steigendem Maße in der Lösungsphase nachweisbar. Die Ettringitzersetzung läuft so lange ab, bis die in der Lösungsphase entstandene Ionenkonzentration wieder im Gleichgewicht mit den Feststoffen ist. Damit ergibt sich eine Abhängigkeit zwischen Ettringitabbau und der Menge der Lösungsphase.

Weitere Untersuchungen, bei denen schonend getrockneter synthetischer Ettringit einer KOH-Lösung im Massenverhältnis 1 : 25 ausgesetzt wurde, bestätigen die Zersetzungsvorgänge des Ettringit im alkalischen Milieu. Bei einer OH^--Konzentration von 0,77 mol/l wurde der Ettringit innerhalb von drei Tagen vollständig zersetzt und als kristalline Endprodukte entstanden auch überwiegend Monocarbonat und Calcit, wenig Aragonit und Vaterit, Gips und Syngenit (Abbildung 6.31). Es ist wiederum davon auszugehen, dass unter CO_2-freien Bedingungen sulfatfreie Calciumaluminathydrate oder Monosulfat und Portlandit gebildet werden, die später, d.h. bei entsprechend veränderten Bedingungen (pH-Wert-Absenkung) für eine erneute Ettringitbildung zur Verfügung stehen würden.

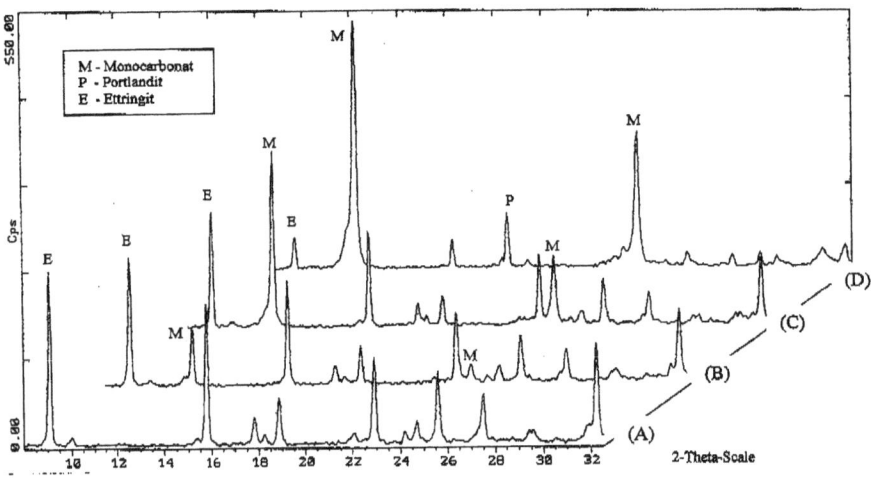

Abb. 6.30: Röntgenanalysen von Ettringit und den kristallinen Zersetzungsprodukten bei unterschiedlichen Alkalihydroxidgehalten in der Lösungsphase (nach BOLLMANN/STARK)
(A): Ausgangsprobe, KOH frei (alle Peaks Ettringit)
(B): KOH = 0,41 mol/l (alle Peaks Ettringit, nur 2 Peaks Monocarbonat)
(C): KOH = 0,55 mol/l (alle Peaks Ettringit, nur 2 Peaks Monocarbonat)
(D): KOH = 0,77 mol/l (alle Peaks Ettringit, nur 2 Peaks Monocarbonat, 1 Peak Portlandit)

6.6 Späte Ettringitbildung in nicht wärmebehandelten Betonen

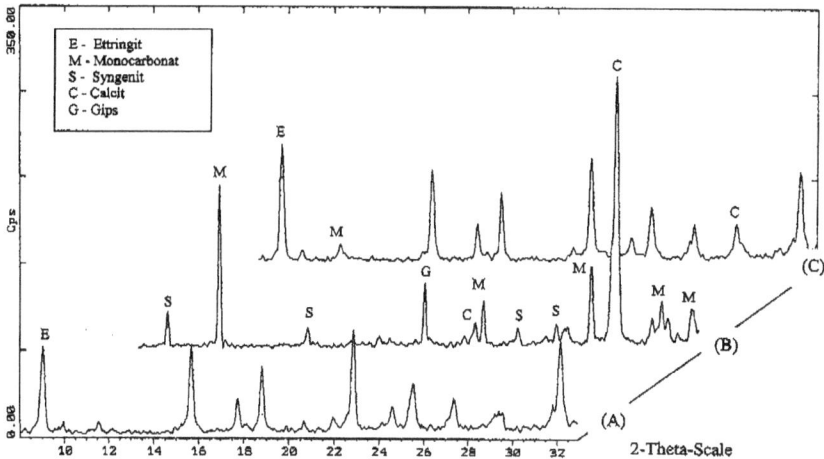

Abb. 6.31: Röntgenanalysen von Ettringit, Zersetzungsprodukten des Ettringits bei hohem pH-Wert sowie rekristallisiertem Ettringit bei geringerem pH-Wert (nach BOLLMANN/STARK)
(A): Ettringit
(B): Zersetzungsprodukte des Ettringit bei hohem pH-Wert
(C): Rekristallisierter Ettringit bei geringerem pH-Wert

Es ist damit nicht ausgeschlossen, dass der primär im Zementstein gebildete Ettringit bei pH-Wert-Erhöhung infolge Hydratationsfortschritt in sulfatärmere Verbindungen umgesetzt wird, wobei das Sulfat z.T. in der Lösungsphase vorliegt. Das heißt, dass neben der Verarmung der Lösung an Sulfationen beim Hydratationsfortschritt eine zweite Ursache für den Ettringitabbau in Betracht kommt.

Rekristallisation von Ettringit

Da im Verlaufe der Nutzung durch äußere und innere Einflüsse vor allem bei bereits vorgeschädigten Betonen eine Absenkung der OH^--Konzentrationen möglich ist, können wieder pH-Bedingungen entstehen, unter denen Ettringit existieren kann. Wie bereits erwähnt, verbleibt der für die Ettringitkristallisation aus den sulfatärmeren Verbindungen notwendige Reaktionspartner Sulfat auch bei Auswaschungsprozessen im Gefüge, so dass eine Rekristallisation stattfinden kann.

Das zeigen auch die Ergebnisse der Versuche mit schonend getrocknetem synthetischen Ettringit. Nachdem sich dieser durch KOH-Zugabe vollständig zersetzt hatte, rekristallisierte er bei pH-Wert-Absenkung durch Verdünnung (Wasserzugabe). Geringe Mengen von Calcit und Monocarbonat verblieben (Abbildung 6.31). Es ist davon auszugehen, dass unter CO_2-freien Bedingungen eine vollständige Rekristallisation des zuvor zersetzten Ettringit möglich ist.

Das Auftreten von größeren Mengen Ettringit vor allem in porösen, riss- oder AKR-geschädigten Betonen kann also auf eine Rekristallisation von Ettringit durch Veränderung der pH-Bedingungen zurückgeführt werden.

Schlussfolgerungen für die Ettringitbildung im erhärteten Beton

Bei Übertragung der Ergebnisse aus den Untersuchungen der Porenlösung und den Untersuchungen zur Stabilität von synthetischem Ettringit in alkalischen Modell-Lösungen auf das System Beton wird deutlich, dass in intakten Betonen mit zunehmendem Hydratationsfortschritt häufig pH-Werte in der Lösungsphase vorherrschen, unter denen der primär gebildete Ettringit nicht stabil ist. Während die primäre Ettringitbildung bei Verwendung von Portlandzementen mit durchschnittlichem Alkaligehalt bei pH-Werten, die meist erst etwa bei 13,0 liegen, stattfinden kann, steigt der pH-Wert dann infolge fortschreitender Hydratation bereits nach einem Tag auf Werte über 13,6 und nach 28 Tagen über 13,8 an. Unter diesen Bedingungen ist, unabhängig von der Einwirkung erhöhter Temperaturen, eine Ettringitzersetzung möglich, was erklären würde, warum Ettringit dann meist auch nicht mehr im Gefüge nachgewiesen werden kann.

Das schnelle Erreichen eines hohen Hydratationsgrades infolge Wärmebehandlung reduziert den Anteil der Lösungsphase in kurzer Zeit, so dass der Vorgang der pH-Wert-Erhöhung in der Lösungsphase beschleunigt werden kann. Die häufig beschriebenen Zersetzungserscheinungen des Ettringit und die erhöhten Sulfatgehalte in der Porenlösung nach einer Wärmebehandlung könnten damit auch auf die Instabilität von Ettringit bei hohen pH-Werten und weniger auf seine Instabilität bei erhöhten Temperaturen zurückzuführen sein. Diese Hypothese ist noch zu prüfen. Erste Untersuchungen zur Zusammensetzung und zum pH-Wert der Porenlösung wärmebehandelter Zementsteinproben stützen diese Hypothese (Abbildungen 6.32, 6.33).

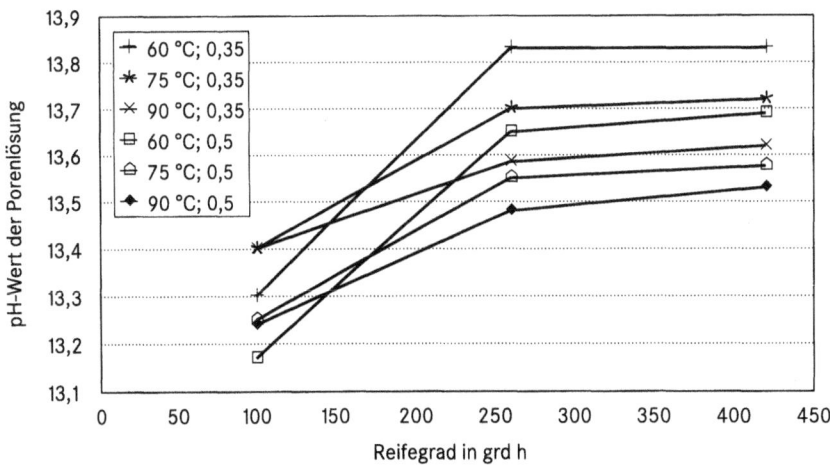

Abb 6.32: Zusammenhang zwischen Saulschem Reifegrad und gemessenem pH-Wert der Porenlösung wärmebehandelter Zementsteinproben aus CEM I 42,5 R; Na_2O-Äquivalent 1,04%; (T_D: 60 °C, 75 °C, 90 °C; w/z-Wert: 0,35; 0,5) (nach SEYFARTH)

Durch Veränderung der Lösungsphase im Mörtel oder Beton im Verlaufe der Nutzungszeit und eine damit verbundene pH-Wert-Absenkung ist eine Rekristallisation von Ettringit vor allem in Poren, Phasengrenzflächen und Schwachstellen des Gefüges möglich. Häufige Feuchtewechsel oder ständige Wasserzufuhr sowie

6.6 Späte Ettringitbildung in nicht wärmebehandelten Betonen

hohe Durchlässigkeit des Gefüges und Gefügeschäden beschleunigen den Prozess der Alkaliauswaschung und fördern die Ettringitrekristallisation, so dass in den meisten geschädigten Betonen dann Ettringit wieder in nachweisbaren Mengen vorhanden ist.

Der derzeitige Erkenntnisstand führt damit zu der Schlussfolgerung, dass Mikroschäden im Gefüge bei Einwirkung von Feuchte die Ursache für Transportvorgänge im Gefüge und im Austausch mit der Umgebung sind, Veränderungen in der Zusammensetzung der Porenlösung fördern und damit die Voraussetzung für eine Rekristallisation von grobkristallinem Ettringit schaffen. Damit sind Mikroschäden häufig die Voraussetzung und nicht die Folge der Ettringitbildung im erhärteten Beton.

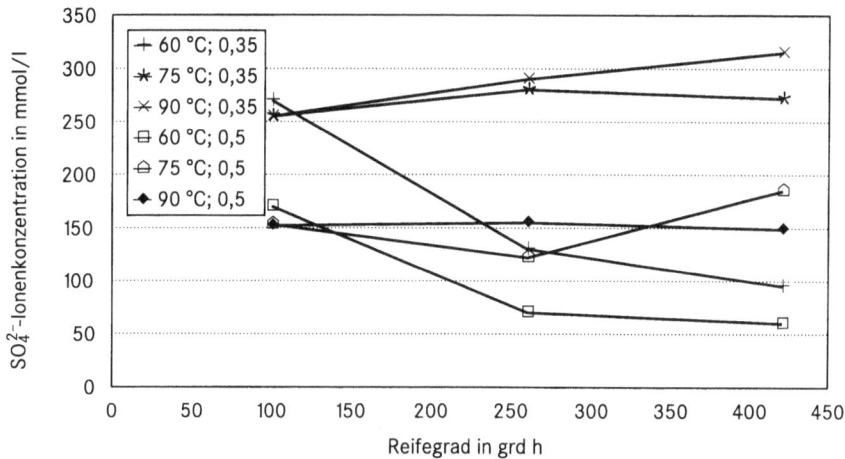

Abb. 6.33: Zusammenhang zwischen Saulschem Reifegrad und der Sulfationenkonzentration in der Porenlösung wärmebehandelter Zementsteinproben aus CEM I 42,5 R; Na$_2$O-Äquivalent 1,04%; (T_D: 60 °C, 75 °C, 90 °C; w/z-Wert: 0,35; 0,5) (nach SEYFARTH)

Folgende Mechanismen können aus den Untersuchungen am F. A. Finger-Institut für Baustoffkunde abgeleitet werden:
- Bei den in der Matrix normalerweise auftretenden hohen pH-Werten ist der primär gebildete Ettringit meist nicht nachweisbar. Für eine Rekristallisation von Ettringit ist eine Senkung des pH-Wertes, z.B. durch Auswaschen der Alkalien oder durch andere pH-Wert-senkende Reaktionen, die Voraussetzung.
- Bereits im Gefüge vorhandene Mikroschäden fördern in der Folge durch verstärkten Feuchte- und Stofftransport bei Vorhandensein innerer Sulfatquellen die Ettringitbildung an diesen exponierten Stellen und verursachen eine Rissaufweitung.
- Das Klinker-SO$_3$ als innere Sulfatquelle scheidet als Ursache einer späten Ettringitbildung aus. Das Klinkersulfat ist leicht löslich und geht sofort in Lösung. Selbst der ganz selten im Klinker auftretende Anhydrit geht schnell in Lösung.

♦ Es ist auch nicht ausgeschlossen, dass Ettringit häufig gar nicht am Schadensmechanismus beteiligt ist und nur eine Folgeerscheinung der Gefügeschädigung durch andere Ursachen darstellt.

Die Ettringitbildung kann durch Zugabe puzzolanischer und/oder latent hydraulischer calciumbindender Zusatzstoffe (z.B. Microsilica, Steinkohlen- und Braunkohlenfilteraschen, Hüttensand) eingeschränkt werden. Es bilden sich dann unter Verbrauch von Ca(OH)$_2$ zusätzliche C–S–H-Phasen, wodurch der Porenraum reduziert und die Mikrostruktur im Bereich um die Zuschläge dichter wird. Dadurch wird eine der schadensfördernden Randbedingungen, der Feuchte- und Stofftransport im Betongefüge, eingeschränkt.

Alle Einflüsse, die zu Gefügestörungen und -schäden führen, können auch eine Ettringitbildung im erhärteten Beton fördern. Das Auftreten großer Ettringitkristalle in älteren Betonen ist dabei in nicht wärmebehandelten Betonen in der Regel nur Folgeerscheinung und selten Ursache der Risse.

6.7 Nachweis von Betonschäden

6.7.1 Makroskopisches Schadensbild

Schäden im Zusammenhang mit einer Ettringitbildung im erhärteten Beton treten i.d.R. erst nach mehrjähriger Nutzung in feuchter Umgebung auf.

Anfangs bilden sich netzförmig Haarrisse, die sich im Laufe der Zeit erweitern. Im fortgeschrittenen Stadium und unter Einwirkung von Witterungseinflüssen, statischen sowie dynamischen Belastungen werden diese Risse gröber und daher deutlich sichtbar. Die Rissbildung geht mit z.T. extremen Längenänderungen (Dehnungen) einher (Abbildung 6.34).

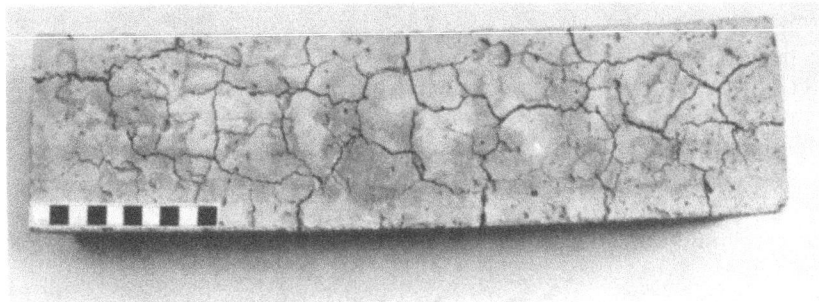

Abb. 6.34: Geschädigter Betonprüfkörper mit Netzrissen und Verformungen

6.7.2 Kennwerte zur Schadenserfassung

Bei Langzeitversuchen an Laborprobekörpern kann man mit verschiedenen Mess- und Untersuchungsmethoden Schäden qualitativ und quantitativ erfassen. Anhand der gewonnen Kennwerte wird versucht, Erkenntnisse über Schadensfortschritt und -verlauf zu gewinnen und diese auf Praxisschäden zu übertragen. Bei Schäden an Bauteilen in der Praxis wird man zunächst die augenscheinliche Beurteilung des Schadensbildes durchführen, Rissbreiten und Rissbreitenveränderungen erfassen und nach Möglichkeit an entnommenen Bohrkernen und Proben die nachfolgend beschriebenen Untersuchungen für eine Schadensbeurteilung und Aufklärung heranziehen. Problematisch ist, dass bei Praxisschäden i.a. keine Ausgangswerte des ungeschädigten Betons zur Verfügung stehen. Es kann versucht werden, durch schadensforcierende Wechsellagerungen entnommener Probekörper eine Einschätzung des weiteren Schadensverlaufes vorzunehmen.

Entstandene Gefügeschädigungen äußern sich im E-Modul-Abfall, ermittelbar durch Ultraschall- und Resonanzfrequenzuntersuchungen. Ebenso ist ein Festigkeitsrückgang nachweisbar, der sich in sinkenden Biegezug- und Zugfestigkeiten deutlicher äußert als in den gegenüber Rissen weniger sensiblen Druckfestigkeiten. Die nachfolgenden Darstellungen sind als Beispiele für den schädigenden Einfluss der Ettringitbildung im erhärteten Beton zu verstehen und gelten nur für die gewählten Versuchsbedingungen.

Dehnung und Risskennwerte

In Laborversuchen ist die gemessene Dehnung ein eindeutiges Kriterium für aufgetretene Schädigungen. Zum Nachweis der Schädigung an Bauteilen ist die Dehnung nur bedingt geeignet, da man im allgemeinen keine Ausgangsdaten zur Verfügung hat.

Treten an Laborprobekörpern Dehnungen auf, die mehr als 0,5 mm/m größer sind als die Längenänderungen, denen ein vergleichbarer ungeschädigter Beton durch einfache Feuchtewechsel bei konstanter Temperatur unterliegt, ist das ein Hinweis auf mögliche Gefügeschäden.

Die Ermittlung von Rissbreiten, Rissbreitenveränderungen und Netzweiten kann zur Einschätzung des Schadensfortschrittes herangezogen werden. Eine noch im Entwicklungsstadium befindliche Möglichkeit besteht in der Ermittlung der bildanalytisch messbaren Anzahl von Mikrorissen je cm^2.

Masseänderung und Wasseraufnahme

Die Masseänderung infolge Wasseraufnahme bzw. -abgabe kann bei Laborprobekörpern ebenfalls einen Hinweis auf Gefügeschäden liefern. Wird ein poröses Gefüge im Laufe seiner Nutzung (hier simuliert durch Wechsellagerung) geschädigt, so verändert sich auch sein Wasseraufnahmevermögen und damit die Masseänderung bei Feuchtewechseln. Die nachfolgende Darstellung ist ein Beispiel dafür, wie sich die Wasseraufnahme von Betonprobekörpern bei Laborversuchen mit schadensfördernden Randbedingungen erhöht. In diesen Betonprobekörpern wurden nach Beendigung der Wechsellagerung große Mengen Ettringit in Poren und Rissen nachgewiesen.

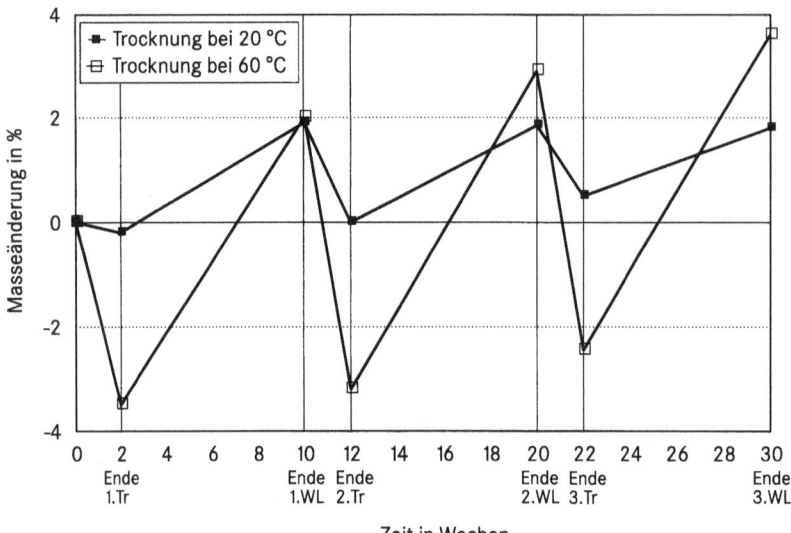

Abb. 6.35: Masseänderung von Beton während Wechsellagerung; Tr: Trocknung, WL: Wasserlagerung, Betonprismen (w/z = 0,35; SO_3-Gehalt = 3,3%)

In Abbildung 6.35 ist die Masseänderung für zunehmend geschädigte Probekörper (durch Einwirkung erhöhter Temperatur, realisiert durch **Trocknung bei 60 °C**) und ungeschädigte Probekörper **(Trocknung bei 20 °C)** während wiederholter Wechsellagerung dargestellt. Die Probekörper wurden abwechselnd unter Wasser (20 °C) und im Trockenschrank (60 °C) bzw. unter Wasser (20 °C) und im Klimaraum (20 °C) gelagert.

Mit zunehmender Schädigung vergrößert sich die Massedifferenz zwischen nassem und getrocknetem Zustand. Das ist u.a. darauf zurückzuführen, dass Gefügeschäden in Form von Rissen einen zusätzlichen, mit Wasser füllbaren Raum schaffen.

Druck- und Biegezugfestigkeiten

Ein Festigkeitsrückgang infolge Gefügeschädigung spiegelt sich in den sinkenden Biegezug- und Zugfestigkeiten deutlicher wider als in den gegenüber Rissen weniger sensiblen Druckfestigkeiten.

Am F. A. Finger-Institut für Baustoffkunde wurden Festigkeiten an Probekörpern (Betonprismen 40 x 40 x 160 mm³) nach wiederholter Wechsellagerung ermittelt. Die Probekörper wurden wie vorab beschrieben, abwechselnd unter Wasser (20 °C) und im Trockenschrank (60 °C) bzw. unter Wasser (20 °C) und im Klimaraum (20 °C) gelagert. Ein Zyklus besteht jeweils aus Trocknung (bei 20 °C oder 60 °C) und nachfolgender Wasserlagerung. Schäden traten bereits nach dem 2. Wechsel mit erhöhter Temperatur (Trocknung bei 60 °C) auf, entsprechende Vergleichsproben (Trocknung bei 20 °C) blieben ungeschädigt.

Mit sinkendem w/z-Wert traten tendenziell stärkere Gefügeschädigungen auf. Unabhängig davon bleibt bei diesen geschädigten Betonen die Gesetzmäßigkeit erhalten, dass die Druckfestigkeit bei geringerem w/z-Wert höher ist. Nur die bei

6.7 Nachweis von Betonschäden

niedrigem w/z-Wert größere Differenz zwischen den Druckfestigkeiten geschädigter und ungeschädigter Betone weist auf die stärkere Schädigung der Betone mit geringem w/z-Wert hin (Abbildung 6.36).

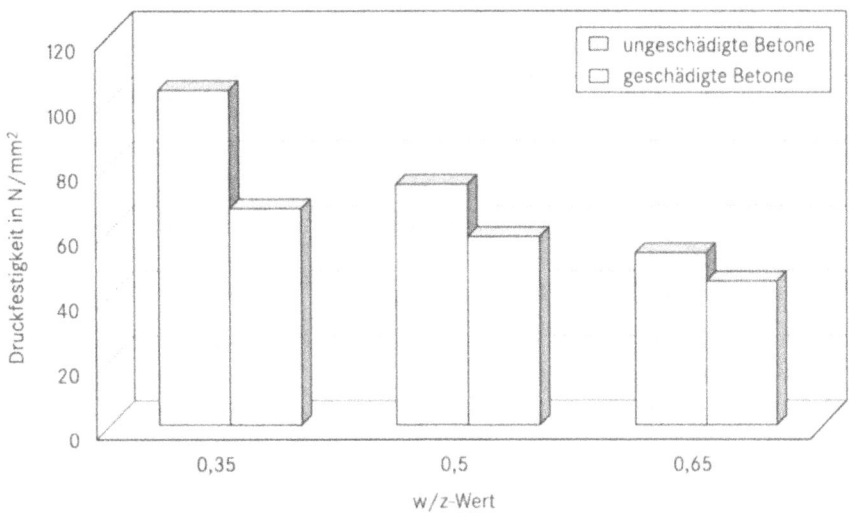

Abb. 6.36: Zusammenhang zwischen Druckfestigkeit (ermittelt nach 1-jähriger Wechsellagerung), w/z-Wert und Schädigung

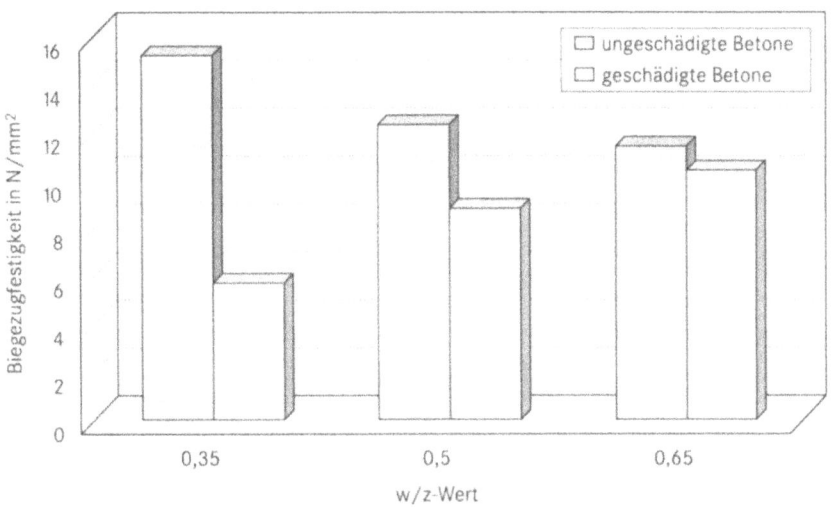

Abb. 6.37: Zusammenhang zwischen Biegezugfestigkeit (ermittelt nach 1-jähriger Wechsellagerung), w/z-Wert und Schädigung

Im Gegensatz zur Druckfestigkeit spiegelt sich die zunehmende Schädigung der Betone mit abnehmendem w/z-Wert sowohl in den Biegezugfestigkeiten direkt, als auch in den Differenzen zu entsprechenden ungeschädigten Betonen wider (Abbildung 6.37). Die zunehmende Gefügeschädigung infolge Wechsellagerung mit Trocknung bei 60 °C führt dazu, dass bei dem geringsten w/z-Wert, im Gegensatz zu den ungeschädigten Proben, die niedrigste Biegezugfestigkeit auftritt.

Dynamischer Elastizitäts-Modul und Ultraschallgeschwindigkeit

Die absolute Größe und die Veränderung des dynamischen E-Moduls können zur Beurteilung von Gefügeveränderungen und damit von Gefügeschädigungen im Zusammenhang mit der Ettringitbildung im erhärteten Beton herangezogen werden.

Die Bestimmung des dynamischen E-Moduls kann durch Anwendung folgender Prüfverfahren erfolgen:
- Laufzeitmessung eines Ultraschallimpulses,
- Eigenfrequenzmessung bei Resonanzerregung,
- Eigenschwingzeitmessung nach Impulsanregung.

Die **Ultraschall-Laufzeit** kann direkt über die Berechnung der Ultraschallgeschwindigkeit zur Einschätzung von Gefügeeigenschaften und -veränderungen herangezogen werden. Risse bewirken einen deutlichen Abfall der Ultraschallgeschwindigkeit. Die digitalisierte Ultraschallkurve liefert u.a. Aussagen über die Dämpfungseigenschaften von Gefügen.

Am F. A. Finger-Institut für Baustoffkunde wurden Untersuchungen an Probekörpern vorgenommen, die direkt aus mehrjährig genutzten Betonfahrbahnplatten entnommen wurden. In Abbildung 6.38 sind die digitalisierten Ultraschallkurven für einen ungeschädigten Straßenbeton und einen durch Risse geschädigten Straßenbeton dargestellt. Das spätere Einsetzen der P-Welle (Longitudinalwelle) bei dem geschädigten Beton ist gleichbedeutend mit einer längeren Ultraschallaufzeit, d.h. einer geringeren Ultraschallgeschwindigkeit.

Die starke Dämpfung der Amplituden bei dem geschädigten Beton ist deutlich zu erkennen. Hierbei bietet die Betrachtung des Übertragungsverhaltens des Gefüges im gesamten Frequenzspektrum, welches in der digitalisierten Ultraschallkurve enthalten ist, eine weitere Bewertungsmöglichkeit.

Die **Resonanzfrequenzprüfung** ist ein reines Laborverfahren zur Bestimmung von elastischen Konstanten. Unter Einbeziehung der Prüfkörpergeometrie (Verhältnis Quer- zu Längsabmessung) und der aktuellen Rohdichte kann mittels der Resonanzfrequenz der Dehnschwingung die Berechnung des dynamischen E-Moduls und aus der Eigenfrequenz der Torsionsschwingung die Berechnung des dynamischen Schubmoduls erfolgen. Aus dem Verhältnis beider elastischer Konstanten (E- und G-Modul) ist die Berechnung der Querdehnzahl möglich.

Die **Eigenschwingzeitmessung** nach Impulsanregung stellt ein Teilgebiet der Resonanzfrequenzprüfung dar. Berechnet werden aus den Resonanzfrequenzen der Longitudinal-, Biege- und Torsionsschwingung die jeweiligen elastischen Konstanten E-Modul, G-Modul und die Querdehnzahl. Dieses Prüfverfahren ist ebenfalls auf die Anwendung im Labor beschränkt und wurde z.B. zur Ermittlung des E-Moduls an den o.g. Straßenbetonen angewendet. Der deutlich niedrigere dynamische E-Modul des geschädigten Straßenbetons ist in Abbildung 6.39 dargestellt.

6.7 Nachweis von Betonschäden

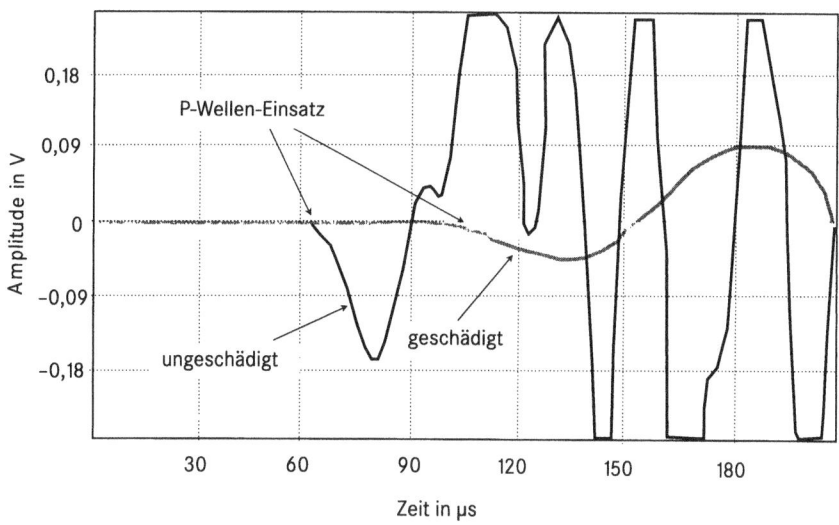

Abb. 6.38: Digitalisierte Ultraschallkurven für einen ungeschädigten und einen durch Risse geschädigten Straßenbeton (Aufnahme der US-Kurve mit gleicher Verstärkereinstellung)

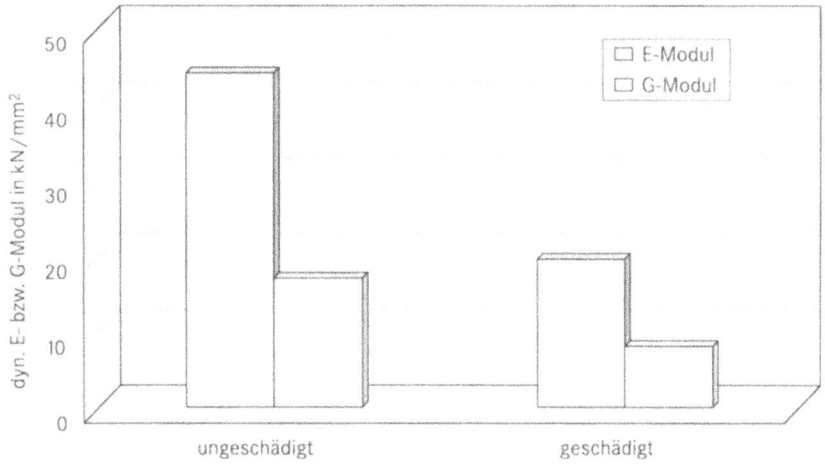

Abb. 6.39: Mittels Eigenschwingzeitmessung nach Impulsanregung ermittelter dynamischer E- u. G-Modul eines ungeschädigten und eines durch Risse geschädigten Straßenbetons

Besteht die Möglichkeit, den E-Modul im geschädigten Zustand (E_t) mit einem Ausgangswert (E_{28}) zu vergleichen, so ist die Berechnung der E-Modul-Änderung E_t/E_{28} als ein Maß für den Schädigungsgrad möglich. Werte < 1 zeigen einen E-Modul-Abfall und damit eine Gefügeschädigung an, Werte > 1 weisen auf eine Gefügeverbesserung durch fortschreitende Hydratation hin. Allein mit der Ultraschall-Laufzeit-Messung zu verschiedenen Zeitpunkten kann man diesen Kennwert näherungsweise (unter Vernachlässigung der Veränderung der Querdehnzahl) berechnen: $(t_{28}/t_t)^2$.

Der E-Modul-Abfall E_t/E_{28} (ermittelt aus der Ultraschall-Laufzeit) liefert tendenziell gleiche Aussagen über entstandene Gefügestörungen wie die Biegezugfestigkeitsänderung $\beta_{bz,t}/\beta_{bz,28}$. Deshalb kann auf das zerstörungsfreie Messverfahren der Laufzeitermittlung zurückgegriffen werden, wenn das zerstörende, aber sehr aussagekräftige Messverfahren der Biegezugfestigkeitsermittlung nicht angewendet werden kann.

Am F. A. Finger-Institut für Baustoffkunde wurde an Probekörpern der E-Modul-Abfall E_t/E_{28} (ermittelt aus der Ultraschall-Laufzeit) nach wiederholter Wechsellagerung ermittelt. Die Probekörper wurden, wie bereits beschrieben, abwechselnd unter Wasser (20 °C) und im Trockenschrank (60 °C) gelagert. Die Ermittlung des E-Modul-Abfalls ergab, dass nur bei niedrigen w/z-Werten negative Gefügeveränderungen auftraten (Abbildung 6.40).

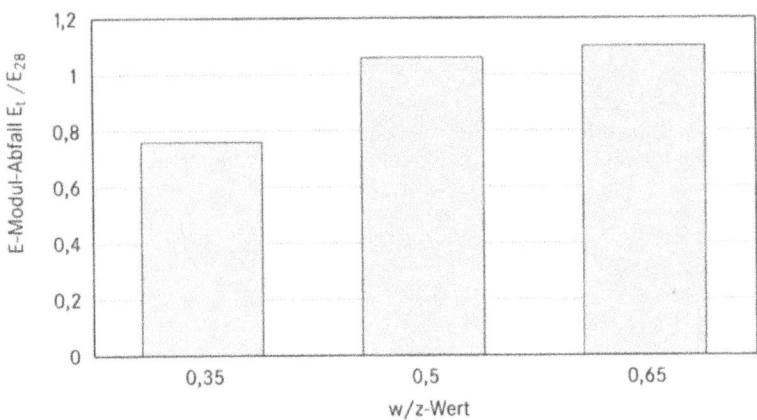

Abb. 6.40: Einfluss des w/z-Wertes auf den E-Modul-Abfall, hervorgerufen durch Mikrorissbildung mit erneuter Ettringitbildung

6.7.3 Nachweis der Schadensbeteiligung von Ettringit

6.7.3.1 Mikroskopisches Schadensbild

Mikroskopische Untersuchungen können an Bruchflächen von Betonproben im Auflicht, an Dünnschliffen von Betonproben mittels Stereomikroskop (Vergrößerung bis 50 :1 sinnvoll) und an speziell präparierten Proben im konventionellen Rasterelektronenmikroskop (REM) bzw. an unpräparierten Proben im atmosphärischen Rasterelektronenmikroskop (ESEM) mit Vergrößerungen von 20 : 1 bis 100.000 : 1 vorgenommen werden.

Orientierende mikroskopische Untersuchungen sind an Dünnschliffen mit einer Dicke von 0,02 bis 0,03 mm möglich. Die Dünnschliffe werden aus den interessierenden Bereichen der Betonproben hergestellt und mit einem fluoreszierenden Harz imprägniert. Anhand von Dünnschliffen ist es möglich, ein detailliertes Bild von der Struktur des Betons und einen Überblick über Art und Ausmaß von Gefügeveränderungen und -schädigungen zu erhalten. Aussagen

6.7 Nachweis von Betonschäden

über Verlauf, Häufigkeit und Breite von Rissen; Ort und Orientierung von kristallinen Phasen; Füllung von Poren und Rissen mit Phasenneubildungen können als Hinweis zur Aufklärung von Schadensmechanismen dienen. Nachteil bei diesem Verfahren ist, dass es im Beton meist nicht möglich ist, Phasenneubildungen in ihrer Zusammensetzung zu identifizieren, obwohl die Phasenidentifikation z.B. in der Mineralogie mit Hilfe von Polarisationseinrichtungen möglich ist (Abbildung 6.41).

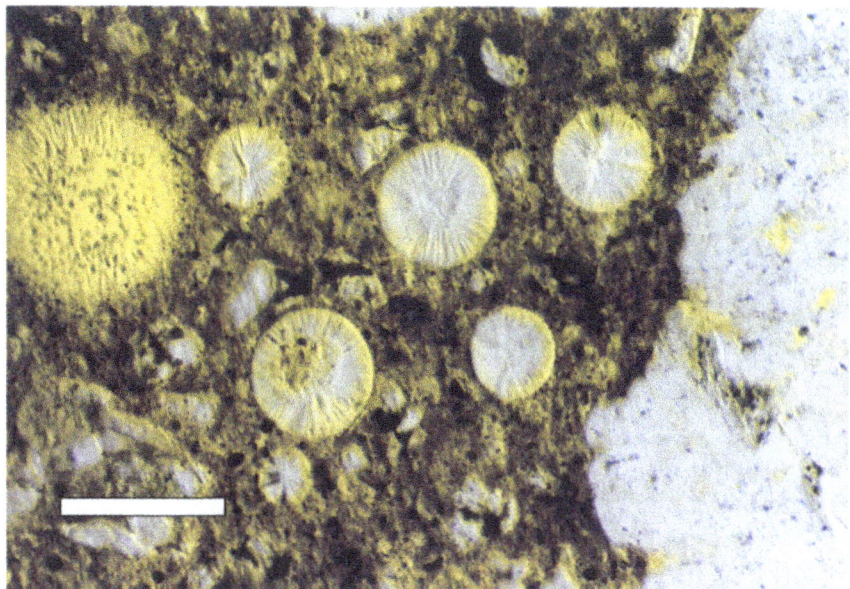

Abb. 6.41: Mikroskopische Dünnschliffaufnahme eines geschädigten Betons: Ettringitkristalle in den Luftporen (Balken = 0,25 mm)

Für weitere morphologische und analytische Untersuchungen kann das REM mit Zusätzen für die Analytik (z.B. EDS, Energiedisperses Röntgenspektrometer) herangezogen werden. Mit diesem „Analytischen Rasterelektronenmikroskop" können die Anwendungs- und Informationsmöglichkeiten des REM ganz beträchtlich erweitert werden. Die Elektronenstrahlmikroanalyse (ESMA) gestattet die chemisch-analytische Identifizierung von mikroskopisch kleinen Einschlüssen, Phasen-Inhomogenitäten und Neubildungen aller Art. Es können sowohl Oberflächen, Bruch- und Spaltflächen als auch „wasserfrei" präparierte Anschliffe untersucht werden (Abbildung 6.43).

Neben der Punktanalyse (quantitative Analyse im Submikrometerbereich, s. Abbildung 6.42) können Linien- und Flächenanalysen durchgeführt werden, die durch Verschieben der Probe (Anschliff) unter dem Elektronenstrahl auch quantitative Aussagen an bis zu einigen cm² großen Flächen zulassen (integrale Analyse). Weiterhin können zum Gefügebild digitale Elementverteilungsbilder aufgenommen werden (siehe Abbildung 6.43), die anzeigen, an welcher Stelle im Gefüge sich welches Element befindet, wobei die Punktdichte ein Maß für die Konzentration darstellt.

Ettringit bei 20 °C (theor. 32 Mol H_2O: O = 63.7 M.%)

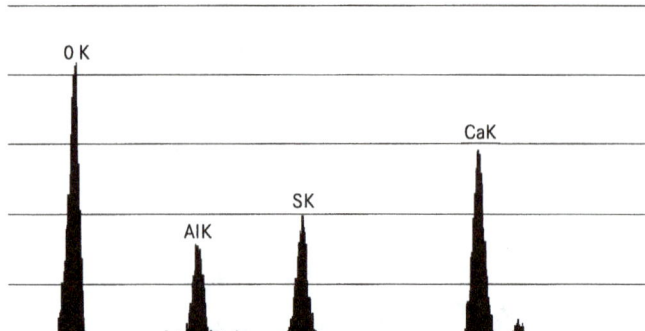

Abb. 6.42: EDX-Spektrum von Ettringit

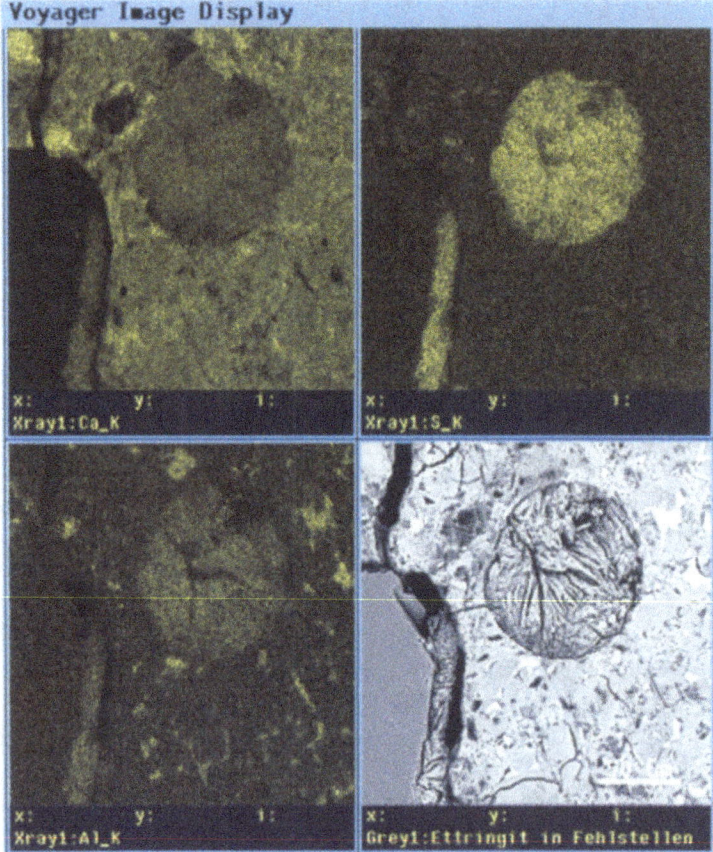

Abb. 6.43: Digitale Verteilungsbilder der Elemente Calcium, Schwefel und Aluminium zum Gefügebild eines Anschliffs einer geschädigten Betonprobe
(Die Abbildung zeigt deutlich die Anreicherung von Ettringit in der Makropore (Durchmesser etwa 75 μm, der Porenraum ist nahezu vollständig mit Ettringit gefüllt) und in dem Randspalt zwischen Quarzzuschlag und Zementstein (Spaltbreite etwa 20 μm). Weiterhin sind Relikte von nichthydatisierten Klinkerphasen (Alit, Belit, Aluminat u.a.: helle Bereiche im Gefügebild, siehe auch Ca- und Al-Verteilung) zu sehen.

6.7.3.2 Analytische Verfahren zur Bestimmung von Oxid- und Phasenzusammensetzung

Bei Untersuchungen an Beton mit integralen analytischen Verfahren (Röntgendiffraktometrie, thermische und chemische Analysen) gelingt es häufig nicht befriedigend, die in den mikroskopischen Untersuchungen gefundenen Phasen und ihre mineralogische Zuordnung quantitativ zu erfassen.

Ettringit tritt im Beton meist in so geringen Mengen auf, dass der Gehalt an der Nachweisgrenze oder darunter liegt. Man kann versuchen, durch Separieren der Grobzuschläge aus der Betonprobe eine Anreicherung des Ettringit in der Analysenprobe zu erreichen. Erfahrungsgemäß wird Ettringit aber, vor allem bei Quarzzuschlägen, bevorzugt in der Kontaktzone zwischen Grobzuschlag und Matrix gebildet. Beim Separieren des Grobzuschlages besteht die Gefahr, dass beim Aufbereiten anteilig auch die nachzuweisende Phase entfernt wird (gemeinsam mit dem von den Zuschlagoberflächen nicht völlig entfernbaren Zementstein). Die in den separierten Proben dennoch enthaltenen Feinzuschläge überdecken häufig aufgrund ihrer ausgeprägten kristallinen Eigenschaften im Röntgenogramm und in thermischen und chemischen Analysen durch ihre nicht bekannte chemische und mineralogische Zusammensetzung den Einfluss des Zementsteins und der gesuchten Phasenneubildungen.

Röntgendiffraktometrie

Mit Hilfe der Röntgendiffraktometrie (XRD) kann die qualitative Ermittlung der Phasenzusammensetzung, d.h. die Identifizierung einzelner Mineralien bzw. Phasen in einem Gemisch vorgenommen werden. Auch eine quantitative Auswertung ist, allerdings mit Einschränkungen, möglich. Eine quantitative Ettringitbestimmung im Beton ist aus den bereits genannten Gründen, und weil sich die Nachweisgrenze je nach Zusammensetzung und Kristallinität des zu untersuchenden Materials zwischen 2% und 5% bewegt, mit erheblichen Problemen behaftet.

Die Röntgendiffraktometrie wird an Pulverpräparaten durchgeführt. Bei der Aufbereitung von Betonproben zur Ettringitbestimmung müssen einige Besonderheiten beachtet werden. Die Probenaufmahlung muss mit einer Achatmühle erfolgen, um Verunreinigungen der Probe mit anderen kristallinen Mineralphasen zu vermeiden. Sowohl bei der Aufbereitung als auch bei der Trocknung des Probenmaterials kann der Ettringit durch Temperatureinwirkung zerstört werden, deshalb sollte die Aufbereitung mit einem geeigneten „Kühlmittel" vorgenommen werden (z.B. Isopropanol) und eine schonende Trocknung bei Temperaturen von max. 40 °C erfolgen. Mit zunehmender Feinheit wird Ettringit röntgenamorph.

Für den röntgenographischen Nachweis von Ettringit in der aufbereiteten Probe wählt man die charakteristischen koinzidenzfreien Interferenzen mit den stärksten Intensitäten, die nach der d-Wert-Tabelle (ASTM 13-350) bei Kupfer als Anodenmaterial bei

$2\Theta = 9{,}146°$ (I = 100%), $2\Theta = 32{,}409°$ (I = 50%),
$2\Theta = 15{,}802°$ (I = 90%), $2\Theta = 35{,}021°$ (I = 60%) und
$2\Theta = 22{,}908°$ (I = 60%), $2\Theta = 40{,}901°$ (I = 60%)

liegen. Bei der Auswertung des Röntgenogramms der zu untersuchenden Probe versucht man, diese stärksten Interferenzen aufzufinden, da Ettringit im Beton nur in sehr geringen Mengen vorkommt. Alle anderen Interferenzen weisen so geringe Intensitäten auf, dass sie i.a. nicht erkennbar sind. Die Abbildungen 6.44 und 6.45 zeigen Röntgenogramme von Laborproben von Ettringit und Monosulfat.

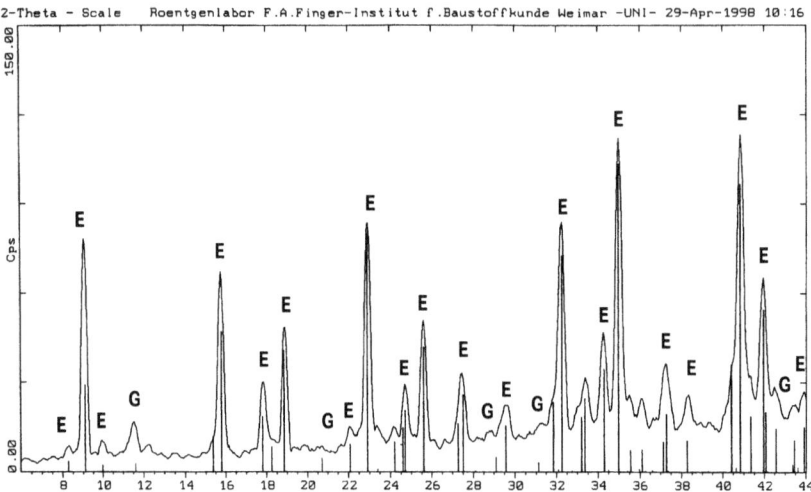

Abb. 6.44: Röntgenogramm von Ettringit (Laborprobe); E: Ettringit, G: Gips

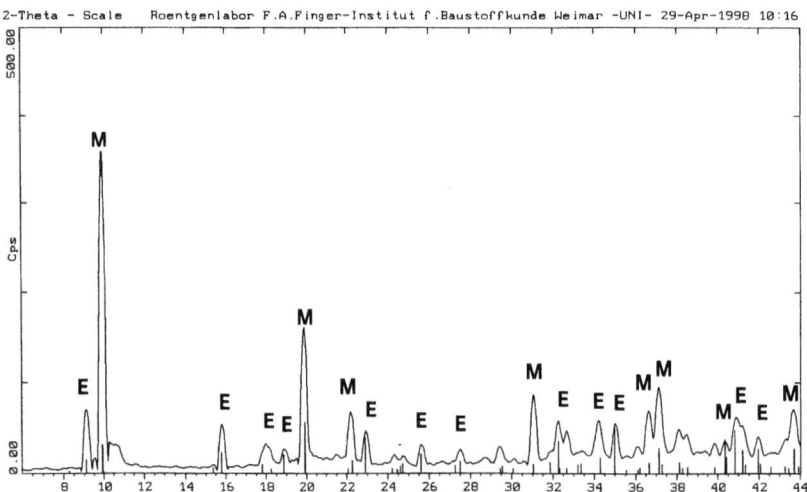

Abb. 6.45: Röntgenogramm von Monosulfat (Laborprobe); M: Monosulfat, E: Ettringit

Eine quantitative Röntgenanalyse zur Ettringitbestimmung im Beton kann über eine spezielle Eichkurve erfolgen. Dazu wird ein äußerer Standard, der in seiner Zusammensetzung einer üblichen Betonzusammensetzung entspricht, mit einem inneren Standard und verschiedenen Gehalten an synthetischem Ettringit

6.7 Nachweis von Betonschäden

versetzt. Der zu untersuchenden aufbereiteten Betonprobe wird ebenfalls der innere Standard zugesetzt. Über den Vergleich mit der Eichkurve kann dann eine quantitative Ettringitbestimmung erfolgen (Abbildung 6.46).

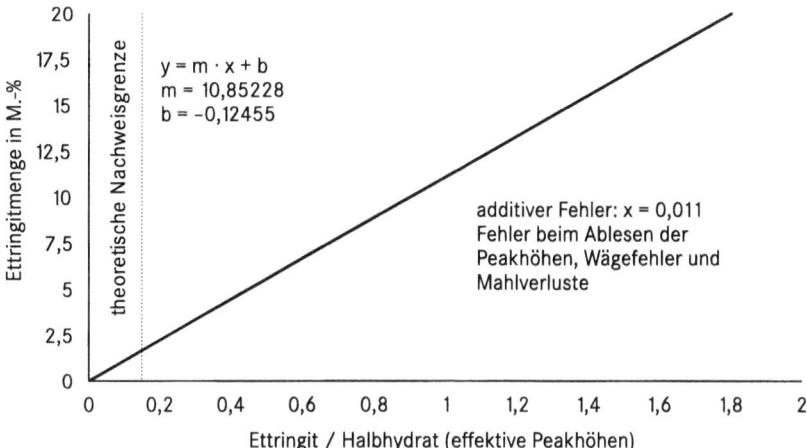

Abb. 6.46: Eichgerade für die quantitative Bestimmung von Ettringit in Betonen mit Halbhydrat als innerer Standard (nach LUDWIG/RÜDIGER)

Unterstützend kann durch chemische Analysen ein qualitativer und quantitativer Nachweis der in der Gesamtprobe enthaltenen Oxide vorgenommen werden. Ein Röntgenogramm aus einer geschädigten Betonprobe zeigt Abbildung 6.47.

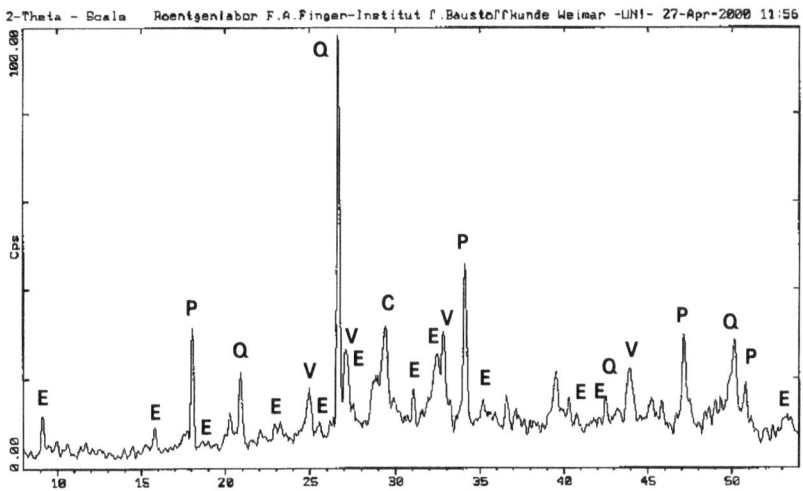

Abb. 6.47: Röntgenogramm aus einer geschädigten Betonprobe; E: Ettringit, P: Portlandit, Q: Quarz, V: Vaterit, C: Calcit

Thermoanalyse

Weitere Möglichkeiten der Stoff- und Phasenanalyse sind durch thermische Analyseverfahren gegeben. Betonproben für thermische Analysen sollten prinzipiell wie Betonproben für röntgenographische Untersuchungen aufbereitet werden. Um Ettringit qualitativ und quantitativ nachzuweisen, ist die Differenzthermoanalyse (DTA) geeignet. Bei diesem Verfahren wird die Temperaturdifferenz zwischen der zu untersuchenden Substanz und einer inerten Vergleichsprobe als Funktion der Temperatur gemessen, während beide einem gewählten Temperaturprogramm unterworfen werden. Die Temperaturdifferenz wird in Abhängigkeit von der Temperatur oder der Zeit aufgezeichnet. Die Identifizierung erfolgt wieder ähnlich der röntgenographischen Untersuchung entweder anhand von DTA-Kurvensammlungen oder eigenen Vergleichsmessungen der reinen Phase.

Zu den thermische Verfahren zählen auch die Thermogravimetrie (TG) und die derivate Thermogravimetrie (DTG). Bei der Thermogravimetrie wird die temperaturabhängige Masseänderung der Probesubstanz ermittelt. Eine simultane DTA-, TG- und DTG-Untersuchung einer Probe erleichtert die Interpretation der thermischen Effekte.

Wird eine reine Ettringitprobe untersucht, so zeigt die DTA-Kurve bei etwa 125 °C einen endothermen Peak, der von einem deutlichen Masseverlust (TG bzw. DTG) begleitet wird (Abbildung 6.48). Das weist auf eine erste Entwässerungsstufe des Ettringits hin. Andere im erhärteten Zementstein vorhandene Phasen werden dagegen entweder bei höheren Temperaturen (z.B. Monosulfat bei ca.160 °C, Portlandit bei 420 °C bis 510 °C) oder so langsam entwässert, dass kein scharfes DTA-Signal auftritt (z.B. C–S–H-Phasen).

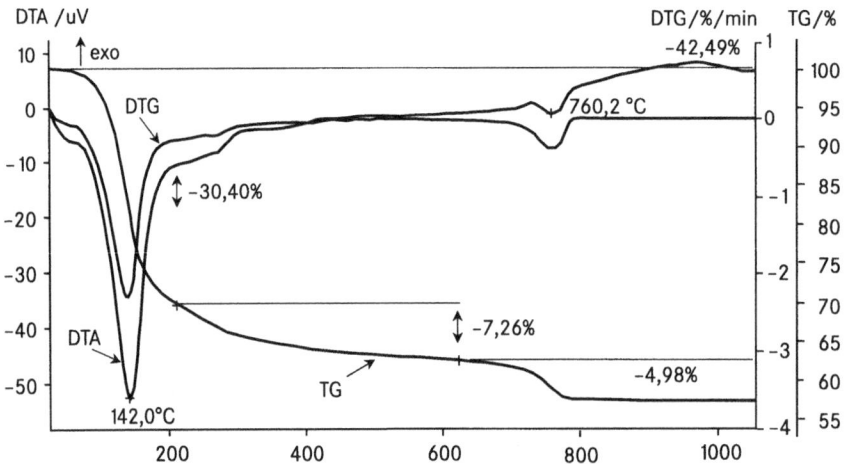

Abb. 6.48: Thermogramm einer Probe aus synthetischem Ettringit (mit etwa 10% Calcit)

Für eine quantitative Bestimmung von Ettringit in erhärtetem Zementstein ist die Aufstellung einer Eichkurve erforderlich. Bei der thermischen Analyse haben die Untersuchungsbedingungen erheblichen Einfluss auf die Messergebnisse.

6.7 Nachweis von Betonschäden

Daher sind die gewählten Untersuchungsbedingungen:
- Einwaage,
- statische/dynamische Temperaturführung,
- Form, Schichtdicke, Verteilung, Packungsdichte der Probensubstanz,
- Atmosphäre,
- Geometrie, Material des Probenhalters,
- Anordnung der Thermoelemente,
- verwendete Apparatur,
- Eichungsbedingungen

anzugeben bzw. konstant zu halten, um eine Vergleichbarkeit mit anderen Ergebnissen zu ermöglichen.

Untersuchungen an Portlandzementpasten zeigen, wie durch verschiedene Wärmebehandlungstemperaturen die Menge des sofort nach der Wärmebehandlung gebildeten Ettringits beeinflusst wird (Abbildung 6.49). Bereits bei einer Wärmebehandlungstemperatur von 70 °C war Ettringit im Thermogramm nicht mehr nachweisbar.

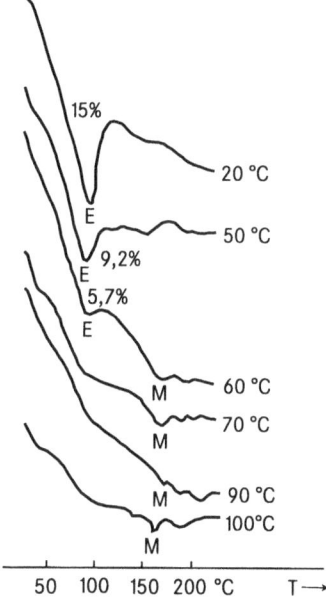

Abb. 6.49:
Ettringitbildung in Abhängigkeit von der Wärmebehandlungstemperatur (direkt nach der Wärmbehandlung) (nach WIEKER ET AL.);
E: Ettringit, M: Monosulfat

Weiterhin wurden Zementsteinproben untersucht, die bei unterschiedlichen Temperaturen wärmebehandelt und bei 20 °C bis zu 5 Monaten nachgelagert wurden. Mittels DTA-Untersuchungen sofort nach der Wärmebehandlung und nach 2 bis 5 Monaten Nachlagerung konnte nachgewiesen werden, dass im erhärteten Zementstein eine verspätete bzw. erneute Ettringitbildung stattgefunden hat (Abbildung 6.50). Zur Bewertung wurde der DTA-Peak bei etwa 100 °C herangezogen.

Sowohl mit röntgenographischen als auch mit thermischen Verfahren zur Ermittlung der Phasenzusammensetzung, d.h. zur Identifizierung einzelner Mineralien in einem Gemisch, kann ein qualitativer Ettringit-Nachweis vorgenommen werden. Ebenfalls ermittelbare quantitative Ergebnisse lassen jedoch keine eindeutigen Rückschlüsse auf Schäden und Schadensumfang zu, da Ettringit bei ausreichendem Feuchteangebot im Betongefüge immer vorhanden ist. Ob das Gefüge durch Ettringitbildung geschädigt ist, hängt vom Bildungszeitpunkt und davon ab, ob und wo Ettringit angereichert ist. Das jedoch ist mit diesen integralen Verfahren allein nicht nachweisbar.

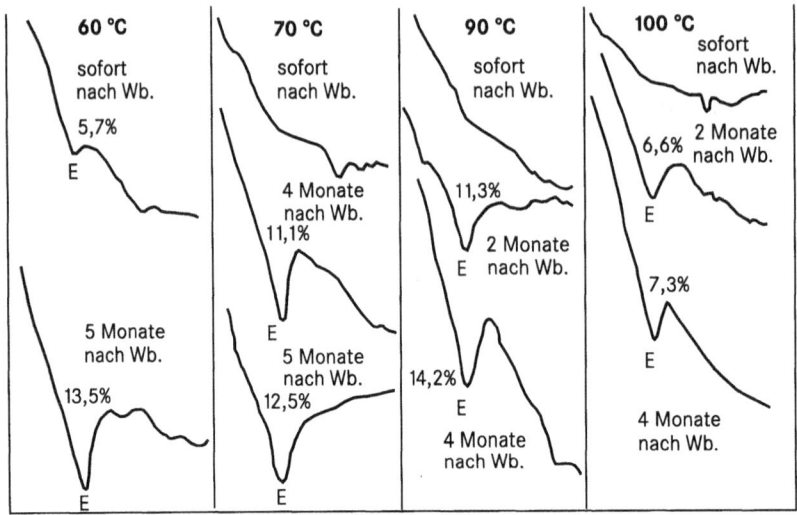

Abb. 6.50: Ettringit-Nachweis mittels DTA an wärmebehandelten Zementsteinproben (nach WIEKER ET AL.); Wb: Wärmebehandlung, E: Ettringit

Für die Schädigung durch Ettringitbildung im erhärteten Beton gibt es kein direktes Nachweisverfahren. Über den Ausschluss anderer Schadensursachen, die Kenntnis relevanter Randbedingungen, die Anwendung verschiedener Verfahren zum Nachweis von Gefügeveränderungen und analytischer Verfahren zur qualitativen und quantitativen Bestimmung der Oxid- und Phasenzusammensetzung kann man aber den indirekten Nachweis führen, ob aufgetretene Schäden im Zusammenhang mit einer Ettringitbildung im erhärteten Beton stehen.

6.8 Literatur

BABUSCHKIN, V. I.; MATWEEW, G. M.; MTSCHEDLOW-PETROSJAN, O. P.
Thermodynamik der Silikate, Berlin: Verlag Bauwesen 1965

BABUSCHKIN, V. I.; MATWEEW, G. M.; MTSCHEDLOW-PETROSJAN, O. P.
Termodinamika Silikatov, Moskau: Strojizdat 1986

6.8 Literatur

BIELAK, E.; HEMPEL, G.; RUDERT, V.; WEH, S.
Differenzierende Betrachtung von betonschädigenden Treibreaktionen unter besonderer Berücksichtigung der Alkali-Zuschlag-Reaktion, in: Betonwerk+Fertigteil-Technik 59 (1993) H. 8, S. 103-106

BOLLMANN, K.
Ettringitbildung in nicht wärmebehandelten Betonen, Dissertation. Bauhaus-Universität Weimar 2000

BOLLMANN, K.; STARK. J.
Ettringitbildung im erhärteten Beton und Frost-Tausalz-Widerstand, in: Wiss. Zeitschr. d. Bauhaus-Universität Weimar 42 (1996) H. 4/5, S. 9-16

BOLLMANN, K.; STARK, J.
Ettringitbildung in nicht wärmebehandelten Betonen – ein Dauerhaftigkeitsproblem?, in: 14. Internationale Baustofftagung IBAUSIL 2000, Weimar, Tagungsberichte Band 1, S. 1-809-1-828

BOLLMANN, K.; STARK, J.
Untersuchungen zur späten Ettringitbildung im erhärteten Beton, in: 13. Internat. Baustofftagung IBAUSIL 1997, Weimar, Tagungsberichte Band 1, S. 1-0039-1-0052

BOLLMANN, K.; STARK, J.
Wie stabil ist Ettringit?, in: Thesis, Wiss. Zeitschr. d. Bauhaus-Universität Weimar 44 (1998) H.1/2, S. 14-22

CHARTSCHENKO, I.
Theoretische Grundlagen zur Anwendung von Quellzementen in der Baupraxis, Habilitationsschrift. Hochschule für Architektur und Bauwesen Weimar, 1995

COLLEPARDI, M.
Concrete Sulfate Attack in a Sulfate-Free Environment, in: Proc. Sec. CANMET / ACI, Internat. Conf. on High-Performance Concrete and Quality of Concrete Structures, Gramado, RS, Brazil, 1999, SP-186

DAMIDOT, D.; GLASSER, F. P.
Thermodynamic Investigation of the $CaO-Al_2O_3-CaSO_4-K_2O-H_2O$ System at 25 °C, in: Cement & Concrete Research 23 (1993) No. 5, S. 1195-1204

FU, Y.; GU, P.; XIE, P.; BEAUDOIN, J. J.
A Kinetic Study of Delayed Ettringite Formation in Hydrated Portland Cement Paste, in: Cement & Concrete Research 25 (1995) No. 1, S. 63-70

FU, Y.; XIE, P.; GU, P.; BEAUDOIN, J. J.
Effect of Temperature on Sulphate Adsorption / Desorption by Tricalcium Silicate Hydrates, in: Cement & Concrete Research 24 (1994) No. 8, S. 1428-1432

GABRISOVA, A.; HAVALICA, J.; SAHU, S.
Stability of Calciumsulfoaluminate Hydrates in Water Solution with various pH Values, in: Cement & Concrete Research 21 (1991) No. 6, S. 1023-1027

GLASSER, F. P.
The Role of Sulfate Mineralogy and Cure Temperature in Delayed Ettringite Formation, in: Cement and Concrete Composites 18 (1996) No. 3, S. 187-193

HAVALICA, J; SAHU, S.
Mechanism of Ettringite and Monosulfate Formation, in: Cement & Concrete Research 22 (1992) No. 4, S. 671-677

HEINZ, D.
Schädigende Bildung ettringitähnlicher Phasen in wärmebehandelten Mörteln und Betonen, Dissertation. RWTH Aachen 1986

HEINZ, D; LUDWIG, U.; NASR, R.
Modellversuche zur Klärung von Schadensursachen an wärmebehandelten Betonfertigteilen, Teil II: Wärmebehandlung von Beton und späte Ettringitbildung, in: TIZ-Fachberichte International 106 (1982) H. 3, S. 178–183

HEINZ, D.; LUDWIG, U.; RÜDIGER, I.
Nachträgliche Ettringitbildung an wärmebehandelten Mörteln und Betonen, in: Betonwerk+Fertigteil-Technik 55 (1989) H. 11, S. 56–61

HERFORT, D.; RASMUSSEN, S.; JONS, E.; OSBOECK, B.
Mineralogy and Performance of Cement Based on High Sulphate Clinker, in: Cement, Concrete and Aggregates 21 (1999) No. 1, S. 64–72

HERR, R.; WIEKER, W.; WINKLER, A.
Chemische Untersuchungen der Porenlösung im Beton – Schlußfolgerungen für die Praxis, in: Bauforschung-Baupraxis (1988) 216, S. 45–51

HÜBERT, C.; WIEKER, W.; HERR, R.; JURGA, U.
Zum Einfluß der Alkalien auf die betonschädigende sekundäre Ettringitbildung in wärmebehandelten Zementsteinen und –mörteln, in: GDCh-Monographie: Bauchemie 7 (1997), S. 151–157

JOHANSEN, V.; THAULOW, N.
Heat Curing and Late Formation of Ettringite, ACI Spring Convention, Seattle 1997

JOHANSEN, V.; THAULOW, N.; IDORN, G. M.
Dehnungsreaktionen in Mörtel und Beton, in: Zement-Kalk-Gips 47 (1984) H. 3, S. 150–155

KALDE, M.; HEINZ, D., LUDWIG, U.
Schädigende späte Ettringitbildung in Zementpasten, Mörteln und Betonen, in: Thesis – Wiss. Zeitschr. d. Bauhaus-Universität Weimar 44 (1998) H. 1/2, S. 34–42

KENNERLY, R. A.
Ettringite Formation in Dam Gallery, in: J. Amer. Concr. Inst. 62 (1965) No. 5, S. 559–576

KLEMM, W.; MILLER, F. M.
Internal Sulfate Attack: a Distress Mechanism at Ambient and Elevated Temperatures?, ACI Spring Convention, Seattle 1997

KUZEL, H.-J.
Initial Hydration Reactions and Mechanisms of Delayed Ettringite Formations in Portland Cements, in: Cement & Concrete Composites 18 (1996) S. 358–360

KUZEL, H.-J.; MEYER, H.
Mechanism of Ettringite and Monosulfate Formation in Cement and Concrete in Presence of CO_3^{2-} in: Proc. 15th Inter. Conf. Cement Microscopy, Dallas, Texas 1993, S. 191–203

KUZEL, H.-J.; STROHBAUCH, G.
Reaktion bei der Einwirkung von CO_2 auf wärmebehandelte Zementsteine, in: Zement-Kalk-Gips 42 (1989) H. 8, S. 413–418

LAWRENCE, L.; CARRASQUILLO, R. L.; MEYERS, J. J.
Premature Concrete Detoriation in Texas Department of Transportation Precast Elements, ACI Spring Convention, Seattle 1997

LERCH, W.
Effect of SO₃ Content of Cement on Durability of Concrete, in: PCA Research and Developement (1945) 0285

LOCHER, F. W; RICHARTZ, W.; SPRUNG, S.
Erstarren von Zement. Teil I: Reaktion und Gefügeentwicklung, in: Zement-Kalk-Gips 29 (1976) H. 10, S. 435–442

LOCHER, F. W.; RICHARTZ, W.; SPRUNG, S; RECHENBERG, W.
Erstarren von Zement. Teil VI: Einfluß der Lösungszusammensetzung, in: Zement-Kalk-Gips 36 (1983) H. 4, S. 224–231

LUDWIG, H.-M.
Zur Rolle der Phasenumwandlungen bei der Frost- und Frost-Tausalz-Belastung von Beton, Dissertation, Hochschule für Architektur und Bauwesen Weimar, 1996

LUDWIG, U.
Probleme der Ettringitrückbildung bei wärmebehandelten Mörteln und Betonen, in: 11. Internationale Baustoff- und Silikattagung IBAUSIL 1991, Weimar, Band 1, S. 164–177

LUDWIG, U.; RÜDIGER, I.
Zur quantitativen Bestimmung von Ettringit in Zementpasten, Mörteln und Betonen, in: Zement-Kalk-Gips 46 (1993) H. 3, S. 150–153

MEHTA, P. K.
Mechanism of Sulfate Attack on Portland Cement Concrete – Another Look, in: Cement & Concrete Research 13 (1983) S. 401–406

MELAND, I.; JUSTNESS, H.; LINDGARD, J.
Durability Problems Related to Delayed Ettringite Formation and/or Alkali Aggregate Reaktions, in: Proc. of 10th International Congress on the Chemistry of Cement, Gothenburg, Schweden IV (1997), S. 4iv064 / 8 S.

ODLER, I.
Interaction Between Gypsum and the C–S–H-Phase Formed in C_3S Hydration, in: Proc. of the 6th International Congress on the Chemistry of Cement, Paris, Frankreich I (1980), S. 493–495

ODLER, I.; CHEN, Y.
Effect of Cement Composition on the Expansion of Heat-Cured Cement Pastes, in: Cement & Concrete Research 25 (1995) No.4, S. 853–862

ODLER, I.; CHEN, Y.
On the Delayed Expansion of Heat Cured Portland Cement Pastes and Concrete, in: Cement and Concrete Composites 18 (1996), S. 181–185

PÖLLMANN, H.
Die Kristallchemie der Neubildungen bei Einwirkung von Schadstoffen auf hydraulische Bindemittel, Dissertation, Friedrich-Alexander-Universität Erlangen-Nürnberg 1984

POLLITT, H. W. W.; BROWN, A. W.
The Distribution of Alkalies in Portland Cement Clinker, in: Proc. of 5th International Symposium on the Chemistry of Cement, Tokyo 1968, Suppl. Paper I-126

SCRIVENER, K. L.
Role of Water in the Expansion of Heat Cured Mortars, in: 3rd International Bolomey Workshop: Pore Solution in Hardened Cement Paste (1998)

SCRIVENER, K. L.
The Effect of Heat Treatment on Inner Product C–S–H, in: Cement & Concrete Research 22 (1992), S. 1224–1226

SCRIVENER, K. L.; LEWIS, M.
A Microstructural and Microanalytical Study of Heat Cured Mortars and Delayed Ettringite Formation, in: Proceedings of the 10th International Congress on the Chemistry of Cement, Gothenburg, Schweden 4 (1997), S. 4iv061 / 8 S.

SCRIVENER, K. L.; WIEKER, W.
Advances in Hydration at Low, Ambient and Elevated Temperatures, in: 9th International Concress on the Chemistry of Cement, New Dehli, 1992 S. 449–482

SEYFARTH, K., STARK, J.
Schädigende Ettringitbildung in wärmebehandelten Betonen, in: 13. Internationale Baustofftagung IBAUSIL 1997, Weimar, Band 1. S. 1-1003–1019

SEYFARTH, K., STARK, J.
Ettringitbildung im erhärteten Beton – Schadensbilder, mögliche Schadensmechanismen, in: Thesis – Wiss. Zeitschr. d. Bauhaus-Universität Weimar, 44 (1998), H. 1/2, S. 25–32

SEYFARTH, K., STARK, J.
Dauerhaftigkeit wärmebehandelter Betone, in: Beiträge zum 37. Forschungskolloquium des DAfStb 1999 an der Bauhaus-Universität Weimar, S. 157–168

SHAYAN, A.; DIGGINS, R.; IVANUSEC, I.
Effectivness of Fly Ash in Preventing Deleterious Expansion due to Alkali-Aggregate Reaction in Normâl and Steam-Cured Concrete, in: Cement & Concrete Research 26 (1996) No. 1, S. 153–164

SHAYAN, A.; QUICK, G. W.; LANCUCKI, C. J.
Reaktion of Silica Fume and Alkali in Steam-Cured Concrete, in: Proc. of the 16th International Conference on Cement Microscopy, Duncanville, Texas 1994, S. 399–410

STADELMANN, CH; HERR, R.; WIEKER, W.; KURZAWSKI, I.
Zur Bestimmung von Ettringit in erhärteten Portlandzementpasten, in: Silikattechnik 39 (1988) H. 4, S. 120–122

STARK, J.; BOLLMANN, K.
Ettringite Formation – A Durability Problem of Concrete Pavements, in: Proc. of the 10th International Congress of the Chemistry of Cement, Gothenburg, Schweden 1997, 4iv062, 8 S.

STARK, J.; LUDWIG, H.-M.
Zum Frost- und Frost-Tausalz-Widerstand von PZ-Betonen, in: Wiss. Zeitschr. d. Hochsch. f. Archit. u. Bauwes. Weimar, 41 (1995) H. 6/7, S. 17–35

STARK, J.; MÖSER, B.; ECKART, A.
Neue Aspekte der Zementhydratation, in: 14. Internationale Baustofftagung IBAUSIL 2000 Weimar, Tagungsberichte Band 1, S. 1-1093-1-1109

STARK, J.; SEYFARTH, K.:
Ettringite Formation in Hardened Concrete and Resulting Destruction, ACI Spring Convention, Seattle 1997

TAYLOR, H.F.W.
Cement Chemistry, 2nd Edition, London: Thomas Telford Publishing 1997

WIEKER, W.; HERR, R.
Zu einigen Problemen der Chemie des Portlandzementes, in: Zeitschrift Chemie 29 (1989) H. 9, S. 312–327

WIEKER, W.; HÜBERT, C.; SCHUBERT, H.
Untersuchungen zum Einfluß der Alkalien auf die Stabilität der Sulfoaluminathydrate in Zementstein und -mörteln bei Warmbehandlung, in: Schriftenreihe des Institutes für Massivbau und Baustofftechnologie, Universität Karlsruhe 1996, S. 175–186

WISCHERS, G.; SPRUNG, S.
Verbesserung des Sulfatwiderstandes von Beton durch Zusatz von Steinkohlenflugasche – Sachstandsbericht Mai 1989, in: Beton 40 (1990) H. 1, S. 17–21

7 Frost- und Frost-Tausalz-Widerstand von Beton

7.1 Kurzer historischer Abriss

Es steht außer Zweifel, dass die Frost-Beanspruchung von Baustoffen zu allen Zeiten ein großes Problem für die Bauwerkserhaltung darstellte. Schon in den um 20 v. Chr. erschienenen 10 Büchern über die Architektur empfiehlt der römische Baumeister und Schriftsteller VITRUV die Verwendung von Öl zur Herstellung frostgefährdeter Kalk-Estriche. Das Öl wirkte als Luftporenbildner. Vor 200 Jahren wurde die Güte von Ziegeln in erster Linie danach beurteilt, wie sie einem Frostangriff standhalten können. Im Handbuch der Land-Bau-Kunst aus dem Jahre 1778 steht hierzu:

„Die vorzügliche Probe ist aber (zur Bestimmung der Ziegelgüte), wenn sie der nassen Witterung lange, und einem Winter durch den Froste ausgesetzt worden, und sich dennoch gut erhalten haben, d.i. ohne zu zerfallen oder zu erweichen." [GILLY].

Im Laufe der industriellen Entwicklung wurde natürlich nach ökonomischeren Wegen gesucht, um den Frost- und Frost-Tausalz-Widerstand (FTW und FTSW) der Baustoffe zielsicher und in kurzen Zeiträumen einschätzen zu können. Voraussetzung dafür war die Erforschung der grundlegenden Mechanismen, die zu einer Frost- bzw. Frost-Tausalz-Schädigung führen. Für den wichtigsten Baustoff der Gegenwart – den Beton – wird diese Forschung seit über 60 Jahren intensiv betrieben. Über die Aussagekraft und die praktische Übertragbarkeit von Laborprüfergebnissen zum Frostwiderstand wird schon 1955 durch POWERS eine Diskussion begonnen. Auch wenn bis heute noch keine einheitliche Auffassung zu den wesentlichen Zerstörungsmechanismen besteht, führten die Ergebnisse der Grundlagenforschung im Zusammenspiel mit entsprechenden Praxiserfahrungen doch dazu, dass Herstellungsregeln für den Beton angegeben werden können, die i.d.R. einen hohen FTW bzw. FTSW erwarten lassen (*description concept*). Auch die unmittelbare Prüfung des Betons (*performance concept*) konnte unter Einbeziehung der Ergebnisse der Grundlagenforschung so verbessert werden, dass nunmehr mit dem CDF-Test und dem CIF-Test Prüfverfahren zur Verfügung stehen, mit denen in sehr kurzen Zeiträumen der FTW/FTSW praxisnah und präzise bestimmt werden kann.

7.2 Gefrieren der Porenlösung im Zementstein

Viele der physikalischen Schädigungsmechanismen beim Frost- und Frost-Tausalz-Angriff (insbesondere im mikroskopischen Bereich) sind ohne das Wissen über das anormale Gefrierverhalten der Porenlösung im Zementstein nur schwer zu verstehen.

Reines makroskopisches Wasser gefriert unter Atmosphärendruck auf Meereshöhe bei 0 °C. Diese Temperatur entspricht auch dem Schmelzpunkt makroskopischer Eiskristalle. Der Dampfdruck bzw. die freie Reaktionsenthalpie (Gibbssches Potential) von Wasser und Eis ist bei 0 °C identisch, das heißt beide Phasen können nebeneinander koexistieren. Oberhalb dieser Temperatur weist das Wasser eine geringere freie Reaktionsenthalpie auf und stellt demzufolge die stabile Phase dar, unterhalb von 0 °C ist dies für Eis der Fall.

Im Zementstein können

♦ hohe Drücke,
♦ gelöste Stoffe in der Porenflüssigkeit und
♦ die Wirkung von Oberflächenkräften

eine Verringerung der Gleichgewichtstemperatur und somit eine Gefrierpunktserniedrigung bewirken. Eine Unterschreitung des Gefrierpunkts (Gleichgewichtstemperatur) ohne Eisbildung nennt man Unterkühlung. Es handelt sich dabei nicht um eine Verschiebung der Gleichgewichtstemperatur bzw. des Gefrierpunkts, sondern um die Ausbildung eines metastabilen Zustands unterhalb des Gefrierpunkts infolge stochastischer Gesetzmäßigkeiten. Die Verzögerung des Phasenübergangs infolge Unterkühlung kann demzufolge nicht als Gefrierpunkternierdrigung bezeichnet werden.

Die genannten Faktoren führen dazu, dass unter mitteleuropäischen Klimabedingungen beim Auftreten von Frost nur ein kleiner Teil des Porenwassers gefroren vorliegt (bei −20 °C maximal 30% des Gesamtwassers gefroren).

7.2.1 Gefrierpunkternierdrigung durch Druck

Wird auf ein System Druck ausgeübt, ist es entsprechend dem Prinzip von LE-CHATELIER und BRAUN (Prinzip vom kleinsten Zwang) bestrebt in einen Zustand überzugehen, bei dem die Wirkung des Drucks möglichst gering ist. Im System Wasser–Eis würde demzufolge das Wasser die bevorzugte Phase darstellen, da es ein kleineres spezifisches Volumen aufweist als Eis. Quantitativ lässt sich die Wirkung des Drucks auf den Gefrierpunkt mit Hilfe der Clausius-Clapeyronschen Gleichung beschreiben:

$$\frac{dT}{dp} = \frac{T}{Q} \cdot (V_E - V_W)$$

mit

dT/dp Änderung der Umwandlungstemperatur mit dem Druck,
T Umwandlungstemperatur bei Atmosphärendruck,

Q Umwandlungswärme
V_E spez. Volumen von Eis
V_W spez. Volumen von Wasser

Aufgrund des relativ geringfügigen Unterschieds zwischen dem spezifischen Volumen von Eis und Wasser sind für geringe Verschiebungen der Gleichgewichtstemperatur bereits erhebliche Drücke notwendig.

Im Zementstein sind einer entsprechenden Druckerhöhung in der flüssigen Phase, die theoretisch durch eine vollkommen behinderte Expansion während der Eisbildung auftreten könnte, durch die relativ geringe Festigkeit des Systems enge Grenzen gesetzt. Hohe Drücke würden sofort durch die Bildung von Rissen abgebaut. Darüber hinaus ist die Expansion im realen System nie völlig behindert, da die Wachstumsgeschwindigkeit des Eises begrenzt ist und der Druck durch die Umverteilung des nicht gefrorenen Wasser und Eises in wasserfreie Hohlräume oder an die Betonoberfläche abgebaut wird [RÖSLI/HARNIK]. Die Auswirkung des Drucks auf den Gefrierpunkt der Porenlösung ist demzufolge als gering einzuschätzen.

7.2.2 Gefrierpunkterniedrigung durch gelöste Stoffe

Bei der Auflösung von Stoffen im Wasser umgeben sich die dissoziierten Ionen mit einer Wasserhülle (Solvathülle). Dies führt zu einer Verringerung des Dampfdrucks über der Lösung und somit nach dem Raoultschen Gesetz zu einer Siedepunkterhöhung und einer Gefrierpunkterniedrigung. Die auftretende Gefrierpunkterniedrigung ist der Konzentration des gelösten Stoffes im Lösungsmittel, unabhängig von der Art des Stoffes, direkt proportional:

$$\Delta T = E \cdot \frac{m_2 \cdot z}{M_2 \cdot m_1}$$

mit
ΔT Gefrierpunkterniedrigung,
E kryoskopische Konstante bzw. molare Gefrierpunkterniedrigung,
m_2 Masse des gelösten Stoffes,
z Dissoziationsgrad des gelösten Stoffes,
M_2 molare Masse des gelösten Stoffes,
m_1 Masse des Lösungsmittels.

Den Proportionalitätsfaktor E zwischen Gefrierpunkterniedrigung und Konzentration der Lösung bildet die kryoskopische Konstante. Sie drückt aus, welche Gefrierpunkterniedrigung ein Mol eines gelösten Stoffes bei einem bestimmten Lösungsmittel bewirkt.

Da die Porenlösung des Zementsteins nicht aus reinem Wasser besteht, sondern eine Reihe gelöster Stoffe enthält (z.B. Alkalien, Erdalkalien, Sulfate u.a.m.), liegt der Gefrierpunkt der Porenflüssigkeit auch ohne den Einsatz von Taumitteln unterhalb von 0 °C.

7.2 Gefrieren der Porenlösung im Zementstein

Die auftretende Gefrierpunkterniedrigung ist in diesem Fall jedoch relativ gering, da die Konzentration der gelösten Stoffe sehr niedrig ist.

Durch den Einsatz von Tausalzen wird der Effekt der Gefrierpunkterniedrigung wesentlich verstärkt. Die Abbildungen 7.1 und 7.2 zeigen die Phasendiagramme der beiden wichtigsten Tausalze NaCl und $CaCl_2$. Die Gefrierpunkterniedrigung nimmt mit steigender Salzkonzentration bis zum Erreichen des eutektischen Punkts zu.

Bei eutektischer Konzentration ergeben sich folgende Gefrierpunkte:
23,3 M.% NaCl (4,686 Mol Cl/l)   → −21,1 °C,
39,5 M.% $CaCl_2 \cdot 2\,H_2O$ (6,871 Mol Cl/l)   → −55,0 °C bzw.
29,9 M.% $CaCl_2$ (6,871 Mol Cl/l)   → −55,0 °C.

Anhand der Phasendiagramme wird deutlich, dass Lösungen, die gegenüber dem Eutektikum eine geringere Salzkonzentration aufweisen (hypoeutektische Lösungen), solange reine Eiskristalle ausscheiden bis die Konzentration der Restlösung die eutektische Konzentration erreicht hat und Salz kristallisiert. Dieses Verhalten, das für einige mikroskopische Schädigungsmechanismen relevant sein wird, führt bei einer Abkühlung zu immer höheren Konzentrationen der Restlösung und somit zu einer weiteren Gefrierpunkterniedrigung. Der Phasenübergang ist somit verwischter als bei reinem Wasser und erstreckt sich über einen relativ großen Temperaturbereich. Die Menge gefrierenden Wassers bei einer bestimmten Temperatur hängt zwar stark von der Ausgangskonzentration der Lösung ab; streng genommen kann jedoch eine Gefrierpunkterniedrigung nach obiger Gleichung nur für die eutektische Konzentration errechnet werden.

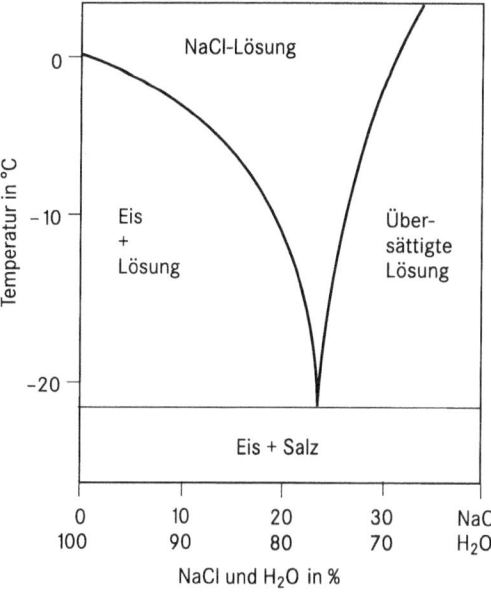

Abb. 7.1:
Phasendiagramm H_2O–NaCl
(nach STOCKHAUSEN ET AL.)

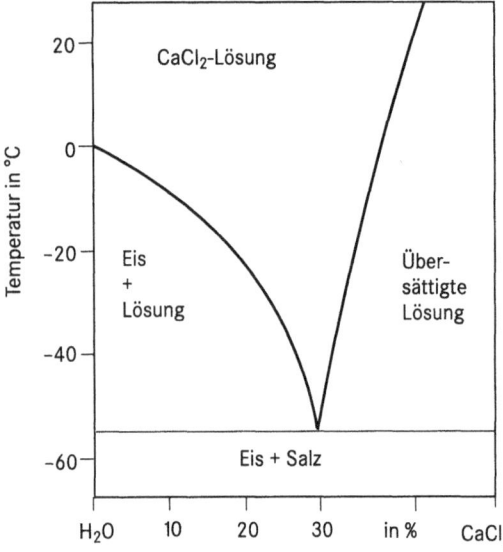

Abb. 7.2:
Phasendiagramm H_2O–$CaCl_2$
(nach HENNING)

7.2.3 Gefrierpunkterniedrigung durch Oberflächenkräfte

Die Porenlösung in den Poren von Beton wird durch die große innere Oberfläche der Zementsteinmatrix (ca. 200 m²/g) beeinflusst. Die Folge der daraus resultierenden Oberflächenkräfte ist eine Verringerung des chemischen Potentials des Porenwassers und somit eine Gefrierpunkterniedrigung. Aufgrund der mit geringerer Porengröße zunehmenden relativen Oberfläche (Oberfläche/Volumen) wirken sich diese Oberflächenkräfte besonders stark bei kleinen Porenradien aus (oberhalb von 100 nm hydraulischen Radius wird die Porenflüssigkeit kaum durch Oberflächenkräfte beeinflusst). Der Zusammenhang zwischen Porenradius und Gefrierpunkt wird als Porenradien-Gefrierpunkt-Beziehung bezeichnet (RGB). Zwischen Gefrierpunkterniedrigung und Porenradius besteht folgender Zusammenhang [SETZER 1977]:

$$\ln(T/T_0) = \frac{-2 \cdot \Delta\varphi \cdot V_m}{H_0 \cdot r_h}$$

mit

T_0 Gefriertemperatur des bulk-Wassers,
T Gefriertemperatur in einer Pore mit Radius r_h,
$\Delta\varphi$ Änderung der Oberflächenenergie,
V_m Molvolumen des Eises,
H_0 molare Schmelzenthalpie des Eises,
r_h hydraulischer Radius der Pore.

7.2 Gefrieren der Porenlösung im Zementstein

Die Änderung der Oberflächenenergie ergibt sich dabei aus der Differenz der Grenzflächenspannungen Eisadsorbat/Festkörper und Wasseradsorbat/Festkörper. Der hydraulische Radius ist definiert durch das Verhältnis aus Porenquerschnittsfläche A zur begrenzenden Randlinie b.

$$r_\mathrm{h} = \frac{A}{b}$$

Für zylinderförmige Poren gilt $r_\mathrm{h} = d/4$ (d: Porendurchmeser). Dieser grundlegende Ansatz wurde später durch andere Autoren konkretisiert. STOCKHAUSEN bezog in seinen Lösungsansatz die Temperaturabhängigkeit der Oberflächenenergie und der spezifischen Wärme von Wasser und Eis ein. Seine numerisch bestimmten Ergebnisse passte er für Zylinderporen an folgende Funktion an:

$$r_\mathrm{h} = \frac{0{,}33}{\ln(T_0/T)} + 1 \quad (r_\mathrm{h} \text{ in nm})$$

Zu einer ähnlichen Lösung gelangten BRUN ET AL. Beide Lösungen (Abbildung 7.3) berücksichtigen die Dicke der nichtgefrorenen, adsorbierten Wasserschicht auf der Festkörperoberfläche.

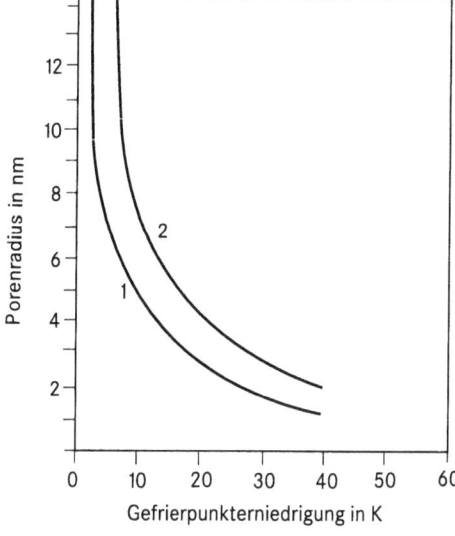

Abb. 7.3:
Radiusgefrierpunktbeziehung für Wasser in zylindrischen Poren (nach BEDDOE/SETZER);
1: nach BRUN
2: nach STOCKHAUSEN

Gestützt werden die rechnerischen Lösungsansätze zur RGB von einer Vielzahl von Tieftemperaturmessungen an Zementsteinen mittels Differentialthermoanalyse (DTA) und Differentialkalorimetrie (DSC).

Im Ergebnis dieser Messungen erfolgte eine Porengrößeneinteilung, die sich an der Art des Porenwassers orientiert (Tabelle 7.1).

Tab. 7.1: Porengrößeneinteilung und Wassermodifikationen (nach SETZER 1994)

Typ	Charakteristische Dimension (hydraulischer Radius r_h)	Art des Porenwasser
Grobporen	$r_h > 1$ mm	Leer
Makrokapillaren	1 mm $> r_h >$ 30 µm	Makroskopisches Wasser hoher Beweglichkeit, Gefrierpunkt bis $-20\,°C$ entsprechend RGB
Mesokapillaren	30 µm $> r_h >$ 1 µm	Makroskopisches Wasser mittlerer Beweglichkeit, Gefrierpunkt bis $-20\,°C$ entsprechend RGB
Mikrokapillaren	1 µm $> r_h >$ 30 nm	Makroskopisches Wasser geringer Beweglichkeit, Gefrierpunkt bis $-20\,°C$ entsprechend RGB
Mesogelporen	30 nm $> r_h >$ 1 nm	Vorstrukturiertes Wasser, Gefrierphasenübergänge bei $-24\,°C$, $-31\,°C$ und $-39\,°C$
Mikrogelporen	$r_h < 1$ nm	Strukturiertes Wasser, Gefrierphasenübergang bei $-90\,°C$

7.2.4 Unterkühlungseffekte

Kristallkeime sind nur dann stabil, wenn die freie Keimbildungsenthalpie einen Wert gleich oder kleiner Null annimmt. Die Keimbildungsenergie ergibt sich dabei als Differenz aus zwei Energietermen,
• der benötigten Oberflächenenergie für den sich bildenden Kristallkeim und
• der infolge des Volumenzuwachses freiwerdenden Kristallisationswärme.

Überwiegt bei kleiner Keimgröße der Oberflächenterm, nimmt die freie Keimbildungsenthalpie positive Werte an. Die Energie reicht zur Bildung stabiler Keime nicht aus und bereits gebildete Keime zerfallen wieder. Oberhalb eines kritischen Keimradius überwiegt der Volumenterm, das heißt, die freie Keimbildungsenthalpie nimmt negative Werte an. Es bilden sich stabile wachstumsfähige Kristallkeime.

Unter der vereinfachten Annahme, dass kugelförmige Kristallkeime entstehen, kann die freie Keimbildungsenthalpie für die Bildung von Eiskeimen bei einer bestimmten Temperatur und damit auch der kritische Keimbildungsradius abgeschätzt werden [BADMANN]:

$$G_{E,W} = 4 \cdot \pi \cdot r^2 \cdot \varphi_{E,W} - \frac{4}{3} \cdot \pi \cdot r^3 \cdot \Delta\mu \cdot N_V$$

mit
$G_{E,W}$ freie Keimbildungsenthalpie Eis/Wasser,
r Radius des Eiskristallkeims,
$\varphi_{E,W}$ Grenzflächenenergie Eis/Wasser,
$\Delta\mu$ Chemisches Potential zwischen Eis und Wasser,
N_V Zahl der Moleküle pro cm^3.

7.2 Gefrieren der Porenlösung im Zementstein

Das Maximum der Funktion entspricht dem kritischen Keimbildungsradius r_k:

$$r_k = \frac{2 \cdot \varphi_{E,W}}{N_V \cdot \Delta\mu} .$$

Der kritische Keimbildungsradius wird mit fallender Temperatur kleiner, da die Grenzflächenenergie φ zwischen Eis und Wasser nahezu temperaturunabhängig ist, während das chemische Potential $\Delta\mu$ zwischen beiden Phasen mit sinkender Temperatur stark zunimmt [STOCKHAUSEN ET AL.]. So ergibt sich aus obiger Gleichung für eine Temperatur von −5 °C ein kritischer Radius von 15 nm, während bei einer Temperatur von −20 °C ein Radius von 4 nm ausreichend ist, um die Stabilität des Eiskristallkeims zu sichern.

Für die Ausbildung von Kristallkeimen entsprechender Größe müssen sich Moleküle an der Stelle der Keimbildung zusammenfinden. Die Wahrscheinlichkeit für einen solchen Zusammenschluss nimmt mit der Anzahl der dafür notwendigen Moleküle stark ab. Das heißt, die Möglichkeit, dass sich unmittelbar unterhalb der Liquiduslinie stabile Eiskeime bilden (großer notwendiger Radius – große Anzahl von notwendigen Molekülen), ist sehr gering. Mit fallender Temperatur wird eine Eisbildung immer wahrscheinlicher (kleiner notwendiger Radius – kleine Anzahl von notwendigen Molekülen) bis schließlich bei ca. −40 °C die Grenze für die Unterkühlbarkeit des Wassers erreicht ist. Bei dieser Temperatur beträgt der kritische Keimbildungsradius nur noch 1,85 nm.

Die Bildung von Eiskristallen und deren Wachstum kann auch von außen initiiert werden, indem die Oberfläche des Betons vereist ist oder sich andere keimbildungsfördernde Stoffe an der Betonoberfläche befinden. Die oberflächlich gebildete Eisfront wandert dann ins Innere des Betons.

Das reale Ausmaß der Unterkühlung des Porenwassers im Beton hängt von einer Vielzahl von Faktoren ab. Ganz entscheidend ist dabei, ob

* die Oberfläche eisfrei (beispielsweise durch Präventivstreuung) oder
* mit einer Eisschicht bedeckt ist.

Bei einer Verhinderung einer äußeren Initiierung der Keimbildung wurden an wassergesättigten Zementsteinprismen Unterkühlungen bis auf ca. −15 °C festgestellt.

Neben der Beschaffenheit der Probenoberfläche wirken sich auch die Probengröße, die Abkühlgeschwindigkeit, der Wassergehalt der Probe (Wassersättigung), die Art der Porenlösung und Porengröße ganz maßgeblich auf das Ausmaß der Unterkühlung aus.

Eine unmittelbare Folge großer Unterkühlungseffekte ist die sogenannte spontane Eisbildung. Im Gegensatz zur stetigen Eisbildung gefriert hier eine bestimmte Wassermenge im Gefüge des Betons in außerordentlich kurzer Zeit und bewirkt so eine Behinderung der Wasserumverteilung. Durch eine starke Unterkühlung der Porenlösung werden somit die später aufgeführten Schädigungsmechanismen beim Frost- und Frost-Tausalz-Angriff wesentlich verstärkt.

7.3 Zerstörungsmechanismen

Bei den bislang bekannten Mechanismen, die zu einem Frost- bzw. Frost-Tausalz-Schaden führen, muss man zwischen solchen unterscheiden,
♦ die makroskopische Spannungen nach sich ziehen, und solchen,
♦ die Veränderungen im mikroskopischen Zementsteingefüge bewirken.

7.3.1 Makroskopische Mechanismen

7.3.1.1 Ungleiche Temperaturausdehnungskoeffizienten

Die Temperaturausdehnungskoeffizienten α_T der Betonbestandteile Zementstein und Zuschlag können sehr unterschiedlich sein. Die möglichen Unterschiede sind in großem Maße vom Feuchtigkeitszustand des Zementsteins und von der Art des Zuschlags abhängig (Tabelle 7.2).

Tab. 7.2: Temperaturausdehnungskoeffizienten von Zementstein und Zuschlag

Temperaturausdehnungskoeffizienten (10^{-6}/K)		
Zementstein		
	Hochofenzement	Portlandzement
trocken, 30% r.F.	9,0 ... 10,6	9,4 ... 10,5
lufttrocken, 65% r.F.	15,8 ... 17,3	20,7 ... 24,4
wassergesättigt, 100% r.F.	9,3 ... 10,0	10,2 ... 11,0
Zuschlag		
Kalkstein	3,5 ... 6,5	
Quarz*	10,0 ... 12,5	

* amorphes SiO_2 weist wesentlich niedrigere Werte auf
 - Kieselgur $\alpha_T = 1,7 \cdot 10^{-6}$/K
 - Opal $\alpha_T = 6,0 \cdot 10^{-6}$/K

Bei großen Temperaturdifferenzen ergeben sich aufgrund der Unterschiede in den α_T-Werten rechnerisch durchaus Spannungen, die im Bereich der Zugfestigkeit des Betons liegen. Bei Temperaturdifferenzen von 40 K können z.B. Zugspannungen > 6 N/mm² auftreten. Ein experimenteller Nachweis für das Wirken dieses Schädigungsmechanismus im Beton konnte jedoch nicht erbracht werden, so dass bezüglich der Bedeutung der ungleichen α_T-Werte auf den realen Frost- und Frost-Tausalz-Schaden unterschiedliche Auffassungen bestehen.

Unter ungünstigen Bedingungen (schnell auftretende große Temperaturunterschiede, ungünstige Zuschläge) ist jedoch eine Verstärkung der Frostschädigung möglich.

Geht man von den Bedingungen eines Frost- oder Frost-Tausalz-Angriffs aus, müssen auch die Unterschiede der α_T-Werte von Zementstein und Eis beachtet werden. Hier ergeben sich noch größere Unterschiede als zwischen den Betonkomponenten Zuschlag und Zementstein. Während Zementstein in Abhängigkeit des Feuchtegehalts α_T-Werte von ca. 10 ... 24 · 10^{-6}/K aufweist, kann für Eis von einem unteren Grenzwert von 50 · 10^{-6}/K ausgegangen werden. Rechnerisch führen diese Unterschiede bereits bei einer auftretenden Temperaturdifferenz von 15 K zu Zugspannungen, die in der Größenordnung derjenigen des Betons liegen.

Spannungen infolge der unterschiedlichen Wärmedehnung von Zementstein und Eis können durch zusätzlich ablaufende Vorgänge im mikroskopischen Bereich noch verstärkt werden.

Die unterschiedlichen Temperaturausdehnungskoeffizienten von Eis und Zementstein spielen offensichtlich für den realen Frostschaden eine nicht unerhebliche Rolle. Rasterelektronenmikroskopische Untersuchungen im Tieftemperaturbereich belegen, dass die auftretenden Spannungen Gefügeschäden auslösen können.

7.3.1.2 Schichtenweises Gefrieren

Das Modell zum schichtenweisen Gefrieren wurde zunächst für das Gefrieren von Beton in Anwesenheit von Tausalzen aufgestellt (Abbildung 7.4). Danach tritt bei der Anwendung von Tausalzen ein Salzgradient auf, der dazu führt, dass die Gefrierpunkterniedrigung in den oberflächennahen Bereichen des Betons größer ist als in den tieferliegenden Betonschichten. Andererseits treten bei der Befrostung die tiefsten Temperaturen zuerst an der Betonoberfläche auf, während sich der Betonkern nur langsam abkühlt. Das Zusammenwirken von Salzkonzentrations- und Temperaturgefälle kann dazu führen, dass eine Eisbildung zunächst an der Betonoberfläche und im Betonkern stattfindet, während die dazwischenliegende Schicht ungefroren bleibt. Gefriert bei weiterer Abkühlung auch diese Schicht, kommt es zur Absprengung der darüberliegenden Oberflächenschicht. Das Modell wurde in der Praxis nicht realisiert.

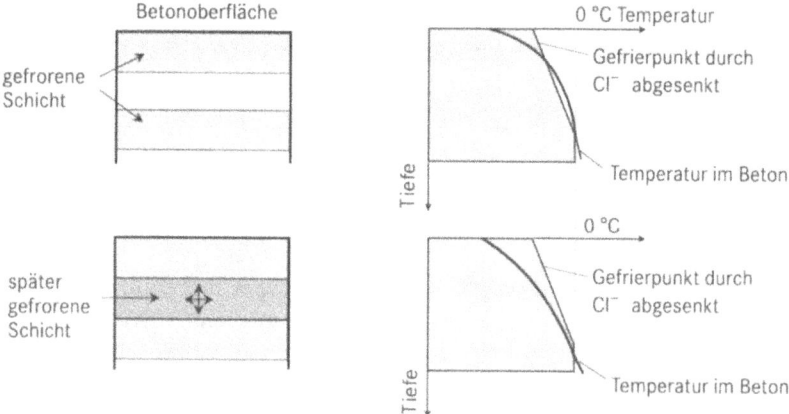

Abb. 7.4: Schichtenweises Gefrieren des Betons infolge Tausalzeinwirkung (nach BLÜMEL/SPRINGENSCHMID)

In der Praxis treten tatsächlich häufig beim Frost-Tausalz-Angriff Schäden auf, bei denen dünne Oberflächenschichten abwittern, deren Gefüge selbst relativ unversehrt geblieben ist. Insofern stimmt das Modell mit den Schadensbeobachtungen überein. Es stellt sich jedoch die Frage, in welchem Umfang sich unter praktischen Verhältnissen Salz- und Temperaturgradienten einstellen, die in ihrem Zusammenwirken tatsächlich zu einer ungefrorenen Zwischenschicht führen.

Ein schichtenweises Gefrieren des Betons kann auch bei einem reinen Frostangriff auftreten. Ursache hierfür ist neben dem bereits erwähnten Temperaturgefälle die Tatsache, dass sich aufgrund der fertigungsbedingten Inhomogenität des Betons, schädigungsrelevante Eigenschaften (*w/z*-Wert, Porosität, Festigkeit, E-Modul, Temperaturausdehnungskoeffizient usw.) beim Übergang vom Kern- zum Randbeton ändern.

7.3.1.3 Temperatursturz

Für das Auftauen von Schnee und Eis mit Taumitteln wird Wärme benötigt. Da im Betonuntergrund ca. 1000-mal mehr Wärme gespeichert ist als in ruhender, trockener Luft, wird die erforderliche Schmelzwärme in erster Linie den oberflächennahen Bereichen des Betons entzogen. Die Folge dieses Wärmeentzugs ist ein rapider Temperatursturz in der Betonrandzone, der zur Entstehung innerer Druck- und Zugspannungen führt [RÖSLI/HARNIK].

Die aus dem Temperatursturz (ΔT) resultierende maximal auftretende Zugspannung (σ_{max}) lässt sich wie folgt abschätzen:

$$\sigma_{max} = 0{,}24 \cdot \Delta T \quad (\sigma_{max} \text{ in N/mm}^2, \Delta T \text{ in K})$$

Die eintretende Temperaturabsenkung ist in starkem Maße vom angewendeten Taumittel abhängig. Bei den am häufigsten eingesetzten Chloriden nimmt die Temperaturerniedrigung in der Reihenfolge

$$CaCl_2 - MgCl_2 - NaCl$$

zu.

Die Ursache dafür ist die unterschiedliche Lösungswärme dieser Salze. Während $CaCl_2$ und $MgCl_2$ bei ihrer Lösung Wärme abgeben ($L_{CaCl_2} = +356$ J/g; $L_{MgCl_2} = +70$ J/g) und somit zusätzliche Schmelzwärme für den Auftauprozess des Eises zur Verfügung stellen, wird für die Auflösung von NaCl Wärme benötigt ($L_{NaCl} = -83$ J/g). Neben der Art des eingesetzten Taumittels wirken sich auch die Taumittelkonzentration und vorhandene Eisschichtdicke wesentlich auf den Temperatursturz aus.

Im Laborversuch betrug die größte gemessene Temperaturabsenkung bei der Anwendung von NaCl in eutektischer Konzentration und einer Eisschichtdicke von 2 mm 14 K. Bei Anwendung der o.g. Näherungsformel würden dabei Zugspannungen entstehen, die im Bereich der Zugfestigkeit von Beton niedrigerer Festigkeitsklasse liegen. Bei Feldversuchen, die an Verkehrsflächen unter praxisnahen Bedingungen durchgeführt wurden, lag die maximale Temperaturabsenkung jedoch nur bei maximal 4,3 K, was auf die geringere Salzkonzentration und Eisschichtdicke zurückzuführen ist.

Als primäre Ursache für eine Frost-Tausalz-Schädigung des Betons in der Praxis kann der Temperatursturz ausgeschlossen werden.

Erhebliche Schäden können dann beobachtet werden, wenn eine Tausalzlösung auf einer eisfreien Oberfläche mehrmals eingefroren wird. Es ist nicht auszuschließen, dass es lokal unter ungünstigen Randbedingungen zur Entstehung von Mikrorissen kommen kann, die den Schädigungsverlauf beschleunigen.

7.3.2 Mikroskopische Schadensursachen

7.3.2.1 Hydraulischer Druck

Aufgrund der Dichteanomalie des Wassers kommt es beim Phasenübergang Wasser – Eis zu einer Volumenausdehnung um ca. 9%, das heißt, ein äquivalentes Wasservolumen muss verdrängt werden. Steht in unmittelbarer Nähe der Eisbildung kein entspechender Ausweichraum für dieses Wasser zur Verfügung (wasserfreie Poren, Oberfläche), entsteht ein Innendruck, der nach POWERS als hydraulischer Druck bezeichnet wird.

Zum Frostschaden kommt es dann, wenn der hydraulische Druck die Zugfestigkeit des Betons überschreitet.

Die Größe des hydraulischen Drucks hängt in erster Linie von der Weglänge des verdrängten Wassers bis zum nächsten wasserfreien Ausdehnungsraum ab. Davon ausgehend führte POWERS die positive Wirkung von Luftporenbildnern auf die Bereitstellung von zusätzlichem Expansionsraum zurück und berechnete, wie lang die Strecke vom Ort der Eisbildung bis zum Rand des Expansionsraumes maximal sein darf (Abstandsfaktor), um eine Überscheitung der Zugfestigkeit des Betons infolge des hydraulischen Drucks zu verhindern [POWERS].

Der hydraulische Druck hängt weiterhin von der Menge an gefrierbarem Wasser und von der Abkühlgeschwindigkeit beim Gefrieren ab. Mit großen Drücken ist dann zu rechnen, wenn der Beton ein ausgedehntes Kapillarporensystem und einen hohen Wassersättigungsgrad aufweist und die Eisbildungsgeschwindigkeit hoch ist. Der hydraulische Druck kann jedoch auch dann zur Schädigung führen, wenn der Wassergehalt der Proben unterhalb von 91% liegt. POWERS führt dies darauf zurück, dass die Porenflüssigkeit zuerst in den größeren Poren gefriert (RGB). Setzt der Gefriervorgang dann auch in den kleineren Poren ein, wird die Verdrängung des Wassers durch das bereits vorhandene Eis der großen Poren behindert. Bei vollständiger Behinderung des verdrängten Wassers könnte sich theoretisch ein hydraulischer Druck von rund 200 N/mm^2 aufbauen.

Die tatsächlichen Drücke werden aber erheblich niedriger sein, da die Eisbildung nie schlagartig eintritt und das Porenwasser des Zementsteins nicht auf einmal, sondern bei unterschiedlichen Temperaturen gefriert. Dennoch muss zumindest kurzzeitig mit hohen Druckspitzen gerechnet werden, insbesondere dann, wenn Kapillarwasser von vorrückendem Eis eingeschlossen wird oder wenn Porenhälse bereits durch Eis verschlossen sind, im Inneren der Pore aber noch flüssige Phase vorhanden ist.

Die in den vierziger Jahren durch POWERS entwickelte Theorie vom hydraulischen Druck ist heute allgemein anerkannt und war Ausgangspunkt für eine Reihe von Anforderungen an Beton mit hohem Frost-/Frost-Tausalz-Widerstand. Der von ihm beispielsweise angegebene maximale Abstandsfaktor von 0,25 mm bildet auch heute noch die Grundlage für die Herstellung und Bewertung von Luftporenbetonen.

Der hydraulische Druck ist einer der wichtigsten mikroskopischen Faktoren für die Schadensbildung bei Frost- und Frost-Tausalz-Beanspruchung.

7.3.2.2 Kapillarer Effekt

Nicht alle Frostschäden sind auf die Verdrängung des Wassers aus den Gefrierbereichen zurückzuführen. Die Beobachtung, dass bei der Abkühlung von Zementstein nicht nur Dehnungen auftreten, sondern in bestimmten Gefrierphasen die Prüfkörper auch kontrahierten und dass eine kontinuierliche Ausdehnung auch bei konstanten Minustemperaturen auftritt, war mit dem Wirken des hydraulischen Drucks nicht mehr erklärbar. Später wurden Gefügeausdehnungen an befrosteten Zementsteinen gefunden, wenn diese nicht mit Wasser, sondern mit Benzol gefüllt waren; einer Flüssigkeit, die beim Gefrieren kontrahiert [BEAUDOIN/MAC INNIS].

Die Ursache für die o.g. Erscheinungen ist der sogenannte kapillare Effekt, der durch die Abhängigkeit des Gefrierpunkts von der Porengröße hervorgerufen wird. Während des Gefriervorgangs gefriert das Porenwasser zunächst in den großen Kapillarporen, während es in den kleineren Gelporen flüssig bleibt. Da der Dampfdruck über Wasser größer ist als der über Eis (Abbildung 7.5), entsteht auf diese Weise ein thermodynamisches Ungleichgewicht, das die Triebkraft für den Transport von Wasser von kleineren zu größeren Poren oder zur eisbedeckten Betonoberfläche bildet.

Neben dem hydraulischem Druck ist der kapillare Effekt die zweite, wesentliche Schadensursache für Frostschäden im mikroskopischen Bereich.

Es konnte nachgewiesen werden, dass künstlich eingeführte Luftporen nicht nur Ausdehnungsraum für verdrängtes Wasser bereitstellen (hydraulischer Druck), sondern dass deren positive Wirkung auch darauf zurückzuführen ist, dass dadurch Expansionsraum für aufwachsendes Eis geschaffen wird (kapillarer Effekt).

Welcher der beiden Mechanismen – hydraulischer Druck oder kapillarer Effekt – für den Frostschaden dominierend ist, ist bis heute nicht eindeutig geklärt und hängt sicher stark von den Randbedingungen ab. Dazu zählen

♦ die Abkühlgeschwindigkeit,
♦ die Menge an Gelporen und
♦ der Ablauf von Diffusionsprozessen.

7.3 Zerstörungsmechanismen

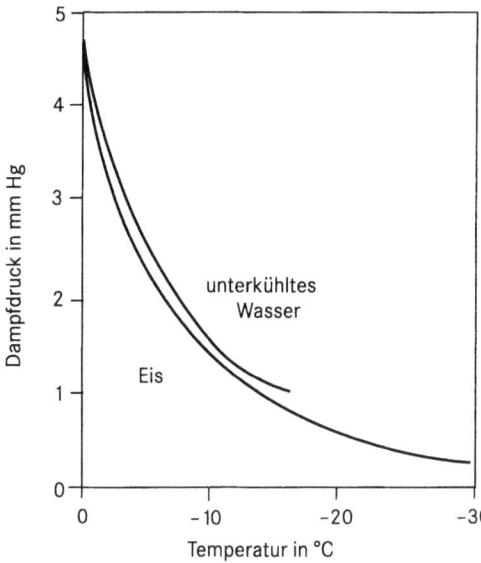

Abb. 7.5:
Temperaturabhängiger Dampfdruck von Eis und unterkühltem Wasser (nach Litvan)

7.3.2.3 Diffusion und Osmose

Die Porenflüssigkeit des Zementsteins enthält gelöste Stoffe, die aus der Zementsteinmatrix und ggf. von eingesetzten Tausalzen stammen. Beim Gefrieren dieser verdünnten Lösung werden bis zum eutektischen Punkt nur Eiskristalle ausgeschieden. Die Konzentration der Restlösung steigt parallel dazu an. Da der Gefriervorgang in Abhängigkeit von der Porengröße einsetzt, kommt es zu Konzentrationsunterschieden. Während die Porenlösung in kleineren Poren ungefroren in der ursprünglichen Konzentration vorliegt, erhöht sich die Konzentration der größeren Poren infolge des früher einsetzenden Gefrierens. Dieses Konzentrationsgefälle führt zu einem Diffusionsprozess, der in der gleichen Richtung verläuft, wie derjenige, der durch das Dampfdruckgefälle verursacht wird (Flüssigkeitsbewegung von kleinen zu großen Poren).

Der kapillare Effekt kann somit, insbesondere beim Einsatz von Tausalzen, durch auftretende Konzentrationsunterschiede verstärkt werden.

Ein eigenständiger Schadensmechanismus kann eintreten, wenn die konzentrationsausgleichenden Vorgänge durch eine semipermeable Scheidewand ablaufen, da sich dann ein osmotischer Druck aufbaut. Allerdings ist fraglich, ob die daraus resultierenden geringen Drücke wirklich zu einer Zerstörung des Gefüges führen können. Darüber hinaus laufen die konzentrationsausgleichenden Prozesse wesentlich langsamer ab als die Prozesse, die durch das Dampfdruckgefälle ausgelöst werden.

Der osmotische Druck kann als primäre Schadensursache ausgeschlossen werden.

7.3.2.4 Thermodynamisches Modell

Im thermodynamischen Modell nach SETZER (1977) wird erstmals die Wirkung von Oberflächenkräften auf die Frostschädigung berücksichtigt. Bei den Modellvorstellungen wird davon ausgegangen, dass bis auf eine flüssigkeitsähnliche, adsorbierte Wasserschicht auf der Partikeloberfläche auch die Porenlösung in den feinen Gelporen bei entsprechender Temperatur gefriert. Durch die neue Grenzfläche zwischen dieser dünnen Wasserschicht und den Eiskristallen entstehen beim Gefrieren zusätzliche Oberflächenspannungen im Poreneis. Aufgrund des thermodynamischen Modells und seiner Präzisierung [SETZER 1999, 2000] kann man die Abweichungen vom makroskopischen Gefrierverhalten erklären. Die Grenzflächenspannungen führen zu einer Erniedrigung des Gefrierpunktes wie sie mit der Radius-Gefrierpunkt-Beziehung beschrieben wird. Damit sind gleichzeitig Wasser, Wasserdampf und Eis als stabile Phasen möglich. Im Gegensatz zum makroskopischen Verhalten wandert der Tripelpunkt von ca. 0 °C bis unter −40 °C ab. Dies ist nur möglich, weil gleichzeitig erhebliche Unterdrücke erzeugt werden, und zwar auf zweierlei Art und Weise:

1. Aufgrund der zusätzlichen Oberflächenspannungen zwischen der inneren Zementsteinoberfläche und dem Poreneis entsteht in den Eispartikeln Druck und in der die umgebenden Matrix Unterdruck, und zwar umso mehr, je kleiner der hydraulische Radius der Pore ist. Es findet daher selbst im gefrorenen Zustand ein Transport aus den kleineren zu den größeren Poren hin statt. Er kann über die ungefrorenen sorbierten Schichten und über das Wasser in den sehr kleinen ungefrorenen Gelporen erfolgen. Wie stark dieser Transport abläuft, hängt entscheidend von den Randbedingungen wie Abkühlgeschwindigkeit und Minimaltemperatur ab.

2. Eine Tripelpunktverschiebung ist nur möglich, wenn im Porenwasser ein entsprechender Unterdruck entsteht. Er nimmt um 1,22 MPa mit jedem Kelvin unter dem makroskopischen Gefrierpunkt (0 °C) zu. Wenn das ungefrorene Porenwasser gefriert, sind die unter Punkt 1 im Poreneis entstehenden Unterdrücke und die durch die Tripelpunktverschiebung entstehenden Unterdrücke gerade gleich groß. Mit der Eisbildung werden sie eingefroren.

Zur Erklärung des anomalen Verhaltens entwickelte SETZER das Modell **Mikroeislinsenbildung und Mikroeislinsenpumpe** [SETZER 1999, 2000]. Mit diesem Modell wird eine systematische und konsequente Darstellung der Vorgänge beim Gefrieren des Wassers im porösen System des Zementsteins möglich. Neben den Drücken, die mit sinkender Temperatur zunehmen und mit steigender Temperatur abnehmen, ist noch wesentlich, dass der Gefrier- und Tau-Vorgang jeweils ein dynamischer Prozess ist, der regelmäßig über eine Frostangriffsfläche in den Beton hinein fortschreitet. Dabei beobachtet man drei wichtige Effekte:

7.3 Zerstörungsmechanismen

1. Entsprechend thermodynamischer Gesetzmäßigkeiten wird das ungefrorene Wasser zu den größeren Eiskristallen transportiert, und zwar entweder direkt durch Verdunsten der Porenflüssigkeit oder durch direkten Transport von der Porenflüssigkeit zum anschließenden größeren Eispartikel. Der Unterdruck in der Flüssigkeit hängt ausschließlich von der Temperatur ab.
2. Die Zementstein- und Betonmatrix ist nicht unendlich starr. Aufgrund des Wassertransports aus dem Gel zum Eis beobachtet man Erscheinungen, die dem Schwinden des Zementgels durch Austrocknen entsprechen.
3. Beim Auftauen nimmt zwar der Unterdruck im ungefrorenen Wasser entsprechend der Thermodynamik wieder ab. Ein Rücktransport des Wassers vom Eis ist aber nur in untergeordneter Menge möglich, da die größeren Eispartikel erst wieder beim makroskopischen Schmelzpunkt auftauen.

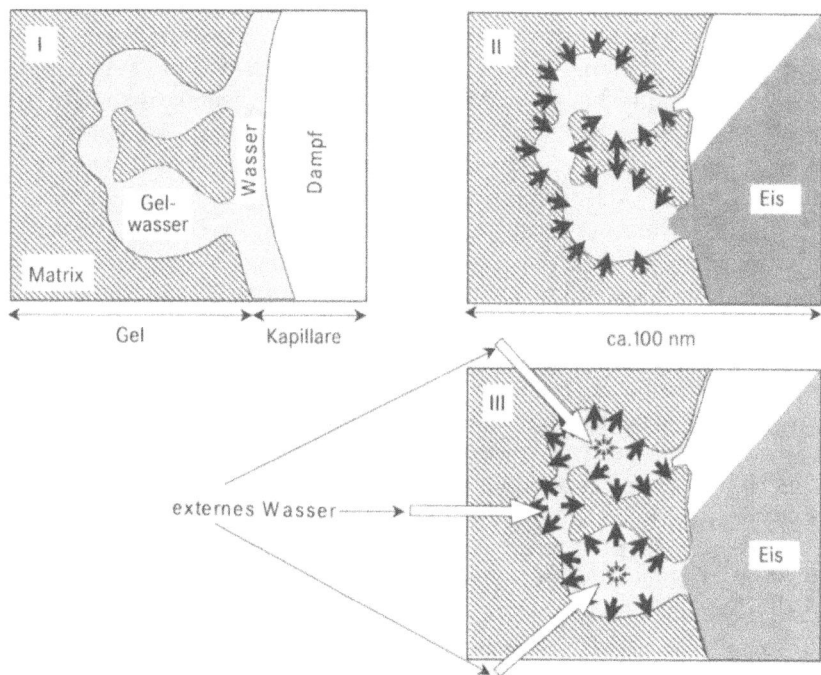

Abb. 7.6: Schematische Darstellung der Mikroeislinsenpumpe (nach SETZER 2000)

Das Modell der Mikroeislinsenpumpe ist in Abbildung 7.6 schematisch dargestellt.

Nummer I der Abbildung 7.6 zeigt eine Gelpore und den Randbereich einer Kapillare, die teilweise gesättigt ist bei 20 °C.

Beim **Gefrieren** (Nummer II in Abbildung 7.6) bildet sich zunächst makroskopisches Eis. Mit jedem Kelvin Unterkühlung baut sich im ungefrorenen Wasser eine Druckdifferenz zum Eis von 1,22 MPa/K auf. Diese Druckdifferenz führt dazu, dass Wasser aus dem Gel zum makroskopischen Eis hintransportiert wird und dass gleichzeitig aufgrund des endlichen *E*-Moduls der Matrix diese kontrahiert wird. Das Gel, das mit ungefrorenem Wasser gefüllt ist, schwindet (Gefrierschwinden) und Wasser wird herausgedrückt (ähnlich einem Schwamm). Das Wasser wird am makroskopischen „bulk"-Eis, das heißt, den Mikroeislinsen angefroren und damit gefangen. Dieser Vorgang beginnt an der Betonoberfläche und setzt sich zunehmend nach innen fort.

Beim **Erwärmen** (Nummer III in Abbildung 7.6) schmilzt zunächst an der Betonoberfläche das Eis wieder. Während der Erwärmungsphase nimmt der Druckunterschied zwischen ungefrorenem Wasser und Eis ab. Das Zementgel expandiert. Da das makroskopische Eis im Festkörper aber immer noch ungeschmolzen ist, kann eine nennenswerte Menge von Wasser nur über die äußere schon flüssige Wasserschicht in den Betonkörper hinein gezogen werden. Mit zunehmender Erwärmung setzt sich dieses Phänomen von außen nach innen fort und sättigt so den Betonkörper.

Ein Frost-Tau-Wechsel ist damit eine außerordentlich effiziente Pumpe. Temperatursenkung und -erhöhung wirken wie ein Kolben, der das Gel beim Gefrieren zusammendrückt und bei der Temperaturerhöhung wieder expandiert. Besteht nun die Möglichkeit des Wassernachsaugens von außen – wie es bei den meisten Frostprüfungen der Fall ist – findet mit jedem Frost-Tau-Wechsel eine künstliche Sättigung der Makrokapillar- und Grobporen statt, die aufgrund ihrer Porenradien nicht aus eigener Kraft gesättigt werden können. Die isotherme Sättigung durch kapillares Saugen wird durch diese künstliche Sättigung beträchtlich übertroffen. Die sogenannte künstliche „Mikropumpe Zementsteingefüge" durch Frost-Tau-Wechsel-Beanspruchung führt unabhängig von der Permeabilität und dem Gehalt an kapillar nicht aktiven Poren zu einer kritischen Sättigung und damit zur Zerstörung des Betongefüges.

In der Praxis ist eine teilweise Sättigung des Betongefüges die Regel. Eine kritische Spannung wird erst nach dem Erreichen einer kritischen Sättigung erreicht. Eine Mikrorissbildung führt dann im Betongefüge zum Spannungsabbau. Eine zyklische Beanspruchung führt in der Folge zu einer Rissausweitung und -verbreiterung und schließlich zu einer Schädigung des Betongefüges. Wiederholte Frost-Tau-Wechsel führen unter natürlichen Bedingungen ohne anstehendes Wasser zur Trocknung des Kernbetons und zur Anreicherung von Porenlösung in der oberflächennahen Schicht. Anstehendes Wasser kann in Tauperioden nachgesaugt werden. Diese künstliche Pumpwirkung führt schnell zu einer Sättigung des Betons. Ist ein bestimmter kritischer Sättigungsgrad erreicht, beginnt die Betonschädigung.

Der kritische Sättigungsgrad ist eine betonspezifische Größe und nicht mit dem Sättigungsbeiwert ($s = 0{,}91$) gleichzusetzen. Die Ermittlung des kritischen Sättigungsgrades erfolgt an unterschiedlich gesättigten Betonen durch Bestimmung des *E*-Modul-Abfalls (Abbildung 7.7).

7.3 Zerstörungsmechanismen

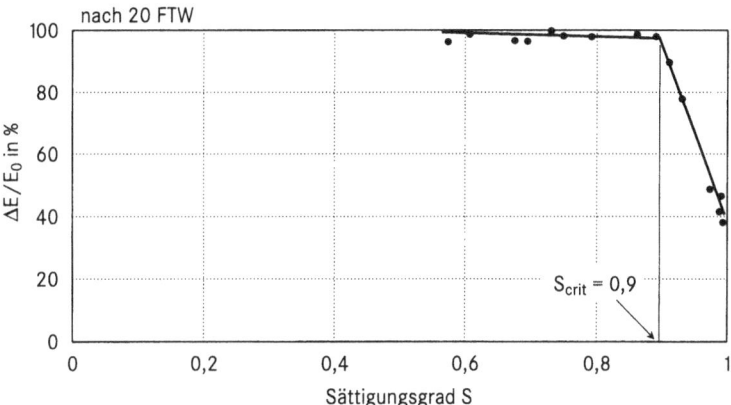

Abb. 7.7: Ermittlung des kritischen Sättigungsgrades. Typischer Verlauf des relativen dynamischen E-Moduls mit steigendem Sättigungsgrad (nach FAGERLUND)

7.3.2.5 Kristallisationsdruck

Unter Kristallisation ist ein Vorgang zu verstehen, bei dem sich aus einer übersättigten Lösung die gelöste Phase ausscheidet und in den festen Zustand übergeht. Wird die freie Kristallisation durch die Porengeometrie behindert, kann es zum Aufbau von Drücken kommen, die folgendermaßen unterschieden werden:
- hydrostatischer Kristallisationsdruck,
- linearer Wachstumsdruck,
- Hydratationsdruck (besser: Kristallisationsdruck infolge Hydratation).

Unter **hydrostatischem Kristallisationsdruck** versteht man den Druck, der entsteht, wenn das Volumen des neugebildeten Kristalls und der Restlösung größer sind als das der übersättigten Lösung. Bei einer Frost- und Frost-Tausalz-Belastung stellt der Eisdruck, auf dessen Wirkung bereits eingegangen wurde, den entscheidenden hydrostatischen Kristallisationsdruck dar.

Der **lineare Wachstumsdruck** resultiert aus dem Phänomen, dass Kristalle, bei denen eine Wachstumsrichtung außerordentlich bevorzugt wird, unter bestimmten Bedingungen in der Lage sind, gegen einen Widerstand weiterzuwachsen. Im Porenraum des Zementsteins gebildete Kristalle können somit bei entsprechendem Wachstum auf die gegenüberliegende Porenwandung einen Druck ausüben.

Unter **Hydratationsdruck** ist der Druck zu verstehen, der auftreten kann, wenn eine wasserarme oder wasserfreie Phase unter Volumenvergrößerung in eine wasserreichere Phase übergeht. Auch hier handelt es sich im Prinzip um einen Kristallisationsdruck.

7.4 Einflussgrößen

Die Frage nach den Schädigungsmechanismen beim Frost-/ Frost-Tausalz-Angriff auf Beton ist äußerst komplex und nicht ausschließlich durch die Volumenzunahme des Wassers beim Gefrieren zu erklären. Obwohl noch keine einheitliche Theorie zum Schadensmechanismus existiert, hat man dennoch einen relativ guten Überblick über die wichtigsten schädigungsrelevanten Einflussgrößen (Tabelle 7.3).

Tab. 7.3: Wichtige Einflussgrößen auf den Frost-/Frost-Tausalz-Widerstand

Betonzusammensetzung	Technologische Einflüsse	Äußere Einflüsse
w/z – Wert	Nachbehandlung	Feuchtigkeitsangebot
Zusatzmittel	Verdichtung	Temperaturverhältnisse
Zuschlag	Transport	Taumittel
Zement	Schutzmaßnahmen	

Während äußere Einflussfaktoren in der Regel nicht zu beeinflussen sind, tragen insbesondere eine optimierte Betonzusammensetzung, aber auch eine geeignete Herstellungs- und Verarbeitungstechnologie (innere Einflussfaktoren) zur Erzielung eines hohen FTW/FTSW bei.

7.4.1 Einfluss der Betonzusammensetzung

7.4.1.1 Wasserzementwert

Der Einfluss des w/z-Wertes auf den FTW/FTSW von Beton hängt eng mit dem sich ausbildenden Porensystem zusammen. Bezogen auf die Zementmasse werden bei vollständiger Hydratation je nach mineralogischer Zusammensetzung des Zementes ca. 25% Anmachwasser chemisch (Bildung der Hydratphasen) und ca. 15% physikalisch (adsorptiv in Poren des Zementgels) gebunden [WALZ/ WISCHERS]. Aus chemisch-physikalischer Sicht wäre demzufolge ein w/z-Wert von ca. 0,40 ausreichend, um die gesamte Zementmenge im Beton zu hydratisieren. Technologisch steht jedoch immer die Forderung nach ausreichender Verarbeitbarkeit des Betons, so dass in den meisten Fällen Betone mit w/z-Werten > 0,40 zur Anwendung kommen. Die Wassermenge, die bei höheren w/z-Werten weder chemisch noch physikalisch gebunden wird und bei Temperaturen unterhalb 100 °C verdunsten kann, führt zur Bildung von Kapillarporen. Ob und in welcher Größenordnung sich ein Kapillarporenraum im Zementstein ausbildet, ist also neben dem Hydratationsgrad in erster Linie vom w/z-Wert abhängig.

Für den FTW/ FTSW des Betons sind die Kapillarporen von überragender Bedeutung (Abbildung 7.8).

7.4 Einflussgrößen

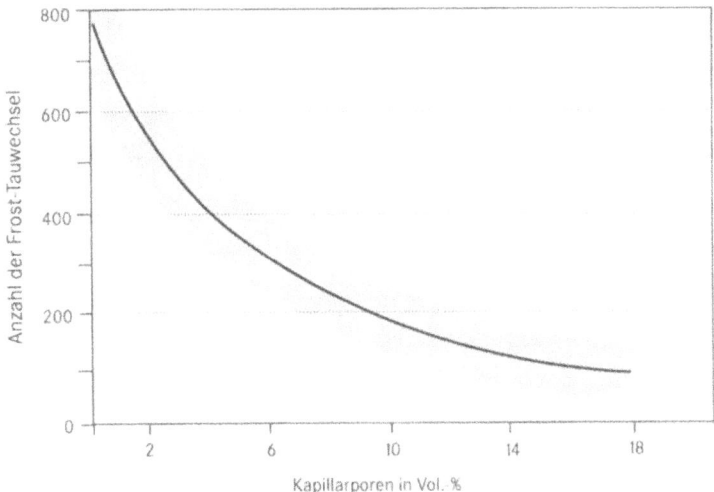

Abb. 7.8: Zusammenhang zwischen Frostwiderstand (Anzahl der FTW bis zum 50%igen Abfall des dynamischen E-Moduls) und der Kapillarporosität nach BOGUE

Unter mitteleuropäischen Klimabedingungen und auch bei der Prüfung des Frost-/Frost-Tausalz-Widerstands gefriert fast ausschließlich Kapillarporenwasser, so dass der Kapillarporenanteil die sich bildende Eismenge maßgeblich beeinflusst. Darüber hinaus findet der Transport von Wasser oder Wasserdampf aus der Umwelt in das Betoninnere hauptsächlich über das Kapillarporensystem statt. Die Wasserdurchlässigkeit des Betons nimmt deshalb mit steigendem Kapillarporenanteil zu. Ein besonders starker Anstieg der Wasserdurchlässigkeit ist dann zu beobachten, wenn die Kapillarporen untereinander in Verbindung stehen (Kontinuität). Der Übergang von Diskontinuität zu Kontinuität erfolgt nach POWERS bei einem Kapillarporenanteil von ca. 25%. Um unterhalb dieses Grenzwertes zu bleiben, darf der w/z-Wert bei vollständiger Hydratation 0,60 nicht übersteigen. Geht man von praxisnahen Hydratationsbedingungen aus, liegt der Hydratationsgrad jedoch auch bei guter Nachbehandlung nie bei 100%. Für Portlandzement-Betone kann von einem Hydratationsgrad von ca. 80–90% ausgegangen werden. Um eine Kontinuität des Kapillarporensystems zu verhindern, sollte deshalb der w/z-Wert nicht größer als 0,50 sein (siehe Abbildung 1.2).

Die Möglichkeit, den Anteil der Kapillarporen über die Einstellung geeigneter w/z-Werte zu minimieren und somit den FTW/FTSW des Betons zu erhöhen, ist seit langer Zeit bekannt. Nach DIN EN 206-1 sind bei Frostangriff für die einzelnen Expositionsklassen (siehe Kapitel 1) w/z-Werte nach Tabelle 7.4 vorgeschrieben.

Hochfeste Betone mit sehr niedrigem w/z-Wert weisen Werkstoffeigenschaften auf, die von denen traditioneller Betone abweichen. Aufgrund ihres sehr geringen Kapillarporenanteils erreichen sie im allgemeinen auch ohne den Zusatz von LP-Mitteln einen hohen FTSW.

Tab. 7.4: Grenzwerte für die Zusammensetzung und Eigenschaften von Beton bei Frostangriff nach DIN EN 206-1

Expositionsklassen	XF1 (mäßige Wassersättigung, ohne Taumittel)	XF2 (mäßige Wassersättigung, mit Taumittel)		XF3 (hohe Wassersättigung, ohne Taumittel)	XF4 (hohe Wassersättigung, mit Taumittel)	
Höchstzulässiger w/z-Wert	0,60	0,55[1]	0,50[1]	0,55	0,50	0,50[1]
Mindestdruckfestigkeitsklasse[2]	C25/30	C25/30	C35/45	C25/30	C35/45	C30/37
Mindestzementgehalt[3] in kg/m^3	280	300	320	300	320	320
Mindestzementgehalt bei Anrechnung von Zusatzstoffen in kg/m^3	270	[1]	[1]	270	270	[1]
Mindestluftgehalt in %[4][5]	–	4,0	–	4,0	–	4,0[6][7]
Andere Anforderungen	Gesteinskörnungen mit Regelanforderungen und zusätzlich Widerstand der Gesteinskörnungen gegen Frost bzw. Frost und Taumittel (siehe DIN 4226)					
		F4	MS$_{25}$	F2		MS$_{18}$
Verwendbare Zementarten	Alle Zemente nach DIN 1164	Alle Zemente nach DIN 1164 außer: CEM II/A-P CEM II/B-P CEM II/A-V CEM II/B-SV		Alle Zemente nach DIN 1164		Nur CEM I CEM II/A-S CEM II/B-S CEM II/A-T CEM II/B-T CEM II/A-L CEM III/A[8] CEM III/B[6]

[1] Zusatzstoffe des Typs II (puzzolanisch oder latenthydraulisch) dürfen zugesetzt, aber nicht auf den Zementgehalt oder den w/z-Wert angerechnet werden

[2] gilt nicht für Leichtbeton

[3] Bei einem Größtkorn der Gesteinskörnung von 63 mm darf der Zementgehalt um 30 kg/m^3 reduziert werden.

[4] Der mittlere Luftgehalt im Frischbeton unmittelbar vor dem Einbau muss bei einem Größtkorn des Zuschlaggemisches von 8 mm = 5,5 Vol.-%, 16 mm = 4,5 Vol.-%, 32 mm = 4,0 Vol.-% und 63 mm = 3,5 Vol.-% betragen. Einzelwerte dürfen diese Anforderungen um höchstens 0,5 Vol.-% unterschreiten.

[5] Erdfeuchter Beton mit einem w/z-Wert $\leq 0,4$ darf ohne Luftporen hergestellt werden.

[6] Nur für Räumerlaufbahnen bei Beachtung von DIN 19 569 in Verbindung mit Mindestfestigkeitsklasse C 40/50, w/z-Wert $\leq 0,35$, Mindestzementgehalt ≥ 360 kg/m^3, ohne Zusatz von Luftporen.

[7] Bei Verwendung von CEM III/B für Beton für Meerwasserbauten mit einem w/z-Wert $\leq 0,45$ wird auf Luftporen verzichtet, wenn die Druckfestigkeitsklasse $\geq$ C 35/45 und der Mindestzementgehalt 340 kg/m^3 ist.

[8] Festigkeitsklasse $\geq 42,5$ oder Festigkeitsklasse $\geq 32,5$ R mit einem Hüttensand-Massenanteil von $\leq 50\%$.

7.4.1.2 Zuschlag

Die Art und Güte der eingesetzten Zuschläge kann den FTW/ FTSW des Betons maßgeblich beeinflussen. Ungeeignete Zuschläge können zu lokalen Absprengungen an der Betonoberfläche (auch *popouts* genannt) und/oder zu einer den ganzen Beton durchziehenden Rissbildung – dem *D-cracking* – führen.

Als Ursachen für die Schädigung werden in Anlehnung an entsprechende Schädigungsmechanismen im Zementstein

♦ der hydraulische Druck,
♦ der kapillare Effekt,
♦ der osmotische Druck und
♦ der Kristallisationsdruck

genannt.

Bei den **popouts** ist der Schaden meist auf frostempfindliche Zuschläge zurückzuführen, die sich in Oberflächennähe befinden und bei hoher Sättigung zerstört werden (Abbildung 7.9). Da die Zugfestigkeit des Zuschlags die des Zementsteins i.allg. deutlich übersteigt, können Schäden allerdings auch dann auftreten, wenn der Zuschlag selbst nicht durch die Befrostung geschädigt wird. Die entsprechende Expansion des Zuschlags führt dann an der Betonoberfläche zum Abheben der darüberliegenden Zementsteinschicht und zum Herausfrieren ganzer Zuschlagkörner.

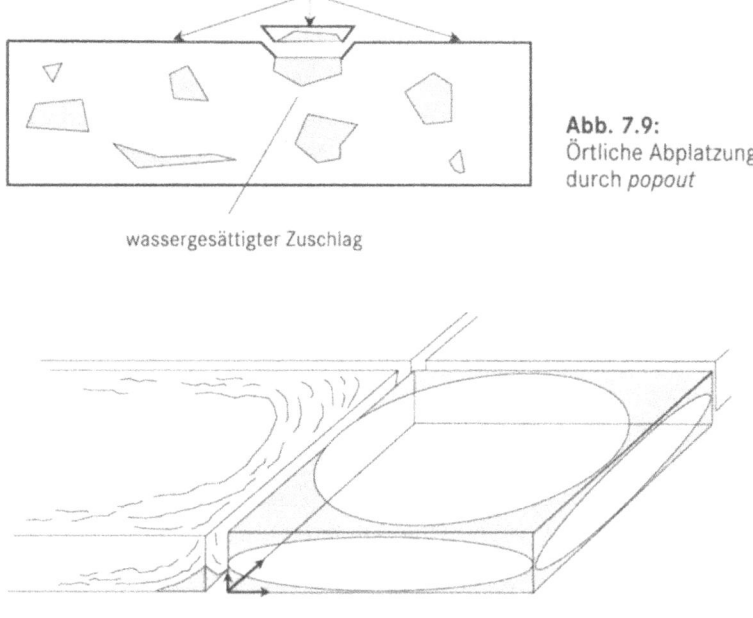

Abb. 7.9: Örtliche Abplatzung durch *popout*

Abb. 7.10: Erscheinungsbild beim *D-cracking* : a) horizontale Risse im unteren Plattenbereich; b) 3-dimensionale Ausbreitungsrichtung, ausgehend von freien Plattenkanten, Ecken und Fugen (nach JANNSEN)

Abb. 7.11: Schäden an einer Betonfahrbahn infolge *D-cracking*

Das gefügezerstörende **D-cracking** mit durchgängiger Rissbildung tritt nur auf, wenn ein großer Teil des groben Zuschlags, auch im Betoninneren, infolge der Frost-Tau-Wechsel-Belastung zerstört wird. Entsprechende Schäden wurden insbesondere im Fugenbereich von Fahrbahndecken beobachtet (Abbildungen 7.10 und 7.11), da dort die Feuchtigkeit aus unterschiedlichen Richtungen in den Beton eindringen kann (sowohl von der Oberfläche als auch von der Unterseite aus).

Folgende Faktoren sind für den FTW/FTSW von Zuschlägen wesentlich:
- Porosität,
- Festigkeit,
- Korngröße,
- Zusammensetzung.

Für den FTW/FTSW des Zuschlags spielen dessen Sättigungsgrad und somit die Wasseraufnahme eine zentrale Rolle. Neben der **Gesamtporosität** ist auch die vorhandene **Porengrößenverteilung** von Bedeutung, da die kapillare Steighöhe dem Porenradius umgekehrt proportional ist. Zuschläge, die eine hohe Gesamtporosität mit geringem mittleren Porendurchmesser aufweisen, werden als besonders kritisch hinsichtlich einer Frost- bzw. Frost-Tausalz-Belastung angesehen. Der Zusammenhang zwischen Gesamtporosität, mittlerem Porendurchmesser und Frostwiderstand des Zuschlags ist in Abbildung 7.12 dargestellt.

7.4 Einflussgrößen

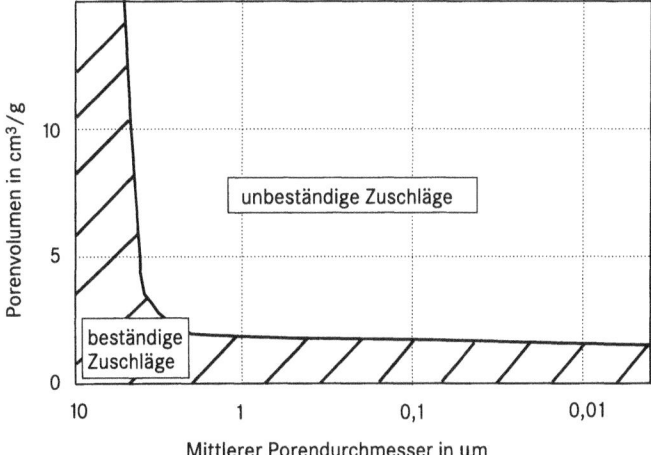

Abb. 7.12: Frostwiderstand des Zuschlags in Abhängigkeit vom mittlerem Porendurchmesser und der Gesamtporosität (nach KANEUJI ET AL.)

Eine hohe **Festigkeit** wirkt sich im allgemeinen günstig auf den FTW/FTSW des Zuschlags aus. Gesteine, die im durchfeuchteten Zustand eine Mindestdruckfestigkeit von 150 N/mm^2 aufweisen, zeigen erfahrungsgemäß ausreichenden Widerstand gegenüber einem Frost-/Frost-Tausalz-Angriff.

Der Einfluss der **Zuschlagkorngröße** auf die Schädigungsintensität ist umstritten. Lange Zeit war man aufgrund experimenteller Befunde der Meinung, dass große Zuschlagkörner frostgefährdeter seien als kleine, da sich im groben Zuschlag größere hydraulische Drücke aufbauen können. Es zeigte sich aber, dass auch frostempfindliches Korn im Sandbereich, selbst in verhältnismäßig kleinen Mengen, den FTW/FTSW des Betons stark herabsetzen kann. Zurückzuführen ist das darauf, dass Grobzuschlag sehr viel seltener einen kritischen Sättigungsgrad erreicht als Feinzuschlag. Zumindest für das Auftreten des gefügeschädigenden *D-cracking* scheint jedoch ausschließlich nichtwiderstandsfähiger grober Zuschlag verantwortlich zu sein. Ein zu hoher Mehlkorngehalt, der oft für Schäden verantwortlich gemacht wird, wirkt sich nur dann negativ auf den FTW/FTSW aus, wenn zum Erreichen einer bestimmten Verarbeitbarkeit der *w/z*-Wert erhöht werden muss. Bei konstantem Wassergehalt der Betonmischung konnte kein Einfluss der Mehlkornmenge festgestellt werden.

Frostempfindliche Verunreinigungen, die Bestandteil des Zuschlags selbst sind oder an seiner Oberfläche anhaften, können den FTW/FTSW sehr negativ beeinflussen. Zu diesen Verunreinigungen zählen in erster Linie Glimmer, Tonmineralien, Feldspäte und dolomitische Bestandteile.

Die Anforderungen an Zuschlag, der für Beton mit hohem FTW/FTSW Verwendung finden soll, enthält **DIN 4226**. Die Einstufung der Zuschläge als
* erhöht widerstandsfähig gegenüber Frost- (eF) oder
* erhöht widerstandsfähig gegenüber Frost-Taumittel-Beanspruchung (eFT)

erfolgt dabei mit Hilfe des Prüfverfahrens N der DIN 52104. Bei gebrochenen Zuschlägen wird darüber hinaus eine Beurteilung nach DIN 52106 empfohlen, wobei u.U. die Wasseraufnahme des Gesteins und dessen Sättigungswert zu bestimmen sind (DIN 52103). Die Trennschärfe dieses Prüfverfahrens muss als niedrig bezeichnet werden.

7.4.1.3 Künstliche Luftporen

Ein bewährtes Mittel zur Erhöhung des FTW/FTSW von Beton stellt die Einführung künstlicher Luftporen dar (Abbildung 7.13).

Zur Erzeugung dieser Luftporen werden überwiegend Luftporenbildner (LP-Mittel) genutzt. LP-Mittel bilden während des Mischens kleine, fein verteilte, kugelförmige, geschlossene Luftporen im Zementleim bzw. Feinmörtel. Neben der Erhöhung des FTW/FTSW wird gleichzeitig die Verarbeitbarkeit des Frischbetons verbessert („Kugellagereffekt"). Bei den LP-Mitteln handelt es sich meist um organische Verbindungen mit physikalischer Wirkungsweise, die in Form langer Kettenmoleküle mit bipolarem Aufbau vorliegen (polare hydrophile Gruppe – unpolare hydrophobe Gruppe). Während der wasseranziehende hydrophile Teil die Herabsetzung der Oberflächenenergie des Wassers hervorruft und somit verflüssigend wirkt, ruft der stark abweisende Charakter der hydrophoben Gruppe das Auseinanderdrängen der Wassermoleküle und damit die Luftbläschenbildung hervor (Abbildung 7.14). Marktbeherrschend waren bisher LP-Mittel auf Vinsolharzbasis (alkohollösliches Naturharz). Neuerdings kommen zunehmend auch Fettsäuren, Alkylsulfate und Fettalkohol-Polyglykolethersulfate als Basis für luftporenbildende Zusatzmittel zum Einsatz.

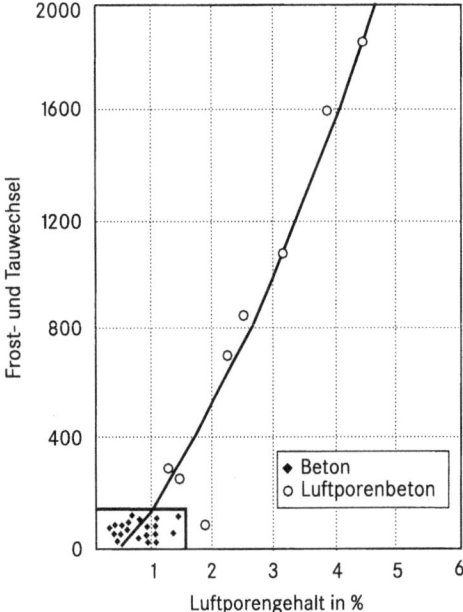

Abb. 7.13:
Zusammenhang zwischen Frostwiderstand bei Reduktion des dynamischen E-Moduls auf 50% und Luftgehalt des Betons (nach VERBECK/KLIEGER)

7.4 Einflussgrößen

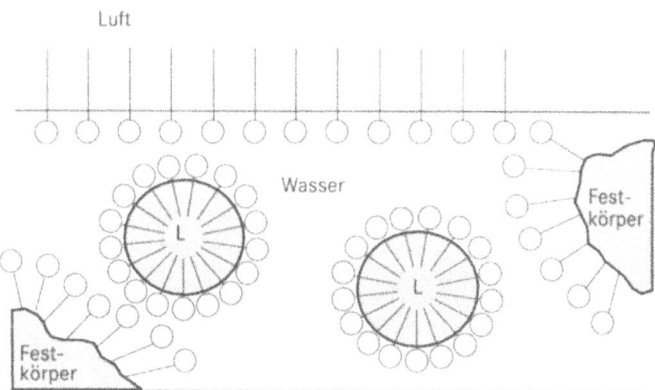

Abb. 7.14: Schematische Darstellung der LP-Bildung: Wasserabweisung des hydrophoben Teils bewirken Auseinanderdrängung der Wassermoleküle und Luftbläschenbildung; hydrophiler Teil dem Wasser und hydrophober Teil der Luft zugekehrt

Der Abfall der Betonfestigkeit ist eine negative Nebenerscheinung der Luftporeneinführung. Im allgemeinen kann man davon ausgehen, dass pro Prozent eingeführter Luft die Druckfestigkeit um 1,5 bis 2 N/mm² reduziert wird. Da die meisten LP-Mittel parallel zur Luftporenbildung auch verflüssigend wirken, kann der Festigkeitsverlust durch niedrigere w/z-Werte bei gleicher Verarbeitbarkeit teilweise kompensiert werden.

Die positive Wirkung der künstlich eingeführten Luftporen auf den FTW/FTSW ist vor allem darauf zurückzuführen, dass zusätzlicher Expansionsraum für gefrierendes Wasser zur Verfügung gestellt und die Flüssigkeitsaufnahme des Betons infolge der Unterbrechung des ansonsten weitgehend durchgängigen Kapillarporensystems reduziert werden.

Daraus lässt sich ableiten, dass die eingeführten Luftporen nur dann im Sinne einer Erhöhung des FTW/FTSW wirksam werden können, wenn sie in entsprechender Menge und in einem relativ geringen Abstand voneinander vorliegen.

Um die Qualität eines Luftporensystems dahingehend einschätzen zu können, wurden die Luftporenkennwerte

- Gesamtluftporengehalt L,
- Mikroluftporengehalt L_{300} und
- Abstandsfaktor AF

eingeführt.

Gesamtluftporengehalt L	gesamter Raum aller Luftporen im Zementstein oder zwischen Zementstein und Zuschlag;
Mikroluftporengehalt L_{300}	Gehalt an kleinen kugeligen oder annähernd kugeligen Luftporen mit einem Durchmesser von 10 bis 300 µm; für einen hohen FTW/FTSW des Betons maßgebend;
Abstandsfaktor AF	kennzeichnet den Mittelwert der größten Entfernung eines Punktes im Zementstein bis zum Rand der nächsten Luftpore (Abbildung 7.15).

Bei jedem LP-Mittel muss im Rahmen der Zulassungsprüfung der Nachweis erbracht werden, dass bei einem Frischbetonporenraum zwischen 3,5 und 4,0 Vol.-% der Abstandsfaktor ≤ 0,20 mm und der L_{300}-Gehalt ≥ 1,5 Vol.-% beträgt. Bei der Eignungsprüfung von LP-Beton sind ähnliche Luftporenkennwerte einzuhalten. Hier sind nachzuweisen: $AF ≤ 0,20$ mm, $L_{300} ≥ 1,8$ Vol.-%.

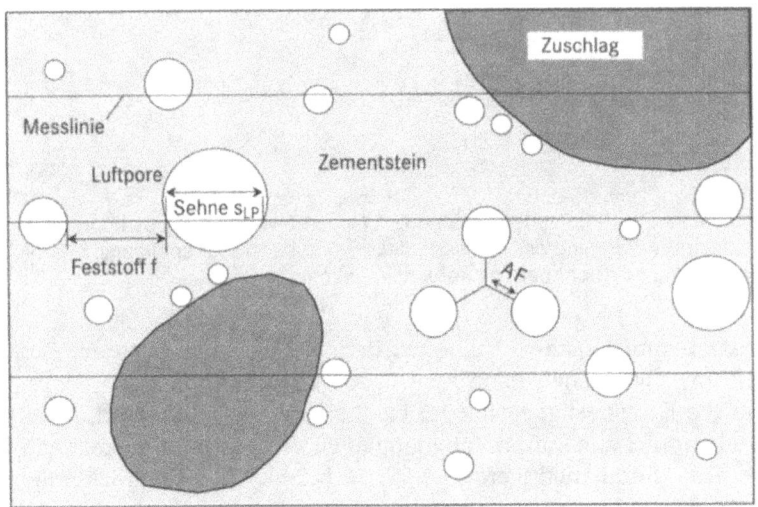

Abb. 7.15: Schematische Darstellung des Betongefüges mit Kennzeichnung der zu messenden Kenngrößen (nach JUNGWIRTH ET AL.); LP-Gehalt $L_a = [(\Sigma s_{LP} / (\Sigma s_{LP} + \Sigma f)] \cdot 100$, AF: Abstandsfaktor, N: Anzahl der Luftporen auf der Messlinie

Da der Luftporengehalt von einer Vielzahl von Einflussgrößen abhängig ist (Tabelle 7.5), erfordert die Herstellung eines sachgemäßen LP-Betons ein großes Maß an Sorgfalt und eine ständige Überwachung des Betons. Auch wenn entsprechende Herstellungsregeln für LP-Betone eingehalten werden, sind aufgrund der zahlreichen Einflussfaktoren Streuungen im Luftporengehalt unvermeidbar. Um die geforderten Luftgehalte an allen Stellen des Bauwerks sicherstellen zu können, ist daher immer mit einem ausreichendem Vorhaltemaß zu planen (etwa 1,0 Vol.-%). Hinzu kommt, dass die Durchmesser der künstlichen Luftporen im Bereich zwischen 10 µm und 3000 µm schwanken und somit nur ein Teil der Poren im günstigem Mikroluftporenbereich < 300 µm liegt.

Eine von äußeren Einflussfaktoren unabhängige Einstellung bestimmter Luftporengehalte ist durch den Einsatz sogenannter Mikrohohlkugeln (MHK) möglich. Es handelt sich dabei um kleine, luftgefüllte Blasen, die von einer elastischen Kunststoffhülle umgeben sind. Neben der definierten Einführung der geforderten Luftgehalte bieten die MHK den Vorteil, dass sie sich mit nur wenig schwankenden Durchmessern herstellen lassen. Im Unterschied zu luftporenbildenden Zusatzmitteln ist es somit möglich, nur solche Luftporengrößen in den Beton einzuführen, die wirksam den FTW/FTSW verbessern (Gesamtluftporengehalt L = Teilluftporengehalt L_{300}). Wegen der wesentlich höheren Kosten der MHK ist ihre Anwendung jedoch auf Sonderfälle begrenzt. (siehe auch Kapitel 7.6)

7.4 Einflussgrößen

Tab. 7.5: Wichtige Einflussgrößen auf den LP-Gehalt im Frischbeton (nach VANCE/DODSON)

Faktor [1]	Einflüsse
Feinzuschlag	< 0,125 mm hemmt LP-Bildung > 0,125 < 1,0 mm fördert LP-Bildung > 1,0 mm hemmt LP-Bildung
Grobzuschlag	rundes Korn fördert LP-Bildung
Zusatzstoffe	puzzolanische oder latent-hydraulische Stoffe hemmen LP-Bildung
Zusatzmittel	zusätzlicher Einsatz anderer Zusatzmittel fördert LP-Bildung
Konsistenz	weichplastische Konsistenz fördert LP-Bildung
Mischzeit (abhängig vom Mischer)	kurz keine LP-Bildung möglich mittel optimale LP-Bildung lang Zerstörung Luftporen
Mischintensität (abhängig vom Mischer und vom Füllungsgrad)	höhere Mischintensität fördert LP-Bildung
Verdichtungszeit	zu starke Verdichtung reduziert Luftporengehalt
Verdichtungsart	Innenrüttler führen zu stärkerer Porenzerstörung als Schalungsrüttler und Rütteltische
Transportzeit	mit zunehmender Transportzeit sinkt der LP-Gehalt
Temperatur	höhere Frischbetontemperaturen hemmen LP-Bildung (Abbildung 7.16)

[1] Zementeinfluss im Kapitel 7.4.1.4

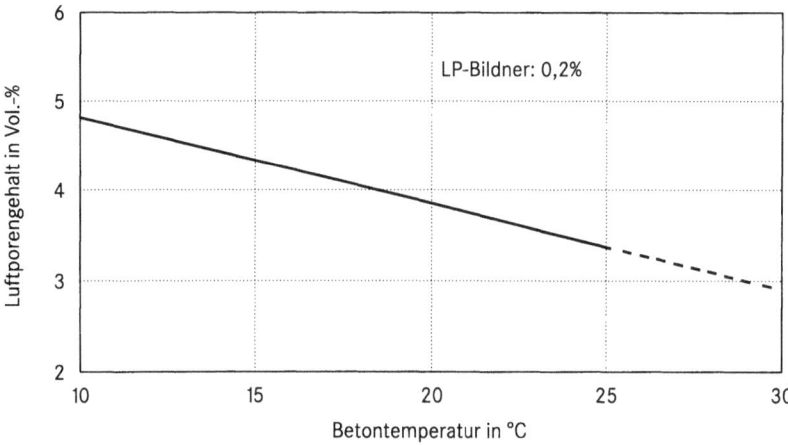

Abb. 7.16: Einfluss der Betontemperatur auf den LP-Gehalt

7.4.1.4 Zement

Seit der Entdeckung der günstigen Wirkung luftporenbildender Zusatzmittel ist die Frage nach dem Einfluss des Zementes für viele Anwendungsfälle etwas in den Hintergrund getreten. Die genaue Kenntnis von Vorgängen im chemisch-mineralogischen Bereich während der Befrostung mit und ohne Tausalz kann aber nützlich sein für Betone, an die besonders hohe Anforderungen hinsichtlich ihres FTW oder FTSW gestellt werden. Fasst man die Literatur zum Zementeinfluss zusammen, ist erkennbar, dass insbesondere die Einschätzung des C_3A-Gehaltes und des Hüttensandgehaltes sehr widersprüchlich ist. Ein Grund für die vielen differierenden Auffassungen ist sicher bereits in der Auswahl der Ausgangszemente für die entsprechenden Untersuchungen zu sehen. Werden neben der zu untersuchenden Einflussgröße (z.B. C_3A-Gehalt) andere relevante Größen nicht annähernd konstant gehalten (Mahlfeinheit, Korngrößenverteilung, restlicher Phasenbestand u.a.), ist eine eindeutige Zuordnung der späteren Frostergebnisse problematisch.

Am F. A. Finger-Institut für Baustoffkunde der Bauhaus-Universität Weimar wurden in den letzten Jahren umfangreiche Arbeiten zur Rolle von Phasenumwandlungen im Zementstein durchgeführt, deren Ergebnisse nachstehend zusammengefasst sind ([STARK/LUDWIG; LUDWIG] u. a.).

Portlandzement

Frostangriff
Um die Stabilität der Calciumsulfoaluminathydrate unter den spezifischen Feuchte- und Temperaturbedingungen einer Frost-Tau-Wechsel-Beanspruchung zu untersuchen, wurde bei den Untersuchungen am F. A. Finger-Institut für Baustoffkunde synthetisches C_3A in stöchiometrischer Mischung mit Gips zu Monosulfat und Ettringit hydratisiert. Die Ansätze wurden bis zum Beginn der Untersuchungen 28 Tage unter Stickstoffatmosphäre mit Wasser überschichtet in einem Exsikkator gelagert. Danach wurde ein Teil der Proben einer 14-tägigen Frost-Tau-Wechsel-Beanspruchung mit 28 Zyklen zwischen +20 °C und −20 °C ausgesetzt. Die übrigen Proben wurden über denselben Zeitraum im Wasser bei +20 °C weitergelagert, nur unter normaler Luftatmosphäre.

Ettringit erwies sich als äußerst stabil. Bezogen auf die Ausgangsprobe waren weder nach der Wasserlagerung noch nach der Frostbelastung Veränderungen zu erkennen. Hingegen wandelte sich das Monosulfat während der Befrostung zu einem nicht unerheblichen Teil in Ettringit um. Auch bei den wassergelagerten Monosulfatproben war eine Ettringitneubildung zu verzeichnen, die allerdings verglichen mit den frostbelasteten Proben als unbedeutend angesehen werden kann (Abbildung 7.17).

Die Hauptursache für den beschleunigten Umwandlungsprozess des Monosulfats bei Frost-Tau-Wechsel-Belastung liegt in der Änderung der thermodynamischen Stabilitätsbedingungen bei tieferen Temperaturen (siehe auch Abbildung 6.11).

So nimmt die Bildungswahrscheinlichkeit des Trisulfats, ausgedrückt als negative freie Bildungsenthalpie im Vergleich zum Monosulfat mit fallender Temperatur stetig zu, so dass bei tiefen Temperaturen thermodynamisch die Bildung von Trisulfat stark begünstigt ist (siehe auch Kapitel 6). Aus dem Röntgenogramm des nichtbefrosteten Monosulfats geht hervor, dass nach dem Ende der Vorlagerung der zugesetzte Gips nahezu vollständig umgesetzt war. Vor der Befrostung stand demzufolge kein Sulfat für eine thermodynamisch bei tiefen Temperaturen begünstigte Umwandlung von Monosulfat in Ettringit zur Verfügung. Das notwendige Sulfat wird durch den partiellen Zerfall des Monosulfats durch Carbonatisierung geliefert. Der bei dieser Carbonatreaktion entstehende Gips kann dann mit noch nicht carbonatisiertem Monosulfat (AFm-Phase) Ettringit bilden (AFt-Phase) (Abbildung 7.18).

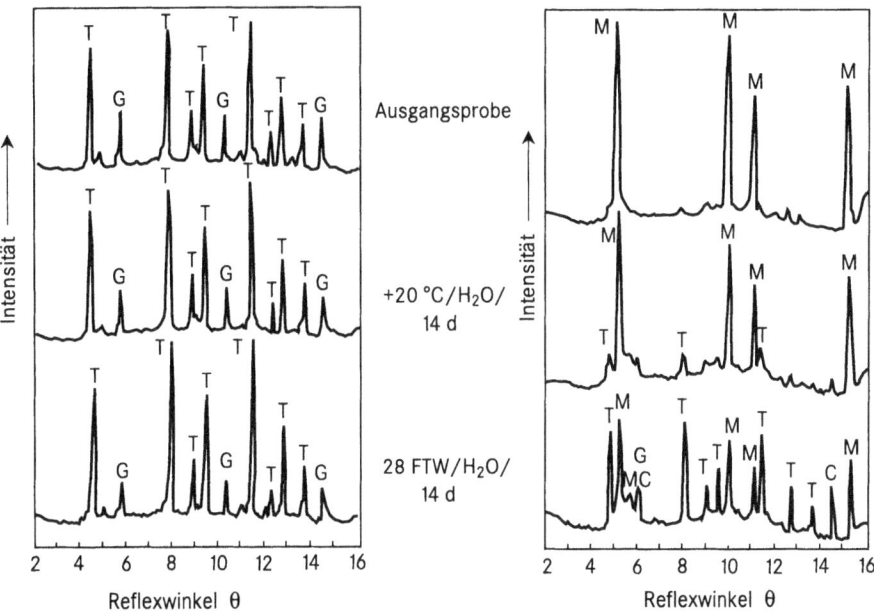

Abb. 7.17: Röntgenbeugungsdiagramme Ettringit-Ansatz (links) und Monosulfat-Ansatz (rechts) aus C_3A; T: Ettringit, G: Gips, M: Monosulfat, MC: Monocarbonat, C: Calcit

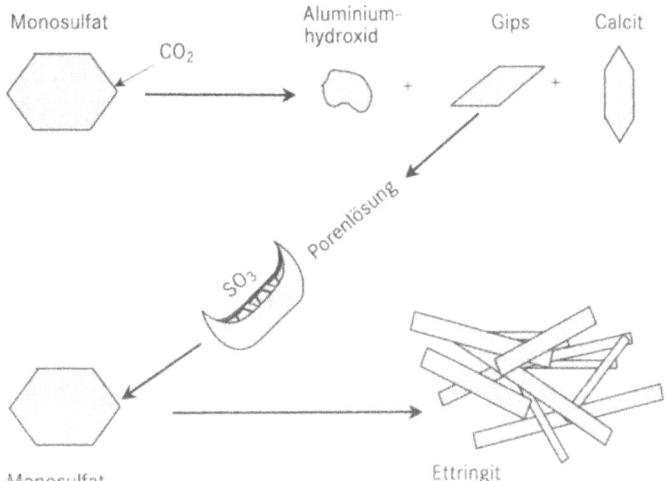

Abb. 7.18: Schematische Darstellung der Hypothese zur Ettringitbildung beim Frostangriff

Das für die Carbonatisierung erforderliche CO_2 wird durch die dem Nernstschen Verteilungssatz folgende Lösung von Luft-CO_2 in H_2O geliefert.

Die Untersuchungen an entsprechenden Monosulfat (AFm)- und Trisulfat (AFt)-Phasen, die durch Hydratation von synthetischem C_4AF gewonnen wurden führten zu ähnlichen Ergebnissen wie bei den C_3A-Ansätzen.

Somit existiert keine direkte Abhängigkeit des Frostwiderstandes vom C_3A-Gehalt. Ein möglicher Zementeinfluss auf den FTW ist wahrscheinlich nicht auf die unterschiedliche Stabilität von eisenfreien und eisenhaltigen Formen der AFm-Phase zurückzuführen, sondern auf die unterschiedliche Menge an AFm zu Frostbeginn.

Frost-Tausalz-Angriff
Bei Untersuchungen zum Einfluss von Lösungskonzentration und Temperatur auf die Phasenneubildungen wurde festgestellt, dass es in verdünnten Chloridlösungen zur Umwandlung des Monosulfats in Ettringit, Friedelsches Salz, einem Mischkristall zwischen Monosulfat und Monochlorid (Sulfatchlorid-Monophase) und der Bildung eines Komplexsalzes (Calciumoxichlorid) kommen kann. Dabei ist bei tieferen Temperaturen ein deutlicher Anstieg der Ettringitmenge gegenüber den chloridhaltigen Phasen zu beobachten. Bei konzentrierteren Chloridlösungen wird temperaturunabhängig nur Friedelsches Salz als Phasenneubildung gefunden. Die oben aufgeführten chloridhaltigen Phasenneubildungen können nur bei niedrigen und mittleren Sulfatgehalten auftreten. Bei hohen Sulfatgehalten bilden sich keine chloridhaltigen Phasen aus.

Untersuchungen am F. A. Finger-Institut für Baustoffkunde an synthetisch hergestelltem Monosulfat und Ettringit (siehe Abschnitt Frostangriff) bestätigen im wesentlichen Angaben aus der Literatur. Während der darin durchgeführten 14-tägigen Frost-Tausalz-Beanspruchung, die 28 FTW in 3%iger NaCl-Lösung umfasste, wandelte sich das gesamte Monosulfat in Friedelsches Salz und Ettringit um. Die Beschleunigung der Monosulfatumwandlung bei Frost-Tausalz-Beanspruchung ist wiederum, wie auch bei der reinen Frostbelastung, auf thermodynamische Gesetzmäßigkeiten zurückzuführen.

Das für die Ettringitbildung notwendige SO_3 wird zum größten Teil durch die partielle Umwandlung von Monosulfat in Monochlorid freigesetzt (Abbildungen 7.19 und 7.20).

Gestützt wird diese Hypothese auch durch Untersuchungen von DORNER, der in Anwesenheit von NaCl-Lösung auch dann eine Umwandlung von Monosulfat in Ettringit feststellte, wenn unter Stickstoffatmosphäre und mit stickstoffgesättigtem Wasser gearbeitet wird.

An dem untersuchten Ettringit traten nach 28 FTW keinerlei Phasenumwandlungen auf. Auch eine 14-tägige NaCl-Lagerung bei +20 °C führte zu keiner Umwandlung des Ettringits.

7.4 Einflussgrößen

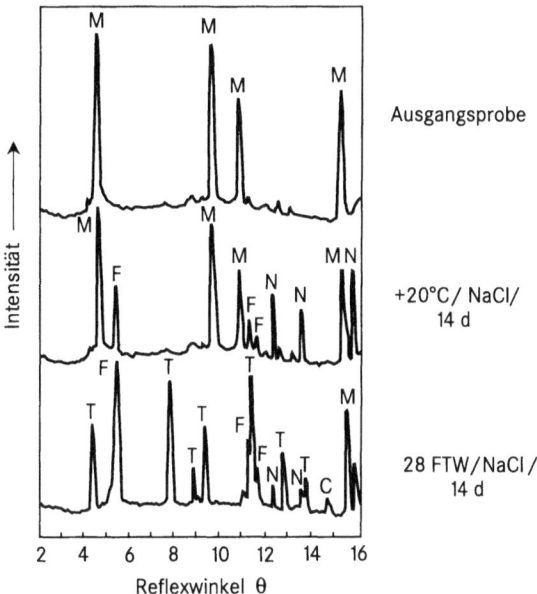

Abb. 7.19: Röntgenbeugungsdiagramme Monosulfatansatz aus C_3A; M: Monosulfat, F: Monochlorid, T: Ettringit, N: NaCl

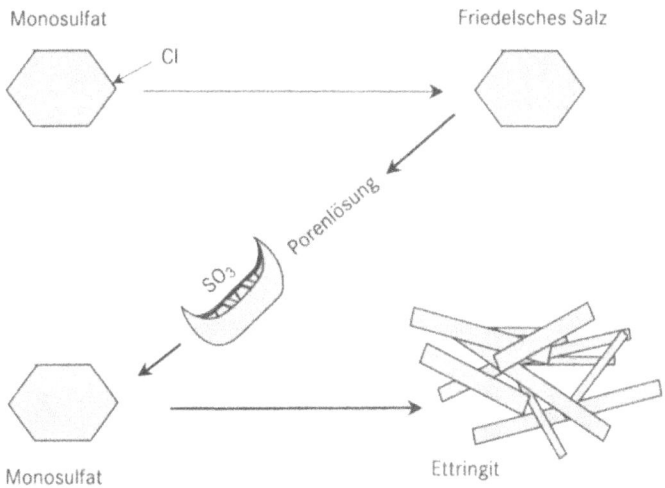

Abb. 7.20: Schematische Darstellung der Hypothese zur Ettringitbildung beim Frost-Tausalz-Angriff

Die AFt-Phase verhielt sich ähnlich stabil wie der Ettringit aus dem C_3A. Die Umwandlungsprozesse, die während der Frost-Tausalz-Beanspruchung an der AFm-Phase auftraten sind ebenfalls mit denen von Monosulfat aus C_3A vergleichbar. Auch hier wurde AFm-Phase abgebaut und es bildete sich Ettringit und Friedelsches Salz. Der Abbau der AFm-Phase erfolgte jedoch wesentlich langsamer als dies beim Monosulfat der Fall war.

Auswirkungen auf den Frost- und Frost-Tausalz-Widerstand von Beton
Die in der Literatur beschriebenen Phasenumwandlungen wurden hinsichtlich ihrer praktischen Auswirkungen auf den Frost- und Frost-Tausalz-Widerstand bisher kaum ausgewertet und nur wenige Autoren waren der Meinung, dass chemische Umwandlungen einen Einfluss auf den realen Frost- oder Frost-Tausalz-Schaden ausüben können.

Geht man von den wichtigsten möglichen Phasenumwandlungen aus (Tabelle 7.6) muss jedoch zumindest bei der Umwandlung von Monosulfat (AFm) in Ettringit (AFt) infolge der damit verbundenen starken Volumenzunahme, mit einer Einflussnahme auf den FTW bzw. FTSW des Betons gerechnet werden.

Tab. 7.6: Mögliche Phasenumwandlungen und ihre Auswirkung auf das Volumen

	Umwandlung		Volumenentwicklung
	Monosulfat →	Trisulfat	
Dichte in g/cm^3	2,01	1,72	Volumenzunahme um das 2,4-fache
Molvolumen in cm^3	309	726	
	Monosulfat →	Monochlorid	
Dichte in g/cm^3	2,01	2,03	Volumenabnahme um das 0,95-fache
Molvolumen in cm^3	309	294	
	Trisulfat →	Trichlorid	
Dichte in g/cm^3	1,72	1,54	Volumenzunahme um das 1,05-fache
Molvolumen in cm^3	726	764	

Betontechnische Untersuchungen mit Zementen, die im Ergebnis der Hydratation unterschiedliche Mengen an Monosulfat (AFm) bilden und damit auch unterschiedlich große Mengen an Ettringit (AFt) während des Frost- bzw. Frost-Tausalz-Angriffs zur Folge haben, ergaben bei LP-freien Betonen einen Zusammenhang zwischen der Abwitterungsmenge und der neu gebildeten Ettringitmenge (Abbildungen 7.21 und 7.22).

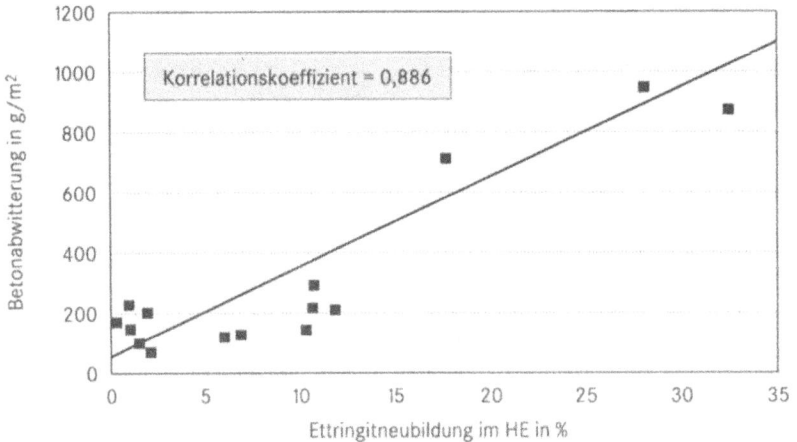

Abb. 7.21: Zusammenhang zwischen Betonabwitterung LP-freier Betone und Ettringitneubildung im hydratisierten Extraktionsrückstand (HE) bei Frostbelastung

7.4 Einflussgrößen

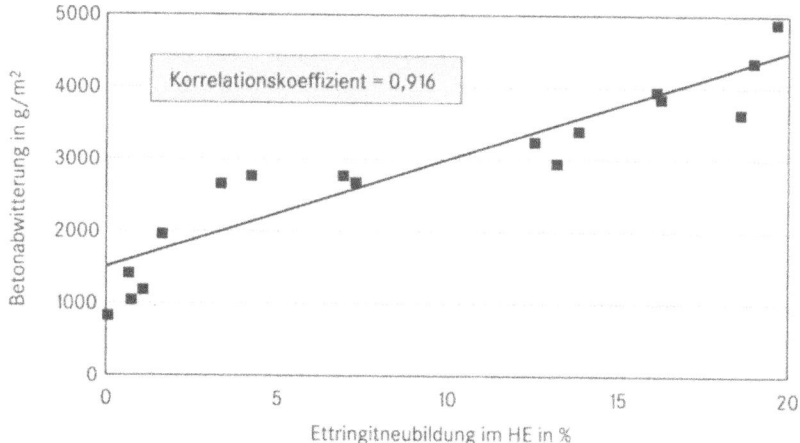

Abb. 7.22: Zusammenhang zwischen Betonabwitterung LP-freier Betone und Ettringitneubildung im hydratisierten Extraktionsrückstand (HE) bei Frost-Tausalz-Belastung

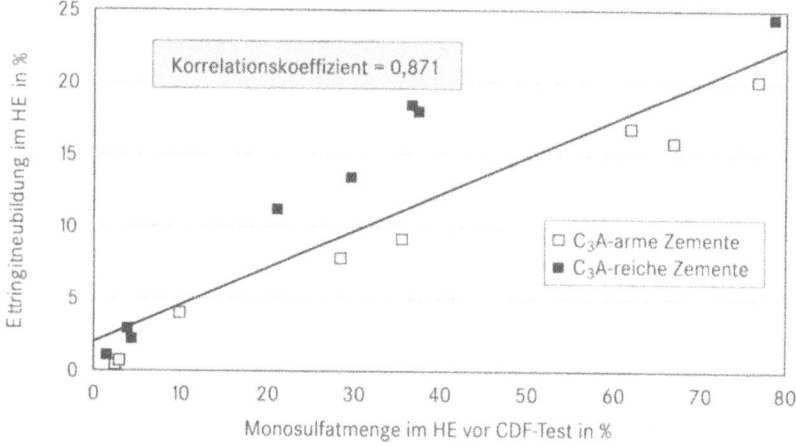

Abb. 7.23: Zusammenhang zwischen Monosulfatmenge (AFm) im hydratisierten Extraktionsrückstand (HE) vor der Frost-Tausalz-Belastung und Ettringitneubildung (AFt) im hydratisierten Extraktionsrückstand (HE) nach Frost-Tausalz-Belastung

Die Menge an Ettringit, die während des Frost-Tausalz-Angriffs neu gebildet wird, hängt von der Monosulfatmenge ab, die vor der Befrostung vorlag (Abbildung 7.23).

Bei Verwendung von LP-Mitteln, wie bei Tausalzeinwirkung zwingend vorgeschrieben, spielen diese Phasenumwandlungen eine eher untergeordnete Rolle. Es ist also unabhängig vom Zement möglich, Betone mit sehr hohem FTW bzw. FTSW herzustellen. Die neuen Erkenntnisse können jedoch für eine weitere Optimierung des Betons hinsichtlich besonders hoher Anforderungen an den FTW oder FTSW von Bedeutung sein. Insbesondere für hochfeste Betone, die einem Frost- oder Frost-Tausalz-Angriff ausgesetzt werden sollen, und die i.d.R. ohne LP-Mittel hergestellt werden, kann die für den üblichen Beton untergeordnete Rolle des Zementes Bedeutung erlangen. Aufgrund der sehr dichten Struktur hochfester Betone ($w/z \leq 0{,}30$) kann die sekundär gebildete Trisulfatmenge den FTW/FTSW solcher Betone noch weitaus stärker beeinflussen als dies bei normalem Beton der Fall ist.

In LP-Betonen stellen die Luftporen für die neu gebildeten Phasen einen prädestinierten Ausdehnungsraum dar. Beim Zusammentreffen mehrerer ungünstiger Randbedingungen können die Luftporen durch die Phasenneubildungen ausgefüllt werden (Abbildung 7.24) und damit den FTW/FTSW des Betons beeinflussen [STARK/BOLLMANN]. Durch die feinnadelige Struktur der Phasenneubildungen in den Luftporen, die normalerweise den kapillaren Transport unterbrechen, kann die Wasseraufnahme verstärkt werden (Abbildung 7.25). Das führt dazu, dass eine wesentlich größere Feuchtigkeitsmenge bei Frostangriff im Betongefüge vorhanden ist. Darüber hinaus ist der ursprünglich vorhandene Ausdehnungsraum durch die Phasenneubildungen eingeschränkt, so dass die bei Frost eintretende Volumenvergrößerung infolge Eisbildung durch die Luftporen nicht mehr ausreichend kompensiert werden kann. Während bei allen früheren Untersuchungen zum Frost-Tausalz-Widerstand des Betons (CDF-Test) kein Zusammenhang zwischen kapillarem Saugvermögen und Frost-Tausalzbeständigkeit feststellbar war, fand man am Beispiel eines Laborbetons, dass im Falle der zugewachsenen Luftporen und dem damit verbundenen verstärkten Saugen die Abwitterungskurven erheblich anstiegen (Abbildung 7.26).

Bei Ultraschalluntersuchungen zeigte sich außerdem eine starke innere Schädigung des Betongefüges. Das verschlechterte Übertragungsverhalten des Gefüges nach dem CDF-Test äußerte sich im Frequenzspektrum in einer starken Dämpfung des Ultraschallsignals. Diese Ergebnisse lassen erkennen, dass die Ettringitbildung im erhärteten Beton auch physikalische Auswirkungen auf den Frost-Tausalz-Widerstand von Beton haben kann. Der Beweis, dass dieser Mechanismus in der Praxis schadensfördernd ist, liegt gegenwärtig nicht vor.

Abb. 7.24: Ettringit im Porenraum der Zementsteinmatrix; links: Ettringit wächst von der Porenwand in den Innenraum, rechts: Detail, vollständige Ausfüllung einer Pore (Ø 40 µm) mit Ettringit

7.4 Einflussgrößen

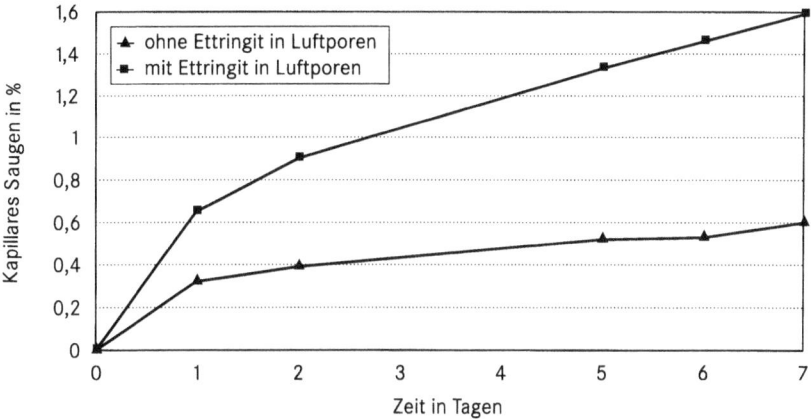

Abb. 7.25: Kapillares Saugen (NaCl-Lösung) eines Betons mit und ohne Ettringit in den Luftporen (nach Laborbehandlung)

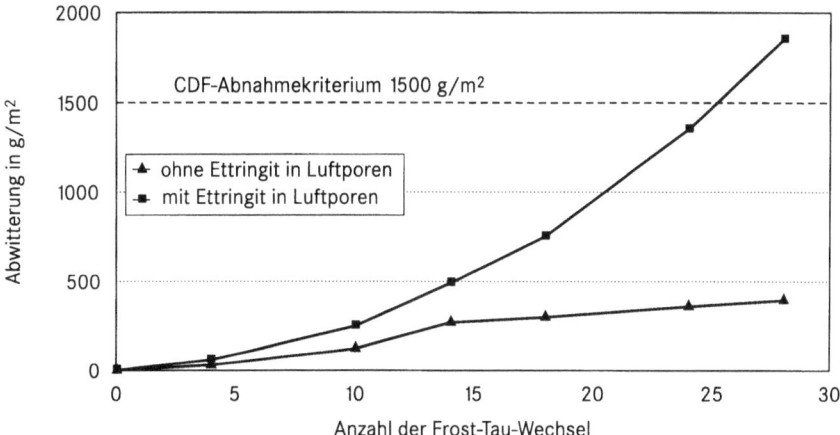

Abb. 7.26: Abwitterungskurven (CDF-Test) eines Betons mit und ohne Ettringit in den Luftporen (nach Laborbehandlung)

Hochofenzement

Hochofenzemente, d.h.

CEM III/A mit 36 ... 65% Hüttensand und

CEM III/B mit 66 ... 80% Hüttensand

weisen insbesondere ab Hüttensandgehalten von ca. 50% bezüglich FTSW einige Besonderheiten auf. So nimmt die Wirkung von Mikroluftporen mit zunehmendem Hüttensandgehalt ab (Abbildung 7.27). Praktisch bedeutet das, dass bei Beton mit hüttensandreichem Hochofenzement CEM III/B durch die Zugabe von LP-Mitteln keine Verbesserung des FTSW mehr zu erreichen ist, obwohl mit LP-Mitteln ein ideales LP-System (Mikroluftporengehalt L_{300}, Abstandsfaktor AF) eingestellt werden kann [RENDCHEN].

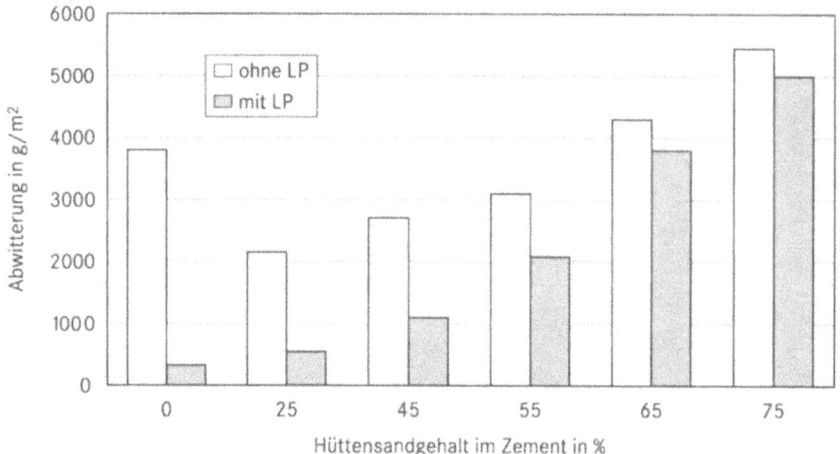

Abb. 7.27: Abwitterungsmengen (nach 28 FTW CDF) von Betonen mit und ohne LP-Bildner in Abhängigkeit vom HÜS-Gehalt der Zemente

Frostangriff
Beim reinen Frostangriff handelt es sich um ein Volumenproblem, d.h. es kommt neben Oberflächenabplatzungen auch zu inneren Gefügezerstörungen. Das bedeutet, dass als Prüfkriterium bei der Prüfung von Betonen auf ihren Frostwiderstand neben der Masseänderung bzw. der Abwitterungsmenge auch solche Größen herangezogen werden müssen, die den Gefügezustand im Inneren des Betons beschreiben (Abfall des dynamischen E-Moduls, Ultraschallgeschwindigkeit, Druckfestigkeit u.ä.).

Da die Dichtigkeit des Betongefüges für den Frostwiderstand eine dominante Rolle spielt, kommt dem Hydratationsgrad des Zementes zu Frostbeginn eine entscheidende Bedeutung zu. Beim Vergleich von Portlandzement und Hochofenzement treten diesbezüglich zwei gegenläufige Tendenzen auf. Auf der einen Seite bilden Hochofenzemente bei gleichem Hydratationsgrad ein wesentlich dichteres Porengefüge als Portlandzement aus. Sie weisen beispielsweise bei einem Hydratationsgrad von 60% im Gegensatz zum Portlandzement eine starke Gelporosität und einen nur geringen Anteil an Kapillarporen auf. Andererseits ist jedoch die Hydratationsgeschwindigkeit beim Hochofenzement geringer als beim Portlandzement. So wurde vorgenannter Hydratationsgrad vom Portlandzement bereits nach 3 Tagen erreicht, während der Hochofenzement zur Hydratation der gleichen Zementmenge 28 Tage benötigte. Für den Frostwiderstand ist der Hydratationsgrad und somit der Gefügezustand zum Zeitpunkt der Befrostung (Prüfung meist nach 28-tägiger Lagerung) entscheidend. Portlandzemente liegen nach 28-tägiger Normlagerung im Hydratationsgrad zwischen 85 und 90%. Je nach HÜS-Qualität und Zementfeinheit werden nach identischer Lagerungsdauer bei den Hochofenzementen (HÜS-Gehalt ca. 65%) Hydratationsgrade von 30 bis 65% bestimmt. Mit größer werdendem Hydratationsgrad stellt sich ein deutlich dichteres Gefüge ein. Ein Vergleich der Porengrößenverteilungen von Portlandzement und von Hochofenzement zeigt, dass der langsamere Hydratationsfort-

7.4 Einflussgrößen

schritt des Hochofenzementes durch das dichtere Gefüge ab einem Hydratationsgrad von ca. 50% kompensiert werden kann.

So weist Hochofenzement mit einem Hydratationsgrad von 50% eine ähnliche Porengrößenverteilung auf wie Portlandzement mit einem Hydratationsgrad von 90%. Sehr gute Hochofenzemente mit einem Hydratationsgrad von über 50% bilden trotz des wesentlich niedrigeren Hydratationsgrades sogar ein dichteres Gefüge aus als Portlandzemente.

Der in Abhängigkeit von der HÜS-Qualität und Zementfeinheit unterschiedliche Hydratationsgrad und die damit verbundenen Unterschiede in der Porengrößenverteilung wirken sich stark auf den Frostwiderstand entsprechender Betone aus. Zwischen dem Frostwiderstand und dem Hydratationsgrad von Hochofenzement liegt ein linearer Zusammenhang vor. Im Vergleich zum Portlandzement können die Hochofenzemente in Analogie zur Porengrößenverteilung in drei Bereiche unterteilt werden:

$\alpha_H < 50\%$ der niedrige Hydratationsgrad führt zu einem stark kapillarporösen Gefüge, der Frostwiderstand ist niedriger als der von Portlandzement-Mörteln und -Betonen;

$\alpha_H = 50 \ldots 60\%$ der niedrige Hydratationsgrad kann durch das dichtere Gefüge kompensiert werden, der Frostwiderstand entspricht etwa dem von Portlandzement-Mörteln und -Betonen;

$\alpha_H > 60\%$ die Ausbildung eines sehr dichten Gefüges bewirkt einen höheren Frostwiderstand als bei Portlandzement-Mörteln und -Betonen.

Abbildung 7.28 zeigt Ergebnisse von Frostprüfungen (Abfall des dynamischen E-Moduls nach 200 FTW) in Abhängigkeit vom Hydratationsgrad verschiedener Portlandzemente und Hochofenzemente nach 28-tägiger Lagerung. Dabei ist bei den Hochofenzementen ein unmittelbarer Zusammenhang zwischen dem Hydratationsgrad und dem Frostwiderstand zu erkennen. Je höher der Hydratationsgrad des Hochofenzements zu Beginn der Frostprüfung, desto höher ist auch der Frostwiderstand der entsprechenden Betone. Die Ursache hierfür stellt das je nach Hydratationsgrad unterschiedlich dichte Betongefüge dar.

Die Untersuchungen zum Frostwiderstand zeigen, dass eine pauschale Wertung von Hochofenzement-Beton nicht möglich ist.

In Abhängigkeit von der Zementqualität, insbesondere der Qualität des Hüttensandes, vom w/z-Wert und von der Nachbehandlung können Hochofenzement-Betone einen sehr unterschiedlichen Frostwiderstand aufweisen.

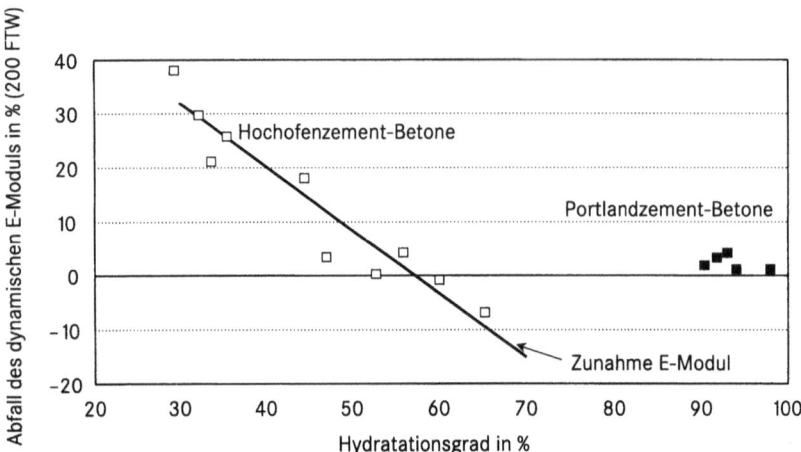

Abb. 7.28: Abhängigkeit des Frostwiderstandes vom Hydratationsgrad der Zemente Betone; $w/z = 0{,}5$, $z = 379$ kg/m³

Frost-Tausalz-Angriff

Die bei starkem Frost-Tausalz-Angriff vorgeschriebenen Luftporenbildner sind in hüttensandreichen Hochofenzement-Betonen nicht wirksam. Naheliegend wäre, dass wiederum der Hydratationsgrad des Zementes für den unterschiedlichen FTSW von Hochofenzement- und Portlandzement-Betonen verantwortlich ist. Die Gegenüberstellung des FTSW mit dem Hydratationsgrad ergibt jedoch keinen Zusammenhang zwischen beiden Größen (Abbildung 7.29).

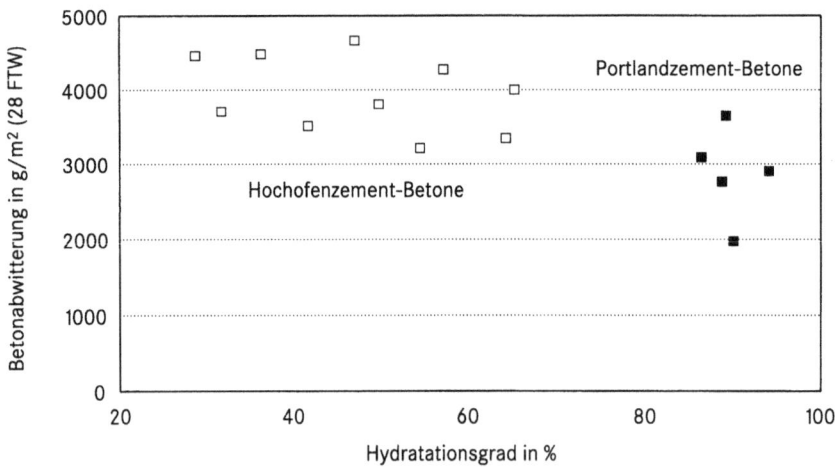

Abb. 7.29: Abhängigkeit des Frost-Tausalz-Widerstandes (CDF-Test) vom Hydratationsgrad der Zemente Betone; $w/z = 0{,}5$, $z = 350$ kg/m³, ohne LP

Im Gegensatz zum reinen Frostangriff handelt es sich beim Frost-Tausalz-Angriff im wesentlichen um eine Oberflächenschädigung des Betons. Selbst bei starker Oberflächenabwitterung treten im allgemeinen keine nennenswerten in-

7.4 Einflussgrößen

neren Schädigungen am Beton auf. So beschränken sich fast alle Verfahren zur Bestimmung des FTSW von Beton auf die Ermittlung des Gewichtsverlustes bzw. die Bestimmung der Menge an abgewittertem Material. Frost-Tausalz-Prüfungen, die am F. A. Finger-Institut für Baustoffkunde mittels CDF-Verfahren durchgeführt wurden, ergaben je nach Qualität der Betone nach 28 FTW Abwitterungsmengen im Bereich von 90 g/m² bis 6000 g/m². Werden diese Abwitterungen unter der Annahme einer Betonrohdichte von 2,3 g/cm³ in mittlere Abwitterungstiefen umgerechnet, ergeben sich abgewitterte Schichten von 0,04 bis 2,6 mm. Aus den Betrachtungen wird deutlich, dass für die Frage, ob ein Beton einen ausreichenden FTSW aufweist oder nicht, der Hydratationsgrad und somit der Gefügezustand des Gesamtbetons eine untergeordnete Rolle spielt. Entscheidend ist die Beschaffenheit einer dünnen Oberflächenschicht des Betons.

Um den unterschiedlichen FTSW von Hochofenzement- und Portlandzement-Betonen zu erklären, ist es wichtig zu wissen, in welcher Phase der Befrostung diese Unterschiede auftreten. Während es bei der Bestimmung des Frostwiderstandes in Wasser sowohl beim Hochofenzement- als auch beim Portlandzement-Beton zu einem nahezu linearen Abwitterungsverlauf kommt (Abbildung 7.30), zeigt sich bei der Prüfung des Frost-Tausalz- Widerstandes in 3%iger NaCl-Lösung (wie auch bei den anderen gebräuchlichen Taumitteln) bei Hochofenzement-Betonen mit HÜS-reichen Zementen (HÜS-Gehalt ≥ 60%) eine starke Anfangsabwitterung (Abbildung 7.31).

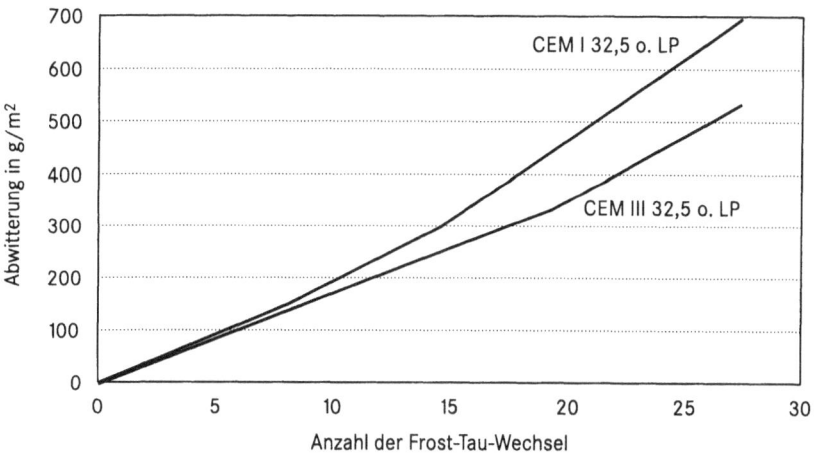

Abb. 7.30: Typische Abwitterungsverläufe beim Frost-Angriff (CIF-Test) für Portlandzement- und Hochofenzement-Beton ohne Luftporenbildner Betone; $w/z = 0{,}5$, $z = 350$ kg/m³

Die Anfangsabwitterung tritt sowohl bei Betonen ohne als auch mit künstlich eingeführten Luftporen auf und ist letztlich dafür verantwortlich, dass der Hochofenzement-Beton in vielen Fällen einen schlechteren FTSW als vergleichbarer Portlandzement-Beton aufweist und dass die LP-Mittel bei HÜS-reichem Hochofenzement unwirksam sind. Nach dieser ca. 4 bis 8 FTW umfassenden Anfangsabwitterung knickt die Abwitterungskurve deutlich ab und zeigt in dieser zweiten Phase gegenüber Portlandzement-Betonen i.d.R. eine vergleichbare oder sogar geringere Schädigungsintensität. Die Gründe für die starke Anfangsabwitterung von Hochofenzement-Betonen liegen in der Carbonatisierung der dünnen Oberflächenschicht.

Es kommt genau dann zu einer Abnahme der Schädigungsintensität, wenn die Schädigungsfront vom carbonatisierten Bereich in den nichtcarbonatisierten Bereich der Hochofenzement-Betone übergeht. Exakt am Knickpunkt der Abwitterungskurve geht der Carbonatgehalt in den Abwitterungen stark zurück. Die starke Abwitterung tritt somit nur innerhalb der carbonatisierten Randzone auf, während der nichtcarbonatisierte Kern einem Frost-Tausalz-Angriff ausreichend standhält.

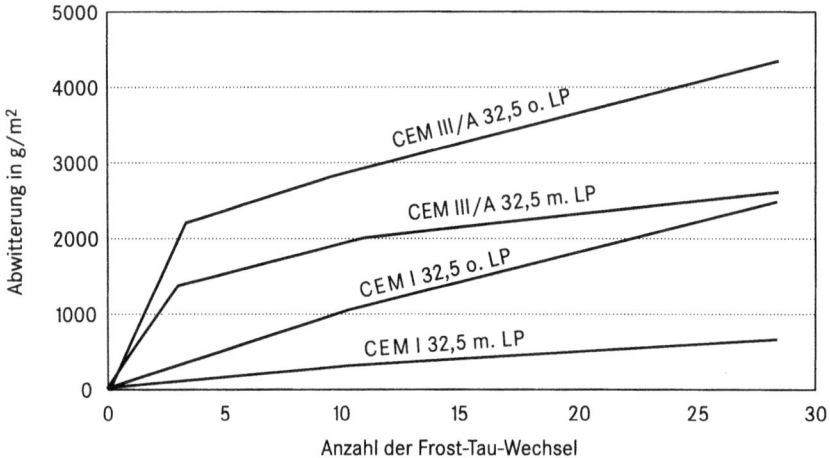

Abb. 7.31: Typische Abwitterungsverläufe beim Frost-Tausalz-Angriff (CDF-Test) für Portlandzement- und Hochofenzement-Beton mit und ohne Luftporenbildner; Betone: CEM III/A 32,5 (65% HÜS), w/z = 0,5, z = 350 kg/m³

Bei unterschiedlichen Lagerungsbedingungen (Stickstoff-, Luft-, Kohlendioxidlagerung) wurden folgende Carbonatisierungstiefen ermittelt:
- Stickstofflagerung: 0,3 mm
- Luftlagerung: 1,5 mm
- Kohlendioxidlagerung: 12,5 mm

Der sich anschließende CDF-Test ergibt in Abhängigkeit der Vorlagerungsart stark differierende Ergebnisse (Abbildung 7.32).

Unterschiede zwischen Hochofenzement- und Portlandzement-Beton ergeben sich hinsichtlich der Auswirkung der Carbonatisierung auf das Gefüge. Während beim Portlandzement-Beton die Carbonatisierung eine geringfügige Verdichtung des Gefüges bewirkt, tritt beim Hochofenzement-Beton eine Gefügevergröberung ein.

7.4 Einflussgrößen

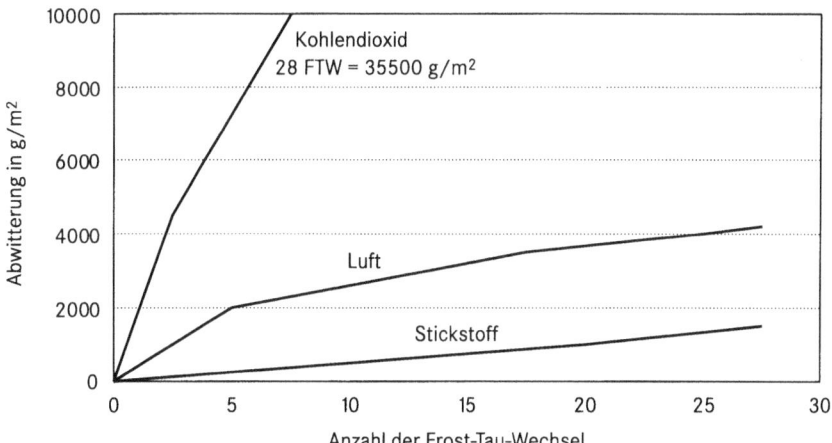

Abb. 7.32: Frost-Tausalz-Widerstand von unterschiedlich gelagerten Hochofenzement-Betonen ohne Luftporenbildner; Betone: CEM III/A 32,5 (65% HÜS), w/z = 0,5, z = 350 kg/m³

Zwar geht auch hier die Gesamtporosität zurück, jedoch vergrößert sich gleichzeitig der Anteil an Kapillarporen. Nach der Carbonatisierung ist die Kapillarporosität aber i.d.R. trotzdem noch z.T. deutlich geringer als bei einem Portlandzement-Beton.

Die Gefügevergröberung von Hochofenzement-Betonen durch die Carbonatisierung wurde bisher darauf zurückgeführt, dass im Gegensatz zum Portlandzement beim Hochofenzement im verstärktem Maße auch C–S–H-Phasen carbonatisieren können, wobei ein hochporöses Kieselgel entsteht. Die Erhöhung des Kapillarporenanteils durch die Carbonatisierung kann jedoch nicht die Hauptursache für das Verhalten von Hochofenzement-Betonen beim Frost-Tausalz-Angriff sein, da dann auch beim Frostangriff innerhalb der carbonatisierten Randzone eine höhere Schädigungsintensität zu verzeichnen sein müsste.

Der entscheidende Unterschied zwischen Portlandzement und Hochofenzement liegt darin, dass beim Hochofenzement neben **Calcit** auch die beiden anderen metastabilen CaCO₃-Modifikationen **Aragonit** und **Vaterit** in erheblichen Mengen auftreten. Beim Portlandzement tritt **nur Calcit** auf.

Beim FTS-Angriff wird dann ein großer Teil gut kristallisiertes CaCO₃ (Calcit, Aragonit, Vaterit) in schlecht kristallisiertes CaCO₃ umgewandelt hat. Von dieser Umwandlung sind die beiden metastabilen Modifikationen des CaCO₃ – Aragonit und Vaterit – betroffen (Abbildungen 7.33 und 7.34).

Die Anfangsabwitterung ist kein Problem aller HÜS-haltigen Zemente. Sie tritt erst ab einem HÜS-Gehalt von ca. 50% auf und nimmt mit steigendem HÜS-Gehalt zu. Das ist dadurch bedingt, dass als Carbonatisierungsprodukte die metastabilen Phasen Aragonit und Vaterit ab ca. 50% HÜS auftreten (Abbildungen 7.35 und 7.36).

Abb. 7.33: ESEM Aufnahme von Calcit und Vaterit

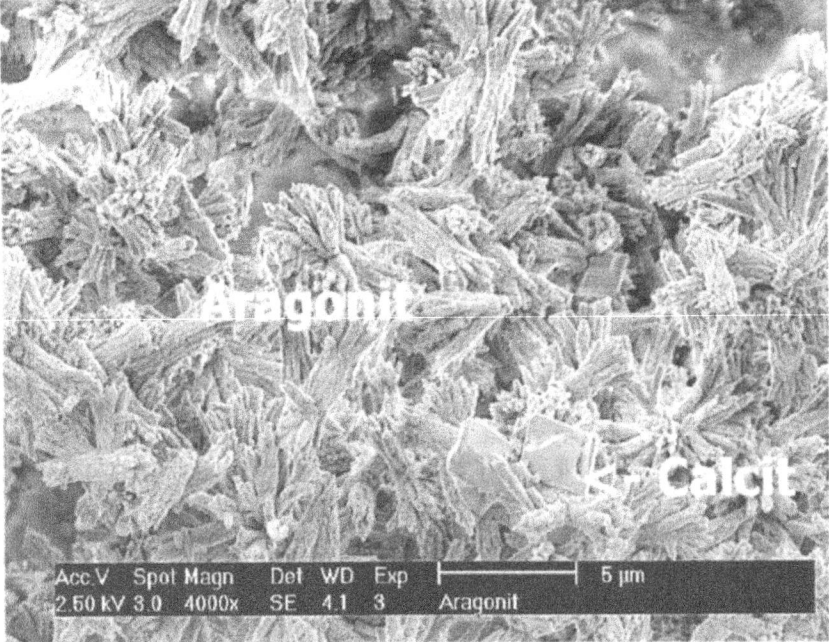

Abb. 7.34: ESEM Aufnahme von Calcit und Aragonit

7.4 Einflussgrößen

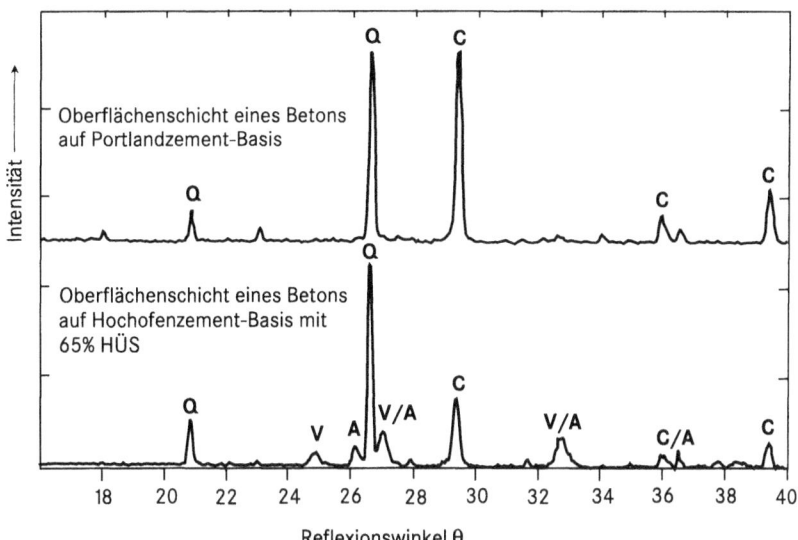

Abb. 7.35: Röntgenbeugungsdiagramme der carbonatisierten Oberflächenschicht eines Betons auf Portlandzement-Basis und eines Betons auf Hochofenzement-Basis mit einem HÜS-Gehalt von 65% vor der Frost-Tau-Belastung; Q: Quarz, C: Calcit, A: Aragonit, V: Vaterit

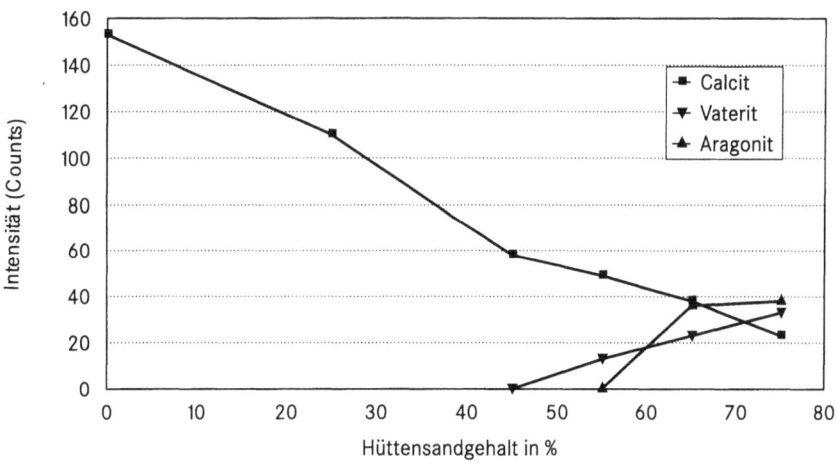

Abb. 7.36: $CaCO_3$-Modifikationen im carbonatisierten Zementstein in Abhängigkeit des Hüttensandgehaltes

Da die hohe Anfangsabwitterung von HÜS-reichen Hochofenzement-Betonen insbesondere durch die Instabilität der carbonatisierten Randzone gegenüber dem kombinierten Angriff von Frost und NaCl-Lösung hervorgerufen wird, ergeben sich im wesentlichen zwei grundsätzliche praktikable Möglichkeiten zur Reduzierung der starken Anfangsabwitterung:

♦ Schaffung eines dichteren Gefüges im oberflächennahen Bereich zur Senkung der Carbonatisierungsgeschwindigkeit. Eine gute Möglichkeit bieten hier wasseraufnehmende und -abgebende Schalungsbahnen (z.B. Zemdrain) im Zusammenhang mit einer guten Nachbehandlung. Dadurch wird die Oberflächenschicht so verdichtet, dass eine wesentlich geringere Carbonatisierung dieser dünnen Randzone eintritt.

♦ Verwendung von Beton mit einem w/z-Wert ≤ 0,45 (möglichst ≤ 0,40) und sehr guter Nachbehandlung.

Die Auswirkungen auf einen Beton ohne Luftporen sind in Abbildung 7.37 dargestellt. Im Vergleich zum Nullbeton zeigt sich, dass die Anfangsabwitterung durch Einsatz der Schalungsbahn Zemdrain fast vollständig abgebaut werden kann. Auf den Einsatz von LP-Mitteln kann in diesem Fall verzichtet werden.

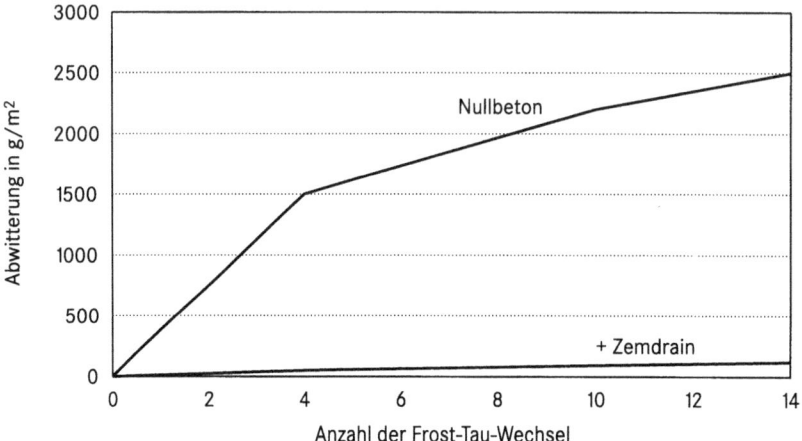

Abb. 7.37: Abwitterungsverlauf eines LP-freien Hochofenzement-Betons ohne zusätzliche Maßnahmen (Nullbeton) und nach Anwendung einer saugenden Schalungsbahn (Zemdrain); Betone: CEM III/A 32,5 (65% HÜS), w/z = 0,5, z = 350 kg/m^3

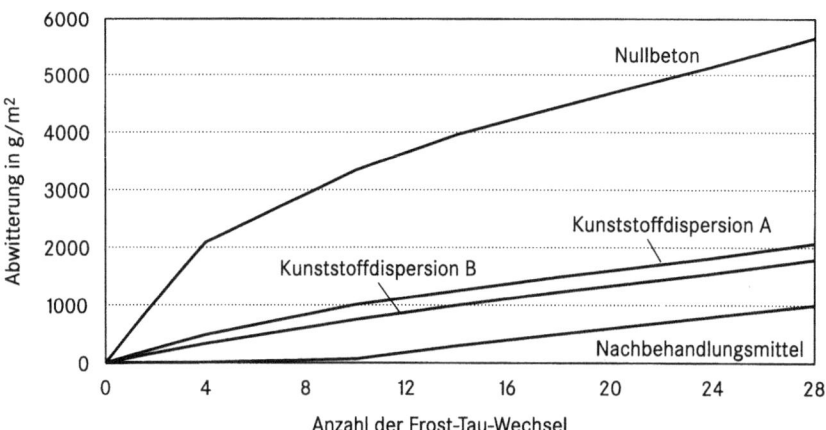

Abb. 7.38: Abwitterungsverläufe eines LP-freien Hochofenzement-Betons ohne zusätzliche Maßnahmen (Nullbeton) sowie nach Anwendung eines Nachbehandlungsmittels und nach Zugabe zweier Kunststoffdispersionen; Betone: CEM III/B 32,5 (75% HÜS), w/z = 0,5, z = 370 kg/m^3

Nachbehandlungsmittel können ebenfalls positiv auf die Abwitterungsbeständigkeit der Oberflächenschicht von Hochofenzement-Betonen wirken. Durch Anwendung eines Nachbehandlungsmittels auf Basis einer aliphatischen Paraffinwachsemulsion konnte z.B. ein Beton hergestellt werden, der die Anforderungen an einen Beton mit hohem FTSW, geprüft nach CDF-Verfahren, erfüllt. Diese Maßnahme behindert die Carbonatisierung deutlich. Mit Kunststoffdispersionen ist zwar auch eine erhebliche Reduzierung der Abwitterungsmenge erreichbar, jedoch liegen diese immer noch oberhalb des Abnahmekriteriums des CDF-Verfahrens (Abbildung 7.38).

7.4.2 Technologische Einflüsse

Bei den technologischen Einflussfaktoren auf den FTW/FTSW nimmt die Nachbehandlung des Betons eine besondere Stellung ein. Die Aufgabe der Nachbehandlung besteht darin, einen für den Fortgang der Hydratation erforderlichen Feuchtigkeitsgehalt im Beton sicherzustellen. Übliche Nachbehandlungsverfahren sind folgende:
- Belassen in der Schalung,
- Abdecken mit Folien,
- Aufbringen wasserhaltender Abdeckungen,
- Aufsprühen bzw. Aufstreichen von flüssigen Nachbehandlungsmitteln,
- kontinuierliches Besprühen mit Wasser.

Tritt bei unzureichender Nachbehandlung ein frühzeitiger Wasserverlust ein, bewirkt dies einen geringeren Hydratationsgrad und damit geringere Festigkeiten sowie höhere Porositäten insbesondere im oberflächennahen Bereich. Vor allem der erhöhte Kapillarporenraum wirkt sich dann negativ auf den FTW/FTSW des Betons aus.

Die Auswirkungen der Nachbehandlung auf den FTW/FTSW sind in starkem Maße vom eingesetzten Zement abhängig. Allgemein gilt, dass der Nachbehandlung eine größere Bedeutung zukommt, wenn Zemente eingesetzt werden, die aufgrund ihrer chemischen Zusammensetzung relativ langsam erhärten (Hochofenzement, Flugaschezement usw.). Untersuchungen an Hochofenzement-Betonen belegen beispielsweise, dass der FTW/FTSW dieser Betone durch eine längere Nachbehandlung stark angehoben werden kann. Bei Portlandzement-Betonen hingegen sind nur relativ kurze Nachbehandlungszeiträume notwendig.

Die Abhängigkeit der notwendigen Nachbehandlung von der Hydratationsgeschwindigkeit des Zementes wurde in der „Richtlinie zur Nachbehandlung von Beton" berücksichtigt. Neben der Festigkeitsentwicklung des Betons, in die der Zement als Komponente mit eingeht, hängen die dort angegebenen Nachbehandlungszeiträume auch von der Betontemperatur und den Umgebungsbedingungen ab. In Abhängigkeit dieser Einflussgrößen ist eine Nachbehandlungsdauer zwischen minimal einem Tag und maximal 10 Tagen vorgeschrieben (siehe auch Kapitel 2.8.5).

Die **Verdichtung** und der **Transport** des Betons wirken sich stark auf die Luftporenbildung und -stabilität aus. Weiterhin kann eine mangelhafte Verdichtung zu örtlichen Gefügestörungen führen (Kiesnester, Zementmörtelanreicherungen, Wassersäcke unter Grobzuschlägen u.a.), die den FTW/FTSW negativ beeinflussen [JUNGWIRTH ET AL.].

Die Notwendigkeit von zusätzlichen **Oberflächenschutzmaßnahmen** ergibt sich dann, wenn die ursprüngliche Betonrezeptur nicht für einen starken Frost-Tausalz-Angriff ausgelegt war (beispielsweise keine künstlichen Luftporen oder zu hoher w/z-Wert). Als Oberflächenschutzsysteme stehen im wesentlichen Imprägnierungen, Versiegelungen, Farbanstriche und bei gleichzeitiger mechanischer Beanspruchung auch Beschichtungen zur Verfügung. Vielfach wurde festgestellt, dass alle diese Oberflächenschutzmaßnahmen den Beton nur zeitlich begrenzt vor einem starken Frost-Tausalz-Angriff schützen können. Das gilt vor allem bei rückwärtiger Durchfeuchtung. Wird die Schutzschicht durchbrochen, kann die Schädigung mit ungehinderter Intensität voranschreiten. Im Gegensatz dazu existieren jedoch auch viele Anwendungsfälle, die zeigen, dass bei richtiger Anwendung Beton durch Oberflächenschutzmaßnahmen auch dauerhaft geschützt werden kann. So werden u.a. die Stellflächen von Parkhäusern häufig von Anfang an beschichtet.

7.4.3 Äußere Einflüsse

Durch die Einwirkung von **Taumitteln** wird die Frostbeanspruchung des Betons erheblich verschärft, wobei sich niederprozentige Tausalzlösungen als besonders aggressiv erwiesen haben. Als Ursache für die destruktive Wirkung der Taumittel werden überwiegend physikalische Vorgänge gesehen. So verstärkt die Anwesenheit von Tausalzen fast alle bekannten physikalischen Schadensmechanismen im makroskopischen und mikroskopischen Bereich. Außerdem ist die Menge an gefrierbarer Porenflüssigkeit gegenüber reiner Frostbelastung höher, da Taumittellösungen aufgrund größerer kapillarer Steighöhen zu einem höheren Feuchtigkeitssättigungsgrad im Beton führen und die Feuchtigkeitsabgabe an die Umgebung durch die hygroskopische Wirkung der Taumittel verzögert wird.

Als Tausalz kommt im Winterdienst hauptsächlich Natriumchlorid (NaCl) zum Einsatz. Es werden auch Calciumchlorid ($CaCl_2$), Magnesiumchlorid ($MgCl_2$) und Mischsalze aus Natrium- und Calciumchlorid eingesetzt.

Alle chloridhaltigen Tausalze verstärken nicht nur die Frostschädigung, sondern können auch eine Metallkorrosion an Fahrzeugen und am Bewehrungsstahl hervorrufen. Für besondere Anwendungsfälle (z.B. Flugverkehrsflächen) kommen deshalb organische Auftaumittel, wie technischer Harnstoff oder verschiedene Alkohole zum Einsatz, die keine metallkorrosive Wirkung ausüben. Sie sind allerdings wesentlich teurer als die o.g. Chloride.

Auf Flugplätzen wird neuerdings ein Taumittel mit dem Handelsnamen „*Clearway*" eingesetzt. Chemisch handelt es sich dabei um eine 5%ige Kaliumacetatlösung.

Einen wichtigen Einflussfaktor für die Schädigungsintensität bei Frost- und Frost-Tausalz-Angriff stellen auch die jeweiligen **Temperaturverhältnisse** dar, insbesondere:

♦ die Minimaltemperatur,
♦ die Abkühlgeschwindigkeit und
♦ die Anzahl der Frost-Tau-Wechsel.

Niedrigere Minimaltemperaturen führen zu einer stärkeren Frost-/Frost-Tausalz-Schädigung, da sich eine größere Eismenge im Beton bilden kann. Wie stark die Schädigung beeinflusst wird, hängt wesentlich von dem Temperaturbereich ab, in dem die Minimaltemperatur sich ändert. Die additive Wirkung der gefrierpunkterniedrigenden Mechanismen bewirkt, dass die wesentlichen Gefriervorgänge des Kapillarwassers im Temperaturbereich zwischen −10 °C und −20 °C stattfinden. Schwankt die Minimaltemperatur in diesem Bereich, wirkt sich dies besonders stark auf den Frost- bzw. Frost-Tausalz-Schaden aus. So kann die Reduzierung der Minimaltemperatur von −20 °C auf −15 °C beim Frost-Tausalz-Angriff eine Verringerung der Abwitterungsmenge um 50% nach sich ziehen. Schwankt die Minimaltemperatur hingegen im Bereich zwischen −20 °C und −30 °C, ändert sich die Schädigungsintensität nur geringfügig. Gefriert bei Temperaturen unterhalb von −40 °C auch ein Großteil des Gelporenwassers, ist noch mit einem drastischen Anstieg der Schädigungsintensität zu rechnen.

Die Abkühlgeschwindigkeit spielt für den Schaden dann eine Rolle, wenn sie eine Größenordnung annimmt, bei der große Eigenspannungen infolge unterschiedlicher Temperaturen über dem Querschnitt auftreten oder die beanspruchungsmindernde Wasserumverteilung durch das schnelle Gefrieren erheblich eingeschränkt wird. Die in der Praxis auftretenden Abkühlgeschwindigkeiten sind, zumindest unter mitteleuropäischen Klimabedingungen, gering. Selbst beim Aufstreuen von Tausalzen (Temperatursturz) wurden lediglich Abkühlgeschwindigkeiten von ca. 1 K/min gemessen [WENGER/HARNIK]. Der Einfluss der Abkühlgeschwindigkeit wird demnach unter praktischen Verhältnissen gering sein.

Für den Frost-/Frost-Tausalz-Schaden ist auch entscheidend, wie vielen Frost-Tau-Wechseln der Beton innerhalb seiner Nutzungsdauer ausgesetzt ist. Regional unterschiedlich treten in Deutschland jährlich zwischen 25 und 90 Frost-Tau-Wechsel auf. Die gebräuchlichen Frost- und Frost-Taumittel-Prüfverfahren arbeiten zeitraffend und können natürlich nicht die reale Beanspruchung, die der Beton im Laufe seiner Nutzung ausgesetzt ist, nachfahren. Bei den meisten Verfahren werden zwischen 25 und 100 Frost-Tau-Zyklen durchgeführt. Die Anzahl der für eine Regelprüfung durchzuführenden Wechsel wird nur vereinzelt von der zu erwartenden realen Belastung des Betons unter Nutzungsbedingungen abhängig gemacht.

Von den äußeren Einflüssen übt sicher das **Feuchtigkeitsangebot**, da es den Wassergehalt im Beton bestimmt, den größten Einfluss auf die Frost-/Frost-Tausalz-Schädigung aus. Unterhalb einer gefügeabhängigen kritischen Wassersättigung tritt auch nach einer Vielzahl von Frost-Tau-Wechseln keine Schädigung des Betons ein. Oberhalb dieser kritischen Wassersättigung wird der Beton bereits nach wenigen Frost-Tau-Wechseln zerstört. Entscheidend für die Wassersättigung des Betons ist seine Fähigkeit, Wasser durch kapillares Saugen aufzunehmen. Die Wassermenge, die dabei in den Beton gelangt, hängt von dem Kapillarporenanteil und von der Größe der Kapillarporen ab.

7.5 Frost- und Frost-Taumittel-Prüfverfahren

Prinzipiell kann der Frost- oder Frost-Tausalz-Widerstand ermittelt werden mit Hilfe von
♦ indirekten oder
♦ direkten
Methoden.

Indirekte Prüfverfahren sind solche, bei denen schädigungsrelevante Kenngrößen am Beton ermittelt werden, ohne den Beton selbst einem Frost- oder Frost-Tausalz-Angriff auszusetzen. Zu den indirekten Prüfverfahren gehört beispielsweise die Bestimmung der Luftporenkennwerte am Festbeton. Der vermutete Zusammenhang zwischen den ermittelten Kennwerten und dem FTW/FTSW stützt sich dabei meist auf Erfahrungswerte bzw. resultiert aus der Annahme bestimmter Schadensmechanismen. Da der Frost- bzw. Frost-Tausalz-Schaden eines Betons jedoch ein sehr komplexes Problem darstellt, führen die indirekten Prüfverfahren nicht immer zu einer korrekten Einschätzung des FTW/FTSW. Die Wirksamkeit künstlicher Luftporen im Beton ist z.B. stark zementabhängig, so dass eine pauschale Bewertung entsprechender Luftporenkennwerte zu einer falschen Einschätzung des Betons führen kann. Aus diesem Grund sind direkte Prüfverfahren, bei denen die Prüfkörper einer gezielten Frost- bzw. Frost-Taumittel-Beanspruchung ausgesetzt werden, den indirekten Prüfverfahren vorzuziehen.

Bei allen direkten Verfahren zur Bestimmung des Frost- und des Frost-Taumittel-Widerstandes sind sehr unterschiedliche Randbedingungen für die Beanspruchung festgelegt. Beispielsweise liegt die vorgeschriebene Zyklenzahl zwischen 6 und 500 Frost-Tau-Wechseln. Je nach Verfahren ist die Minimaltemperatur im Bereich zwischen −10 °C und −25 °C festgelegt.

Als Prüflösung wird bei reiner Frostbelastung bei allen Prüfverfahren pauschal „Wasser" oder „Leitungswasser" angegeben, ohne dessen Eigenschaften näher zu definieren. Untersuchungsergebnisse der Universität GH Essen und am F. A. Finger-Institut für Baustoffkunde zeigen jedoch, dass die Wasserqualität, insbesondere dessen Härtegrad, einen erheblichen Einfluss auf das Prüfergebnis ausüben kann. Zur Bestimmung des Frost-Taumittel-Widerstands kommen in den überwiegenden Fällen verdünnte Salzlösungen (3–5%ig) zum Einsatz, da sie den FTSW besonders negativ beeinflussen. Bei fast allen Frost-Taumittel-Prüfverfahren werden die Proben während der gesamten Prüfung mit diesen Salzlösungen beaufschlagt, wobei man
♦ Überschichtungsverfahren mit aufstehender Lösung und
♦ Eintauchverfahren
unterscheiden kann.

7.5 Frost- und Frost-Taumittel-Prüfverfahren

Fast alle Prüfverfahren nutzen quantifizierbare Beurteilungskriterien zur Einschätzung des FTW/FTSW. Eine rein optische Einschätzung der Prüfkörper, wie sie beispielsweise in der ASTM C 672-84 vorgesehen ist und auch nach DIN 52252 bei der Bewertung der Frostwiderstandsfähigkeit von Vormauerziegeln und Klinkern vorgenommen wird, ist von zu vielen subjektiven Faktoren abhängig und beim Beton nicht mehr Stand der Technik. Bei der reinen Frostbeanspruchung wird davon ausgegangen, dass der gesamte Prüfkörper eine Schädigung erfährt. Als Beurteilungskriterien werden deshalb Größen herangezogen, die auch die innere Schädigung des Betons beschreiben (dynamischer und statischer E-Modul, Druckfestigkeit, Längenänderung etc.). Bei der Frost-Taumittel-Beanspruchung tritt in erster Linie eine Oberflächenschädigung ein. Hier werden Größen wie die Abwitterungsmenge, der Volumenverlust u.ä. zur Beurteilung des Betons genutzt.

Ein grundlegender Mangel aller bisheriger Prüfverfahren war die unzureichende Reproduzierbarkeit und die große Prüfstreuung der Ergebnisse. In Ring- und Vergleichsuntersuchungen wurden Prüfstreuungen bis zu 80% ermittelt. Einen wesentlichen Grund für die große Prüfstreuung der Verfahren stellt mit Sicherheit die zu ungenau definierte Minimaltemperatur dar bzw. die Tatsache, dass eine genau definierte Minimaltemperatur prüftechnisch bislang nicht realisierbar war. Wie bereits ausgeführt, finden wesentliche Gefriervorgänge im Bereich zwischen −10 °C und −20 °C statt. Die von den meisten Prüfverfahren in diesem Temperaturbereich zugelassene Sollwertabweichung von ca. ±2 K kann also die sich bildende Eismenge und somit das Ergebnis der Prüfung stark beeinflussen. Weitere Ursachen für die großen Prüfstreuungen sind darauf zurückzuführen, dass neben der Minimaltemperatur andere wichtige Versuchsparameter, vor allem der Taumittel- und Wassergehalt des Prüfkörpers und das Temperaturprofil im Inneren des Prüflings unzureichend definiert sind [SETZER 1994].

Die aufgeführten Mängel der Prüfverfahren führten dazu, dass in der deutschen Normung bislang die Anforderungen an einen Beton mit hohem FTW/FTSW nach dem sogenannten description concept festgelegt wurden. Dies bedeutet, dass nur solche Ausgangsstoffe und Betonrezepturen verwendet werden dürfen, die erfahrungsgemäß zu Beton mit hohem FTW/FTSW führen. Das **description concept** hat sich in der Vergangenheit in Deutschland im wesentlichen bewährt, ist jedoch heute nicht mehr zeitgemäß. Insbesondere die weitere Öffnung Europas wird dazu führen, dass eine Fülle neuer Ausgangsstoffe, Betonrezepturen und Herstellungsverfahren zur Anwendung kommen, für die noch keine Erfahrungen vorliegen. In diesen Fällen ist die direkte Prüfung des FTW/FTSW unerläßlich (**performance concept**). Die Forderung nach Prüfverfahren, mit denen präzise und möglichst praxisnah unter Berücksichtigung der Erkenntnisse aus der Grundlagenforschung der FTW/FTSW bestimmt werden kann, ist demzufolge aktueller denn je. Die Mängel der bekannten Prüfverfahren wurden mit den CDF- und CIF-Verfahren weitestgehend beseitigt.

7.5.1 Prüfung des Frost-Taumittel-Widerstandes mit dem CDF-Verfahren

Bei der Konzeption des CDF-Verfahrens (*Capillary Suction of De-Icing Solution and Freeze-Thaw Test* – Kapillares Saugen von Taumittellösung und Frost-Tau-Test) durch SETZER und HARTMANN wurden alle wichtigen Erkenntnisse, die aus der Grundlagenforschung zu den physikalisch chemischen Prozessen beim Frost- und Frost-Tausalz-Angriff bekannt sind, berücksichtigt. Insbesondere die daraus resultierenden hohen Anforderungen an die Einhaltung der Sollwerttemperatur (max. zul. Abweichung ±0,5 K) führten dazu, dass bei diesem Verfahren nur geringe Prüfstreuungen auftreten.

Der CDF-Test ist aufgrund seiner präzisen Prüfbeschreibung, des Nachweises der Präzision nach ISO 5725 und der Definition eines Abnahmekriteriums als RILEM Recommendation [SETZER ET AL. 1997] veröffentlicht worden.

Der CDF-Test kann an verschieden geformten Betonerzeugnissen durchgeführt werden, wobei als Prüffläche die Fläche zu wählen ist, die auch beim natürlichen Frost-Tausalz-Angriff beansprucht wird. Die zu prüfende Gesamtfläche für einen Beton sollte mindestens 800 cm² betragen. Meist wird als Prüffläche die Schalungsseite von vertikal geteilten Betonwürfeln der Kantenlänge 15 cm genutzt (Abbildung 7.39).

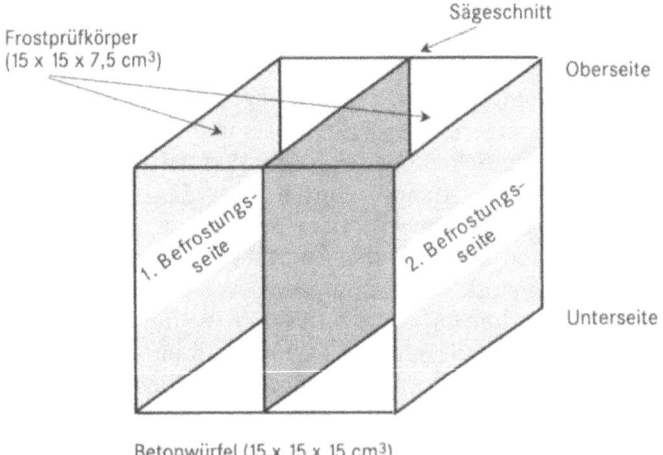

Abb. 7.39: Schematische Darstellung der Prüfkörper für den CDF-Test

Pro Betonserie werden 5 dieser Betonplatten (7,5 x 15 x 15 cm³) geprüft, was einer Gesamtprüffläche von 1125 cm² entspricht. Die hergestellten Betone werden für den CDF-Test bis zum Prüfbeginn nach dem 28. Tag wie folgt vorgelagert:
- 1 Tag in der Form,
- 6 Tage unter Wasser (+20 °C),
- 21 Tage im Klimaraum (+20 °C/65% r.F.).

7.5 Frost- und Frost-Taumittel-Prüfverfahren

Die vertikale Teilung der Betonwürfel erfolgt während der Wasserlagerung. In der dritten Lagerungswoche werden die Prüfkörper zur Verhinderung von Seitenabwitterungen bei der Frost-Tausalz-Belastung an den Seitenflächen abgedichtet (z.B. mit Butyl-Aluminiumband oder mit Epoxidharz). Nach der Trockenlagerung werden die Prüfkörper in den Prüfbehältern auf Abstandshalter gelegt. Anschließend wird 3%ige NaCl-Lösung in der Menge in die Behälter eingefüllt, dass die Beanspruchungsfläche vollständig in der Prüflösung eingetaucht ist. Die Prüfkörper erhalten nunmehr 7 Tage die Möglichkeit, die Prüflösung kapillar aufzunehmen. Dabei wird täglich die Massezunahme der Körper bestimmt (Abbildung 7.40).

Nach dem 7-tägigen kapillaren Saugen beginnt die eigentliche Frost-Tausalz-Prüfung. Die CDF-Prüfung wird dabei vorzugsweise in speziellen CDF-Klimatruhen über einem Kühlmedium durchgeführt (Abbildung 7.41). Dabei werden die Prüfbehälter ca. 20 mm in das Flüssigkeitsbad eingehängt. Die Isttemperatur während der Frost-Tau-Zyklen wird im Kältebad an der Behälterunterseite gemessen.

Beim CDF-Test umfasst ein Frost-Tau-Wechsel (±20 °C) 12 Stunden und folgt nachstehendem Zyklus:
- Absenken der Temperatur von +20 °C mit 10 K/h auf –20 °C,
- 3 Stunden Haltezeit bei –20 °C,
- Erhöhung der Temperatur von –20 °C mit 10 K/h auf +20 °C,
- 1 Stunde Haltezeit bei +20 °C.

Die Isttemperatur sollte zu keinem Zeitpunkt der Prüfung um mehr als 0,5 K von der Sollwerttemperatur abweichen. Nach jeweils vier bzw. sechs FTW wird die Abwitterung der Prüfkörper durch Filtration der Prüflösung, Trocknung des Filterrückstandes und nachfolgende Wägung bestimmt. Um lose anhaftendes Material mit zu erfassen, werden die Prüfbehälter vorher für zwei Minuten im Ultraschallbad beschallt. Eine CDF-Regelprüfung umfasst 14 Tage, was 28 Frost-Tau-Wechseln entspricht.

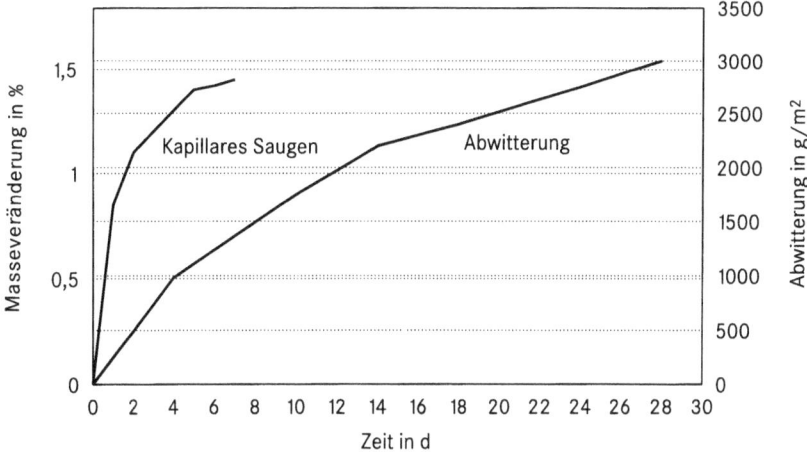

Abb. 7.40: CDF-Test: Kapillares Saugen und Abwitterungsverlauf von Beton mit CEM III/A 32,5 NW ohne LP-Mittel

Abb. 7.41: Blick in geöffnete Klimatruhe

Als CDF-Abnahmekriterium gilt eine maximale mittlere Abwitterung von 1500 g/m² nach 28 FTW.

7.5.2 Prüfung des Frostwiderstandes mit dem CIF-Verfahren

Bei Frost-Tau- bzw. Frost-Tausalz-Beanspruchung von Beton treten sowohl eine Oberflächenschädigung als auch eine innnere Schädigung auf. Die Oberflächenabwitterung wird mit dem CDF-Test ermittelt, der eine reproduzierbare und aussagesichere Prüfung ermöglicht. Darauf aufbauend ist die Prüfmethode zur Bestimmung der inneren Schädigung unter Frostangriff bei Wasserkontakt entwickelt worden.

Die Messung der inneren Schädigung wird als „CIF-Test" (*Capillary Suction, Internal Damage and Freeze Thaw Test* – Kapillares Saugen, innere Schädigung und Frost-Tau-Test) bezeichnet [SETZER, AUBERG].

Prüfeinrichtung, Herstellung und Vorbereitung der Prüfkörper sowie das Prüfverfahren mit den drei Schritten Trockenlagerung, Vorsättigung durch kapillares Saugen und Frost-Tau-Wechsel entsprechen im wesentlichen dem CDF-Test (Abbildung 7.42). Als Prüfflüssigkeit wird bei der Bestimmung des Frostwiderstandes demineralisiertes Wasser verwendet.

Als Maß der inneren Schädigung wird die Änderung des relativen dynamischen E-Moduls verwendet. Der dynamische E-Modul wird aus der Ultraschalllaufzeit bestimmt. Der Probekörper wird dazu in einer Achse, die in einem Abstand von 35 mm parallel zur Prüffläche liegt, direkt durchschallt (Abbildung 7.43).

7.5 Frost- und Frost-Taumittel-Prüfverfahren

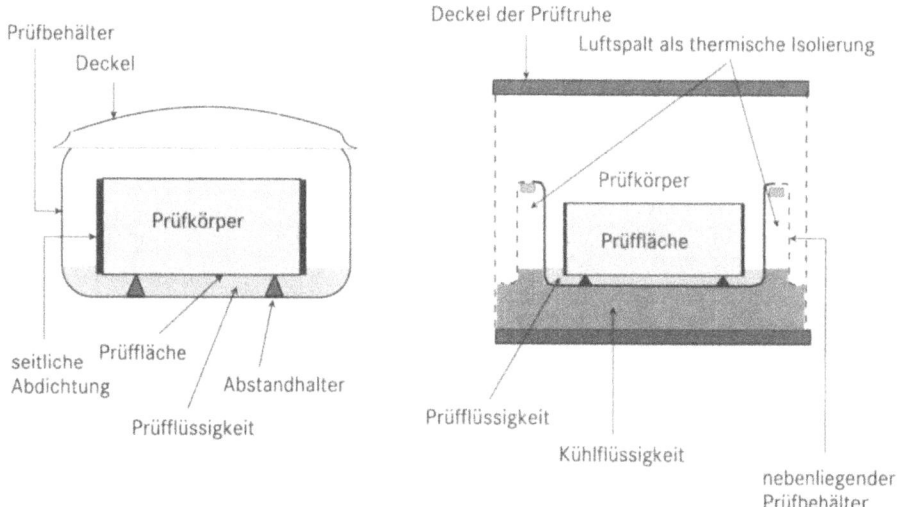

Abb. 7.42: CIF-Test; links: kapillares Saugen, rechts: Prüfbehälter mit Probekörpern im Flüssigkeitskühlbad (nach SETZER/AUBERG)

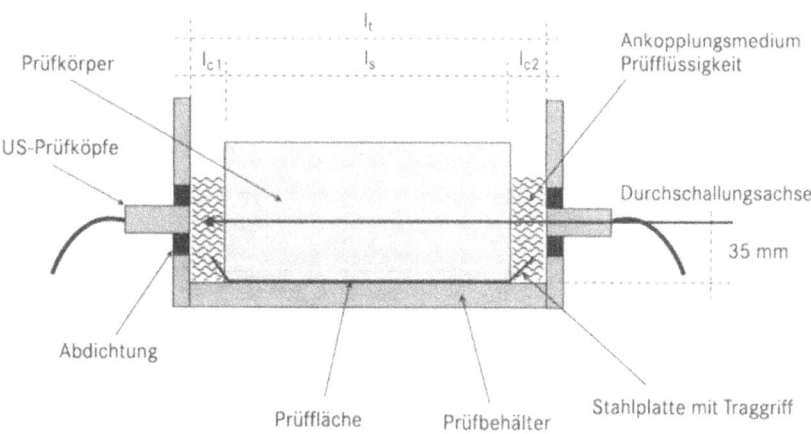

Abb. 7.43: Prüfeinrichtung zur Bestimmung der Ultraschallaufzeit (nach SETZER/AUBERG); l_t: Gesamtlänge der Durchschallungsstrecke, l_s: Länge der Durchschallungsstrecke des Prüfkörpers, $l_{c1} + l_{c2}$: Länge der Durchschallungsstrecke des Ankopplungsmediums

Die Ultraschallaufzeit muss vor Beginn der Frost-Tau-Wechsel und nach 56 Frost-Tau-Wechsel bestimmt werden. Zusätzlich sollten mindestens jede 14 Frost-Tau-Wechsel Messungen durchgeführt werden.

Die Ultraschallgeschwindigkeit des Materials wird aus der Ultraschallaufzeit und der Länge der Durchschallungsstrecke ermittelt. Die Änderung des relativen dynamischen E-Moduls nach n Frost-Tau-Wechseln wird für jeden Prüfkörper und für beide Durchschallungsachsen getrennt berechnet mit:

$$\Delta E_{\text{dyn},n} = \left(1 - \frac{E_{\text{dyn},n\,\text{ftc}}}{E_{\text{dyn},\text{cs}}}\right) \cdot 100$$

mit

ΔE_{dyn} Änderung des relativen dynamischen E-Moduls in %,
n Anzahl der Frost-Tau-Wechsel,
$E_{dyn,\,cs}$ Dynamischer E-Modul nach dem kapillaren Saugen (cs),
$E_{dyn,\,n\,ftc}$ Dynamischer E-Modul nach n Frost-Tau-Wechseln (ftc).

Bei der vereinfachten Berechnung der Änderung des relativen dynamischen E-Moduls wird die Veränderung der Dichte und der Maße der Probekörper vernachlässigt:

$$\Delta E_{dyn,n} = \left[1 - \left(\frac{t_{t\,cs} - t_c}{t_{t\,n\,ftc} - t_c}\right)^2\right] \cdot 100$$

mit

ΔE_{dyn} Änderung des relativen dynamischen E-Moduls in %,
n Anzahl der Frost-Tau-Wechsel,
$t_{t\,cs}$ Gesamtlaufzeit nach dem kapillaren Saugen (cs) in µs,
$t_{t\,n\,ftc}$ Gesamtlaufzeit nach n Frost-Tau-Wechseln (ftc) in µs,
t_c Laufzeit im Ankopplungsmedium in µs.

Der Mittelwert aus den Werten beider Durchschallungsachsen gibt die Änderung des relativen dynamischen E-Moduls der Prüfkörper an.

In Abbildung 7.44 ist als Beispiel der Abfall des relativen dynamischen E-Moduls während der CIF-Prüfung von Betonserien mit unterschiedlich hohem Frostwiderstand dargestellt.

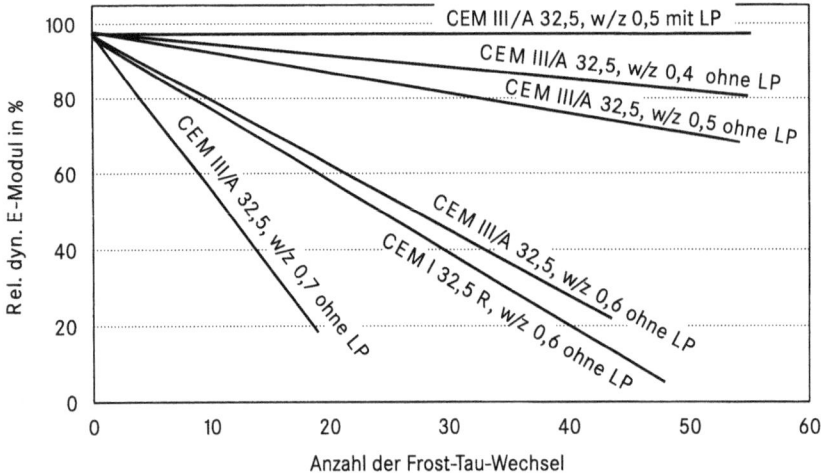

Abb. 7.44: Schematische Darstellung des Abfalls des relativen dynamischen E-Moduls in Abhängigkeit der Anzahl FTW (nach SETZER/AUBERG)

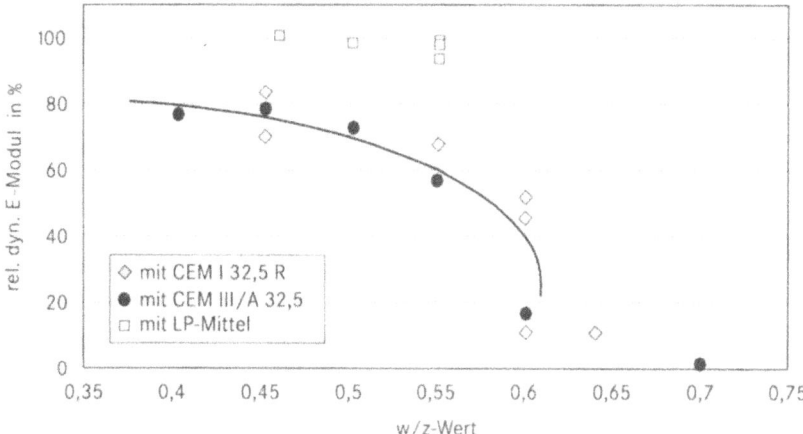

Abb. 7.45: Zusammenhang zwischen dem Abfall des dynamischen E-Moduls nach 56 Frost-Tau-Wechseln und dem w/z-Wert (nach SETZER/AUBERG)

Abbildung 7.45 zeigt die Abnahme des dynamischen E-Moduls nach 56 Frost-Tau-Wechseln in Abhängigkeit vom w/z-Wert verschieden zusammengesetzter Betone. Dabei ist eine deutliche Trennschärfe zwischen den einzelnen Betonqualitäten erkennbar. Eindeutig unterscheiden sich die Betone mit LP-Mittel von den Betonen ohne Luftporenbildner. Weiterhin zeigen Betone mit einem w/z-Wert $< 0{,}50$ nur geringfügigen E-Modulverlust ($< 30\%$), während die mit einem w/z-Wert $> 0{,}55$ einen erheblich verminderten dynamischen E-Modul nach 56 FTW aufweisen. Diese müssen im Fall eines hohen Sättigungsgrades als nicht ausreichend frostwiderstandsfähig eingestuft werden

Zusätzlich kann neben der Beurteilung der inneren Schädigung die Abwitterung in Anlehnung an das CDF-Verfahren bestimmt werden.

Auf Grund der bisherigen Erfahrungen mit dem CIF-Test werden zur Bewertung der Frostwiderstandsfähigkeit von Beton, in Abhängigkeit der nach DIN EN 206-1 festgelegten Expositionsklassen XF1 und XF3, folgende Richtwerte vorgeschlagen [SETZER/AUBERG]:

Beton mit hohem Frostwiderstand (Expositionsklasse XF3):

Geeignet für Außenbauteile bei Frostangriff ohne Taumittel, bei denen durch die Beanspruchung durchgehend eine hohe Wassersättigung erwartet wird, wie z.B. waagerechte Betonoberflächen, die Regen ausgesetzt sind oder Bauteile in Wasserwechselzonen bzw. offene Wasserbehälter.

Anforderungen nach 56 Frost-Tau-Wechseln:
- Abfall des dynamischen E-Moduls $< 40\%$,
- mittlere Abwitterung < 2000 g/m^2.

Beton mit ausreichendem Frostwiderstand (Expositionsklasse XF1)

Geeignet für Außenbauteile bei Frostangriff ohne Taumittel, bei denen durch die Beanspruchung eine mäßige Wassersättigung erwartet wird. Dazu zählen senkrechte ungeschützte Bauteile, die Regen ausgesetzt sind.

Anforderungen nach 28 Frost-Tau-Wechseln:
- Abfall des dynamischen E-Moduls < 40%,
- mittlere Abwitterung < 1000 g/m².

7.5.3 Präzision von CDF- und CIF-Test

Wird ein Wert wiederholt bestimmt, dann streuen die Ergebnisse unvermeidlich. Es ist notwendig, diese Streuungen zu ermitteln, um im Rahmen einer Prüfung die tatsächlichen Abweichungen mit einem festgelegten Grenzwert aufzeigen zu können. Neben einer Materialstreuung können folgende Parameter zu Schwankungen im Prüfergebnis führen:
- der Bearbeiter,
- die verwendeten Geräte,
- die Kalibrierung der Geräte,
- die Umgebung (Temperatur, Feuchte, Luftverschmutzung usw.),
- der Zeitabstand zwischen den Messungen.

Für die praktische Anwendung werden im allgemeinen zwei **Präzisionsbedingungen** zur Beschreibung der Streuung eines Messverfahrens verwendet,
- die Wiederholbedingungen und
- die Vergleichsbedingungen.

Bei dem ersten werden die oben genannten Parameter unverändert gehalten, während sie im anderen Fall variieren. Man erhält so zwei Extreme, ein Minimum und ein Maximum der Präzision. Neben Wiederhol- und Vergleichspräzision wird nach ISO 5725 noch nach einer Streuung zwischen unterschiedlichen Labors unterschieden.

Der CDF-Test zeichnet sich durch eine hohe Zuverlässigkeit und Präzision sowie durch eine einfache Handhabung aus. Die Präzision wurde aus umfangreichen Untersuchungen nach ISO 5725 ermittelt. Es wurde ein funktionaler Zusammenhang zwischen dem Merkmal „mittlere Abweichung" und der Standardabweichung bzw. dem Variationskoeffizienten herausgestellt (Tabelle 7.7 und Abbildung 7.46).

Tab. 7.7: Präzisionsdaten für den CDF-Test in Anlehnung an die ISO 5725 (nach SETZER/AUBERG)

	Wiederholpräzision		Vergleichspräzision		Präzision Zwischen den Labors	
	Standard-abweichung	Variations-koeffizient	Standard-abweichung	Variations-koeffizient	Standard-abweichung	Variations-koeffizient
1500 g/m²	156,1 g/m²	10,8%	253,2 g/m²	17,3%	199,4 g/m²	13,5%

7.5 Frost- und Frost-Taumittel-Prüfverfahren

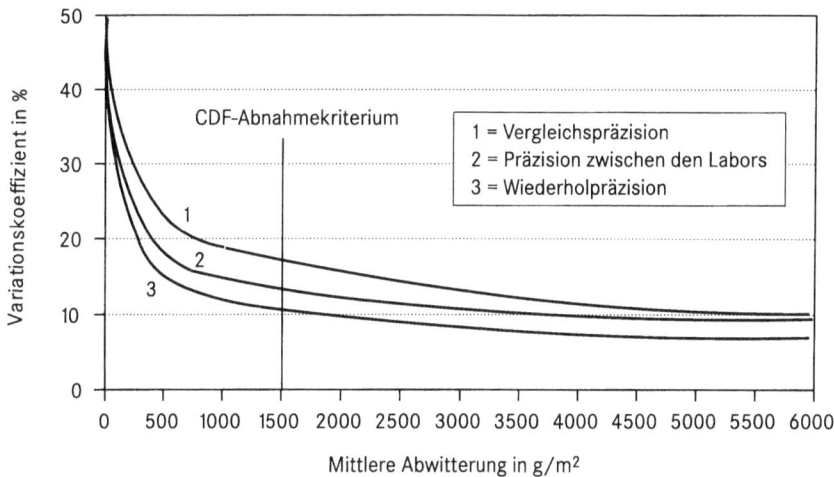

Abb. 7.46: Variationskoeffizienten aus Präzisionsuntersuchungen in Anlehnung an ISO 5725 (nach SETZER/AUBERG)

Aus Abbildung 7.46 ist zu erkennen, dass mit steigender Abwitterung, d.h. mit steigender Prüfdauer die Trennschärfe des CDF-Tests genauer wird. Bei der Wiederholpräzision flacht z.B. die Kurve bei einer mittleren Abwitterung von 500 g/m² und einem Variationskoeffizienten von etwa 14% ab. Ab dem CDF-Abnahmekriterium von 1500 g/m² verändert sich die Streuung mit einem Variationskoeffizienten von etwa 11% nur noch unwesentlich. Dieser Variationskoeffizient kann als oberer Erwartungswert der Wiederholpräzision für den CDF-Test angenommen werden. Für die Streuung zwischen den Labors kann im Mittel ein Variationskoeffizient von 13,5% und für die Vergleichspräzision von 17% angegeben werden. Diese guten Präzisionsdaten bildeten die Grundlage zur Aufnahme des CDF-Tests als RILEM Recommendation für die Prüfung des Frost-Tausalz-Widerstands von Beton [SETZER/AUBERG].

7.5.4 Prüfung des Frost- und Frost-Tausalz-Widerstandes nach der schwedischen Norm SS 13 72 44 (Slab-Test; Borås-Verfahren)

Das Verfahren unterscheidet zwei Methoden zur Bestimmung der Widerstandsfähigkeit von Beton gegenüber Frost- und Frost- und Tausalzangriff. Die Methode A simuliert das wiederholte Gefrieren und Tauen in Gegenwart von Taumitteln (3%ige NaCl-Lösung). Mit Methode B wird der Frostwiderstand gegenüber reinem Wasser bestimmt.

Die Norm lässt in Abhängigkeit davon, welche Fläche zur Beurteilung herangezogen werden soll, insgesamt 4 Varianten zur Herstellung der Prüffläche zu. Je nach Anwendungsfall wird die gesägte oder die abgestrichene Betonoberfläche als Prüffläche verwendet.

Geprüft wird grundsätzlich an 50 mm dicken Scheiben, die sowohl aus Laborprüfkörpern (Prozedur I und II) als auch aus Vorort entnommenen Bohrkernen (Prozedur III und IV) hergestellt werden können (Abbildung 7.47). Das Zuschneiden der Prüfkörper erfolgt am 21. ($\pm$ 1) Tag.

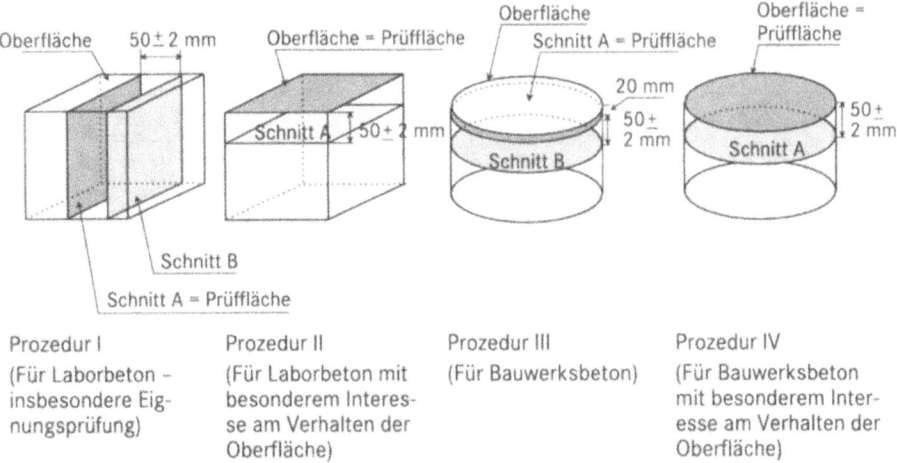

Abb. 7.47: Zuschnittmöglichkeiten der Prüfkörper

Zur Prüfung im Labor hergestellter Betone werden Würfel mit einer Kantenlänge von 150 mm verwendet. Die Gesamtprüffläche sollte ca. 500 cm^2 betragen. Das entspricht ca. einer Anzahl von 6 entnommenen Bohrkernen mit einem Durchmesser von 100 mm.

Nach dem Zuschnitt am 21. Tag werden die Proben 7 Tage im Klimaraum bei 20 °C und 65% r. F. gelagert. Innerhalb dieser Zeit werden die Proben mit einem Gummimaterial ummantelt. Die Ummantelung ragt ca. 5 mm über die Prüffläche hinaus, so dass diese am 28. Tag mit Wasser bzw. der Prüflösung beaufschlagt werden kann.

Im Anschluss an die 7-tägige Klimalagerung wird die Prüffläche für 72 Stunden mit einer ca. 3 mm hohen Wasserschicht bedeckt.

Zur Prüfung der Frost-Tausalz-Widerstandsfähigkeit nach Methode A wird 15 Minuten vor Frostbeginn das Wasser durch eine 3%ige NaCl-Lösung ersetzt. Für die Prüfung der reinen Frostwiderstandsfähigkeit nach Methode B verbleibt das Wasser als Prüfmedium auf dem Prüfkörper.

Der Prüfkörper wird seitlich und unten mit einer 20 mm dicken, thermisch isolierenden Polystyren-Ummantelung versehen. Zur Verhinderung der Verdunstung der Prüflösung wird die Oberseite (Prüfseite) mit einer Polyethylenfolie bespannt. In Abbildung 7.48 ist ein für die Prüfung komplett vorbereiteter Prüfkörper im Schnitt dargestellt.

7.5 Frost- und Frost-Taumittel-Prüfverfahren

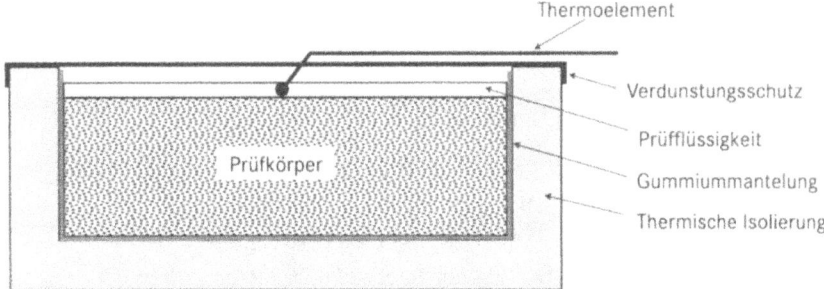

Abb. 7.48: Für die Prüfung vorbereiteter Probekörper

Zur Bestimmung der Widerstandsfähigkeit gegenüber Frost- und Tausalzangriff werden die Prüfkörper 56 FTW unterzogen. Pro Tag wird eine Wechselbelastung zwischen +20 °C und –18 °C durchgeführt. Ausschlaggebend ist die Temperatur der Prüflösung auf der Oberfläche des Prüfkörpers. Der zeitliche Temperaturverlauf ist in Abbildung 7.49 dargestellt.

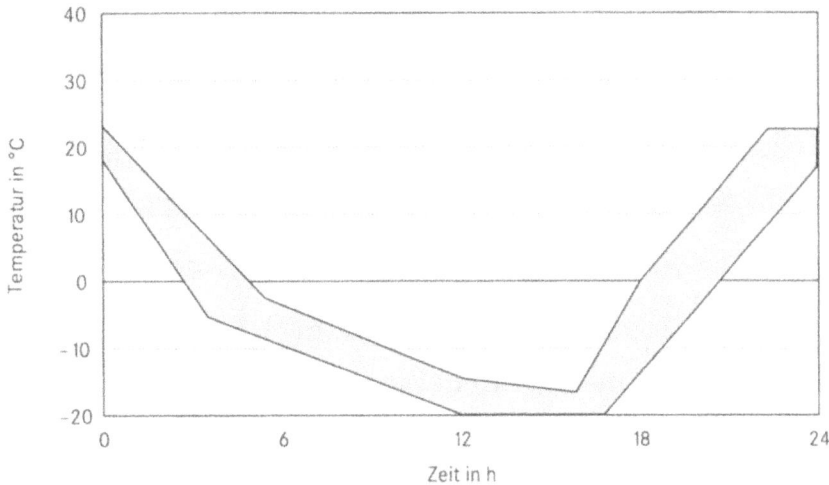

Abb. 7.49: Zeitlicher Temperaturverlauf eines Frost-Tauwechsels

Nach 7, 14, 28, 42 und 56 Zyklen wird die Menge des abgewitterten Materials bestimmt. Dazu wird das Prüfmedium abgegossen und dabei die Abwitterung aufgefangen. Die Prüffläche wird mit einem Pinsel abgebürstet und mit Wasser gespült, um lose anhaftende Teilchen zu lösen. Im Anschluss wird die neue Prüflösung auf die Oberfläche gegossen. Die Masse des abgewitterten Materials wird nach der Trocknung bei 105 °C bis zur Gewichtskonstanz bestimmt.

Als Kriterium für die Widerstandfähigkeit des Betons wird der Mittelwert aus der Summe der Einzelabwitterungen bis zum 56. FTW, bezogen auf die Prüffläche, herangezogen.

$$\frac{M_n}{A}$$

mit
M_n Masse des abgewitterten Materials nach n FTW in kg
A Prüffläche in m²

Die Bewertung der Ergebnisse ist in 4 Kategorien gestaffelt:

Sehr gut: der Mittelwert (m_{56}) ist geringer als 0,10 kg/m².
Gut: der Mittelwert (m_{56}) ist geringer als 0,20 kg/m², oder
der Mittelwert (m_{56}) darf geringer als 0,50 kg/m² sein, wenn das Verhältnis von m_{56}/m_{28} kleiner als 2 ist, oder
die mittlere Abwitterung nach 112 Wechseln (m_{112}) ist geringer als 0,50 kg/m².
Befriedigend: der Mittelwert (m_{56}) ist geringer als 1,00 kg/m², wenn das Verhältnis von m_{56}/m_{28} kleiner als 2 ist, oder
die mittlere Abwitterung nach 112 Wechseln geringer als 1,00 kg ist.
Unbefriedigend: die Erfordernisse für eine befriedigende Widerstandsfähigkeit gegenüber Frost- und Frost-Tausalzangriff sind nicht gegeben.

Die Übertragbarkeit der Bewertungskategorien nach obiger Einteilung auf die reale Frost-Tausalz-Widerstandsfähigkeit wird für Portlandzementbetone mit w/z-Werten zwischen 0,4 und 0,5 sowie Luftgehalten bis 7% als gut bewertet. Für andere Betonarten kann laut Norm ein abweichendes Bewertungsverfahren, z.B. hinsichtlich Anzahl der durchgeführten Frost-Tauwechsel, notwendig sein.

7.6 Baupraktische Hinweise

7.6.1 Wesentliche Einsatzgebiete für Betone mit hohem FTW bzw. FTSW

FTW	FTSW
allgemein Bauteile mit Frosteinwirkung (häufig und schroffe Frost-Tau-Wechsel) auf ständig feuchten oder wassergesättigten Beton → Außenbauteile im Bereich von Wasser-Wechsel-Zonen *Beispiele:* Wand-, Absperr-, Dichtungskonstruktionen, Grundablass- und Betriebsauslassbauwerke, Entlastungseinrichtungen, Energieumwandlungsanlagen bei Bauwerken des - Wasserbaus (z.B. Stauanlagen, Pumpspeicherwerken, Kanalbauten, Schleusen, Klärwerken, Ufersicherung) - Industriebaus (z.B. Behälter, Kühltürme).	allgemein Bauteile mit Einwirkung von Taumitteln in Verbindung mit Frostbeanspruchung → überwiegend Außenbauteile, teilweise Innenbauteile („Taumitteleinschleppung") *Beispiele:* Wand-, Decken- und horizontalflächige Konstruktionen bei Bauwerken des - Verkehrsbaus (z.B. Fahrbahndecken, Flugpisten, Brückenkappen, Tankstellenabfüllflächen, Lärmschutzwände, Wände von Straßentrögen und Tunneln) - Industrie- und Gesellschaftsbaus (z.B. Parkhäuser, Garageneinfahrten, Rampen, Treppenkonstruktionen) - Wasserbaus (z.B. Beckenlaufbahnen bei Klärwerken, Kaimauerköpfe bei Küstenbauten, Plattformen bei Seebauwerken).

7.6.2 Hauptschadensbilder frost- und/oder frosttaumittelgeschädigter Betonkonstruktionen

FTW	FTSW
innere Gefügestörungen, Mikrorissbildung (*microcracking*) Beurteilungskriterien nach Prüfung: – axiale Dehnung ($\Delta l/l$) – Abfall E-Modul (ΔE_{dyn})	Oberflächenabwitterung (*surface scaling*) Beurteilungskriterium nach Prüfung: – Masseverlust (Δm) innere Gefügestörungen bei LP-freien Betonen

7.6.3 Mikroluftporen im Beton (LP-Beton)

Durch LP-Mittel in den Frischbeton eingeführte Luftporen (sog. kugelige Mikroluftporen, optimaler Porendurchmesser 10–300 µm) ist eine wirksame Sicherung des FTW und FTSW gewährleistet.

Vor- und Nachteile von Luftporenbeton

* **Vorteile:** Mikroluftporen unterbrechen die Kapillarwirkung, senken den Sättigungsgrad und stellen Ausdehnungsraum für gefrierendes Wasser („Expansionsgefäße") zur Verfügung. Infolge „Kugellagerwirkung" wird der spezifische Wasserbedarf verringert (3–4 l Luftporen ersetzen etwa 1 l Zugabewasser). LP-Beton wirkt durch seine höhere Zugbruchdehnung als Rissbremse.
* **Nachteile:** Mikroluftporen wirken festigkeitsmindernd wie eine gleiche Menge Wasser (muss bei der Festlegung des Zement-Gehaltes berücksichtigt werden!). Unter sonst gleichen Bedingungen ist bei konstantem w/z-Wert im Vergleich zum Nullbeton mit folgendem Festigkeitsabfall zu rechnen:
  – Zugfestigkeit: 2–3% je 1,0 Vol.-% eingeführte Luft,
  – Druckfestigkeit: 3–4% je 1,0 Vol.-% eingeführte Luft.
  Dieser Einfluss ist teilweise durch Nutzung der verflüssigenden Wirkung des LP-Mittels kompensierbar.

Erforderlicher Luftgehalt im Frischbeton für sachgerechten LP-Beton (vgl. auch Tabelle 7.4)

Größtkorn Zuschlaggemisch mm	8	16	32	63	> 63
Mittlerer Luftgehalt Vol.-% [1]	≥ 5,5	≥ 4,5	≥ 4,0	≥ 3,5	≥ 3,0

[1] Einzelwerte höchstens 0,5 Vol.-% geringer

Dabei ist zu beachten:
* Für spezielle Anwendungsfälle sind in Abhängigkeit von der Konsistenz, von der Dosierung zusätzlicher Zusatzmittel, vom Mehlkorn- und Feinstsandgehalt teilweise abweichende LP-Gehalte festgelegt (siehe auch: Merkblatt für die Herstellung und Verarbeitung von Luftporenbeton, Forschungsgemeinschaft für Straßen- und Verkehrswesen, AG Betonstraßen, Ausgabe 1991; Zusätzliche Technische Vertragsbedingungen – Wasserbau (ZTV-W), Leistungsbereich 215,

Ausgabe 1998; Zusätzliche Technische Vertragsbedingungen für Kunstbauten (ZTV-K), Ausgabe 1996). Nach DIN EN 206-1 ist der erforderliche LP-Gehalt abhängig von den Umweltbedingungen (Expositionsklassen) → siehe Kapitel 1.

- Generell sind bei gleichzeitiger Zugabe von LP-Mitteln und eines Fließmittels FM die angegebenen LP-Gehalte um 1,0 Vol.-% zu erhöhen und eine Wirksamkeitsprüfung durch den Produkthersteller erforderlich (Merkblatt für die Herstellung und Verarbeitung von Luftporenbeton, Forschungsgemeinschaft für Straßen- und Verkehrswesen, AG Betonstraßen, Ausgabe 1991; Richtlinie DAfStb für Fließbeton, Ausgabe 08/1995).
- Beeinflussung des Luftgehaltes im Frischbeton (vergleiche auch Tabelle 7.5):
  - Sande mit einem höheren Anteil < 0,125 mm hemmen die Porenbildung, solche mit einem größeren Kornanteil zwischen 0,25 und 1,0 mm erleichtern die Entstehung der Luftporen.
  - Hoher Mehlkorn- und Feinstsandgehalt (zulässige Grenzwerte in DIN 1045 nicht ausnutzen!) behindert die Entstehung der Luftporen und kann insbesondere bei horizontalflächigen Konstruktionen zum sog. „Gummibeton" führen.
  - Tonige Bestandteile des Zuschlags können die Wirksamkeit der LP-Mittel stark behindern. Ebenso ist es möglich, dass Zusatzstoffe auf die Luftporenerzeugung erschwerend bzw. hemmend wirken können.
  - Weichere Konsistenz kann zu ungünstigeren Luftporenkennwerten führen und die Streuung des LP-Gehaltes erhöhen.
  - Die Luftporenbildung ist temperaturabhängig. Bei gleicher Dosiermenge ergeben sich bei höheren Betontemperaturen in der Regel geringere LP-Gehalte. Durch Änderung der Dosiermenge ist dieser Einfluss zu kompensieren.
  - Die Wirksamkeit der Mikroluftporen ist bei hüttensandreichen Hochofenzementen ($\geq 66\%$) nicht gegeben.

7.6.4 Betontechnische Voraussetzungen für Betone mit hohem FTW bzw. FTSW

Ausgangsstoffe

- Es sind nur zugelassene, zertifizierte Baustoffe zu verwenden.
- Für Beton mit hohem FTSW gibt es Einschränkungen hinsichtlich der Zementart und -festigkeitsklasse. Zulässig sind nur: CEM I, CEM II/A-S, und B-S, CEM II/A-T und B-T, CEM II/A-L, CEM III (siehe auch Kapitel 1, Tabelle 1.4).
- Verwendung von Zuschlägen mit erhöhten Anforderungen, z.B. eF oder eFT nach DIN 4226 /T1.
- Für Beton mit hohem FTSW ist eine Anrechnung der Zusatzstoffe SFA und Silicastaub auf den w/z-Wert nicht erlaubt.
- Bei LP-Beton darf kein Restwasser als Zugabewasser zum Einsatz gelangen.

7.6 Baupraktische Hinweise

Mörtel

♦ Anzustreben ist ein möglichst geringer Mörtelanteil. Durch seine Begrenzung wird sichergestellt, dass der erforderliche Mindestgehalt an Luftporen (siehe 7.6.3) ausreicht, um diesen Mörtel widerstandsfähig gegenüber Frost- bzw. Frost-Tausalzeinwirkung zu machen.

♦ Der Mörtelgehalt bis 2 mm Korngröße sollte höchstens betragen:
- bei einem Größtkorn von 16 mm = 550 l/m^3,
- bei einem Größtkorn von 22/32 mm = 525 l/m^3,
- bei Beton für Fahrbahndecken und Beton mit Ausfallkörnungen kann ein Mörtelgehalt von 450 l/m^3 ausreichend sein.

Beton mit hohem FTW

♦ Maximal zulässige w/z-Werte in Abhängigkeit der Expositionsklasse XF1 und XF3 nach Tabelle 7.4. Kein LP-Beton, wenn bei XF3 der w/z-Wert ≤ 0,50 beträgt.

♦ In speziellen Anwendungsfällen sind abweichende Forderungen existent, z.B.
- nach ZTV-K (Zusätzliche Technische Vertragsbedingungen für Kunstbauten, Ausgabe 1996) w/z-Wert höchstens 0,50
- nach ZTV-W (Zusätzliche Technische Vertragsbedingungen für Wasserbauten, Ausgabe 1998) Festlegung von w/b-Werten und Forderung nach Herstellung von Luftporenbeton bei $w/b > 0,50$.

Beton mit hohem FTSW

♦ Maximal zulässige w/z-Werte in Abhängigkeit der Expositionsklassen XF2 und XF4 nach Tabelle 7.4. Kein LP-Beton, wenn bei XF2 der w/z-Wert ≤ 0,50 und bei XF4 ≤ 0,40 beträgt.

♦ Bei der Forderung nach LP-Beton muss in der Eignungsprüfung der Abstandsfaktor mit AF ≤ 0,20 mm und der Mikro-Luftporengehalt mit L_{300} ≥ 1,8 Vol.-% nachgewiesen sein.

♦ Bei hochfestem Beton ist die Verfahrensweise zwischen den Beteiligten zu vereinbaren.

♦ Abweichungen für spezielle Anwendungsfälle:
- zusätzliche Vorgabe einer Mindestfestigkeitsklasse (ZTV-K, ZTV-Beton-StB 93, DIN 19569/T1 Kläranlagen),
- bei Kappenbeton nach ZTV-K zusätzliche Forderung nach Beton mit hohem Widerstand gegen starken chemischen Angriff,
- nach DIN 19569/T1 Kläranlagen Verzicht auf LP-Beton bei Einsatz von CEM III/B (Wandkronen bei Laufbahnen).

Festigkeitserfahrungswert

Bei einer Druckfestigkeit von ≥ 30 N/mm^2 vor der ersten Frost- bzw. Frost-Tausalzeinwirkung und einem sachgerechten Luftporensystem sind keine Probleme im Hinblick auf den FTSW zu erwarten.

Prüfungen

Grundsätzlich sind vor Baubeginn Eignungsprüfungen durchzuführen. Während der Bauausführung ist eine laufende Güteüberwachung des Frisch- und Festbetons notwendig, z.B. durch Güte-, Erhärtungs- und Kontrollprüfungen.

Da Betone mit hohem FTW bzw. FTSW in der Regel B II-Betone sind, unterliegen sie im Rahmen der Bauphase der Fremdüberwachung durch eine dafür anerkannte Überwachungsgemeinschaft oder durch eine Betonprüfstelle F.

7.6.5 Wesentliche betontechnologische Anforderungen zur Sicherung eines sachgerechten LP-Betons

Herstellen des Betons

- Die Herstellung von LP-Beton ist in stationären Mischanlagen vorzunehmen, wobei eine längere Mischzeit im Vergleich zu normalem Beton nötig ist (Mindestmischzeit 45 s).
- Mischer mit intensiver Mischwirkung sind zu bevorzugen.
- Das LP-Mittel ist gemeinsam mit dem Zugabewasser zu dosieren.
- Bei zusätzlicher FM-Zugabe ist das Fließmittel im Regelfall erst vor Ort dem Beton unterzumischen (Mischzeit = 1 min/m^3 Beton).

Betontransport

- Der LP-Gehalt unterliegt in der Regel während des Transportes nur unwesentlichen Änderungen. Da jedoch Mischvorgänge im Lieferfahrzeug den Luftgehalt beeinflussen können, ist der Beton mit langsam drehender Trommel zu transportieren.
- Vor Entleerung ist mit Mischgeschwindigkeit nochmals mindestens 1 Minute durchzumischen.
- Bei Lufttemperaturen unter 0 °C ist die Auslieferung von LP-Betonen einzustellen; bei dünnwandigen Konstruktionen bereits bei +5 °C (z.B. Brückenkappen).

Einbringen und Verdichten

- Der Beton ist spätestens 90 Minuten nach seiner Herstellung zu verarbeiten; in speziellen Fällen kann dies nur eine Teilfüllung des Fahrmischers bedingen. Längere Wartezeiten auf der Baustelle sind zwingend zu vermeiden.
- Pumpbeton kann Auswirkungen auf das Porengefüge haben. Erforderlichenfalls sind Vorversuche nötig.
- Bei Verdichtung mittels Innenrüttler ist unsachgemäßer Einsatz zu vermeiden („übertriebene" Rüttelzeiten, Treiben und Verteilen des Betons).
- Wandkonstruktionen mit Frost- und Tausalz-Einwirkung im Kronenbereich, z.B. Laufbahnen bei Kläranlagen, sind geringfügig über Sollhöhe zu betonieren. Der abgesonderte Mörtel ist, falls nötig, nach dem Nachverdichten bis auf Sollhöhe abzutragen.

♦ Trennmittel für die Schalhautbehandlung dürfen den FTW bzw. FTSW des Betons nicht beeinträchtigen.

Nachbehandlung

Zur Gewährleistung eines hohen Hydratationsgrades im Bereich der Betonoberfläche ist eine ausreichend lange und sorgfältige Nachbehandlung zwingend erforderlich (siehe hierzu Festlegungen in E DIN 1045-3).

7.6.6 Beispiel für die Berechnung des spezifischen Zementgehaltes eines Luftporenbetons (LP-Beton)

Die zur Erhöhung des Frost- bzw. Frost-Tausalzwiderstandes durch LP-Mittel in den Beton eingeführten Mikroluftporen wirken festigkeitsmindernd wie etwa eine gleiche Menge Wasser. Daher bedarf es im Rahmen des Mischungsentwurfes bei Luftporenbeton einer modifizierten Berechnung des Zementgehaltes im Vergleich zur sonst üblichen Verfahrensweise.

Vorgaben

Herstellung eines LP-Betons B 25 mit hohem Frost-Tausalzwiderstand (Kappenbeton nach ZTV-K) unter folgenden Ausgangsbedingungen:
♦ Betonkonsistenz KP (Betoneinbau im Pumpbetrieb).
♦ Einsatz eines geeigneten LP-Mittels und eines BV-Mittels zur zusätzlichen Wasserreduzierung. Der mittlere Luftporengehalt des Frischbetons vor Ort soll $\varepsilon = 4{,}5$ Vol.-% = 45 dm³/m³ betragen (einschließlich 2,0 Vol.-% Verdichtungsporen).
♦ Verwendung von Portlandzement CEM I 32,5 R.
♦ Zuschlaggemisch 0/22 mit Natursand 0/2a, Kies 2/8 und Splitten 8/11, 11/22. Sieblinie etwa ½ (A 22 + B 22) nach DAfStb, H. 400, S. 29.

Mischungsentwurf (Beschränkung auf Ermittlung des Zementgehaltes)

Für die Eignungsprüfung ist eine Druckfestigkeit nach 28 Tagen von

$$\beta_{EP} = \text{Serienfestigkeit } \beta_{WS} + 5 \text{ N/mm}^2 \text{ Vorhaltemaß} = 35 \text{ N/mm}^2$$

erforderlich. Damit ergibt sich zunächst für einen Beton ohne LP-Mittel (Nullbeton) aus dem Walz-Diagramm ein w/z-Wert von 0,60.

Festlegung:
♦ Wassergehalt für Konsistenz KP $w = 180$ kg/m³ (Erfahrungswert bzw. Entnahme aus geeigneten Tabellen oder Diagrammen in Abhängigkeit der Zuschlagart, Sieblinie und Konsistenz).
♦ Angestrebter LP-Gehalt des Frischbetons bei der Eignungsprüfung $\varepsilon = 5{,}5$ Vol.-% = 55 dm³/m³ (1,0 Vol.-% Vorhaltung wegen möglicher Verluste im technologischen Prozess).

- Erfahrungsgemäß ersetzen 3 bis 4 l Mikroluftporen, durch LP-Mittel erzeugt, etwa 1 l Zugabewasser („Kugellagerwirkung"). Annahme im Beispiel: Einsparung von 1 l Wasser durch 3 l Luftporen.

Damit ergeben sich:
- Wassereinsparung durch das LP-Mittel:

    55 dm³/m³ Luftporen, gesamt − 20 dm³/m³ Verdichtungsporen =
    35 dm³/m³ Luftporen aus LP = 35/3 ≈ 12 dm³/m³ ≈ 12 kg/m³.

- Bei zusätzlicher Minderung des Wasseranspruchs von 5% durch das BV-Mittel erhält man für den Gesamtwassergehalt:

$$w = (180 - 12) \cdot 0{,}95 = \mathbf{160\ kg/m^3}.$$

Die Kurven im Walz-Diagramm berücksichtigen einen Luftgehalt von 1,5 Vol.-%, d.h. 15 dm³ je 1 m³ Frischbeton. Luftgehalte > 1,5 Vol.-% haben den gleichen festigkeitsmindernden Einfluss wie Wasser, so dass für die Berechnung des Zementgehaltes der „quasi" Wasser-Luft-Zementwert

$$\frac{w + \varepsilon'}{z}$$

maßgebend ist. Dabei bedeutet $\varepsilon' = \varepsilon - 15\ dm^3/m^3$.

Der erforderliche Zementgehalt für den verlangten LP-Beton lässt sich nunmehr berechnen. Aus

$$\frac{w}{z} = \frac{w + \varepsilon'}{z}$$

folgt

$$z = \frac{w + \varepsilon'}{w/z} = \frac{160 + 55 - 15}{0{,}60} = 333\ kg/m^3.$$

Gewählt $z = \mathbf{335\ kg/m^3}$

Ergebnis:

- Wassergehalt $w = 160\ kg/m^3$,
- Zementgehalt $z = 335\ kg/m^3$,
- tatsächlicher Wasser-Zementwert $w/z = 0{,}48 < 0{,}50$ (für Kappenbeton nach ZTV-K darf der w/z-Wert höchstens 0,50 betragen),
- für die Zusatzmittelmengen sind im Rahmen dieses Entwurfs zunächst erfahrungsgemäß angenommen worden: Dosiermenge LP-Mittel = 0,25%, BV-Mittel = 0,4%, jeweils bezogen auf den Zementgehalt.

Nach vollständiger Mischungsberechnung (Ermittlung Zuschlaggehalt, Mehlkornmenge, Rohdichte, Mischungsverhältnis usw.) ist die Eignungsprüfung mit den erforderlichen Prüfungen für den Frisch- und Festbeton durchzuführen. Gegebenenfalls sind im Ergebnis entsprechende Korrekturen vorzunehmen, z.B. Wassergehalt, Dosiermenge Zusatzmittel.

7.7 Literatur

AUBERG, R.
Zuverlässige Prüfung des Frost- und Frost-Tausalz-Widerstandes von Beton mit dem CDF- und CIF-Test, Dissertation. Universität GH Essen 1998

BADMANN, R.
Das physikalisch gebundene Wasser des Zementsteins in der Nähe des Gefrierpunkts, Dissertation. Technische Universität München 1981

BATES, A. A.; WOODS, H.; TYLER, J. L.; VERBECK, G.; POWERS, T. C.
Rigid-type Pavement, Association of the North Atlantic States – 28th Annual Convention (1964) S. 164–200

BEAUDOIN, J. J.; MAC INNIS, C.
The Mechanism of Frost Damage in Hardened Cement Paste, in: Cement & Concrete Research 4 (1974) No. 2, S. 139–147

BEDDOE, R. E.; SETZER, M. J.
Änderung der Zementsteinstruktur durch Chlorideinwirkung, in: Forschungsberichte aus dem Bereich Bauwesen der Universität-GH Essen, 1990, H. 48

BLÜMEL, O. W.; SPRINGENSCHMID, R.
Grundlagen und Praxis der Herstellung und Überwachung von Luftporenbeton, in: Straßen- und Tiefbau 24 (1970) H. 2, S. 85–98

BOLLMANN, K.; STARK, J.
Untersuchungen zur späten Ettringitbildung im erhärteten Beton, in: 13. Internationale Baustofftagung IBAUSIL 1997, Tagungsbericht Band 1, S. 1-0039–1-0052

BRUN, M.; LALLEMAND, J.-F.; QUINSON, J.-F.; EYRAUD, C.
A New Method for the Simultaneous Determination of the Size and Shape of Pores: The Thermoporometry, in: Thermochimica Acta 8 (1977), S. 59

DORNER, H.; RIPPSTAIN, D.
Einwirkung wässriger Natriumchloridlösungen auf Monosulfat, in: TIZ-Fachberichte 110 (1986) H. 6, S. 383–386 und H. 7, S. 477–481

FAGERLUND, G.
Frost Attack as a Moisture Mechanics Problem, in: 14. Internationale Baustofftagung IBAUSIL 2000 Weimar, Tagungsbericht Band 1, S. 1-0023–1-0037

FAGERLUND, G.
The Critical Degree of Saturation Method of Assessing the Freeze/Thaw Resistance of Concrete, in: Materials and Structures 10 (1977) H. 58, S. 217–229

GILLY, D.
Handbuch der Land-Bau-Kunst, Berlin: Friedrich Vieweg der Ältere 1798

HARTMANN, V.
Optimierung und Kalibrierung der Frost-Tausalz-Prüfung von Beton. CDF-Test, Dissertation. Universität Gesamthochschule Essen 1993

HENNING, O.
Silikatische Systeme, Leipzig: Institut für Aus- und Weiterbildung im Bauwesen 1975

JANSSEN, D. J.
The Role of Coarse Aggregates in Frost-Resistant Concrete, in: 14. Internationale Baustofftagung IBAUSIL 2000 Weimar, Tagungsbericht Band 1, S. 1-0677–1-0690

JUNGWIRTH, D.; BEYER, E.; GRÜBL, P.
Dauerhafte Betonbauwerke. Substanzerhaltung und Schadensvermeidung in Forschung und Praxis, Düsseldorf: Betonverlag 1986

KANEUJI, M.; WINSLOW, D. N., DOLCH, W. L.
The Relationship Between an Aggregate's Pore Size Distribution and its Freeze Thaw Durability in Concrete, in: Cement & Concrete Research 10 (1980) No. 3, S. 433-441

LITVAN. G. G.
Phase Transitions of Adsorbates. III: Heat Effects and Dimensional Changes in Nonequilibrium Temperature Cycles, in: Journal of Colloid and Interface Science 38 (1972) S. 75-83

LUDWIG, H.-M.
Zur Rolle von Phasenumwandlungen bei Frost- und Frost-Tausalz-Belastung von Beton, Dissertation. Hochschule für Architektur und Bauwesen Weimar – Universität – 1996

MTSCHEDLOW-PETROSSIAN, O. P.; TSCHERNJAWSKI, W. L.
Einfluß niedriger Temperaturen auf den Hydratationsprozeß von Portlandzement, in: Silikattechnik 18 (1967) H. 3, S. 72-76

POWERS, T. C.
Void spacing as a Basis for Producing Air-Entrained Concrete, in: ACI Journal 59 (1954) S. 741-759

RENDCHEN, K.
Frost- und Tausalzwiderstand von Beton mit Hochofenzement, in: Beton-Informationen 39 (1999) H. 4, S. 3-23

RILEM Recommendation, RILEM TC 117 FDC – CDF-Test – Test Method for the Freeze-Thaw Resistance of Concrete with Sodium Chloride Solution (CDF), in: Materials & Structures 29 (1996) S. 523-528

RÖSLI, A.; HARNIK, A. B.
Frost-Tausalz-Beständigkeit von Beton, in: Schweizer Ingenieur und Architekt 97 (1979) H. 46, S. 929-934

SETZER, M. J.
Die Mikroeislinsenpumpe – Eine neue Sicht bei Frostangriff und Frostprüfung, in: 14. Internationale Baustofftagung IBAUSIL 2000 Weimar, Tagungsbericht Band 1, S. 1-0691–1-0705

SETZER, M. J.
Einfluß des Wassergehalts auf die Eigenschaften des erhärteten Betons, Deutscher Ausschuß für Stahlbeton, Heft 280, Berlin: Beuth-Verlag 1977

SETZER, M. J.
Entwicklung und Präzision eines Prüfverfahrens zum Frost-Tausalz-Widerstand, in: Wissenschaftliche Zeitschrift der Hochschule für Architektur und Bauwesen Weimar - Universität – 40 (1994) H. 5/6/7, S. 87-93

SETZER, J. M.
Mikroeislinsenbildung und Frostschaden, in: Werkstoffe im Bauwesen – Theorie und Praxis, Hrsg: Eligehausen, R., Stuttgart: Ibidem-Verlag 1999, S. 397-413

SETZER, M. J.; FAGERLUND, G.; JANSSEN, D.-J.
CDF-Test – Prüfverfahren des Frost-Tau-Widerstandes von Beton – Prüfung mit Taumittellösung (CDF) RILEM Recommendation, in: Betonwerk + Fertigteil-Technik 63 (1997) H. 4, S. 100-106

SETZER, M. J.; HARTMANN, V.
CDF-Test Prüfvorschrift, in: Betonwerk+Fertigteil-Technik 57 (1991) H. 9, S. 83–86

SETZER, M. J.; HARTMANN, V.
Verbesserung der Frost-Tausalz-Widerstands-Prüfung, in: Betonwerk+Fertigteil-Technik 57 (1991) H. 9, S. 73–82

SS 137244 Concrete Testing- Hardened Concrete – Scaling at Freezing, Swedish Standards Institution, Stockholm 1995

STARK, J.; LUDWIG, H.-M.
Freeze-Thaw and Freeze-Deicing Salt Resistance of Concretes Containing Cement Rich in Granulated Blast-Furnace Slag, in: Proceedings of the 10th International Concress on the Chemistry of Cement, Gothenburg, Sweden 1997, Volume IV, 4iv035, 8 pp

STARK, J.; LUDWIG, H.-M.
Frost-Tausalz-Widerstand von HOZ-Betonen – Untersuchungen an Betonen mit hüttensandreichen Zementen, in: Beton 47 (1997) H. 11, S. 646–656

STOCKHAUSEN, N.
Die Dilatation hochporöser Festkörper bei Wasseraufnahme und Eisbildung, Dissertation, Technische Universität München 1981

STOCKHAUSEN, N.; DORNER, H.; ZECH, M.; SETZER, M. J.
Untersuchung von Gefriervorgängen in Zementstein mit Hilfe der DTA, in: Cement & Concrete Research 9 (1979) No. 6, S. 783–794

VANCE, H.; DODSON, P. D.
Concrete Admixtures, New York: Van Nostrand Reinhold 1990

VERBECK, G. J.; KLIEGER, P.
Studies of Salt Scaling of Concrete, in: Highw. Res. Board. Bull. 150 (1957) S. 1–13

VITRUV (VITRUVIUS POLLIO)
De architectura libri decem – 10 Bücher über die Architektur, Berlin: Akademie-Verlag 1964

WALZ, K.; WISCHERS, G.
Über Aufgaben und Stand der Betontechnologie. Teil 2 – Gefüge und Festigkeit des erhärteten Betons, in: Beton 26 (1976) H. 11, S. 442–444

WENGER, B.; HARNIK, A. B.
Temperaturmessungen in Straßenbelägen, in: Straße und Verkehr 63 (1977) H. 11, S. 427–429

Normen und Richtlinien, die in Kapitel 7.6 verwendet wurden

DIN 1045: Beton und Stahlbeton. Bemessung und Ausführung, Ausgabe 07/1988 und Änderung DIN 1045/A1, Ausgabe 12/1996

E DIN 1045-2: Tragwerke aus Beton, Stahlbeton und Spannbeton; Teil 2: Beton. Leistungsbeschreibung, Eigenschaften, Herstellung und Übereinstimmung, Entwurf 07/1999

D DIN 1045-3: Tragwerke aus Beton, Stahlbeton und Spannbeton; Teil 3: Bauausführung, Entwurf 02/1999

DIN 19569, Teil 1: Kläranlagen: Baugrundsätze für Bauwerke und technische Ausrüstungen; Allgemeine Baugrundsätze

Merkblatt für die Herstellung und Verarbeitung von Luftporenbeton, Forschungsgemeinschaft für Straßen- und Verkehrswesen, AG Betonstraßen, Ausgabe 1991

Merkblatt Beton für Abwasseranlagen, Ausgabe 04/1992

Zusätzliche Technische Vertragsbedingungen – Wasserbau (ZTV-W), Leistungsbereich 215, Ausgabe 1998

Zusätzliche Technische Vertragsbedingungen für Kunstbauten (ZTV-K), Ausgabe 1996

Zusätzliche Technische Vertragsbedingungen und Richtlinien für den Bau von Fahrbahndecken (ZTV Beton-StB 93)

Richtlinie DAfStb für Fließbeton, Ausgabe 08/1995

Richtlinie DAfStb für hochfesten Beton, Ausgabe 08/1995

8 Mikrobiologische Betonkorrosion

Seit einigen Jahren wird bei der Untersuchung von Betonschäden an Betonbauwerken auch der Beteiligung von Mikroorganismen Beachtung geschenkt. Dabei ist es in der Regel so, dass die Mikroorganismen nicht allein für eine Beschädigung oder Zerstörung einer Betonkonstruktion verantwortlich sind, sondern dass die Schäden erst durch das komplexe Wirken von Mikroorganismen und physikalischer und chemischer Korrosion möglich werden.

Wirtschaftlich wird der Anteil mikrobieller Schadensprozesse an der gesamten Bausubstanz Deutschlands mit ca. 4 bis 8 Milliarden DM je Jahr beziffert [WARSCHEID].

Von Mikroorganismen können im Prinzip alle in der Umwelt vorkommenden Verbindungen und Stoffe besiedelt werden und durch die Stoffwechselumsetzungen der Mikroorganismen können diese Stoffe angegriffen, verändert oder zerstört werden. Als Ergebnis der Stoffwechselaktivitäten können z.B. anorganische oder organische Säuren entstehen, die auch Betonkonstruktionen chemisch angreifen und zerstören können.

Als „Biofouling" wird das unerwünschte Auftreten mikrobieller, gelartig schleimiger Beläge, sogenannter Biofilme, bezeichnet (Abbildung 8.1). Diese Biofilme können die Eigenschaften der Baustoffe verändern. Zum einen wird durch Anlagerung und Präsenz der schleimigen Biofilme die Rauhigkeit und Absorptionsfähigkeit von Materialoberflächen erhöht und zum anderen übt der kolloidale Schleim durch wechselnde Wassereinlagerung und Austrocknung mechanische Belastungen im porösen Werkstoffgefüge aus.

Die Folgen der Biofilmbildung an exponierten Bauteilen sind durch eine erhöhte Adsorption von Schadstoffen und Partikeln, die verstärkte Ausbildung von korrosionsauslösenden Stoffen wie Salze oder Schadgase sowie eine Veränderung im Feuchtehaushalt des betreffenden Baustoffs gekennzeichnet. Diese Form der mikrobiellen Schadenswirkung bildet die Grundlage für die oft auch an Betonoberflächen zu beobachtende meist dunkelgefärbte Krustenbildung. Die Dunkelfärbung kommt nicht so sehr durch angeflogene Stäube oder Rußflocken zustande als vielmehr durch biochemische Aktivität von Enzymen, die beim Tod von Bakterien- und Pilzzellen freigesetzt werden. Das Enzym Tyrosinase z.B. wandelt dabei einzelne Aminosäuren in die im Wasser unlösliche schwarzbraune Verbindung Melanin um [WARSCHEID].

Abb. 8.1: Schleimiger Biofilm (ESEM-Aufnahme)

8.1 Korrosion von Beton in Abwasseranlagen

Der Begriff „Biogene Schwefelsäurekorrosion" (BSK) steht für Vorgänge mit bestimmten und weitgehend bekannten Bereichen von Abwassersystemen, bei denen Mikroorganismen Schwefelsäure bilden, die einen lösenden Angriff auf die Zementsteinmatrix ausübt. Durch BSK verursachte Schäden an Abwasseranlagen sind schon seit Beginn des 20. Jahrhunderts bekannt. In Deutschland wurde diese Korrosion allgemein etwa ab 1970 bekannt, als an großen Abwassersammlern in Hamburg umfangreiche Schäden auftraten, die dann zum Ausgangspunkt gezielter Ursachenforschung führten [BOCK; BIELECKI; KLOSE].

Die schädigende biogene Schwefelsäure entsteht durch ein relativ komplexes Wirken verschiedener Faktoren. Grundvoraussetzung ist das Vorhandensein von Schwefelverbindungen in Abwässern.

Die Herkunft dieser Schwefelverbindungen im Abwasser ist auf kommunale (häusliche) und industrielle Einleitungen zurückzuführen. Bei den häuslichen Abwässern wird der Sulfatgehalt insbesondere durch eiweißhaltige Nahrung (Milch, Milchprodukte, Fleisch, Fleischprodukte) sowie durch die Verwendung sulfathaltiger Waschmittel verursacht. Früher rechnete man mit etwa 350 g Schwefel/a je Kopf der Bevölkerung, die sich allein aus der Nahrung ergaben. Heute ist der Gehalt des häuslichen Abwassers an schwefelhaltigen Inhaltsstoffen wesentlich höher. Er beträgt etwa 1250 g Schwefel/Kopf/a. Dabei stieg der Eiweißverbrauch durch Nahrung um etwa 30% auf 450 g Schwefel/Kopf/a. Von größerem Einfluss sind aber die Wasch- und Reinigungsmittel, die etwa 800 g Schwefel/Kopf/a beitragen [SCHREMMER]. Hohe bis sehr hohe Sulfatgehalte finden sich häufig in Industrieabwässern.

Die am Aufbau der Eiweißstoffe (Proteine) beteiligten Aminosäuren sind eine wesentliche Quelle für den Schwefel in den Abwässern.

In Abwasserleitungen werden diese Schwefelverbindungen durch Mikroorganismen zu flüchtigen Schwefelverbindungen – Schwefelwasserstoff H_2S und organische Polysulfide – umgesetzt (Abbildung 8.2).

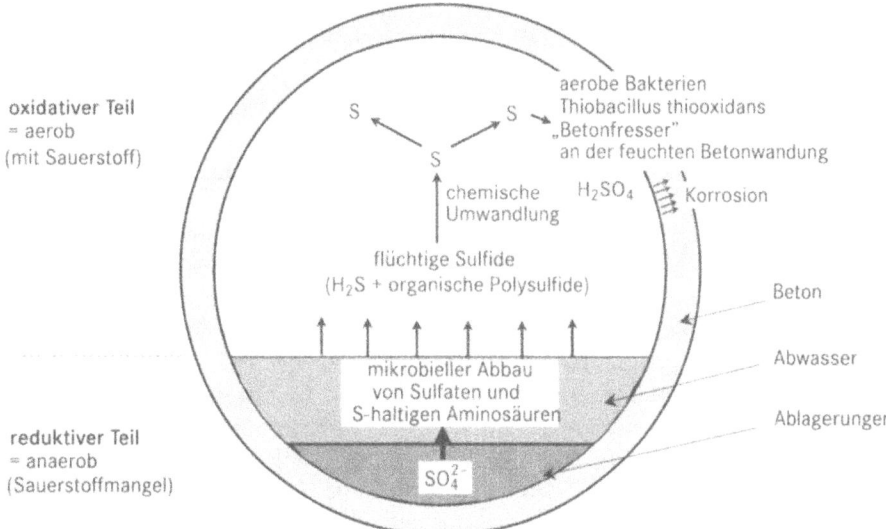

Abb. 8.2: Prinzipielle Darstellung der biogenen Schwefelsäurekorrosion in teilgefüllten Abwasserrohren

H_2S entsteht durch sulfatreduzierende Bakterien (Gattung Desulfotomaculum und Desulfovibrio) unter anaeroben (ohne Sauerstoff) Bedingungen vorwiegend aus schwefelhaltigen Aminosäuren sowie den Sulfaten in den Abwässern. Anaerobe Teilstrecken kommen in Druckleitungen, aber auch in tieferen Zonen von Biofilmen vor, wie sie überall in flüssigkeitsbenetzten Teilen von Abwassersystemen vorkommen. H_2S ist ein brennbares, farbloses, selbst in sehr geringer Konzentration unangenehm nach faulen Eiern riechendes Gas. Luft mit nur 0,035% H_2S kann bei längerer Einatmung lebensgefährlich sein.

Bereits durch geringe Spuren von Sauerstoff kann die Tätigkeit der sulfatreduzierenden Bakterien gehemmt werden!

Organische Polysulfide entstehen wie H_2S durch den mikrobiellen Abbau von Eiweiß [KÖNIG ET AL.]. In vier der aus 20 Aminosäuren bestehenden Eiweiße ist gebundener Schwefel enthalten, dem Cystein, Cystin, Methionin und Taurin [LOHSE]. In Abhängigkeit von der Art der am Abbau beteiligten Mikroorganismen können daraus u.a. die organischen Poysulfide Methylmercaptan (H_2S_2 CH_3 SH) oder Dimethyldisulfid ($CH_3-S-S-CH_3$) gebildet werden.

Im Gegensatz zur H_2S-Bildung ist dieser Prozess nicht oder nur wenig durch Sauerstoff beeinflussbar! Die Schwefelverbindungen (H_2S und organische Polysulfide) entweichen in die Kanalatmosphäre und schlagen sich an der feuchten Betonwandung oberhalb der Wasserspiegels nieder.

Durch Luftsauerstoff und möglicherweise auch unter Einwirkung anderer Mikroorganismen werden diese flüchtigen Schwefelverbindungen zu elementarem Schwefel oxidiert. Elementarer Schwefel ist ein Substrat für die verschiedenen Mikroorganismen der Gattung Thiobacillus, die den Schwefel zu Schwefelsäure umsetzen (Autoxidation) [KÖNIG ET AL.]. Von den über 60 Arten verschiedener Thiobazillen ist der Thiobacillus thiooxidans der am stärksten H_2SO_4 produzierende Mikroorganismus, der früher auch als Thiobacillus concretivorus, der „Betonfresser", bezeichnet wurde. Der Thiobacillus thiooxidans ist das letzte Glied innerhalb der Mikroorganismenkette der Thiobazillen. Auf frisch hergestelltem Beton mit einer stark alkalischen Oberfläche (pH-Wert > 12) ist kaum eine korrosionsverursachende Bakterienart lebensfähig. Erst wenn durch Carbonatisierung der pH-Wert auf Werte unter 9 sinkt, entwickeln sich auf diesen Untergrundbedingungen nacheinander verschiedene Arten der Thiobazillen. Die Carbonatisierung wird durch den hohen CO_2-Gehalt in der Abwasserkanalatmosphäre begünstigt, der mit Werten bis zu 1 Vol.-% deutlich über dem in der normalen Atmosphäre mit etwa 0,03 Vol.-% liegen kann. Durch die säureproduzierende Stoffwechseltätigkeit der Bakterien sinkt der pH-Wert der Betonoberfläche auf Werte ≤ 5 und erreicht damit den Lebensbereich des Thiobacillus thiooxidans [BOCK]. Auf Betonoberflächen wurden pH-Werte < 1,0 festgestellt.

Optimale Lebensbedingungen findet dieser Mikroorganismus bei pH-Werten zwischen 2,0 und 3,5. Neben dem pH-Wert spielt auch die Umgebungstemperatur für die Entwicklung der Thiobazillen eine Rolle. Temperaturen um 29 °C sind optimal für ihre Lebens- und Wachstumsbedingungen. Sind derartige Voraussetzungen gegeben, ist der Thiobacillus thiooxidans in der Lage, aus einem Gramm elementaren Schwefels drei Gramm reine Schwefelsäure zu produzieren.

$$1 \text{ g S} \rightarrow 3 \text{ g } H_2SO_4$$
$$32 \text{ g/Mol} \quad\quad 98 \text{ g/Mol}$$

Es kommt zu einem starken Säureangriff auf den Beton. Zunächst wird die Säure durch den Kalkgehalt des Betons neutralisiert und es bildet sich Calciumsulfat.

$$CaCO_3 + H_2SO_4 + H_2O \rightarrow CaSO_4 + 2 H_2O + CO_2$$

In Gegenwart von Calciumaluminaten kann es zu der mit einer 8fachen Volumenvergrößerung verbundenen Ettringitbildung kommen, die zu den bekannten Betonschäden führt.

Übersteigt das Schwefelsäureangebot die vorhandene Kalkmenge kommt es zu einem regelrechten Säureangriff, der zur Auflösung des Zementes und zur Freilegung der Zuschläge führt. Die zerstörte Oberfläche wird dann durch unregelmäßige Bespülung durch das Abwasser abgetragen. Sofern genügend flüchtige Sulfide aus der Abwasseratmosphäre nachgeliefert werden, bestehen für die schwefelsäureproduzierenden Thiobazillen gute Lebensbedingungen und es kommt zu einer fortschreitenden Zerstörung durch den Säureangriff.

8.1 Korrosion von Beton in Abwasseranlagen

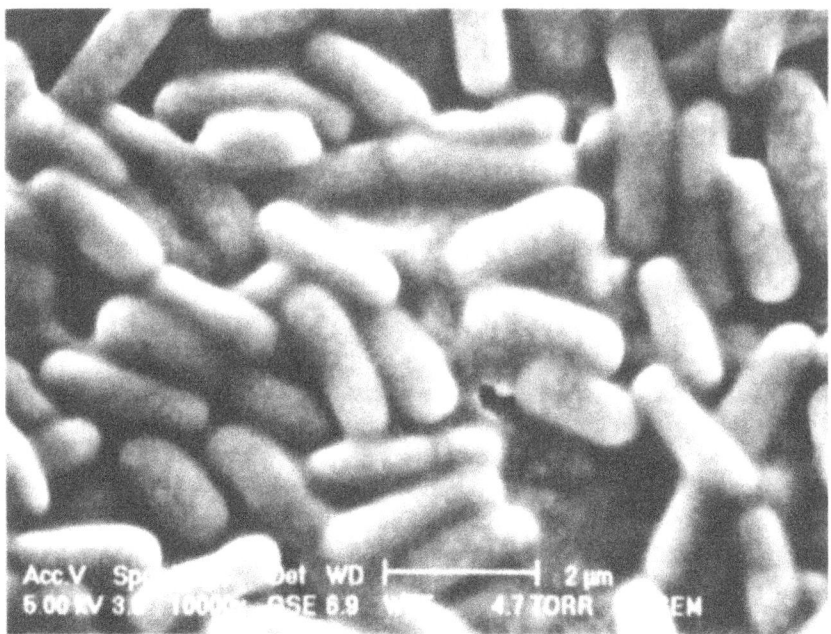

Abb. 8.3: Stäbchenförmige Bazillen (ESEM-Aufnahme, Fa. Philips)

Schutzmaßnahmen gegenüber BSK

Die Schutzmaßnahmen gegenüber der BSK kann man in aktive und passive Maßnahmen einteilen. Bei den passiven Maßnahmen wird die biogene Schwefelsäurebildung nicht unterbunden, sondern es wird der Beton vor dem betonzerstörenden Schwefelsäureangriff geschützt. Die aktiven Maßnahmen dagegen haben das Ziel, die Voraussetzungen zu minimieren, die zur biogenen Schwefelsäurebildung führen.

Aktive Maßnahmen

Hierzu zählen vor allem Maßnahmen, die das Entstehen und die Emission von H_2S und anderen flüchtigen Sulfiden aus dem Abwasser verhindern. Erreicht wird das vor allem durch eine fachgerechte konstruktive Ausbildung der Abwassernetze sowie zweckmäßige Betriebsbedingungen. Dazu zählen u.a. [KLOSE; HÄGERMANN]:

- ausreichendes Gefälle des Abwasserleiters, um ein zügiges Fließen zu gewährleisten,
- Vermeidung von Abwasserstaus,
- Vermeidung von Turbulenzen und Aufwirbelungen,
- Belüftung der Schächte, Sauerstoffzufuhr,
- Reinigung und Spülung der Abwasserleitungen,
- Beseitigung der Sielhaut durch mechanische Reinigung,
- Abwassertemperatur nach Möglichkeit unter 20 °C halten.

Passive Maßnahmen

Eine Verbesserung des chemischen Widerstandes gegenüber dem Angriff durch biogene Schwefelsäure ist durch bestimmte betontechnologische Maßnahmen möglich. Hierzu gehören u.a. [MÜLLER/GRESCHUCHNA; SCHMIDT ET AL.]:

♦ die Verringerung des w/z-Wertes auf ≤ 0,45 und der Wassereindringtiefe auf weniger als 2,0 cm,
♦ der Einsatz von Hochleistungsbeton C 75/85 oder darüber mit reaktiven, die Dichtigkeit wirksam verbessernden Zusatzstoffen wie z.B. Microsilica,
♦ die Zugabe wirksamer Kunststoffdispersionen,
♦ die Verwendung von Tonerdezement.

Die bessere Eignung von Tonerdezement gegenüber Portlandzement für Beton in Abwasseranlagen ist auf Folgendes zurückzuführen [SCHMIDT ET AL.; HORMANN ET AL.]. Portlandzemente und Hochofenzemente sind Silcatzemente, d.h. ihre hydraulischen Eigenschaften werden überwiegend von Calciumsilicaten bestimmt. Bei ihrer Hydratation bildet sich Calciumhydroxid (CH), das mit angreifenden Säuren leicht lösliche Salze bildet. Diese können in fließenden, schwebstoffbelasteten Abwasser leicht abgetragen werden. Bei der Hydratation von Tonerdezement bilden sich dagegen Calcimaluminathydrate, die weit stabiler als das Calciumhydroxid sind. Außerdem entstehen voluminöse Aluminiumhydroxid-Gele, die die Poren des Betons verstopfen. Das Eindringen von wässrigen Lösungen wird dadurch erheblich erschwert.

Als passive Schutzmaßnahme und bei Sanierungsarbeiten haben sich auch ECC-Systeme (epoxidharzmodifizierte Zementmörtel, *Epoxid Cement Concrete*) und PCC-Systeme (kunststoffmodifizierte Zementmörtel, *Polymer Cement Concrete*) bewährt.

Zu den passiven Korrosionsschutzsystemen zählen auch zahlreiche Verfahren zur Auskleidung von Abwasseranlagen mit PVC-weich-Folien, PVC-hart-Elementen oder -platten, PE-Platten, V4A-Platten sowie Inliner aus glasfaserverstärkten Kunststoffen.

8.2 Korrosion von Beton an Hochbauten

Neben Abwasseranlagen sind auch andere Betonkonstruktionen mikrobiologischen Angriffen ausgesetzt. Kühltürme sind aufgrund ihrer Besonderheiten besonders anfällig für mikrobiologische Angriffe. Hohe Naturzugkühler haben Betonoberflächen von 20.000 ... 100.000 m². Im Kühlturm steigt ein Schwaden-Luft-Gemisch auf, das die thermische Energie abführt. Hierdurch werden die Kühlturm-Innenwandungen gleichmäßig bis etwa 30 °C erwärmt. Der Schwaden hat über den größten Teil des Jahres eine relative Luftfeuchte von 95% bis zur Sättigungsfeuchte. Große Schwankungen der Temperatur treten nicht auf. Für Mikroorganismen ergeben sich somit günstige Lebens- und Wachstumsbedingungen [KIRSTEIN ET AL.].

Auf den Betonoberflächen der Kühltürme mit einem pH-Wert zwischen 5 und 6 sind salpetersäure- und schwefelsäurebildende Bakterien anzutreffen. Die durch diese Bakterien auf biologischem Weg gebildeten anorganischen Säuren

8.2 Korrosion von Beton an Hochbauten

verursachen Betonschäden, die sich in Absandungen und plattenförmigen Absprengungen zeigen. Die Herkunft des Ammoniaks ist auf das in Kraftwerken zur Reduzierung des NO_x-Gehaltes im Rauchgas häufig angewandte SCR-Verfahren (Selektive Katalytische Reduktion) zurückzuführen. Dabei wird Ammoniak in das Rauchgas eingedüst und der Rauchgasstrom über Katalysatoren geleitet. Die Stickstoffoxide werden dabei selektiv zu Stickstoff und Wasserstoff reduziert. Der nicht abgebaute Ammoniakrest im Rauchgas hinter der Katalysatoranlage verbindet sich mit gasförmiger Schwefelsäure zu Ammoniumhydrogensulfat und kondensiert in Form von Salzen.

Bei den salpetersäurebildenden Bakterien (**Nitrifikanten**) unterscheidet man Ammoniakoxidanten und Nitrooxidanten.

Ammoniakoxidanten wandeln Ammoniak mit Hilfe von Luftsauerstoff in salpetrige Säure (HNO_2) um

$$NH_3 + 1,5\ O_2 \rightarrow HNO_2 + H_2O$$

Nitrooxidanten wandeln die salpetrige Säure in Salpetersäure (HNO_3) um

$$HNO_2 + 0,5\ O_2 \rightarrow HNO_3$$

Nach dem Aufwachsen der Nitrifikantenpopulation auf der Betonoberfläche erfolgt eine Ansäuerung der Oberfläche durch die HNO_3-Produktion auf pH-Werte zwischen 5 und 6. Calcitisches Bindemittel geht als $Ca(NO_3)_2$ in Lösung.

Nitrifikanten wurden auch auf anderen Bauwerken nachgewiesen [POHL/BOCK; BOCK]. Die Bakterien gelangen durch Anwehen von Staub und Erde an die Oberfläche von Hochbauten. Bei den Nitrifikanten handelt es sich um Bodenbakterien, die lichtempfindlich sind und deshalb unter der Oberfläche der Baustoffe leben. Nitrifizierende Bakterien wachsen mit Ammoniak und Nitrit als einzigen Energiequellen. Diese Verbindungen gelangen wahrscheinlich mit dem Luftstaub als Ammoniumsalze und mit der Luft als gasförmiges NO_3 auf den Baustoff und werden dort, in Wasser gelöst, in die Porenräume transportiert. Nitrifikanten sind im Vergleich zu anderen Mikroorganismen am häufigsten auf Baustoffoberflächen anzutreffen.

Die unter der Baustoffoberfläche lebenden Bakterien liegen nicht frei, sondern eingebettet in einer Schleimkapsel vor. Die Schleimkapseln bestehen aus Polysacchariden, die aus den Zellen ausgeschieden werden. Mit der Schleimkapsel haben sich die in ihr liegenden Zellen einen eigenen Lebensraum geschaffen. Derartige Schleimkapseln bieten den Organismen Schutz, z.B. vor Austrocknen und Einwirkung von Giften. Gleichzeitig begünstigen sie die Adhäsion an dem Baustoff.

Nach einer Untersuchung an der Universität in Hamburg können durch Nitrifikanten 16 ml konzentrierte HNO_3 je m^2 Beton in 40 Wochen gebildet werden.

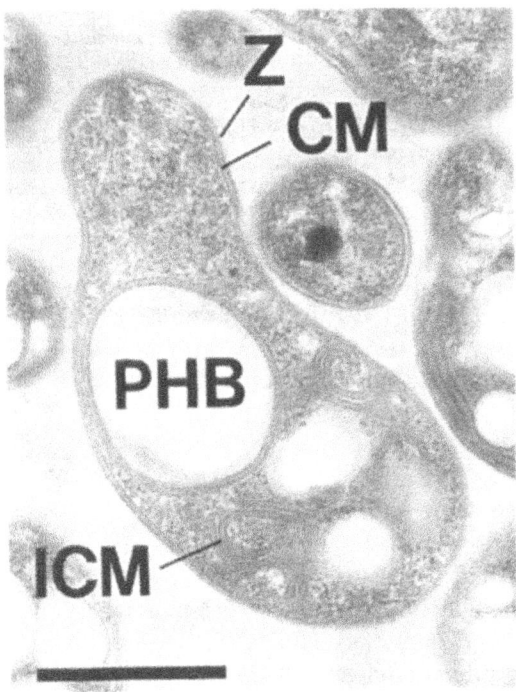

Abb. 8.4: Ultradünnschliff durch eine Zelle des Nitrit oxidierenden Bakteriums der Art Nitrobacter spec. (nach Bock), Balken: 0,5 µm; Z: Zellwand, CM: Cytoplasmamembran, ICM: intracytoplasmatische Membran, PHB: Poly-β-hydroxybuttersäure

8.3 Literatur

BIELECKI, R.
Erkenntnisse und Zielvorstellungen der Korrosionsforschung an Abwasser-Kanälen, in: Tiefbau, Ing.-bau, Straßenbau 25 (1983) H. 8, S. 474–477

BOCK, E.
Biologisch induzierte Korrosion von Naturstein – starker Befall mit Nitrifikanten, in: Bautenschutz und Bausanierung 10 (1987) H. 1, S. 24–27

BOCK, E.
Biologische Korrosion, in: Tiefbau, Ing.-bau, Straßenbau 26 (1984) H. 5, S. 240–250

HÄGERMANN, H.
Sulfid-Korrosion in Kanalisationseinrichtungen, in: Tiefbau, Ing.-bau, Straßenbau 25 (1983) H. 6, S. 350–354

HORMANN, K.; HOFMANN, F.-J.; SCHMIDT, M.
Beständigkeit von Zementen gegenüber biogener Schwefelsäurekorrosion – eine neue Methode zum schnellen Nachweis, in: 13. Internationale Baustofftagung IBAUSIL 1997 Weimar, Tagungsbericht-Band 1, S. 1-0235–1-0242

KIRSTEIN, K.-O.; STILLER, W.; BOCK, E.
Mikrobiologische Einflüsse auf Betonkonstruktionen, in: Beton- u. Stahlbetonbau 82 (1986) H. 8, S. 202–205

KLOSE, N.
Betonbauwerke in Abwasseranlagen, in: Tiefbau, Ing.-bau, Straßenbau 27 (1985) H. 2, S. 76–80

KLOSE, N.
Sulfide in Abwasseranlagen – Ursachen – Auswirkungen – Gegenmaßnahmen, in: Beton 30 (1980) H. 1, S. 13–17 und H. 2, S. 61–64

KÖNIG, W. A.; AYDIN, M.; RINKEN, M.; SIEVERS, S.
Schwefelverbindungen als Verursacher von Betonkorrosion, in: Tiefbau, Ing.-bau, Straßenbau 25 (1983) H. 7, S.434–436

LOHSE, M.
Schwefelverbindungen in Abwasserableitungsanlagen unter besonderer Berücksichtigung der biogenen Schwefelsäurekorrosion, Dissertation, Universität Hannover 1985

MÜLLER, W.; GRESCHUCHNA, R.
Verbesserung des Zustandes kommunaler und industrieller Abwassernetze durch aktiven und passiven Korrosionsschutz, Wasserwirtschaft, Wassertechnik 30 (1980) H. 10, S. 345–348

POHL, M.; BOCK, E.
Bakterielle Steinschäden, Essen: Th. Goldschmidt-AG 1986, Nr. 64 (1-86), S. 19–25

SCHMIDT, M.; HORMANN, K.; HOFMANN F.-J.; WAGNER, E.
Beton mit erhöhtem Widerstand gegen Säure und Biogene Schwefelsäurekorrosion, in: Betonwerk+Fertigteil-Technik 63 (1997) H. 4, S. 64–70

SCHREMMER, H.
Biogene Materialzerstörung in Abwasseranlagen, in: Forum Städte Hygiene 36 (1985) H. 6, S. 283–288

WARSCHEID, TH.
Die Materialzerstörer – Mikroorganismen – Neue Aspekte für die Bewertung von Schädigungen, in: Bautenschutz + Bausanierung 22 (1999) H. 4, S. 54–56

9 Alkali-Kieselsäure-Reaktion

9.1 Kurzer historischer Abriss

Etwa 1920 wurden in den USA erstmals als Ursache für Betonschäden Reaktionen zwischen den Alkalien des Zements und bestimmten Zuschlägen festgestellt. T. A. STANTON berichtete 1940 in den „Proceedings of the American Society Civil Engineering" über die „*alkali-aggregate reaction*" opalhaltiger Zuschläge, die beim Bau eines Staudammes in Kalifornien verwendet wurden. Die Schäden führten zu umfangreichen Ursachenforschungen und Gegenmaßnahmen in den USA.

1947 wurde die Alkali-Kieselsäure-Reaktion (AKR) bereits im Lehrbuch „The Chemistry of Portland Cement" von R. H. BOGUE und 1952 von H. KÜHL im 3. Band der „Zement-Chemie" beschrieben und das bis dahin bekannte Wissen aus den USA eindeutig dargestellt.

Seit Anfang der 50er Jahre ist diese Reaktion in Australien bekannt und ab Mitte der 50er Jahre wurden aus immer mehr Ländern von Schäden infolge AKR berichtet (Kanada, Dänemark, Island, Südafrika u.a.).

In Deutschland war man bis etwa 1965 der Ansicht, dass es hier auf Grund der geologischen Situation Alkalireaktionen, durch die Betonbauteile geschädigt werden, nicht gibt. Die Öffentlichkeit wurde in Schleswig-Holstein auf das Problem der AKR durch Schäden an der Lachswehrbrücke aufmerksam, die 1965/66 gebaut, bereits im Frühjahr 1968 wegen Gefährdung der Standsicherheit wieder abgerissen werden musste. Auf dem Gebiet der DDR wurden erste AKR-Schäden 1974 in Form von Gelabscheidungen und Abplatzungen an Fertigteilen des Plattenbaus festgestellt. Ab 1979/80 traten AKR-Schäden in Mecklenburg und 1983 in Sachsen und Thüringen auf [SIEBEL ET AL.]. Milliardenschäden verursachten AKR-betroffene Spannbetonschwellen der Reichsbahn.

Bis zum heutigen Tag wurden immer weitere Schäden bekannt. Dabei handelt es sich überwiegend um Betonkonstruktionen, vorwiegend Brücken und Fahrbahndecken, bei deren Bau man die bisher vorliegenden Erkenntnisse zur Vermeidung einer schädigenden AKR nicht beachtete, eine Umnutzung der Konstruktion erfolgte oder um ältere Bauwerke ([DAHMS; LENZNER] u.a). Als Ursache kommen aber auch Zuschläge in Frage, von denen eine AKR-Schädigung bisher nicht bekannt war.

Die Ursachen, die zu Schäden infolge AKR führen, sind im wesentlichen bekannt. In Deutschland wurde bereits 1974 auf der Grundlage umfangreicher Untersuchungen eine vorläufige Richtlinie „Vorbeugende Maßnahmen gegen schädigende Alkalireaktion im Beton" aufgestellt. Diese Richtlinie wurde mehrfach überarbeitet und ist in ihrer heutigen Fassung vom Dezember 1997 verbindlich (siehe auch Kapitel 9.9). Eine Reihe offener Fragen betreffen das Verhalten verschiedener Grauwacken, gestresster Quarze usw.

9.2 Mechanismus der Alkali-Kieselsäure-Reaktion

Unter der Alkali-Kieselsäure-Reaktion (AKR) wird eine chemische Reaktion zwischen unterschiedlichen Formen der Kieselsäure (SiO_2) aus den Betonzuschlägen und den Alkalihydroxiden (NaOH, KOH) der Porenlösung des erhärteten Betons bzw. von außen eindringenden Alkalien verstanden. Das dabei entstehende Alkali-Kieselsäure-Gel wirkt durch Volumenvergrößerung infolge Wasseraufnahme treibend und kann zu Betonschäden führen (Abbildungen 9.1 und 9.2).

Die Alkali-Zuschlag-Reaktion wird in der Literatur allgemein in drei Reaktionstypen aufgeteilt:
♦ Alkali-Silika-Reaktion,
♦ Alkali-Silikat-Reaktion und
♦ Alkali-Carbonat-Reaktion.

Die **Alkali-Silika-Reaktion** ist diejenige, die im deutschen Sprachgebrauch gewöhnlich als Alkali-Kieselsäure-Reaktion, AKR, bezeichnet wird (Reaktion mit amorpher Kieselsäure).

Abb. 9.1: AKR-Schäden an Betonierblöcken der Hochwasserentlastung einer Talsperre

Abb. 9.2: AKR-Schadensbild an einem ausgebauten Betonelement

Prinzip der AKR:
Kieselsäurehaltiger Zuschlag + Alkalihydroxid → Alkali-Kieselsäure-Gel
↓ ↓ ↓
amorphes oder   in der Porenlösung,   voluminös,
teilkristallines SiO_2,   überwiegend aus   treibend
z.B. Opal oder Flint   dem Zement stammend

In der englischsprachigen Literatur wird für die Reaktion von Alkalien mit den Betonzuschlägen die übergreifende Bezeichnung „*alkali-aggregate reaction*" verwendet und die klassische AKR mit „*alkali-silica reaction*" (ASR) bezeichnet.

Im Unterschied zur Alkali-Silika-Reaktion (AKR) reagieren die Alkalien bei der **Alkali-Silikat-Reaktion** mit Alumosilikaten, wobei hier wahrscheinlich leichter angreifbare Silikate vom Schichtgittertyp (Phyllo-Silikate) betroffen sind [HOBBS]. Es ist anzunehmen, dass der Reaktionsmechanismus ähnlich ist. Einzelheiten über die Reaktionsdauer und den Beginn der Schädigung sind weitgehend unbekannt.

Die weit weniger bedeutende **Alkali-Carbonat-Reaktion** bzw. Alkali-Dolomit-Reaktion (*alkali-carbonate reaction*) soll dann eintreten, wenn Calcium- und Magnesiumcarbonat in feinkristallinen Verwachsungen im Verhältnis von etwa 1 : 1 vorliegen und wenn es durch die Einwirkung von Alkalihydoxiden zur sogenannten Dedolomitisierung, d.h. der Umwandlung von Dolomit in Alkalicarbonate, Calcit und Brucit kommt [HEMPEL ET AL.].

$$CaMg(CO_3)_2 + 2\,NaOH \rightarrow Na_2CO_3 + CaCO_3 + Mg(OH)_2$$

Es ist zweifelhaft, ob diese Reaktion tatsächlich abläuft. Viel wahrscheinlicher ist es, dass mikrokristalliner Quarz im Dolomit oder Kalkstein zu einer klassischen AKR führt.

9.2 Mechanismus der Alkali-Kieselsäure-Reaktion

Chemische Reaktionen

Bei der Reaktion von Zement mit Wasser reagieren die Hauptklinkerphasen zu Calciumsilicathydratphasen und Calciumhydroxid. Gleichzeitig gehen die Alkalisulfate aufgrund ihrer hohen Löslichkeit in Lösung und reagieren mit dem entstandenen Portlandit wie folgt [WIEKER ET AL.]:

$$K_2SO_4 + Ca(OH)_2 \rightarrow CaSO_4 + 2\,KOH$$
$$NaSO_4 + Ca(OH)_2 \rightarrow CaSO_4 + 2\,NaOH.$$

Das heißt, die Sulfationen werden für die Entstehung von wenig-löslichem Calciumsulfat bzw. Ettringit verbraucht.

Durch die Bildung von löslichem Alkalihydroxid steigt die Hydroxidionenkonzentration stark an. Sie kann Werte von 900 mmol/l erreichen, was einem pH-Wert von 13,9 entspricht.

Das entstandene Alkalihydroxid reagiert mit reaktivem Siliciumdioxid zu einem Alkali-Kieselsäure-Gel, das unter Wasseraufnahme betonschädigende Quelldrücke aufbauen kann (Abbildung 9.3).

$$2\,NaOH + SiO_2 + n\,H_2O \rightarrow Na_2SiO_3 \cdot n\,H_2O$$

Die Reaktion kann z.T. weiter gehen:

$$Na_2SiO_3 \cdot H_2O + Ca(OH)_2 + n\,H_2O \rightarrow CaSiO_3 \cdot n\,H_2O + 2\,NaOH$$
$$\downarrow \qquad\qquad\qquad \downarrow$$
$$\text{C-S-H-Phase}$$

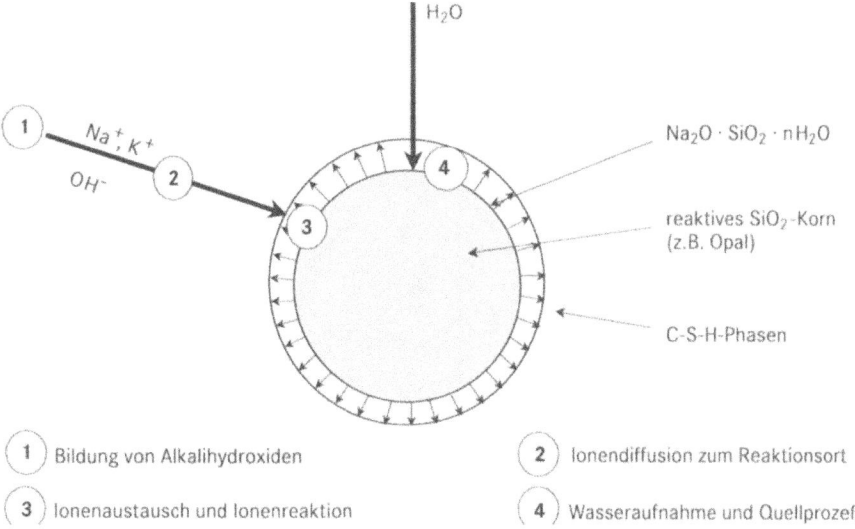

Abb. 9.3: Prinzip der Alkali-Kieselsäure-Reaktion (AKR)

Bei Zufuhr von Feuchtigkeit können die Alkalien wieder freigesetzt werden. Die mobilen Alkali-Ionen bewegen sich zu anderen Reaktionsorten und reagieren z.B. in tieferen Schichten des reaktiven Zuschlags. Dieser Aspekt trägt mit zur Gefährlichkeit dieser Langzeitreaktion bei. Im AKR-Gel bleibt aber in jedem Fall ein Großteil der Alkalien eingebunden.

Dehnungsreaktionen

Der Dehnungsprozess wird durch die Aufnahme von Porenlösung durch das Alkali-Kieselsäure-Gel verursacht, wodurch eine Volumenzunahme durch Quellen erfolgt (Abbildung 9.4) [TAYLOR]. Das Quellen verursacht Quelldrücke, die bis zu 20 N/mm^2 erreichen können, während die Zugfestigkeit des Betons bei 2 bis 5 N/mm^2 liegt. Der schädigende Vorgang der AKR wird aber auch durch osmotischen Druck verursacht, den das entstehende mehr oder weniger dickflüssige Alkalisilikat-Gel hervorruft.

Das Gel verhält sich wie eine semipermeable Wand, d.h., OH$^-$, K$^+$ und Na$^+$ können in Richtung des reaktiven Korns eindringen. Die Reaktionsprodukte, die Alkalisilikate, können aber nicht nach außen wandern. Im äußeren Reaktionssaum entstehen dichtere C–S–H-Phasen durch die Freisetzung der weniger stabil gebundenen Alkaliionen [LOCHER/SPRUNG] und durch Kontakt mit der Betonmatrix [JOHANNSEN ET.AL.1994]. Je mehr Calcium das AKR-Gel enthält, desto zähflüssiger wird es. Je höher der Ca-Gehalt des Gels, desto geringer seine Quellfähigkeit. Natriumhaltiges AKR-Gel scheint stärker quellfähig zu sein als kaliumhaltiges Gel.

Das Alkalisilikat füllt zunächst den umgebenden Porenraum aus und danach baut sich der Schwelldruck auf. Die Folge sind Spannungen in den Zuschlägen, die Risse in den Partikeln und im umliegenden Zementstein hervorrufen. Das Gel kann aber auch regelrechte dichte Gel-Fronten bilden, die zu Spannungen im Gesamtbetongefüge führen.

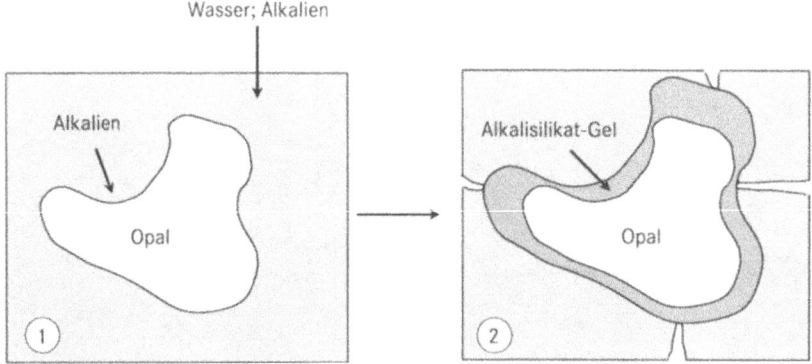

Abb. 9.4: Prinzipdarstellung zum Aufbau von Quelldruckspannungen durch AKR

9.3 Reaktivität von Zuschlägen

Siliciumdioxid löst sich in starken Hydroxidlösungen auf. Die Geschwindigkeit dieses Vorgangs ist vom kristallinen Zustand des Siliciumdioxids und der Art der Hydroxidlösung abhängig. Grobkristalliner und nicht gittergestörter Quarz wird nur sehr schwer angegriffen, d.h. im Beton bleibt dieser Vorgang auf die Oberfläche des Quarzkorns beschränkt, die auf diese Weise angeätzt und aufgerauht wird. Dadurch ergibt sich ein guter Verbund mit dem Zementstein [LOCHER/ SPRUNG].

Die Reaktion zwischen der Kieselsäure und der Hydroxidlösung läuft immer ab. Aber nur bei reaktivem SiO_2 und hohem Na_2O-Äquivalent ist sie betonschädigend.

Absolut inerte SiO_2-haltige Zuschläge gibt es nicht. Alle Zuschläge reagieren mehr oder weniger mit dem Zementstein.

Ursachen der Löslichkeit und damit der Reaktivität der Kieselsäure sind folgende:
- Störungen im Kristallgitterbau,
- Temperatureinfluss,
- Korngröße (im Zuschlag die Kristallitgröße der Quarzkörner an der Zuschlagoberfläche),
- Konzentration der Hydroxidlösung (pH-Wert).

Störungen im Kristallgitterbau

Die AKR wird durch die in den Zuschlägen enthaltenen Anteile amorpher bzw. stark gittergestörter Kieselsäuren verursacht. Diese haben gegenüber den weitgehend ungestörten kristallinen Zustandsformen eine vergrößerte innere Oberfläche.

Der amorphe Zustand kann verschiedene Ursachen haben [HOFFMANN/ FUNKE]:
- Unterkühlte Schmelzen:
  Hier sind die SiO_4-Tetraeder ungeordnet miteinander verbunden und es bilden sich neben den normalen Sechser- auch Vierer-, Fünfer- und Siebener-Ringe aus.
- Opale:
  Bei den Opalen sind bis zu 25% der Si–O–Si-Brücken durch den Einbau von Hydroxidgruppen gestört, die in Form von Silanolgruppen (SiOH bzw. $Si(OH)_2$) vorliegen. Gleichartige Störungen der Si–O–Si-Brücken sind auch von den z.T. aus Chalcedon bestehenden Flinten bekannt.

Si–O–Si-Ketten = Bausteine der Siliciumverbindungen

Je stärker die Vernetzung der Struktur über Si–O–Si-Bindungen ist, desto stabiler ist sie gegenüber Auflösung. Silikatische Verbindungen, die viele OH-Gruppen enthalten, sind demgegenüber wesentlich empfindlicher. Jede OH-Gruppe ist eine terminale Gruppe, die keine echte Bindung zu anderen Teilen der Struktur eingeht. Demzufolge ist die Struktur wesentlich weniger dicht als z.B. die in ungestörtem Quarz und sie hat eine wesentlich größere Oberfläche. Außerdem müssen viel weniger Si–O–Si-Bindungen gebrochen werden, um das gesamte Gefüge zu zerstören (aufzulösen).

Durch **IR-Spektroskopie** sind Hydroxidgruppen im Wellenzahlenbereich 3800 ... 2600 cm^{-1} quantitativ nachweisbar (Abbildung 9.5). Hydroxidgruppen der Silanolgruppen und des Wassers sind nur gemeinsam in einem integralen Messwert erfassbar. Unabhängig von den Zuordnungen der Hydroxidgruppen besitzen Kieselsäuren, die im Bereich der Hydroxid-Valenzschwingungen von 3800 ... 2600 cm^{-1} hohe IR-Absorption aufweisen, eine ausgeprägte Tendenz zur AKR (gilt nur für Kieselsäuren, deren gestörte Struktur auf SiOH-Gruppen zurückzuführen ist) [HOFFMANN/FUNKE].

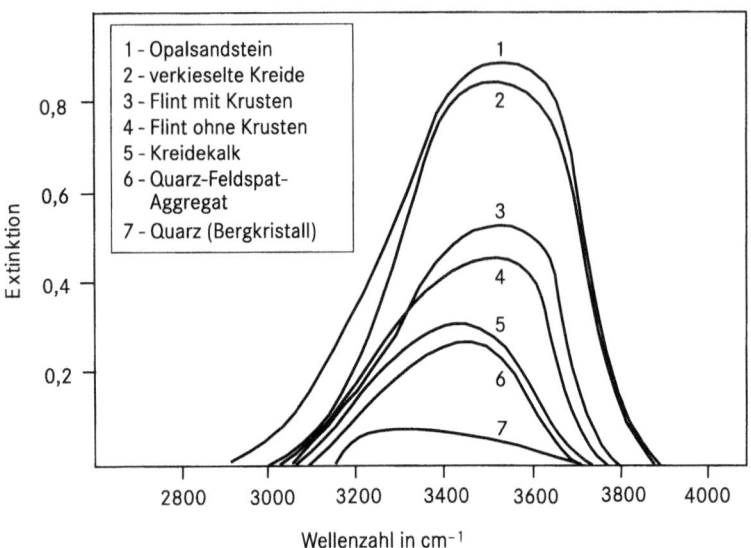

Abb. 9.5: Extinktionskurven einiger Gesteins- und Mineralarten (nach HOFFMANN/FUNKE)

Temperatureinfluss

Der Temperatureinfluss auf die Löslichkeit von amorphem SiO_2 ist in Abbildung 9.6 ersichtlich. Mit steigender Temperatur nimmt die Löslichkeit linear zu.

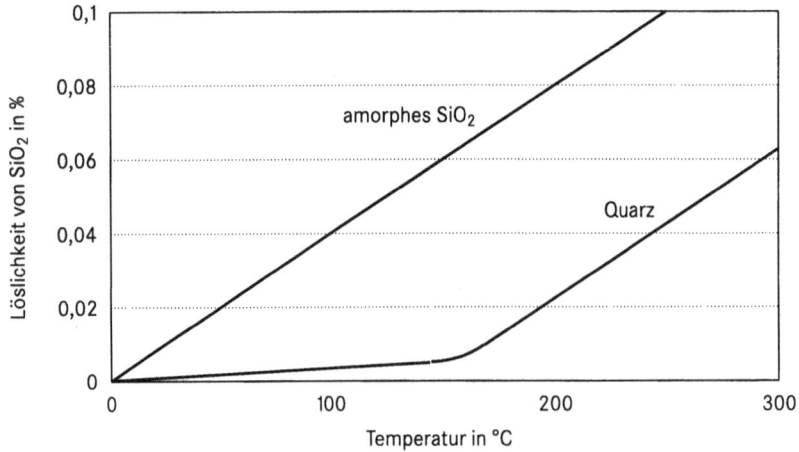

Abb. 9.6: Löslichkeit von SiO_2 in Abhängigkeit von der Temperatur (nach ILER)

Korngröße

Alkaliempfindliche Zuschläge < 1 mm Korngröße führen in der Regel nicht zu AKR-Schäden, da aufgrund ihrer Feinheit eine Reaktion mit den Alkalien bereits schon dann stattfindet, wenn sich der Beton noch im plastischen Stadium befindet. Es erfolgt sozusagen eine Abpufferung der Alkalien [LOCHER/SPRUNG].

Konzentration der Hydroxidlösung (pH-Wert)

Die Löslichkeit von SiO_2 steigt oberhalb von pH = 10 exponentiell an. Während der in Abbildung 9.7 dargestellte theoretische Kurvenverlauf für amorphes SiO_2, wie es z.B. in opalhaltigen Gesteinen vorliegt, durch praktische Versuche bestätigt wurde [FREYBURG/BERNINGER], liegt für kristallines SiO_2, z.B. in Form von Bergkristall, eine Grenze der Löslichkeit bei 0,2 g/l. Der pH-Wert der Porenlösung im Beton liegt bei 12,5 ... 14, wobei die Werte > 12,5 durch die Alkalien in der Porenlösung bedingt sind. Diese hohe Alkalität ist die Ursache für die erhöhte Löslichkeit der Kieselsäure.

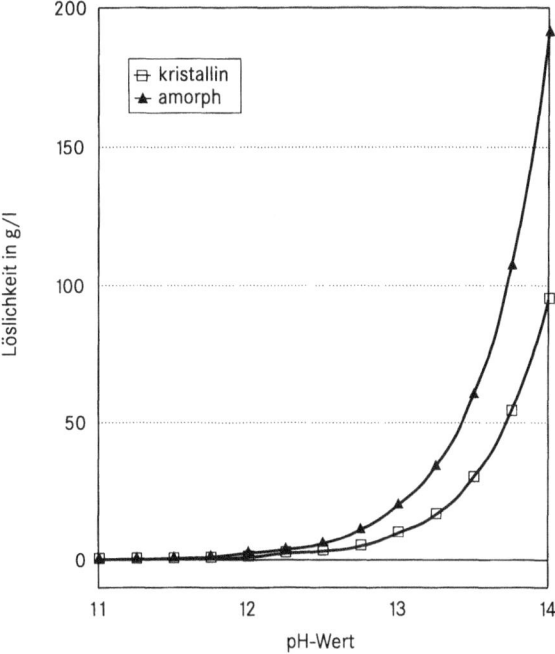

Abb. 9.7:
Löslichkeit von amorphem und kristallinem SiO_2 in Abhängigkeit vom pH-Wert der Lösung bei 25 °C (theoretisch nach EICKENBERG, berechnete Kurven)

9.4 Alkaliempfindliche Zuschläge

Wie bereits dargestellt, ist bei einer AKR in erster Linie das SiO_2 von Bedeutung, das in bestimmten Variationen in Gegenwart von Alkalihydroxiden reaktiv wirkt. Für den Alkaligehalt (i.d.R. vom Zement verursacht) und zwangsläufig dessen Anteil im Beton gibt es Grenzwerte, um Schäden durch AKR zu vermeiden. Schwieriger ist die direkte Beurteilung SiO_2-haltiger Zuschläge, da nicht nur die einzelnen Mineralien eine Rolle spielen, sondern auch deren Anteil und Verteilung in den Zuschlagkörnern [FREYBURG].

Als AKR-gefährdet gelten alle amorphen, kryptokristallinen und gittergestörten SiO$_2$-Minerale.

Zu diesen Mineralien zählen Opal, Chalcedon und Cristobalit, aber auch stark beanspruchte („gestresste") Quarze. Die wichtigsten alkaliempfindlichen Zuschläge sind:
- Opalsandsteine (Opal, Cristobalit),
- Kieselkreide, Kieselkalke (Chalcedon, kryptokristalliner Quarz),
- Flint (Chalcedon, kryptokristalliner Quarz)
- Kieselschiefer (Chalcedon, kryptokristalliner Quarz),
- Grauwacken (kryptokristalliner und gestresster Quarz, Chalcedon),

aber auch mylonitische (stark bruchtektonisch beanspruchte) Granite (kryptokristalliner Quarz), sowie Porphyre (kryptokristalliner Quarz).

Mineralien mit einem Gefährdungspotential für AKR

Opal

Opal (SiO$_2 \cdot n$H$_2$O) ist besonders reaktiv. Opal kommt in Sandsteinen vor, ist jedoch schwer erkennbar, da er in Sandsteinen nicht massenhaft auftritt. Opal kann amorph oder kryptokristallin sein. Es gibt allerdings auch Cristobalit- bzw. Tridymit-ähnlichen Opal.

Die Opalsubstanz, die als Bindemittel im Opalsandstein vorliegt, enthält immer fehlgeordneten Cristobalit. Am röntgenographisch feststellbaren Cristobalitgehalt kann daher auf den Opalgehalt geschlossen werden. Bei entsprechender Anreicherung kann der Nachweis auch über die IR-Analyse erfolgen. Bereits ab Anteilen von 0,5% besteht AKR-Gefahr [FARNY/KOSMATKA] (Abbildung 9.8).

Abb. 9.8: Opal (Handstück)

9.4 Alkaliempfindliche Zuschläge

Chalcedon

Der kryptokristalline Chalcedon ist allgemein gut erkennbar da er in Form von radialstrahligen, streifigen „Quarzvarianten" auftritt [FREYBURG]. Die langfaserigen SiO_2-Kristalle sind meist in Hornstein, Flint oder Kieselkalk zu finden. Röntgenographisch wird Chalcedon als Quarz nachgewiesen. Ab Anteilen von 3% besteht AKR-Gefahr [FARNY/KOSMATKA] (Abbildung 9.9).

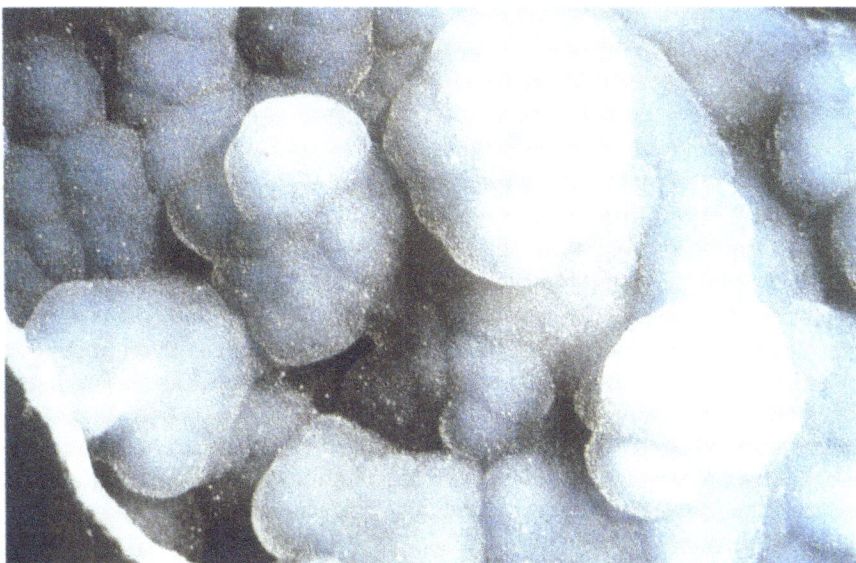

Abb. 9.9: Chalcedon (Handstück)

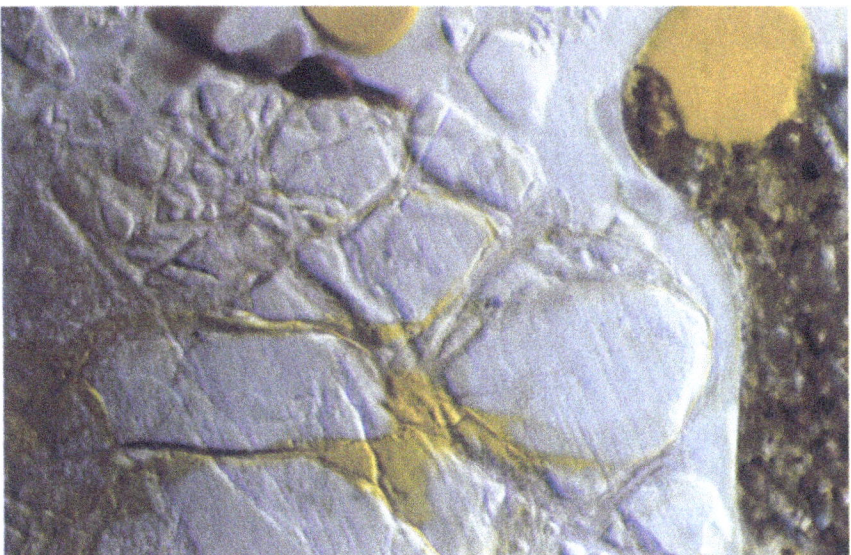

Abb. 9.10: Cristobalit, angelöst in einem SiC-Korn; Dünnschliff, 120fache Vergrößerung, parallele Polarisatoren

Cristobalit

In Zuschlägen kommt er sehr selten vor, da die entsprechenden Bildungsbedingungen fehlen. Cristobalit ist leicht graugrünlich und weist unter dem Mikroskop eine Dachziegelstruktur auf. Bekannt sind Cristobalitanteile in technischen Produkten, z.B. SiC. Ab Anteilen von 1% besteht AKR-Gefahr [FARNY/KOSMATKA] (Abbildung 9.10).

Quarz

Insbesondere mikrokristalliner oder kryptokristalliner Quarz gelten als AKR-empfindlich.

Gestresster Quarz

Gestresste Quarze sind reaktiv. Sie sind unter tektonischer Belastung durch Druck bis 1500 MPa entstanden (metamorph beansprucht). Dabei erfolgt eine Zerlegung in submikroskopische Teilchen bzw. Splitter, die gegeneinander leicht verdreht sind. Daraus resultieren optisch unterschiedlich erscheinende Körner, die im gekreuzten polarisierten Licht erfasst werden können. Gestresste Quarze kommen sowohl in reaktiven Gesteinen wie Grauwacke oder anderen metamorphen Gesteinen vor, vor allem in Form großer Einzelkörner im Kies aus bestimmten Lagerstätten. [FREYBURG/BERNINGER].

Im Dünnschliff unter gekreuzten Polarisatoren ist der Stresszustand von Quarzkörnern in erster Linie anhand der sogenannten undulösen Auslöschung zu erkennen. Aus der Abbildung 9.11 sind die Unterschiede zwischen

♦ nicht beanspruchtem Quarz,
♦ Quarz mit undulöser Auslöschung,
♦ Quarz mit deutlich feldergeteilter Auslöschung und Ausbildung einer Mikrostruktur sowie
♦ Quarz mit Korngrenzen in Form von Suturen („gezackte" Kornränder)

ersichtlich.

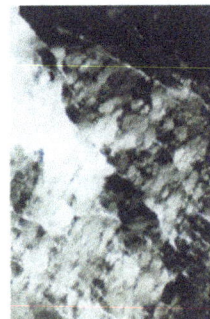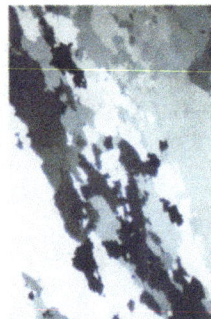

Abb. 9.11: Quarze im Dünnschliff, 30fache Vergrößerung, gekreuzte Polarisatoren; a) nicht beansprucht, b) mit undulöser Auslöschung, c) mit deutlich feldergeteilter Auslöschung und Ausbildung einer Mikrotextur, d) mit Korngrenzen in Form von Suturen

9.4 Alkaliempfindliche Zuschläge

Das Problem bei der quantitativen Erfassung besteht in den bestehenden Übergängen zwischen diesen einzelnen Gruppen. Außerdem ist nicht jeder undulöse Quarz als gefährlich anzusehen [FREYBURG/BERNINGER].

Gesteine mit einem Gefährdungspotential für AKR

Opalsandstein (Opal, Cristobalit)

Opalsandsteine kommen in Deutschland vor allem in den durch eiszeitliche Genese entstandenen Zuschlaglagerstätten Norddeutschlands vor. Die „Opalsubstanz" besteht aus den Resten von Kieselorganismen und ist somit organischen Ursprungs. Die Opalsubstanz, die als Bindemittel im Opalsandstein vorliegt, enthält immer Cristobalit.

Aus dem Opalsandstein lassen sich durch Kochen mit 1n Natronlauge in 30 min bis zu 50 Masse-% Kieselsäure herauslösen [LOCHER/SPRUNG]. Abbildung 9.12 zeigt einen geschädigten Opalsandstein.

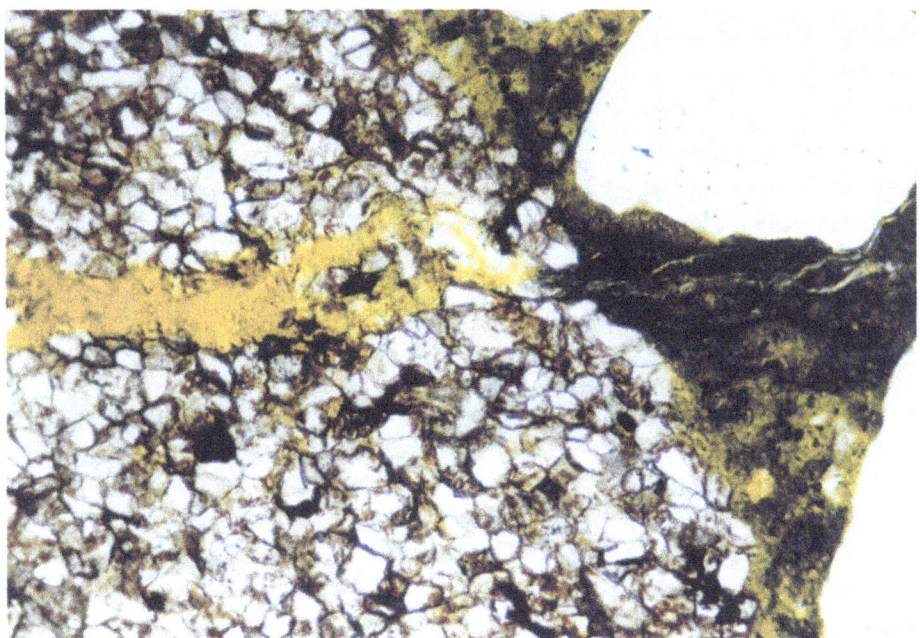

Abb. 9.12: Opalsandstein, geschädigt, Dünnschliff, 120fache Vergrößerung, parallele Polarisatoren

Kieselkalk, Kieselkreide (Chalcedon, kryptokristalliner Quarz)

Die im nordöstlichen Teil Mecklenburg-Vorpommerns und am Alpenrand vorkommende äußerst alkalireaktive Kieselkreide enthält als wirksame Komponente Chalcedon oder kryptokristallinen Quarz. Es handelt sich hierbei um Kalke mit eingelagerten, überwiegend mikrokristallinen SiO_2-Anteilen. Örtlich bewirkt der hohe Anteil kieseliger Organismenreste eine partielle oder vollständige Silifizierung dieses Gesteins durch Opal bzw. Chalcedon und/oder Quarz [HOFFMANN/

FUNKE]. Kieselkalke (d.h. verkieselte Kalke) und Kieselkreide unterscheiden sich lediglich durch die Dichte. Der SiO_2-Gehalt kann zwischen 25 und 95% schwanken (Abbildung 9.13).

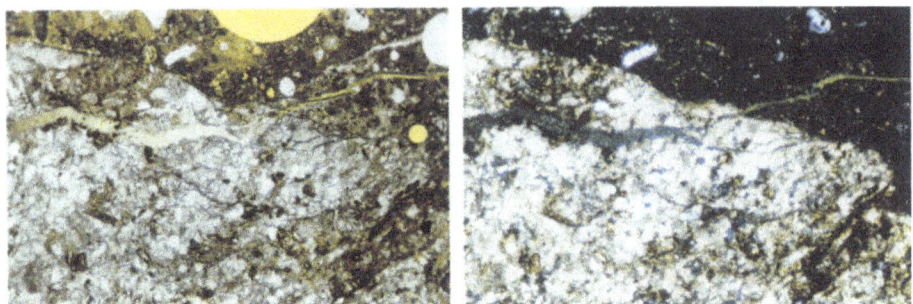

Abb. 9.13: Kieselkalk, Dünnschliff, 30fache Vergrößerung; a) parallele Polarisatoren, b) gekreuzte Polarisatoren; die Gelbildung geht von einem schmalen Mikroquarzgang aus Flint (Chalcedon, kryptokristalliner Quarz)

Als Flinte (oder Feuersteine, engl.: *chert*) werden die in der Kreideformation vorkommenden Ausscheidungen von Kieselsäure bezeichnet (Abbildung 9.14). Flint besteht weitgehend aus krypto- bis mikrokristallinem SiO_2 (Chalcedon bzw. Quarz). Im Flint sind stets Anteile amorphen SiO_2 (Opal) enthalten (ca. 1 bis 3 Vol.-%). Nach internationalen Erfahrungen geht man bei der Beurteilung von Flinten hinsichtlich ihrer Reaktivität gegenüber Alkalien davon aus, dass nur die sogenannten opalinen Flinte – das sind leichte, reaktive Flinte mit einer Kornrohdichte < 2,20 kg/dm³ – zu einer schädigenden AKR führen können. Flinte mit höheren Rohdichten sind in der Regel nur gering reaktiv [DAHMS; LOCHER/SPRUNG].

Nach der Alkali-Richtlinie, Teil 2, ist die Berechnung des Gehaltes an reaktionsfähigem Flint nach folgender Formel durchzuführen:

$$F_R = F_K \left(\frac{8{,}67}{\varrho_m} - 3{,}33 \right)$$

mit

F_R Gehalt an reaktionsfähigem Flint in M.-%,
F_K Gehalt an Flint in der Prüfkornklasse in M.-%,
ϱ_m mittlere Kornrohdichte der Flintprobe in g/cm³.

Das heißt, dass bei einer Dichte des Flints von 2,0 der gesamte Flint als reaktiv eingestuft wird.

Reaktive Flinte zeigen im Beton deutliche Reaktionsränder und Schäden (Abbildung 9.15) [FREYBURG]. Steigende Flintgehalte führen zu größerer Dehnung [DAHMS].

9.4 Alkaliempfindliche Zuschläge

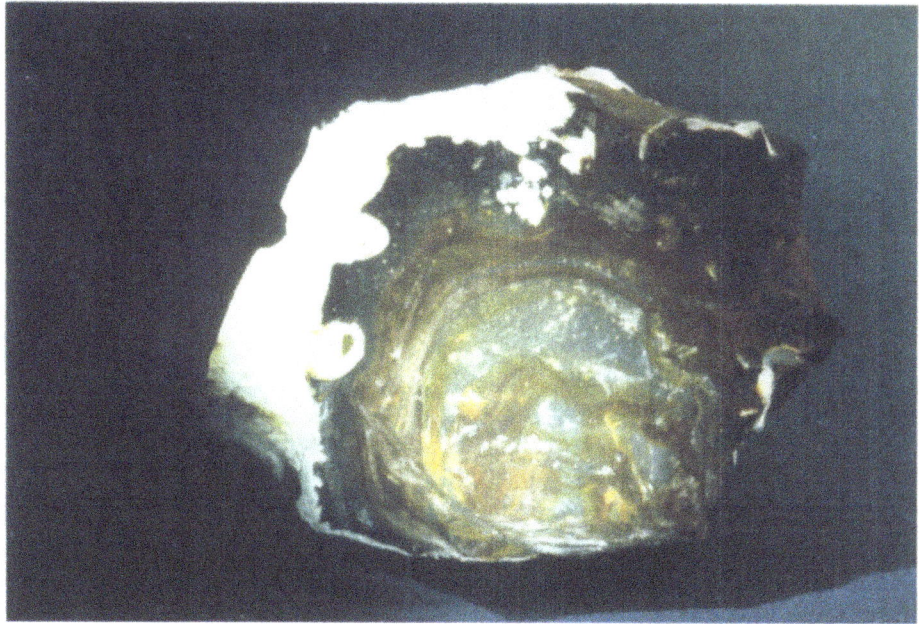

Abb. 9.14: Flint, Handstück

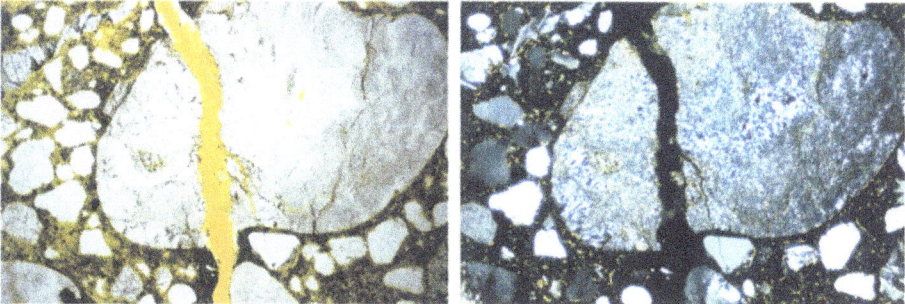

Abb. 9.15: Flintzuschlag mit Riss und Gelbildung, Dünnschliff, 30fache Vergrößerung; a) parallele Polarisatoren, b) gekreuzte Polarisatoren

Kieselschiefer, Hornstein (Mikroquarz, Chalcedon)

Kieselschiefer und Hornstein (engl.: *chert*) sind eindeutig reaktiv, insbesondere Gesteine mit Mikroquarznestern. Eine AKR-Gefahr besteht bei Anteilen ab 3% [FARNY/KOSMATKA]. Kieselschiefer besteht aus Mikroquarz [FREYBURG/BERNINGER] bzw. aus schwach kristallinem Quarz, Chalcedon und Opal. Es existieren viele petrographische Varianten, wobei die aufgetretenen Schäden beweisen, dass alle reaktiv sein können (Abbildung 9.16). Kieselschiefer ist im Thüringer Schiefergebirge und im Harz verbreitet, tritt aber auch als Sekundärbestandteil in Kiesen auf (Thüringer Becken, Sachsen-Anhalt, Alpenvorland). Hornstein wird gebildet von dichtem, undurchsichtigem Quarz oder Opal, der muschligen oder splittrigen Bruch und meist rauchgraue bis rostbraune Farbe zeigt. Insgesamt sind die Übergänge zwischen Flint, Hornstein und Kieselschiefer oft fließend.

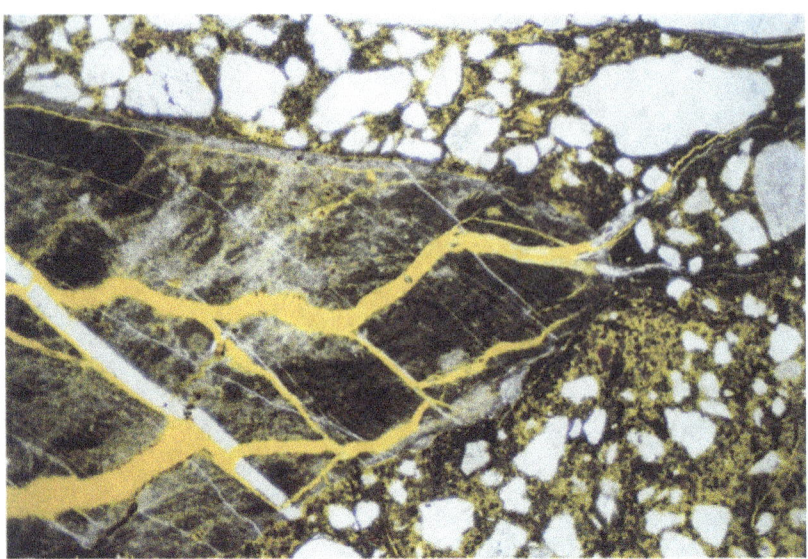

Abb. 9.16: Kieselschiefer, Dünnschliff, 30fache Vergrößerung, parallele Polarisatoren

Grauwacke (kryptokristalliner und gestresster Quarz, Chalcedon)

Unter Grauwacken – ein Ausdruck Harzer Bergleute aus dem 18. Jahrhundert – werden sandsteinartige Gesteine aus Quarz und Feldspat verstanden, die durch einen hohen Anteil an Gesteinsbruchstücken feinkörniger Matrix und allgemein schlechte Korngrößensortierung gekennzeichnet sind (Abbildung 9.17). Präkambrische Grauwacken finden sich vor allem in der Lausitz, karbonische in Mitteldeutschland, aber auch in geologisch jungen Kieslagerstätten Mitteldeutschlands und des Alpenrandes.

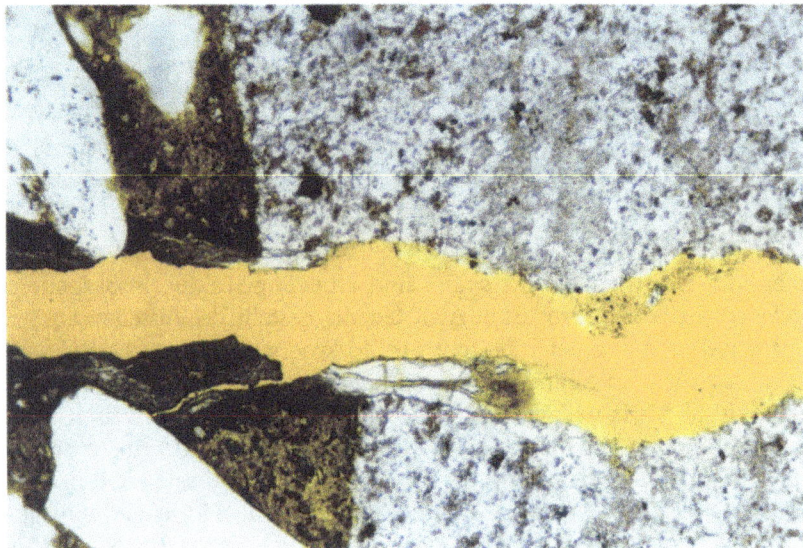

Abb. 9.17: Feinkörnige, geschädigte Grauwacke, Dünnschliff, 120fache Vergrößerung, parallele Polarisatoren

9.4 Alkaliempfindliche Zuschläge

Aufgrund ihrer Genese können in Grauwacken alle gestressten bzw. gittergestörten und auch amorphen Quarz- bzw. SiO_2-Minerale enthalten sein, die für eine AKR verantwortlich sind [FREYBURG].

In einigen neuen Bundesländern sind Schadensfälle an Betonbauwerken aufgetreten, deren Beton unter Verwendung von gebrochener, präkambrischer Grauwacke hergestellt wurde. Diese Schäden deuten auf eine Alkalireaktion hin. Daher ist in die Alkalirichtlinie, Ausgabe Dezember 1997, ein spezieller Teil neu aufgenommen worden, der sich mit den Fragen zur Beurteilung, Prüfung und Überwachung von Betonzuschlag aus präkambrischer Grauwacke oder anderen alkaliempfindlichen Gesteinen befasst.

Porphyre, Quarzporphyr (mikro- und kryptokristalliner Quarz)

Quarzporphyre gehören zu den Ergussgesteinen. AKR-Schadensfälle von Betonbauwerken mit Quarzporphyr als Zuschlag sind relativ wenig bekannt. Die bei den geschädigten Bauwerken verwendeten Porphyre wiesen neben mikro- bzw. kryptokristallinem Quarz in der Grundmasse auch große Intergranularporen auf (z.B. in den verwitterten Feldspäten), die u.a. den Feuchtigkeitstransport begünstigen [FREYBURG/BERNINGER]. Eine Bewertung von Porphyren hinsichtlich einer AKR-Gefährdung ist insofern schwierig, da die mineralogische Zusammensetzung und das Gefüge des Gesteins selbst innerhalb von zeitlich eng begrenzten geologischen Baueinheiten schwankt. Unterschiede zwischen verschiedenen Lagerstätten sind noch gravierender (Abbildung 9.18).

Abb. 9.18: Porphyrzuschlag mit Reaktionsrändern (Bohrkern: 10 cm Durchmesser)

Weitere Gesteine

Als problematisch hinsichtlich AKR haben sich auch Phyllite, Quarzite, Rhyolithe, Andesite, stark bruchtektonisch beanspruchte Granite sowie Tonschiefer erwiesen [THAULOW ET AL.; IDORN]. Bei Phylliten, Tonschiefer und auch Grauwacken traten z.T. auch dann starke Schäden auf, wenn nur minimale Gehalte an amorphem oder kryptokristallinem SiO_2 vorlagen oder ganz fehlten. Hier wurde als Verursacher Glimmer (*mica*) festgestellt [IDORN].

Technische Produkte

AKR-Schäden verursachen auch technische Produkte, wie z.B. SiC-Hartstoff als Zuschlag [FREYBURG]. Problematisch ist das besonders, wenn deutliche Gehalte an Cristobalit im SiC-Hartstoff vorliegen, z.B. in Recycling-Material aus Brennhilfsmittel-Bruch der Feinkeramik (Abbildung 9.19). Ähnlich wie reaktive Gesteine verhalten sich auch Bau- oder Duranglas (Rasotherm). Duranglas wird darum und wegen seiner konstanten Zusammensetzung sowie einheitlich glasiger Struktur weltweit als Standardzuschlag bei AKR-Prüfungen verwendet.

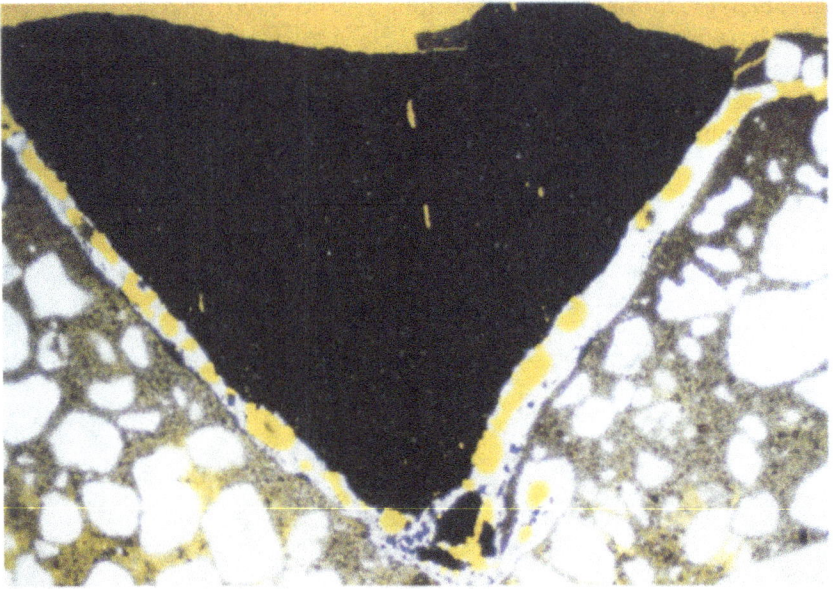

Abb. 9.19: Durch Gelbildung herausgehobenes SiC-Korn, Dünnschliff, 30fache Vergrößerung, parallele Polarisatoren

9.5 Einflussgrößen auf die AKR

Umweltbedingungen

Von den Umweltbedingungen haben den größten Einfluss
- Temperatur und
- Luftfeuchtigkeit.

9.5 Einflussgrößen auf die AKR

Die AKR findet nur in Gegenwart von Feuchtigkeit statt. Bei Temperaturen um 20 °C erweist sich eine Luftfeuchtigkeit von 85 ... 90% und bei Temperaturen um 40 °C von mindestens 90% als pessimal hinsichtlich der Schädigung [LOCHER/SPRUNG].

Wechselnde Durchfeuchtung ist infolge verstärkten Feuchtetransports gefährlicher als eine ständige Durchfeuchtung der Bauwerke!

Menge und Korngröße des Zuschlags

Als besonders ungünstig für den Beton hat sich erwiesen, wenn der Anteil des Zuschlags mit alkaliempfindlichen Opalsandstein in der Kornfraktion 2/8 mm ca. 10 ... 20 M.-% des Zuschlaggemisches beträgt [LOCHER/SPRUNG]. Eine Korngrößenabhängigkeit der AKR-Dehnung für andere Zuschläge ist nicht bekannt.

Durchlässigkeit des Betons

Die schädigende Reaktion im Beton hängt direkt von der Durchlässigkeit des Betons und damit von der Möglichkeit der Alkalien ab, zu den reaktiven Zuschlagbestandteilen diffundieren können. Das insgesamt günstigere Verhalten von Beton mit Hochofenzement gegenüber solchem mit Portlandzement ist auf den niedrigeren pH-Wert der Porenlösung und den geringeren Kapillarporenanteil des Hochofenzement-Betons zurückzuführen.

Alkaligehalt des Zements

Eine schädigende AKR ist nur möglich, wenn der Beton außer alkaliempfindlichen Bestandteilen eine Alkalihydroxidlösung in größerer Menge und mit höherer Konzentration enthält. Voraussetzung ist daher ein ausreichendes Angebot an Feuchtigkeit und an Natrium- und Kaliumhydroxid. Die beiden Alkaliverbindungen stammen überwiegend aus dem Zement [LOCHER/SPRUNG].

Bindungsformen der Alkalien im Zement

* sulfatisch gebundene Alkalien (Alkalisulfate): sofort löslich im Anmachwasser (Tabelle 9.1),
* in Klinkermineralien eingebaute Alkalien: werden erst im Laufe der Hydratation freigesetzt (Tabelle 9.2),
* im Glas, d.h. Hüttensand (HÜS) gebundene Alkalien: gehen sehr langsam in Lösung, d.h. liegen nur teilweise in der Porenlösung des Betons vor; von HÜS wird als wirksame Alkalimenge nur ein Teil der Alkalien an die Porenlösung abgegeben.

Näherungsformel:

$$N_W = N_{ges} (1 - 1{,}8 \, H^2),$$

mit H = HÜS in Teilen von 1.

Beispiel: CEM III/B mit 65% HÜS

$$N_W = N_{ges} (1 - 1{,}8 \cdot 0{,}65^2) = N_{ges} \cdot 0{,}24$$

Tab. 9.1: Sulfatisch gebundene Alkalien

Verbindung	Mineralname	Zusammensetzung in%	Dichte in g/cm³	Kristallsystem
β-K_2SO_4	Arcanit	54,06 K_2O + 45,94 SO_3	2,67	rhombisch
α-Na_2SO_4	Thenardit	43,64 Na_2O + 56,36 SO_4	2,65	rhombisch
$Na_2SO_4 \cdot K_2SO_4$	Glaserit	9,32 Na_2O + 45,51 K_2O + 45,17 SO_3	2,64	trigonal
$Na_2SO_4 \cdot CaSO_4$	Glauberit	22,28 Na_2O + 20,16 CaO + 57,56 SO_3	2,7 ... 2,8	monoklin
$K_2SO_4 \cdot 2CaSO_4$	Ca-Langbeinit	21,09 K_2O + 25,11 CaO + 53,79 SO_3	2,68	rhombisch
$K_2SO_4 \cdot 2MgSO_4$	Langbeinit	22,70 K_2O + 19,40 MgO + 57,90 SO_3	2,8	kubisch
$K_2SO_4 \cdot CaSO_4 \cdot H_2O$	Syngenit	28,67 K_2O + 17,08 CaO + 48,76 SO_3 + 5,49 H_2O	2,6	monoklin

Tab. 9.2: In Klinkermineralien eingebaute Alkalien

Verbindung	Alit	Belit	Ca-Aluminat	Ca-Aluminatferrit
Na_2O (%)	0,1 ... 0,3	0,0 ... 1,1	0,2 ... 4,0	0,0 ... 0,9
K_2O (%)	0,1 ... 0,3	0,6 ... 1,3	0,3 ... 0,8	0,0 ... 0,3

Na_2O vorzugsweise im $C_3A(NC_8A_3)$
K_2O vorzugsweise im β-Belit

Die deutschen Zementrohstoffe und dementsprechend auch die Zementklinker enthalten die Oxide des Kaliums und des Natriums im Masseverhältnis von ca. 4 : 1 bis 10 : 1. Man nimmt an, dass äquivalente Mengen an Na_2O und K_2O etwa gleich große Dehnungen hervorrufen. Aus diesem Grunde ist es gerechtfertigt, die Gehalte an Na_2O und K_2O zu einem Gesamtalkaligehalt zusammenzufassen, der als Masse-% **Na_2O-Äquivalent** ($\overline{N}$) angegeben wird. Dabei werden die Gehalte an Na_2O und K_2O zu einem Gesamtalkaligehalt zusammengefasst. Der K_2O-Gehalt ist mit dem Faktor 0,658 zu multiplizieren, der das Molmassenverhältnis Na_2O zu K_2O angibt [LOCHER/SPRUNG].

$$\overline{N} = Na_2O + 0{,}658\, K_2O\ (\%)$$

$$\frac{M_{Na_2O}}{M_{K_2O}} = \frac{61{,}98\ \text{gMol}}{94{,}2\ \text{gMol}} = 0{,}658$$

9.5 Einflussgrößen auf die AKR

Eine AKR findet grundsätzlich immer dann statt, wenn Beton aus alkaliempfindlichen Zuschlägen und alkalihaltigem Zement hergestellt und in feuchter Umgebung genutzt wird. Eine **schädigende AKR** ist aber erst dann möglich, wenn der Alkaligehalt des Zementes einen bestimmten Schwellenwert überschreitet. Aufgrund jahrzehntelanger Bauwerksbeobachtungen und experimenteller Befunde wurde festgestellt, dass bei

$\overline{N} \leq 0{,}6\%$ keine AKR-Schäden

auftreten, auch nicht bei stark empfindlichen Zuschlägen (z.B. opalhaltigen), normale Zementgehalte vorausgesetzt [LOCHER/SPRUNG].

Bei $\overline{N}$-Gehalten von 0,6% beträgt die Hydroxidionen-Richtkonzentration 500 mmol/l. Nach WIEKER ist dies ein Wert für eine AKR-auslösende Treibreaktion (Abbildung 9.20).

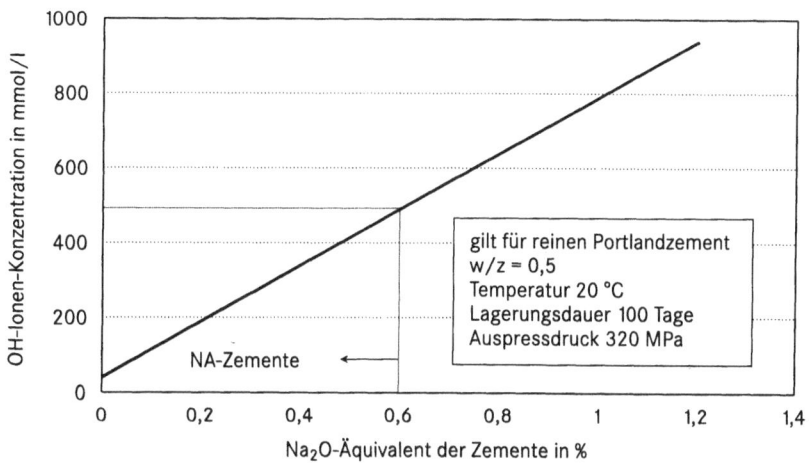

Abb. 9.20: Abhängigkeit der Alkalität der Porenlösung vom Alkaligehalt der Zemente (nach WIEKER/HERR)

Bei Hochofenzementen mit mindestens 65 M.-% HÜS liegt der höchste zulässige $\overline{N}$-Wert bei 2,00 M.-% und bei Hochofenzementen mit mindestens 50 M.-% HÜS bei 1,10 M.-% [LOCHER/SPRUNG].

Die bisher in Deutschland genormten NA-Zemente sind Zemente mit Na_2O-Äquivalenten unter 0,60 M.-%, und zwar:
- Hochofenzemente CEM III/A mit Hüttensandgehalten von mindestens 50 M.-% und einem Na_2O-Äquivalent unter 1,10 M.-%,
- Hochofenzemente CEM III/B mit Hüttensandgehalten von mindestens 66 M.-% und einem Na_2O-Äquivalent von höchstens 2,00 M.-%,
- Hochofenzemente CEM III/A mit Hüttensandgehalten zwischen 36 ... 49 M.-% und einem Na_2O-Äquivalent von höchstens 0,95 M.-% und
- Portlandhüttenzemente CEM II/B-S mit Hüttensandgehalten zwischen 21 und 35 M.-% und einem Na_2O-Äquivalent von höchstens 0,70 M.-%.

Überlegungen, den wirksamen Gesamtalkaligehalt von Portlandzement durch die Herstellung von Klinkern zur Herstellung von NA-Zementen zu senken, sind wegen des erheblichen technischen und wirtschaftlichen Aufwands in der heutigen Situation praktisch nicht zu verantworten.

Nach 28 Tagen Hydratation befinden sich bei Portlandzementen ca. 70 ... 90% des Gesamtalkaligehaltes in Form von Alkalihydroxiden in der Porenlösung des Zementsteins. Dabei werden die sulfatisch gebundenen Alkalien zu höheren Prozentsätzen an die Porenlösung abgegeben als die in den Klinkermineralien gebundenen Alkalien.

Unter dem Begriff „**wirksame Alkalität**" ist der Alkalianteil eines Zementes definiert, der in wirksamer Form als Alkalihydroxid in der Porenlösung eines Zementsteins gelöst ist und die Ursache für eine betonschädigende AKR sein kann [HOFFMANN/SCHOBER]. Die Bestimmung dieses Anteils ist im Fachbereichsstandard TGL 28 104/17, Ausgabe 4/89 geregelt, der aktuell in der gesamtem Bundesrepublik verwendet wird. Der wirksame Alkalianteil kann danach entweder mit dem **Auspressverfahren** oder dem **Lösungsverfahren** ermittelt werden.

Die **Auspressmethode** ist im wesentlichen dadurch gekennzeichnet, dass eine Zementstein-, Mörtel- oder Betonprobe in einem speziellen Pressgesenk aus hochfestem Stahl einer Druckbeanspruchung zwischen 100 ... 600 MPa unterworfen wird, wodurch eine Trennung der Kapillarporenlösung von der festen Phase des Zementsteins erfolgt.

Für die Prüfung werden z.B. Wasser und 100 g Zement mit einem w/z-Wert von 0,50 gemischt und anschließend luftdicht 28 Tage bei 20 °C gelagert. Zu bestimmten Prüfterminen wird die Porenlösung bei einem Druck von 320 MPa aus dem Zementstein ausgepresst (Abbildung 9.21).

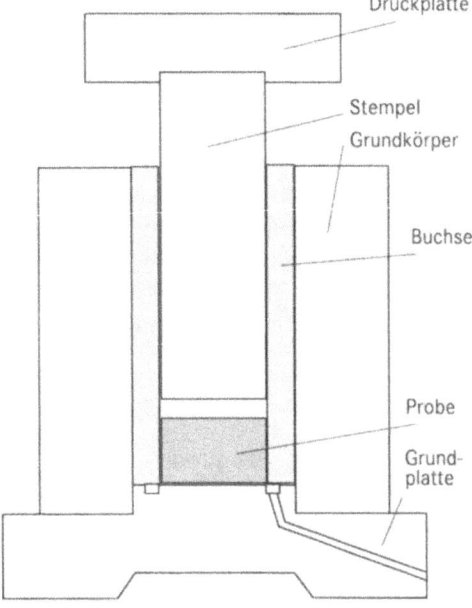

Abb. 9.21:
Pressgesenk zum Auspressen von Porenlösung aus Zementstein

9.5 Einflussgrößen auf die AKR

Die Alkalikonzentration (Na$^+$, K$^+$) kann flammenfotometrisch, die Calciumkonzentration (Ca$^+$) komplexometrisch und die Hydroxidionenkonzentration durch Titration mit 0,1n HCl gegen Methylrot als Indikator ermittelt werden. Die Bestimmung der Inhaltsstoffe der Porenlösung kann auch mittels Röntgenfluoreszenzanalyse erfolgen [HOFFMANN/SCHOBER].

Die Bestimmung des Gehaltes an wirksamen Alkalien in der **überstehenden Lösung** [FELDRAPPE] ($w/z = 1.0$) kommt ohne das aufwendige Auspressen aus, bedarf aber für jeden Zement einer Eichkurve. Letztere wird durch Korrelation der Messwerte aus der Auspressmethode und der aus der überstehenden Lösung gewonnen.

Zementgehalt des Betons

Der Alkaligehalt in der Porenlösung des Betons, der für die AKR bestimmend ist, hängt nicht nur vom Alkaligehalt des Zements, sondern insbesondere auch vom Zementgehalt des Betons ab [LOCHER/SPRUNG].

$$m_N = z \cdot \frac{\overline{N}}{100}$$

mit
m_N: Alkalimenge je m^3 Beton; in kg/m^3

Beispiel:

$$m_N = 400 \text{ kg} / \text{m}^3 \cdot \frac{1{,}2\%}{100\%} = 4{,}8 \text{ kg} / \text{m}^3 \text{ Beton}$$

Aus umfangreichen Untersuchungen leiten LOCHER und SPRUNG ab, dass bei Verwendung opalhaltiger Zuschläge die Mindestmenge an Alkalien im Beton zur Auslösung der AKR etwa 3 kg Na$_2$O-Äquivalent/m^3 beträgt (sogenannte „Düsseldorfer Grenzlinie", Abbildung 9.22).

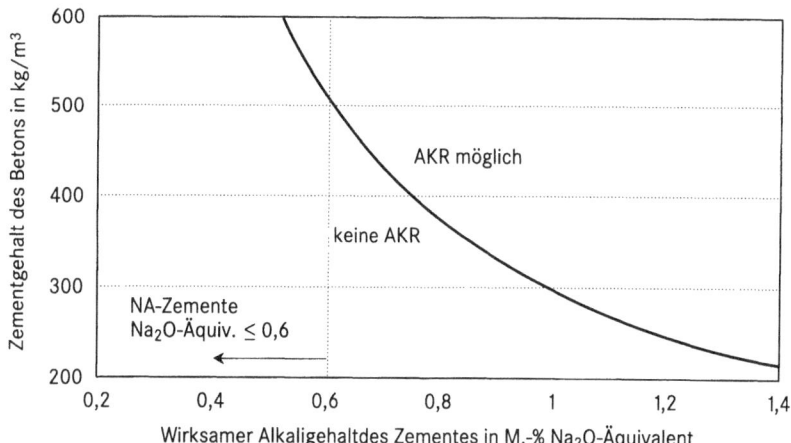

Abb. 9.22: Grenzen der spezifischen Zementmenge im Beton zur Vermeidung einer betonschädigenden AKR in Abhängigkeit vom Alkaligehalt des Zementes (nach LOCHER/SPRUNG)

Für jeden Zement, dessen wirksamer Alkaligehalt bekannt ist, läßt sich der obere Grenzwert für den Zementgehalt des Betons errechnen, der nicht überschritten werden sollte.

$$z_{max} = \frac{3,0 \cdot 100}{\overline{N}_Z} \quad \text{mit } z_{max} \text{ in kg/m}^3$$

Beispiele:

$$\overline{N} = 1,0\%: \quad z_{max} = \frac{3,0 \cdot 100}{1} = 300 \text{ kg/m}^3$$

$$\overline{N} = 0,6\%: \quad z_{max} = \frac{3,0 \cdot 100}{0,6} = 500 \text{ kg/m}^3$$

Bei Verwendung von NA-Zementen mit einem niedrigen wirksamen Alkaligehalt (NA-Zemente oder *low alkali cement*), d.h. von Portlandzementen mit einem Gesamtalkaligehalt von höchstens 0,6 Masse-% Na_2O-Äquivalent und einem Zementgehalt von höchstens 500 kg/m³ ist eine AKR bei Verwendung opalhaltiger Zuschläge nach LOCHER/SPRUNG auszuschließen.

Zu hohe Zementgehalte je m³ Beton sind also nicht nur unwirtschaftlich, sondern können auch die AKR begünstigen.

Alkalizufuhr von außen

Das in der Porenlösung enthaltene Alkalihydroxid stammt in erster Linie aus dem Zement oder alkalihaltigen Betonzusatzmitteln (z.B. Verflüssiger). Es ist jedoch auch möglich, dass durch alkalihaltige Zuschläge, z.B. von Granit u.ä. Gesteinen, Alkalihydroxide der Porenlösung zugeführt werden können. Untersuchungen haben gezeigt, dass insbesondere alkalihaltige Gesteine, die zum Basenaustausch geeignet sind, in feiner Verteilung deutlich zur wirksamen Alkalikonzentration im Porenwasser beitragen. Sogenannte „Füller", aber auch feingebrochenes Korn können ebenfalls Alkalien abgeben. Von außen können weiterhin Alkalien z.B. durch Meerwasser oder Tausalzmittel eingebracht werden [LOCHER/SPRUNG].

Zwei Hypothesen über den Einfluss dieser Alkalien auf die AKR

1: Eine Reaktion mit alkaliempfindlichen Zuschlagbestandteilen ist nur dann möglich, wenn die Alkalien als Hydroxid vorliegen.
NaCl kann nur dann wirksam werden, wenn das Anion, z.B. Cl, von den Zementbestandteilen in schwerlöslicher Form gebunden wird und damit NaOH gebildet wird. Da Zement nur eine begrenzte Menge Chlorid binden kann, ist die Zufuhr von NaCl von außen nur wenig gefährlich hinsichtlich AKR [LOCHER/SPRUNG].
Nach Untersuchungsergebnissen führte die Lagerung von Beton mit alkaliempfindlichen Zuschlägen in 3%iger NaCl zu keinem Anstieg der AKR-Dehnung.

9.5 Einflussgrößen auf die AKR

2: In Gegenwart von freiem $Ca(OH)_2$ führen Natrium-Ionen aus Alkalisalzen, z.B. NaCl, und OH-Ionen aus dem $Ca(OH)_2$ zusammen mit H_2O zur AKR-Dehnung. Freies $Ca(OH)_2$ ist Voraussetzung für die Na^+- und OH^--Diffusion in das reaktive Korn [CHATTERJI ET AL., Teil 3].

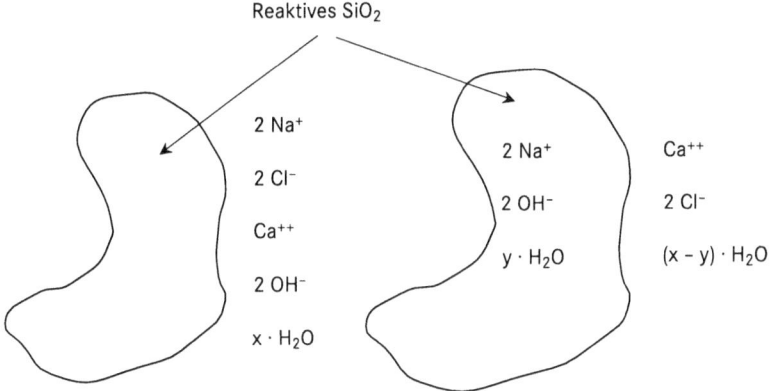

Abb. 9.23: Modellvorstellung zur AKR-Dehnung infolge der Zufuhr von Alkalisalzen von außen (nach CHATTERJI ET AL., Teil 3)

Untersuchungen des AKR-Gels in geschädigten Betonen mittels Elektronenmikroskop und Mikrosonde am F. A. Finger-Institut für Baustoffkunde ergaben bisher keinen erhöhten Na_2O-Gehalt im Gel im Vergleich zum Na_2O/K_2O-Verhältnis im Zement (Abbildung 9.24). Wenn sich dieser Befund bestätigt, würde das bedeuten, dass Natrium aus dem NaCl des Tausalzes nicht in merklicher Menge im AKR-Gel anzutreffen ist.

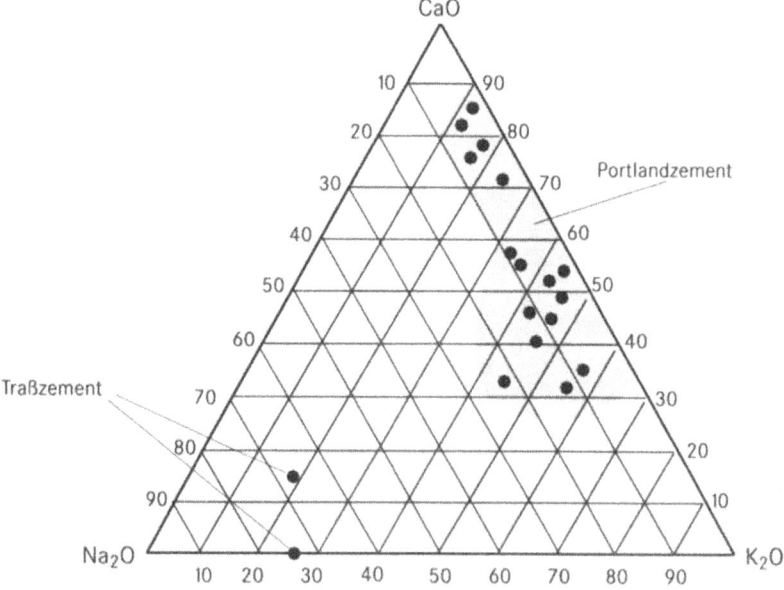

Abb. 9.24: Verteilung von CaO, K_2O und Na_2O in gelartigen und kristallinen AKR-Neubildungen

9.6 Möglichkeiten zur Reduzierung bzw. Verhinderung schädigender Alkali-Kieselsäure-Reaktion

Ein wirksames Mittel zur Beeinflussung der AKR sind natürliche oder künstliche Puzzolane. Dabei wird das Pessimum der AKR-Dehnung genutzt, d.h. durch eine größere Menge hochreaktiver Kieselsäure können die Alkalien gebunden und dadurch die Dehnung verhindert werden [WIEKER/HERR].

In Puzzolanen ist amorphe Kieselsäure enthalten, z.B. in opalhaltigen Gesteinen, vulkanischen Gläsern, Diatomeenerde, calciniertem Kaolinit, Microsilica (silica fume), Hüttensanden oder Aschen. Die Wirkungsweise dieser Stoffe beruht in erster Linie auf ihrer hohen Reaktionsfähigkeit gegenüber Alkalihydroxid und die dadurch bewirkte Verschiebung des durch die Zuschlagzusammensetzung gegebenen Pessimums.

Die Ca^{++}-Ionen der Porenlösung werden z.T. durch Puzzolane gebunden. Das führt zu einer Absenkung des C/S-Verhältnisses und zu einer stabilen Einbindung von Na^+ und K^+ in die C–S–H-Phasen sowie in Verbindungen, in denen die Alkalien in praktisch unlöslicher Form vorliegen, z.B. in Analcim $Na_2O \cdot Al_2O_3 \cdot 2\,SiO_2 \cdot 2\,H_2O$ und Zeolith-ähnlichen Verbindungen.

Grundüberlegung beim Einsatz der Puzzolane ist, dass die AKR bei Anwesenheit feindisperser, reaktiver Kieselsäure noch im Frischbeton eintritt und der Beton sich ohne Schaden der Verformung entziehen kann. Die Alkalien werden dabei in unlösliche Verbindungen eingebunden.

Der Einfluss einer die Dehnung reduzierenden Flugasche wird in Abbildung 9.25 deutlich. Durch den Austausch von 10 bzw. 20% Zement durch eine alumosilikatische Braunkohlenfilterasche ist die axiale Dehnung von Mörtelproben (mit Rasothermglaszusatz als reaktivem Zuschlag) deutlich vermindert.

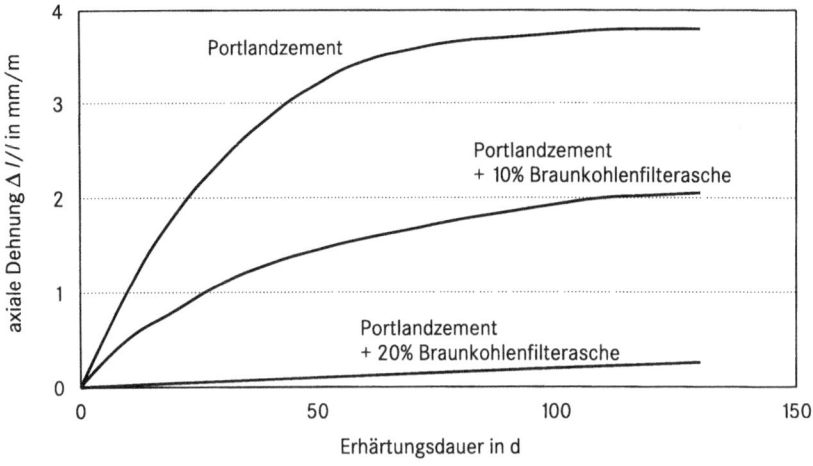

Abb. 9.25: Einfluss einer alumosilikatischen Braunkohlenfilterasche auf die axiale Dehnung von Mörtelprismen (nach WIEKER/HERR)

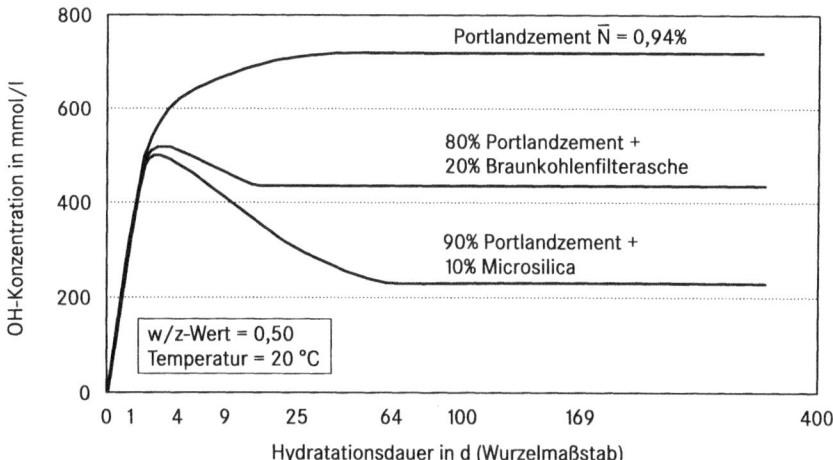

Abb. 9.26: Verlauf der OH-Ionenkonzentration in der Porenflüssigkeit von Portlandzementen mit Zusatz von Braunkohlenfilterasche bzw. Microsilica (nach WIEKER/HERR)

Aus Abbildung 9.26 ist ersichtlich, wie der Zusatz von abpuffernden Materialien die OH-Konzentration auf < 500 mmol OH⁻/l senkt, und somit den wirksamen Alkaligehalt auf < 0,6% $\overline{N}$ einstellt.

Hochofenzement, insbesondere mit höherem Hüttensandgehalt kann die schädigende Betondehnung infolge AKR deutlich verringern bzw. ganz verhindern, selbst wenn der Gesamtalkaligehalt des Zementes deutlich über 0,6 M.-% liegt [HÄRDTL/SCHIESSL]. Das ist wie folgt zu erklären:

* Die OH-Ionenkonzentration in der Porenlösung verringert sich, obwohl der Gesamtalkaligehalt des Zementes im Portlandzementbereich liegt. Daraus ist eine geringere Löslichkeit der Alkalien (vor allem Kalium) abzuleiten, d.h. nicht alle Alkalien stehen für eine AKR zur Verfügung.
* Das Porengefüge weist eine höhere Dichtigkeit infolge latent-hydraulischer Reaktionen auf. Daraus folgt, dass die Diffusionskoeffizienten angreifender Ionen ganz erheblich vermindert werden. Ab diesem Punkt ist die Menge der Alkalien nicht mehr von Bedeutung, da die Reaktionsgeschwindigkeit im erheblichen Maße reduziert werden kann.

In Island werden seit 1979 neben einer Begrenzung der Zugabe alkaliempfindlichen Zuschlags allen Zementen 7,5% Microsilica zugemahlen. Die Einführung dieser Maßnahmen wird als sehr erfolgreich hinsichtlich der Vermeidung von AKR-Schäden eingeschätzt [GUDMUNDSSON/OLAFSSON].

Es gibt Labor-Versuche, mit Lithiumzusätzen eine AKR-hemmende bzw. –unterdrückende Wirkung zu erreichen. Der dabei ablaufende Mechanismus ist aber noch nicht geklärt.

9.7 Prüfverfahren

Weltweit existieren verschiedene Prüfverfahren zur Beurteilung von Zuschlägen auf Empfindlichkeit hinsichtlich Alkalireaktion. Dabei werden die zu untersuchenden Zuschläge überwiegend in Zementleim eingebettet und die Mörtelproben auf unterschiedlichste Art geprüft.

Deutsche Prüfverfahren

Abweichend von den eingangs genannten Verfahren wird für die in Deutschland verwendeten Zuschläge mit Opalsandstein und Flint aus dem in der Alkalirichtlinie festgelegten Anwendungsbereich nur der reine Zuschlag untersucht. Dabei wird für die Prüfkornklassen im Bereich 1 bis 4 mm der gesamte Anteil der Prüfkornklasse mit heißer 4%iger Natronlauge (Dauer 60 Minuten) geprüft und anschließend der Gewichtsverlust bestimmt. Für die Prüfkornklassen über 4 mm wird der Zuschlag durch petrographische Untersuchung in eindeutig alkaliunempfindliche Bestandteile, in Flint und in Opalsandstein einschließlich Kieselkreide und fragliche Bestandteile getrennt. Die Reaktivität des Flints wird mit Hilfe einer Rohdichtebestimmung abgeschätzt. Opalsandstein einschließlich Kieselkreide und fragliche Bestandteile der Prüfkornklasse > 4 mm werden mit heißer 10%iger Natronlauge geprüft und anschließend der Gewichtsverlust und Anteil der erweichten Bestandteile ermittelt. Danach erfolgt die Einteilung in Empfindlichkeitsklassen (Einzelheiten siehe Kapitel 9.9 und Alkalirichtlinie).

Für Grauwacke und andere alkaliempfindliche Gesteine ist in der Alkalirichtlinie ein Betonversuch vorgesehen. Bei dieser Prüfung werden Betonbalken mit den Abmessungen 100 mm x 100 mm x 500 mm (für Dehnungsmessungen) und Würfel mit 300 mm Kantenlänge (zur Feststellung von Rissen) in einer Nebelkammer bei 40 °C und 100% relativer Luftfeuchte über einen Zeitraum von mindestens 9 Monaten gelagert. Werden nach dieser Dauer keine Risse festgestellt und beträgt die Dehnung der Betonbalken weniger als 0,6 mm/m erfolgt die Einstufung als unbedenklich hinsichtlich Alkalireaktion. In der gemessenen Dehnung ist außer der durch AKR verursachten Dehnung auch die thermische (+20 °C/+40 °C) und die hygrische Dehnung enthalten. Die beiden letztgenannten betragen i.d.R. 0,2 ... 0,3 mm/m. Den Einfluss von Grauwacke auf die Dehnung beim Nebelkammertest zeigt Abbildung 9.27.

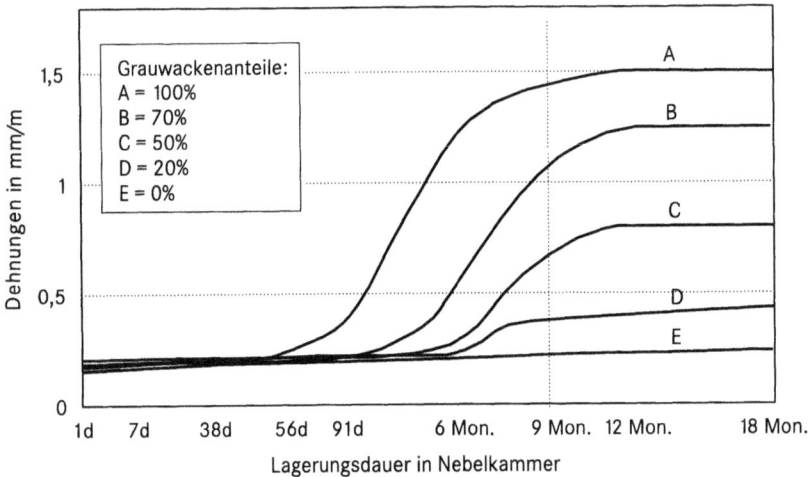

Abb. 9.27: Einfluss der Grauwackemenge auf die Dehnungen im Nebelkammerversuch (nach DAHMS); 500 kg Zement/m^3 (> 1,3 Na$_2$O-Äquiv.) und w/z = 0,55

Internationale Prüfverfahren

Als international übliches Verfahren und sicherster Schnelltest hat sich der südafrikanische NBRI-Test (*National Building Research Institute*) durchgesetzt [OBERHOLSTER/DAVIES]. Dieses Verfahren wurde bisher von 14 Ländern übernommen, darunter in Europa von Italien, Frankreich und Norwegen. Weiterhin ist das Verfahren in Australien, Kanada (CSA A23.2-25A) und den USA (ASTM C 1260-94) eingeführt, in denen schon lange intensive Forschungen auf dem Gebiet der Alkalireaktion betrieben werden. Aus der NBRI-Testmethode ging auch der RILEM-Test für beschleunigte Versuche hervor.

Das NBRI-Verfahren bezieht sich in der Probenherstellung auf die amerikanische Norm ASTM C 227 zur Bestimmung der Alkalireaktivität von Zuschlagkombinationen. Dabei wird beim NBRI-Test die Reaktion durch eine Lagerung in 80 °C heißer Natronlauge gegenüber der Prüfung gemäß ASTM (Nebelkammer 38 °C) deutlich beschleunigt. Das Verfahren lässt sich wie folgt in Kürze beschreiben:

Der zu untersuchende Zuschlag wird auf eine festgelegte Sieblinie im Bereich 0,15/0,75 mm gebrochen. Das Zuschlaggemisch wird mit Zement und Wasser zu einem Mörtel gemischt, wobei das Verhältnis Zement zu Zuschlag 1 : 2,25 beträgt. Die Konsistenz wird über das Ausbreitmaß festgelegt und soll 105 mm bis 120 mm betragen. Der Mörtel wird in Prismenformen 40 mm x 40 mm x 160 mm gefüllt, verdichtet und bei 20 °C und annähernd 100% rel. Feuchte gelagert. Nach dem Ausschalen werden die Prüfkörper einen Tag in 80 °C heißem Wasser gelagert. Anschließend wird die Länge der Prismen gemessen und als Referenzwert festgelegt. Danach werden die Prismen in 80 °C heißer 4%iger Natronlauge gelagert. Der untersuchte Zuschlag wird als unbedenklich hinsichtlich der Alkalireaktion angesehen, wenn innerhalb von 10 Tagen eine Dehnung von 1 ‰ (1 mm/m) nicht überschritten wird. Bei Werten zwischen 1 ‰ und 2,5 ‰ gilt der Zuschlag als reaktiv und bei Dehnungen über 2,5 ‰ wird der Zuschlag als stark reaktiv gewertet.

In Deutschland durchgeführte Versuche mit der NBRI-Methode zeigten, dass dieses Verfahren durchaus als Schnelltest für den Bedarfsfall eingesetzt werden kann. Man sollte die Ergebnisse aber so interpretieren, dass Zuschläge, die den Test bestehen, tatsächlich unbedenklich sind. Zuschläge, die den Test nicht bestehen, müssen aber nicht zwangsläufig zu einer betonschädigenden AKR führen.

9.8 AKR-Schadensmerkmale

AKR führt zu Betonschäden, wenn die als Folge der Alkalireaktion auftretenden Volumenvergrößerungen vom Beton nicht aufgenommen werden können, d.h., Spannungen zur Folge haben, die die Zugfestigkeit des Betons überschreiten. Die Folge sind Abplatzungen und Risse.

Eine schädigende AKR lässt sich an folgenden Merkmalen erkennen:

Äußere (sichtbare) Schäden

- feine, **netzartige Risse** auf der Betonoberfläche, die bei größeren Risstiefen bis zum völligen Verlust der Trag- und Nutzungsfähigkeit von Bauwerken oder Betonerzeugnissen führen können; in der englischsprachigen Literatur wird dieses Rissmuster als *map-cracking* bezeichnet (Abbildung 9.28),

Abb. 9.28: Durch AKR verursachte Risse an einem Betonbauwerk

Abb. 9.29: Durch AKR verursachte Ausplatzung (*popout*); Marke = 2,5 mm

- oberflächige Auswachsungen und/oder trichterförmige **Abplatzungen** (engl.: *popouts*), die sich durch AKR der nahe der Oberfläche liegenden reaktionsfreudigen Zuschlagkörner bilden (Abbildung 9.29),
- Ausscheidung von anfänglich klaren und dickflüssigen, später trüb und relativ fest werdenden **Geltropfen** an der Betonoberfläche; es handelt sich hierbei um aus dem Inneren ausgetretenes, niedrig viskoses Alkali-Kieselsäure-Gel, das z.B. an Mikrorissen und offenen Poren erkennbar wird. Ausgetretenes Alkali-Kieselsäure-Gel reagiert mit dem CO_2 der Luft unter Bildung von Alkali(K)-Carbonat. Die weißen, punkt- bis ringförmigen Carbonatisierungsprodukte sind meist nur an Innenwänden feststellbar, da an Außenwänden eine Abwitterung stattfinden kann (Abbildung 9.30) [SIEBEL ET AL.].

Abb. 9.30: Alkali-Silica-Gel an einem Bohrkern nach 9 Monaten Nebelkammerlagerung; Marke = 2,5 mm

„*Innere*" *(mikroskopische) Schäden*

Makroskopisch sind auf den ersten Blick oft keine besonderen Anzeichen einer AKR erkennbar. Bei mikroskopischer Betrachtung werden aber z.B. kleine, mit weißer (nicht nadeliger) Substanz gefüllte Poren sichtbar (Abbildung 9.31) [FREYBURG]. Bei genauerer Untersuchung werden **Reaktionsränder** bzw. **innere Gelbildungen** deutlich:

- Reaktionsränder bilden sich um Zuschläge herum aus (z.B. bei Porphyren und Flinten, deutlich auch bei Sandsteinen, Abbildung 9.32) und sind bis in den Mikrobereich hinein zu verfolgen. Sie sind immer sichtbar unter dem Stereo- und Polarisationsmikroskop.
- Bei der Gelbildung handelt es sich um ein dickflüssiges Gel, das sich nach dem Austrocknen flächenhaft bis schollenartig darstellt (Abbildung 9.33) [FREYBURG].

- Die innere Gelbildung wird in Poren und Mikrorissen deutlich. Dieses Gel ist oft dicht, kann aber auch in Schollen zerbrochen sein. Am Porenrand ist es glasig aussehend (Abbildung 9.34).
- Durch das Quellen des Gels in den Zuschlägen infolge Wasseraufnahme können interne Drücke (osmotische bzw. Quelldrücke bis zu 20 N/mm^2) entstehen, die die Zugfestigkeit des Zuschlags und des Betons (2 ... 5 N/mm^2) übersteigen. Dabei kann das Alkali-Kieselsäure-Gel durch die entstandenen Risse in die Zementsteinmatrix eindringen (Abbildung 9.35).

Abb. 9.31: Totale Porenfüllung mit AKR-Gel; Marke = 1,1 mm

Abb. 9.32: Opalsandstein (unten) mit Reaktionsrand und Gelbildung in benachbarter Pore; Marke = 1,8 mm

9.8 AKR-Schadensmerkmale

Abb. 9.33: Flächenhaft verteilte, schollenartige AKR-Gelbildungen; Marke = 2,5 mm

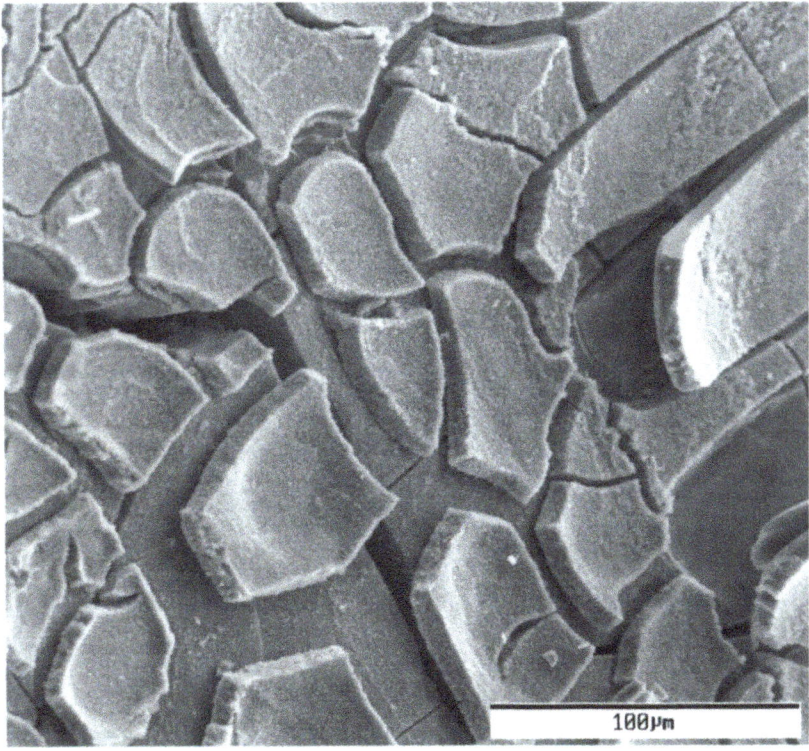

Abb. 9.34: Gel in Porenwandung, nach Trocknung schollenartig zerbrochen; REM-Aufnahme

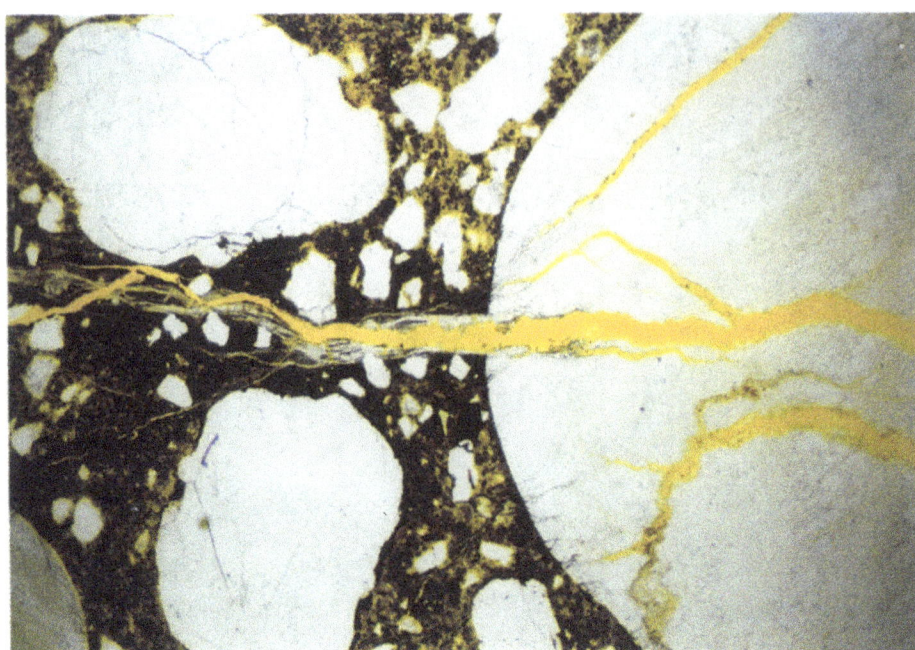

Abb. 9.35: Rissbildung durch AKR (Riss durch Zuschlag und Zementsteinmatrix), Dünnschliff, 30fache Vergrößerung, parallele Polarisatoren

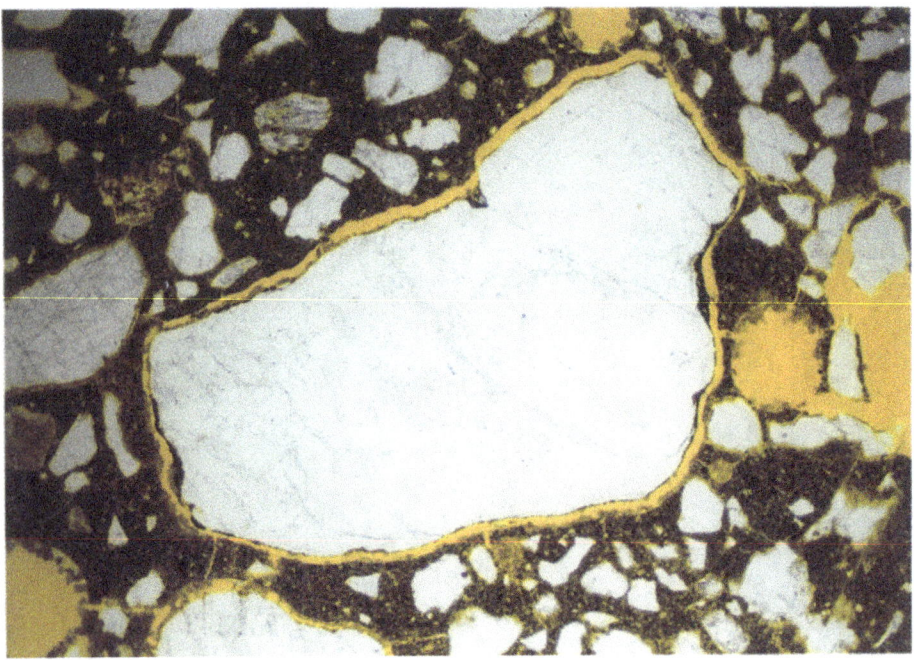

Abb. 9.36: Rissbildung durch späte Ettringitbildung (Riss um Zuschlagkorn)

9.8 AKR-Schadensmerkmale

Ein durch AKR verursachter Schaden lässt sich auch eindeutig anhand des **Rissbildes bei Dünnschliffuntersuchungen** identifizieren, da die Mikrorisse bis zu dem verursachenden Zuschlagkorn verfolgt werden können. Ein durch AKR hervorgerufenes Rissbild besteht aus Rissen in den reaktiven Zuschlagpartikeln, wobei die Risse strahlenförmig in den umgebenden Zementstein hinein verlaufen. Im Unterschied dazu besteht das durch späte Ettringitbildung verursachte Rissbild aus einem System von peripheren Rissen um die Zuschlagkörner herum, die mit mehr oder weniger Ettringit gefüllt sind (vergleiche Abbildungen 9.35 und 9.36). Bei Präzisionsdünnschliffen und höherer Vergrößerung sind oft typische Reaktionssäume an reaktiven Zuschlagkörnern und Zonen deutlicher Anlösung zu erkennen [JOHANSEN ET AL.].

Bei einer Vielzahl von Schadensfällen hat es sich gezeigt, dass **nicht nur die AKR allein** den Endschaden verursacht hat. Die durch eine AKR hervorgerufene Gefügeauflockerung ermöglicht ein weiteres Eindringen von Feuchtigkeit sowie Lösungs- und Mineralumbildungsprozesse. Möglich ist auch eine Vorschädigung infolge anderer Schadensmechanismen (z.B. Frostangriff), durch die dann erst eine Feuchtigkeitsbereitstellung für eine schädigende AKR erfolgen kann.

Die **Erscheinungsformen der schädigenden Alkalireaktion** (starke örtliche Volumenvergrößerungen und Rissbildung) an Betonbauteilen werden **nicht nur von baustofftechnischen Parametern** beeinflusst. Es sind auch Wechselwirkungen mit anderen Einflüssen (Anordnung der Stahlbewehrung, Größe und Verlauf der Hauptspannungen aus äußeren Kräften) vorhanden.

Untersuchungen haben gezeigt, dass die durch Alkalireaktion hervorgerufenen Dehnungen erheblich reduziert und z.B. durch
- die Bewehrungsanordnung und
- relativ geringe, in Richtung der Dehnungen einwirkende Druckspannungen

vollständig abgebaut werden können [WIERIG].

Beurteilung AKR-geschädigter Betonbauwerke

Bauwerke, bei denen eine AKR auftreten kann, sind wegen der für die Schädigung erforderlichen Feuchtigkeitszufuhr in der Regel Außenbauteile wie Brücken, Parkdecks, Wasserbauwerke, Küstenschutzanlagen, Betonstraßen- und Flugplatzdecken. Um die Schadensursachen an einem Bauwerk beurteilen zu können, ist eine Reihe von Untersuchungen notwendig. Als grobe Leitlinie für eine Schadensuntersuchung kann das in Abbildung 9.37 dargestellte Fließschema dienen [SIEBEL/DAHMS].

Das bedeutet im Einzelnen:
- Am Bauwerk ist für jedes Bauteil eine ausführliche Schadensaufnahme durchzuführen. Damit verbunden ist eine Dokumentation über die wesentlichen Informationen, die von dem betroffenen Bauwerk vorliegen. Das sind u.a. Informationen über Ausgangsstoffe und Zusammensetzung des Betons, Betonherstellung, Konstruktion und zeitlichen Verlauf der Schädigung.
- Als Proben sind Bohrkerne mit einem Durchmesser von 100 mm sowohl aus geschädigten als auch ungeschädigten Bereichen zu entnehmen.
- Im Labor sind die Proben zunächst augenscheinlich zu beurteilen, wobei das Gefüge des Betons, die Risstiefe und -breite und der verwendete Zuschlag als Kriterium heranzuziehen sind.

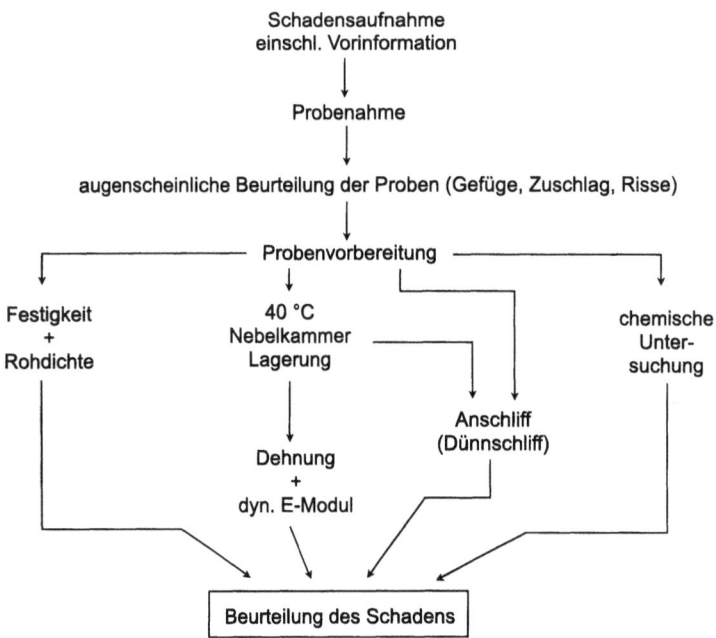

Abb. 9.37: Vorgehensweise für eine AKR-Schadensanalyse (nach SIEBEL/DAHMS)

- Weitergehende Prüfungen sind die Bestimmung der Druckfestigkeit und der Betonzusammensetzung, insbesondere des Zement- und Alkaligehaltes.
- Einige Bohrkerne aus geschädigten und ungeschädigten Bereichen sind in die Nebelkammer einzulagern und die Entwicklung der Dehnung, des dynamischen E-Moduls und der am Ende verbleibenden Restdruckfestigkeit festzustellen.
- Die mikroskopische Beurteilung von Anschliffen und Dünnschliffen liefert Angaben zum Rissbild, d.h. die Unterscheidung von Schwind-, Frost- oder Treibrissen kann näher klassifiziert werden. Am Dünnschliff können die für die Entstehung des Gels verantwortlichen Zuschläge identifiziert werden.

Erst aus allen Untersuchungen zusammen kann eine Aussage über eine „AKR-Beteiligung" am jeweiligen Bauwerksschaden getroffen werden!

9.9 Alkali-Richtlinie

Seit Dezember 1997 gilt in Deutschland die vom Deutschen Ausschuss für Stahlbeton (DAfStb) herausgegebene Richtlinie **„Vorbeugende Maßnahmen gegen schädigende Alkalireaktion im Beton"**, kurz Alkali-Richtlinie genannt, die die bis dahin gültige Fassung vom Dezember 1986 ersetzt.

Die neue Richtlinie besteht wieder aus drei Teilen, die neu gegliedert sind und z.T. auch eine neue Fassung erhalten haben sowie neue Forschungsergebnisse und Erkenntnisse auf dem Gebiet der AKR berücksichtigten.

9.9 Alkali-Richtlinie

Teil 1: Allgemeines behandelt alle Punkte, die für einen möglicherweise alkaliempfindlichen Zuschlag zu beachten sind. Hierzu gehören insbesondere der Anwendungsbereich der Richtlinie, der um den Vorkommensbereich der präkambrischen Grauwacke erweitert wurde, und die Beschreibung der möglichen Gewinnungsgebiete. In weiteren Abschnitten werden die Feuchtigkeitsklassen, die Anforderungen an die Ausgangsstoffe und die zu treffenden, vorbeugenden Maßnahmen behandelt.

Teil 2: Betonzuschlag mit Opalsandstein und Flint behandelt speziell die Vorgehensweise für diese Zuschläge im beschriebenen Anwendungsbereich (Abbildung 9.38).

Teil 3: Betonzuschlag aus präkambrischer Grauwacke oder anderen alkaliempfindlichen Gesteinen behandelt die Vorgehensweise bei präkambrischen Grauwacken aus einem bestimmten Bereich der Lausitz (Abbildung 9.39).

Abb. 9.38: Anwendungsbereich von Teil 2 der Alkali-Richtlinie und Gewinnungsgebiete von Opalsandstein und fraglichen Gesteinen (z.B. Kieselkreide) sowie von Flint

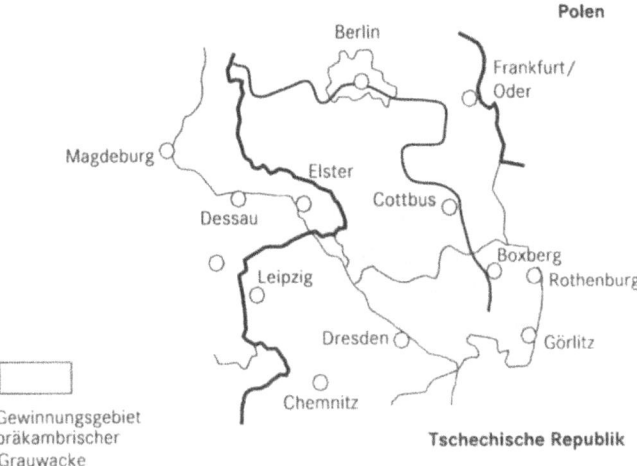

Abb. 9.39: Gewinnungsgebiet präkambrischer Grauwacke

Anforderungen an den Zuschlag

• Opalsandsteinhaltige und flinthaltige Zuschläge sind anhand vorgeschriebener Prüfungen in eine der folgenden **Alkaliempfindlichkeitsklassen** einzustufen:
 - **E I-O**   unbedenklich hinsichtlich Alkalireaktion durch Opalsandstein,
 - **E II-O** bedingt brauchbar hinsichtlich Alkalireaktion durch Opalsandstein,
 - **E III-O** bedenklich hinsichtlich Alkalireaktion durch Opalsandstein,
 - **E I-OF** unbedenklich hinsichtlich Alkalireaktion durch Opalsandstein und Flint,
 - **E II-OF** bedingt brauchbar hinsichtlich Alkalireaktion durch Opalsandstein und Flint,
 - **E III-OF** bedenklich hinsichtlich Alkalireaktion durch Opalsandstein und Flint.

Kieselkreide ist wegen ihrer Reaktivität stets dem Opalsandstein zuzuordnen.

• Präkambrische Grauwacke ist in folgende **Alkaliempfindlichkeitsklassen** einzustufen:
 - **E I-G**   unbedenklich hinsichtlich Alkalireaktion durch präkambrische Grauwacke,
 - **E III-G** bedenklich hinsichtlich Alkalireaktion durch präkambrische Grauwacke.

Der Verzicht auf eine Alkaliempfindlichkeitsklasse E II-G zeigt, dass bezüglich der sicheren Einordnung der Grauwacken noch Handlungsbedarf besteht.

Die bei den Prüfungen bzw. der Überwachung ermittelten Alkaliempfindlichkeitsklassen müssen aus dem Sortenverzeichnis und dem Lieferschein des Zuschlags hervorgehen.

Beispiele:
Kies   DIN 4226 – 8/16 – E II-O – E III-OF
Kies   DIN 4226 – 8/22 – E I-O – E II-OF
Grauwacke DIN 4226 – 8/16 – E III-G

Mit E I ohne weiteren Zusatz gekennzeichnete Zuschläge sind entsprechend dieser Richtlinie unbedenklich hinsichtlich Alkalireaktion durch Opalsandstein einschließlich Kieselkreide und Flint sowie durch Grauwacke und andere Gesteine.

Anforderungen an den Zement

Da der wirksame Alkaligehalt des Betons überwiegend aus dem Zement stammt, kann er, wie für bestimmte Fälle vorgesehen, durch die Verwendung von Zement mit niedrigem wirksamem Alkaligehalt (NA-Zement) nach DIN 1164-1 und durch Begrenzung des Zementgehaltes deutlich vermindert werden.

Anforderungen an Betonzusatzstoffe

Für Betonbauteile mit Zuschlag der Alkaliempfindlichkeitsklassen E II-O, E II-OF, E III-O, E III-OF oder E III-G und mit der Feuchtigkeitsklasse WF oder WA ist der Einsatz von Betonzusatzstoffen zulässig, wenn dies nach den geltenden

Bedingungen für das jeweilige Anwendungsgebiet in der allgemeinen bauaufsichtlichen Zulassung des Deutschen Instituts für Bautechnik geregelt ist.

Der wirksame Alkaligehalt von Steinkohlenflugasche ist mit 1/6 des Gesamtalkaligehalts der Flugasche anzusetzen.

Der wirksame Alkaligehalt aller Betonzusatzstoffe darf 600 g/m³ nicht überschreiten.

Anforderungen an Betonzusatzmittel

Für Betonbauteile mit Zuschlag der Alkaliempfindlichkeitsklasse E II-O, E II-OF, E III-O, E III-OF oder E III-G und mit der Feuchtigkeitsklasse WF oder WA dürfen nur Betonzusatzmittel mit allgemeiner bauaufsichtlicher Zulassung des Deutschen Instituts für Bautechnik verwendet werden, die die zusätzlichen Anforderungen der „Richtlinien für die Erteilung von Zulassungen für Betonzusatzmittel" (Zulassungsrichtlinien) an ihren Alkaligehalt bei Beton mit alkaliempfindlichem Zuschlag erfüllen und für die diese Verwendungsart in der allgemeinen bauaufsichtlichen Zulassung des Deutschen Instituts für Bautechnik angegeben ist.

Der Gesamtalkaligehalt aller Betonzusatzmittel darf 600 g/m³ nicht überschreiten.

Wird dem Beton nur **ein** Betonzusatzmittel mit allgemeiner bauaufsichtlicher Zulassung zugegeben, so darf dieses auch ohne die zuvor genannten Voraussetzungen für Betonbauteile mit Zuschlag der Alkaliempfindlichkeitsklassen E II-O, E II-OF, E III-O, E III-OF und E III-G und mit der Feuchtigkeitsklasse WF oder WA verwendet werden, wenn folgende Bedingungen eingehalten sind:
a) Alkaligehalt (Na_2O-Äquivalent) des Betonzusatzmittels: $\leq 8{,}5$ M.-%
b) Zugabemenge des Betonzusatzmittels, bezogen auf den Zementgehalt:
   $\leq 2{,}0$ M.-%
c) Zementgehalt des Betons: $z \leq 350$ kg/m³.

Beurteilung der Alkaliempfindlichkeit

Die Beurteilung der Alkaliempfindlichkeit von Zuschlägen mit Opalsandstein einschließlich Kieselkreide sowie Opalsandstein einschließlich Kieselkreide und Flint nach Prüfung gemäß Abschnitt 5, Teil 2 und von Grauwacke nach Prüfung gemäß Abschnitt 5, Teil 3 der Alkali-Richtlinie ist den Tabellen 9.3 bis 9.5 zu entnehmen:

Tab. 9.3: Beurteilung der Alkaliempfindlichkeit von Zuschlag mit Opalsandstein einschließlich Kieselkreide bei Prüfung nach Abschnitt 5, Teil 2 der Alkalirichtlinie

Bestandteile	Grenzwerte in M.-% für die Alkaliempfindlichkeitsklassen		
	E I-O	E II-O	E III-O
Opalsandstein einschließlich Kieselkreide (über 1 mm)[*]	$\leq 0{,}5$	$\leq 2{,}0$	$> 2{,}0$

[*] In den Prüfkornklassen 1 bis 4 mm einschließlich reaktionsfähigem Flint

Tab. 9.4: Beurteilung der Alkaliempfindlichkeit von Zuschlag mit Opalsandstein einschließlich Kieselkreide und Flint bei Prüfung nach Abschnitt 5, Teil 2 der Alkalirichtlinie

Bestandteile	Grenzwerte in M.-% für die Alkaliempfindlichkeitsklassen		
	E I-OF	E II-OF	E III-OF
Opalsandstein einschließlich Kieselkreide (über 1 mm)[*]	$\leq 0{,}5$	$\leq 2{,}0$	$> 2{,}0$
Reaktionsfähiger Flint (über 4 mm)	$\leq 3{,}0$	$\leq 10{,}0$	$> 10{,}0$
5 x Opalsandstein einschließlich Kieselkreide + reaktionsfähiger Flint	$\leq 4{,}0$	$\leq 15{,}0$	$> 15{,}0$

[*] In den Prüfkornklassen 1 bis 4 mm einschließlich reaktionsfähigem Flint

Tab. 9.5: Beurteilung der Alkaliempfindlichkeit von präkambrischer Grauwacke bei Prüfung nach Abschnitt 5, Teil 3 der Alkalirichtlinie

	Alkaliempfindlichkeitsklassen[1]	
	E I-G	E III-G
Grenzwerte für die Dehnung der Betonbalken in mm/m[2]	$\varepsilon \leq 0{,}6$	$\varepsilon > 0{,}6$
Rissbildung der Würfel	keine	stark[3]

[1] Maßgebend ist die jeweils ungünstigere Bewertung
[2] Nach 9 Monaten Nebelkammerlagerung einschließlich Wärme- und Feuchtedehnung
[3] Mit Rissbreiten $w \geq 0{,}2$ mm

Um die Feuchtigkeitseinwirkung praxisgerecht zu erfassen, sind entsprechend der Alkalirichtlinie die Betonbauteile einer der drei in Tabelle 9.6 angegebenen **Feuchtigkeitsklassen** zuzuordnen.

Tab. 9.6: Feuchtigkeitsklassen nach Alkali-Richtlinie

Feuchtigkeitsklasse	Zuordnung aufgrund der zu erwartenden Umwelteinflüsse
„trocken" (WO)	Betonbauteile, die unter normaler Nachbehandlung nicht längere Zeit feucht und nach dem Austrocknen während der Nutzung weitgehend trocken bleiben
„feucht" (WF)	Betonbauteile, die während der Nutzung häufig oder längere Zeit feucht sind
„feucht + Alkalizufuhr von außen" (WA)	Betonbauteile, die zusätzlich zu der Beanspruchung nach Feuchtigkeitsklasse WF häufiger oder langzeitiger Alkalizufuhr von außen ausgesetzt sind

9.9 Alkali-Richtlinie

Beispiele:

♦ Feuchtigkeitsklasse „trocken" (WO):
  - Innenbauteile des Hochbaus,
  - Bauteile, auf die Außenluft, nicht jedoch z.B. Niederschläge, Oberflächenwasser, Bodenfeuchte einwirken können und/oder die nicht ständig einer relativen Luftfeuchte von mehr als 80% ausgesetzt sind.

♦ Feuchtigkeitsklasse „feucht" (WF):
  - ungeschütze Außenbauteile, die z.B. Niederschlägen, Oberflächenwasser oder Bodenfeuchte ausgesetzt sind,
  - Innenbauteile des Hochbaus für Feuchträume, wie z.B. Hallenbäder, Wäschereien und andere gewerbliche Feuchträume, in denen die relative Luftfeuchte überwiegend höher als 80% ist,
  - Bauteile mit häufiger Taupunktunterschreitung, wie z.B. Schornsteine, Wärmeübertragerstationen, Filterkammern, Viehställe und Hohlkästen von Brücken,
  - massige Bauteile, deren kleinstes Maß 0,50 m überschreitet (unabhängig vom Feuchtezutritt).

♦ Feuchtigkeitsklasse „feucht + Alkalizufuhr von außen" (WA):
  - Bauteile mit Meerwassereinwirkung,
  - Bauteile mit Tausalzeinwirkung (z.B. Betonfahrbahnen, Flugplätze, Spritzwasserbereiche, Fahr- und Stellflächen in Parkhäusern),
  - Bauteile von Industriebauten und landwirtschaftlichen Bauwerken (z.B. Güllebehälter) mit Alkalisalzeinwirkung.

In der Tabelle 9.7 sind für die Baupraxis die erforderlichen Maßnahmen in Abhängigkeit der Alkaliempfindlichkeitsklasse des Zuschlags und der Zementmenge für die jeweiligen Feuchtigkeitsklassen zusammengestellt. Die Feuchtigkeitsklasse muss aus dem jeweiligen Sortenverzeichnis und dem Lieferschein für Transportbeton oder ein Betonfertigteil hervorgehen.

Tab. 9.7: Vorbeugende Maßnahmen gegen schädigende Alkalireaktion im Beton;
a) mit Opalsandstein und $z \leq 330$ kg/m^3, b) mit Opalsandstein und Flint und $z > 330$ kg/m^3, c) mit präkambrischer Grauwacke

a) Alkaliempfindlichkeitsklasse des Zuschlags	Erforderliche Maßnahme für die Feuchtigkeitsklasse		
	WO	WF	WA
EI-O	keine	keine	keine
EII-O	keine	keine	NA-Zement
EIII-O	keine	NA-Zement	Austausch des Zuschlags

b) Alkaliempfindlichkeitsklasse des Zuschlags	Erforderliche Maßnahme für die Feuchtigkeitsklasse		
	WO	WF	WA
EI-OF	keine	keine	keine
EII-OF	keine	NA-Zement	NA-Zement
EIII-OF	keine	NA-Zement	Austausch des Zuschlags

c)		Erforderliche Maßnahme für die Feuchtigkeitsklasse		
Alkaliempfindlichkeitsklasse des Zuschlags	Zementgehalt in kg/m³	WO	WF	WA
EI-G	ohne Festlegung	keine	keine	keine
EIII-G[1)]	z ≤ 300	keine	keine	keine
	300 < z ≤ 350	keine	keine	NA-Zement[2)]
	z > 350	keine	NA-Zement[2)]	Austausch des Zuschlags

[1)] Gilt auch für nicht beurteilten Zuschlag
[2)] Oder als gleichwertig zugelassener Zement

Zur Vermeidung möglicher schädigender Alkalireaktionen bei Verwendung von Kies-Splitt und Kies-Edelsplitt des Oberrheins als Betonzuschlag wurde 1999 vom Deutschen Ausschuss für Stahlbeton (DAfStb) eine vorläufige Empfehlung erarbeitet. Unter „Oberrhein" wird in dieser Empfehlung die Region zwischen Basel und Karlsruhe verstanden.

9.10 Literatur

BONZEL, J.; KRELL, J.; SIEBEL, E.
Alkalireaktion im Beton, in: Teil 1: Beton 36 (1986) H. 9, S. 345–348, Teil 2: Beton 36 (1986) H. 10, S. 385–389

CHATTERJI, S. U.A.
Studies of Alkali-Silica Reaction Part 1, in: Cement & Concrete Research 8 (1978) No. 5, S. 647–650, Part 2: 9 (1979) No. 2, S. 185–188, Part 3: 16 (1986) No. 2, S. 246–254, Part 4: 17 (1987) No. 5, S. 777–783, Part 5: 19 (1989) No. 2, S. 177–183, Part 6: 18 (1988) No. 3, S. 363–366, Part 7: 20 (1990) No. 2, S. 285–290

DAfStb-Richtlinie „Vorbeugende Maßnahmen gegen schädigende Alkalireaktion im Beton (Alkali-Richtlinie)", Ausgabe Dezember 1997, Hrsg.: Deutscher Ausschuß für Stahlbeton-DAfStb 1997

DAfStb „Vorläufige Empfehlung zur Vermeidung möglicher schädigender Alkalireaktionen bei Verwendung von Kies-Splitt und Kies-Edelsplitt des Oberrheins als Betonzuschlag", Hrsg.: Deutscher Ausschuß für Stahlbeton-DAfStb 1999-09

DAHMS, J.
Alkalireaktion im Beton, in: Beton 44 (1994) H. 10, S. 588–593

EIKENBERG, J.
On the Problem of Silica Solubility at High pH, in: Technical Report 90-36, Paul Scherrer Institute, Villigen, July 1990

FARNY, J.; KOSMATKA, S.
Diagnosis and Control of Alkali-Aggregate Reactions in Concrete, in: Concrete Information, pca, Skokie 1997

FELDRAPPE, D.
Zur Bestimmung und Bewertung der wirksamen Alkalien in zumahlstoffhaltigen Portlandzementen und Zumahlstoffzementen, Dissertation, Hochschule für Architektur und Bauwesen Weimar 1990

FRANKE, L; BOSOLD, D.; EICKEMEIER, K.
Anwendung und Grenzen der südafrikanischen NBRI-Testmethode – Beurteilung der Alkalireaktivität von Zuschlägen, in: Beton 48 (1998) H. 8, S. 470-475

FREYBURG, E.
Petrographische Aspekte der Alkali-Kieselsäure-Reaktion, in: 13. Internationale Baustofftagung IBAUSIL 1997 Weimar, Tagungsbericht-Band 1, S. 1-0753-1-0764

FREYBURG, E.; BERNINGER, A. M.
Bewertung alkalireaktiver Zuschläge außerhalb des Geltungsbereiches der Alkalirichtlinie des DAfStb: Kenntnisstand und neue Ergebnisse, in: 14. Internationale Baustofftagung IBAUSIL 2000 Weimar, Tagungsbericht-Band 1, S. 1-0931-1-0947

GUDMUNDSSON, G.; OLAFSSON, H.
Alkali-Silica Reactions and Silica Fume: 20 Years of Experience in Iceland, in: Cement & Concrete Research 29 (1999) No. 8, S. 1289-1298

HÄRDTL, R.; SCHIESSL, P.
Einfluß von Flugasche auf Alkalireaktion in Beton, in: Betonwerk+Fertigteil-Technik 62 (1996) H. 11, S. 94-101

HEMPEL, G.; DÖLL, K.-P.; OTTE, M.
Betonschädigende Alkali-Zuschlagstoff-Reaktionen, in: Bauinformation Wissenschaft und Technik 25 (1982) H. 4, S. 13-16

HOFFMANN, D.; FUNKE, K.-P.
Die Infrarot-Spektroskopie als Methode zur Bestimmung der Alkaliempfindlichkeit von Betonzuschlagstoffen, in: Silikattechnik 39 (1988) H. 10, S. 341-344

HOFFMANN, D.; SCHOBER E.
Zur Bestimmung der wirksamen Alkalität von erhärteten Zementpasten, in: Silikattechnik 40 (1989) H. 2, S. 57-59

IDORN, G. M.
Concrete Progress, London: Thomas Telford Publishing 1994

ILER, R. K.
The Colloid Chemistry of Silica and Silicates, Ithaca, New York: Cornell University Press 1955

JOHANSEN, V.; IDORN, G. M.; THAULOW, N.; SKALNY, J.
Chemical Degration of Concrete, Transportation Research Board. 74[th.] Annual Meeting January 22-28 1995, Washington. No. 56, 16 S.

JOHANSEN, V.; THAULOW, N.; IDORN, G. M.
Dehnungsreaktionen in Mörtel und Beton, in: Zement-Kalk-Gips 47 (1994) H. 3, S. 150-155

LENZNER, D.
Stand der Forschung über die Wirkungen von Alkalien in Zement und Beton, in: TIZ-Fachberichte 103 (1979) H. 1, S. 21-24

LOCHER, F. W.; SPRUNG, S.
Ursache und Wirkungsweise der Alkalireaktion, in: Betontechnische Berichte 1973, Düsseldorf: Betonverlag 1974, S. 101-123

OBERHOLSTER, R. E.; DAVIES, G.
An Accelerated Method for Testing the Potential Alkali Reactivity of Siliceous Aggregates, in: Cement & Concrete Research 16 (1986) No. 2, S. 181–189

SIEBEL, E.; DAHMS, J.
Beurteilung von Bauwerken hinsichtlich einer schädigenden Alkali-Kieselsäure-Reaktion, in: Beton 47 (1997) H. 9, S. 533–537

SIEBEL, E.; RESCHKE, TH.; SYLLA, H.-M.
Alkali-Reaktion mit Zuschlägen aus dem südlichen Bereich der neuen Bundesländer – Untersuchungen an geschädigten Bauwerken, in: Beton 46 (1996) H. 5, S. 298–301, Beton 46 (1996) H. 6, S. 366–370

SPRUNG, S.; SYLLA, H.-M.
Beurteilung der Alkaliempfindlichkeit und Wasseraufnahme von Betonzuschlagstoffen, in: ZKG-INTERNATIONAL 50 (1997) H. 2, S. 63–75

STANTON, TH. E.
Expansion of Concrete Through Reaction Between Cement and Aggregate, Proceedings American Society of Civil Engineers (1940) Dec., S. 1781–1811

TAYLOR, H. F. W.
Cement Chemistry, 2nd edition, London: Thomas Telford Publishing 1997

THAULOW, N.; JACOBSEN, U. H.; CLARK, B.
Composition of Alkali Silica Gel and Ettringit in Concrete Railroad Ties: SEM-EDX and X-ray Diffraction Analyses, in: Cement & Concrete Research 26 (1996) No.2, S. 309–318

Vorschrift 96/80 „Vermeidung von betonschädigenden Alkali-Kieselsäure-Reaktionen", Staatliche Bauaufsicht, Ministerium für Bauwesen (1980) Nr. 11, S. 81–90

WIEKER, W.; HERR, R.
Zu einigen Problemen der Chemie des Portlandzements, in: Zeitschrift Chemie 29 (1989) H. 9, S. 312–327

WIEKER, W.; HERR. R.; HÜBERT, C.
Alkali-Kieselsäure Reaktion – ein Risiko für die Dauerhaftigkeit, in: Betonwerk+Fertigteil-Technik 60 (1994) H. 11, S. 86–90

WIERIG, H.-J.; KURZ, M.
Alkalitreiben bei Dehnungsverhinderung des Betons, Institut für Baustoffkunde und Materialprüfung, Universität Hannover, Mitteilungen Heft 66, Hannover: 1994

Stichwortverzeichnis

A
Abstandsfaktor 233 f.
Abwasseranlagen
–, Korrosion 280 ff.
Abwitterung 119, 241, 251, 265
Abwitterungskurve 247 f.
Abwitterungsverlauf 247 f., 259
Aerobe Bedingungen 281 f.
Aerosoldeposition 80
Äußerer Sulfatangriff 120 ff., 137, 139 f., 144
AFm-Phase 127 f., 133, 237 f.
AFt-Phase 127 f., 133, 237 f.
Afwillit 64
AKR 288 ff.
–, Schadensanalyse 321 f.
–, Schadensmerkmale 315 f.
Aktiver Korrosionsschutz 21, 109, 283
Alkalicarbonate 26
Alkali-Carbonat-Reaktion 290 f.
Alkali-Dolomit-Reaktion 290
Alkaliempfindliche Zuschläge 295 ff.
Alkaliempfindlichkeitsklasse 324 ff.
Alkalien 24, 28, 69, 162, 177, 210, 288 ff., 305 f.
–, Bindungsformen im Zement 305 f.
–, sulfatisch gebundene 177, 305 f.
–, wasserlösliche 177, 305
–, wasserunlösliche 177
Alkalihydroxide 26, 295
Alkali-Kieselsäure-Gel 291 f., 311, 317 ff.
Alkali-Kieselsäure-Reaktion 190, 288 ff.
Alkalirichtlinie 300, 303, 322 ff.
Alkali-Silika-Reaktion 289
Alkalisilikate 292 ff.
Alkali-Silikat-Reaktion 290 f.
Alkalisulfate 177, 305 f.
Alkalität 23
–, wirksame 308
Alkali-Zuschlag-Reaktion 289 ff.
Ammoniumsulfat 132 f.
Anaerobe Bedingungen 281 f.

Analyse
–, quantitative chemische 100
Andesit 304
Anfangsabwitterung 247 ff.
Anmachwasser
–, pH-Wert 23 f.
Anode 33, 104
Angriff
–, chemischer 10, 134 ff.
–, lösender 82, 120, 137
–, treibender 82, 120, 137
Angriffsrisiko 12
Anthropogene Luftverunreinigung 80
Aphthitalit 177
Aragonit 46, 95, 249 f.
Arcanit 177, 306
Auspressmethode 308 f.
Auspressverfahren 308 f.
Außenbauteile 21
Autoxidation 282

B
Bakterien
–, salpetersäurebildende 284 f.
–, schwefelsäurebildende 282 f.
–, sulfatreduzierende 281
Belüftungselement 104
Beschichtung 21, 66, 68, 109, 254
–, Bewehrung 110
–, carbonatisierungsbremsend 70 ff.
Beton
–, Carbonatisierung 23 ff.
–, chemische Alterung 23
–, chemischer Angriff 10, 134 ff.
–, Chloridgehalt 85
–, dichter 7, 65
–, Dichtigkeit 15, 37
–, Festigkeit 18
–, Festigkeitsklasse 20
–, Frost-Tausalz-Widerstand 208 ff., 268 ff.
–, Frost-Widerstand 208 ff., 263, 268 ff.
–, Luftporengehalt 233 ff.

–, Mischungsentwurf 19
–, Nachbehandlung 7, 52 ff., 92, 139, 170 f., 253 f.
–, Randzone 52
–, Realkalisierung 67, 69 ff.
–, schädigende Ettringitbildung 148 ff., 157 ff.
–, Sulfatwiderstandsfähigkeit 119 ff.
–, Wärmebehandlung 157, 163 ff., 172 f.
–, Widerstand gegen chemischen Angriff 134 ff.
Betondeckung 37, 65
Betonfresser 282
Betongefüge
–, Auswirkungen des Sulfatangriffs 125 f.
Betonklasse 7
Betonkorrosion 10
–, mikrobiologische 279 ff.
Betonnachbehandlung 7
Betonrandschicht 52
Betonschäden 188 ff.
–, durch Alkali-Kieselsäure-Reaktion 288 ff.
–, durch Carbonatisierung 24 ff., 29 ff.
–, durch Chloride 83 ff.
–, durch Ettringitbildung 148 ff.
–, durch Frost-, Frost-Tausalzbelastung 208 ff.
–, durch Mikroorganismen 279 ff.
–, durch Schwefeldioxid und Stickoxide 80 ff.
–, durch Sulfate 119 ff.
Betonstahl
–, Depassivierung 96, 103, 105 ff.
–, Korrosion 33 ff.
–, Korrosionsfortschritt 107 f.
Betonüberdeckung 24, 44
Betonverflüssiger 6, 24
Betonzusammensetzung
–, Grenzwerte 11 ff., 37, 110
Bewehrung
–, Beschichtung 110
–, Edelstahl 111
–, kathodischer Schutz 66
–, Korrosion 32 ff.
–, verzinkte 111
Bewehrungskorrosion 8 f.
Bindemittel
–, Chlorideinbindung 94 ff.
Biofilm 279 f.
Biofouling 279

Biogene Schwefelsäurekorrosion 280 ff.
–, Schutzmaßnahmen 283
Borås-Verfahren 265 ff.
Brandfall 88
Braunkohlenfilterasche 312 f.

C

$CaCO_3$-Ausfällung 75 f.
$CaCO_3$-Modifikationen 46, 249 ff.
Ca-Langbeinit 177, 306
Calcit 39, 46, 95, 249 f.
Calcitausfällung 75 f.
Calciumcarbonatbildung 73 f.
Calciumnitrat 82
$Ca(OH)_2$ 23 ff., 42, 120, 126, 128 f., 132 f., 163, 291
Carbonisation 23
Carbonisieren 23
Carbonatisierung 8, 12, 23 ff.
–, Auswirkungen 29 ff.
–, Beton 23 ff.
–, Einflussfaktoren 47 ff.
–, Ettringitbildung 176
–, Flugaschen 57
–, Hochofenzement-Beton 248 ff.
–, Nachbehandlung 52 ff.
–, Phasen 26 ff.
–, Portlandzement-Beton 248 ff.
–, Temperatur 57 f.
–, Thermodynamische Aspekte 57 ff.
–, Tonerdezement 51
–, Zementart 50 ff.
–, Zusatzmittel 57
–, Zusatzstoffe 57
–, Zuschläge 57
Carbonatisierungsbremsen 65 f., 70 ff.
Carbonatisierungsbremsende Beschichtung 70 ff.
Carbonatisierungsfortschritt 41 ff., 51 ff.
–, Alkaligehalt 51 f.
–, Berechnung 41 ff.
–, Vorhersage 44
Carbonatisierungsfront 44
Carbonatisierungsgeschwindigkeit 47
Carbonatisierungskoeffizient 42 ff.
Carbonatisierungsreaktion 26, 59 ff.
Carbonatisierungsschwinden 46
Carbonatisierungstiefe 38 ff., 48, 51
–, Abschätzung 44 f.
–, Berechnung 44
–, Bestimmung 38 ff.

Stichwortverzeichnis

–, elektrochemische Bestimmung 41
–, indikative Bestimmung 38 f.
–, Mikroskopie 39 f.
–, Nachbehandlungsmittel 52 ff.
–, nasschemische Bestimmung 41
–, Tonerdezement 51
–, w/z-Wert 49 f.
–, Zementart 50 ff.
Carbonatisierungswiderstand 70 f.
CDF-Verfahren 258 ff.
–, Präzision 264 f.
CEN-Verfahren 142
Chalcedon 297, 299 ff.
Chemische Alterung 23
Chemischer Angriff 10, 134 ff.
Chert 300
Chloridangriff 103 ff.
Chloridanreicherung 86
Chloriddiffusionskoeffizienten 90
Chloride 9, 12, 83 ff.
–, Carbonatisierung 93
–, Einwirkung auf Beton 83 ff.
–, Diffusion 89 f.
–, Frost-Tauwechsel 93
–, „huckepack"-Transport 89
–, in Betonausgangsstoffen 84 f.
–, Konvektion 89 f.
–, kritischer korrosionsauslösender Grenzwert 96 ff.
–, Mechanismus des Eindringens 88 ff.
–, Riss 93
–, Schwellenwert 94, 96
–, Temperatur 93
–, Transportvorgänge 90 f.
–, Vorliegen im Beton 93 f.
Chlorideinbindung 94 ff.
Chlorideindringen 88 ff.
–, Einfluss der Carbonatisierung 93
–, Einfluss der Nachbehandlung 92
–, Einfluss der Oberflächenbeschaffenheit des Betons 93
–, Einfluss der Temperatur 93
–, Einfluss der Zementart 90
–, Einfluss des w/z-Wertes 92
–, Einfluss des Zementgehaltes 91 f.
–, Einfluss des Zuschlaggrößtkorns 92
–, Einfluss von Rissen 93
–, Einfluss von Zusatzstoffen 91
Chloridentzug
–, elektrochemischer 113 ff.
Chloridgehalt

–, Bestimmung 100 ff.
–, Beton 83 ff.
–, Quantitative chemische Analyse 100 f.
–, Schwellenwert 94, 96 ff.
–, Stahlbeton 85
Chloridinduzierte Korrosion 108 ff.
Chloridionen
–, fest gebunden 93 ff., 103
–, freie 93 ff., 97, 100 ff.
Chloridkorrosion 83 ff.
Chloridpenetration 90 f.
Chromatverfahren 101 f.
CIF-Verfahren 260 ff.
–, Präzision 264 f.
Clausius-Claperonsche Gleichung 209 f.
Clearway 254
Code Hammurabi 3
CO_2-Gehalt der Luft 24, 47
CO_2-Konzentration 25, 42, 47
CO_2-Partialdruck 74 ff.
Cristobalit 296 ff.
C–S–H-Phase 15 f., 28, 151, 200
Curing 52

D

Dauerhaftigkeit 1 ff.
–, historische Rolle 3
–, Kennwerte 6
–, Voraussetzungen 4 ff.
–, wärmebehandelter Betone 169 ff.
Dauertauchzone 85, 106
D-cracking 229 f.
Deckschicht
–, passivierend 29
Dedolomitisierung 290
Dehnungsreaktion 292
Depassivierung 96, 103, 105 ff.
Depassivierungsfront 111 ff.
Deposition
–, feuchte 80 f.
–, trockene 80 f.
Derivate Thermogravimetrie (DTG) 200
Description concept 208
Design concept 5
Dichter Beton 7, 65
Differenzthermoanalyse (DTA) 200
Diffusion 47, 221
–, Diffusionskoeffizient
–, Chloride 90 ff.
–, CO_2 47
Diffusionsgesetz 41 f.

Diffusionswiderstandszahlen 70 f.
Dispersionsanstrich 71
Dissoziationsgleichgewicht 30
Dissoziationskonstante 30
Druck
–, hydraulischer 219 f.
–, osmotischer 222
Düsseldorfer Grenzlinie 309
Duranglas 304

E
Effekt
–, kapillarer 220 f.
Eigenschwingzeitmessung 192 f.
Eignungsprüfung 20, 271, 273
Eisbildung
–, spontane 215
–, stetige 215
Eisenauflösung 34 f., 96, 106
Eisenbeton 23
Eiweiß 280 f.
Elektrochemische Bestimmung
–, Carbonatisierungstiefe 41
Elektrochemische Korrosion 32 f.
Elektrochemische Realkalisierung 69 f.
Elektrochemischer Chloridentzug 113 ff.
Elektrolyt 32, 105
Elektronenstrahlmikroanalyse (ESMA) 103, 123 f., 195
Enthalpie 59 ff.
Entmischung 109
Entropie 59 ff.
Environmental Scanning Electron Microscope (ESEM) 123, 154 f., 183, 194 f.
Erdatmosphäre 24
Erwärmungsphase 224
Ettringit 64, 95, 120 ff., 148 ff.
–, erhärteter Beton 154 ff.
–, Frischbeton 151 ff.
–, Modifikationen 157
–, Nachweis der Schadensbeteiligung 194 ff.
–, natürliches Vorkommen 148
–, quantitative Bestimmung 197 ff.
–, Rekristallisation 185 ff.
–, Stabilitätsbereich 179 f.
–, Stabilitätsgrenze 162 f.
–, Strukturmodell 150
–, Synthese 182 f.
–, thermische Stabilitätsgrenze 162 f.
–, Zersetzung 183 ff.
–, Zusammensetzung 123 f., 149 f.

Ettringitanreicherung 175
Ettringitbildung 130, 148 ff.
–, Carbonatisierung 176
–, erneute 128
–, Frostangriff 236 ff.
–, Frostbelastung 176, 240
–, Frost-Tausalz-Angriff 238 f.
–, Frost-Tausalz-Belastung 176, 241
–, in nicht wärmebehandelten Betonen 174 ff.
–, schädigende 148 ff., 157 ff.
–, späte 167 ff.
–, Sulfatgehalt 167 ff.
–, thermodynamische Berechnung 158 ff.
–, verspätete 149 ff.
–, Wärmebehandlung 163 ff.
Expositionsklassen 7, 37, 134 f., 227 f., 263 f., 271

F
Faserverbundstäbe 66
Feinspachtel 69
Feuchtebelastung 179
Feuchtigkeitsklasse 326 f.
Feuerstein 300
Ficksches Gesetz 41 f.
Fließmittel 6
Flint 300 f., 323, 325 ff.
Friedelsches Salz 94 f., 103, 238 f.
Frischbeton
–, Ettringit im 151 ff.
Frostangriff 9, 244 f.
–, Abwitterungsverlauf 247 f.
–, Einfluss des Zementes 236 ff.
–, Ettringitbildung 236 ff.
–, Monosulfatbildung 236 ff.
Frostbelastung
–, Ettringitbildung 176, 240
Frost-Tausalz-Angriff 248 ff., 246 ff.
–, Abwitterungsverlauf 248 f.
–, Ettringitbildung 238 f.
Frost-Tausalz-Belastung
–, Ettringitbildung 176, 241
Frost-Tausalz-Widerstand
–, äußere Einflüsse 254 ff.
–, Beton 208 ff., 268 ff.
–, Einfluss der Luftporen 232 ff.
–, Einfluss der Temperaturverhältnisse 255
–, Einfluss des Feuchteangebotes 255 f.
–, Einfluss des Hochofenzementes 243 ff.
–, Einfluss des Hüttensandgehaltes 243 f.

–, Einfluss des Portlandzementes 236 ff.
–, Einfluss des w/z-Wertes 226
–, Einfluss des Zementes 236 ff.
–, Einfluss des Zuschlags 229 f.
–, Hochofenzementbeton 245 ff.
–, Hydratationsgrad 246 ff.
–, Phasenumwandlung 236 ff.
–, Portlandzementbeton 245 ff.
–, Prüfung 258 ff.
–, technologische Einflüsse 253 f.
Frost-, und Frost-Taumittel-Prüfverfahren 256 ff.
Frost-Widerstand
–, äußere Einflüsse 254 ff.
–, Beton 208 ff., 263, 268 ff.
–, Einfluss der Luftporen 232 ff.
–, Einfluss der Temperaturverhältnisse 255
–, Einfluss des Feuchteangebotes 255 f.
–, Einfluss des Hochofenzementes 243 ff.
–, Einfluss des Portlandzementes 236 ff.
–, Einfluss des w/z-Wertes 226
–, Einfluss des Zementes 236 ff.
–, Einfluss des Zuschlags 229 ff.
–, Hochofenzementbeton 244 ff.
–, Hydratationsgrad 244 ff.
–, Phasenumwandlungen 236 ff.
–, Portlandzementbeton 246 ff.
–, Prüfung 260 ff.
–, technologische Einflüsse 253 f.
Frühe Hydratation 151 ff.

G
Galvanisches Element 104 f., 112
Gefrieren 209 ff., 223 f.
–, der Porenlösung 209 ff.
–, schichtenweises 217 f.
Gefrierpunktserniedrigung 209 ff.
–, durch Druck 209 f.
–, durch gelöste Stoffe 210 f.
–, durch Oberflächenkräfte 212 f.
Gefügeschädigung
–, Beurteilung durch E-Modul 192
–, Beurteilung durch Ultraschallgeschwindigkeit 192 ff.
Gelporen 14 f., 220 ff.
Gesamtalkaligehalt 306 ff.
Gesamtchloridgehalt
–, quantitative Analyse 100 f.
Gesamtluftporengehalt 233
Gibbs-Helmholtz-Gleichung 61
Gibbsit 59, 95

Gibbssches Potential 59
Gipstreiben 148
Glaserit 177, 306
Glauberit 177, 306
Glimmer 304
Granit 296, 304
Grauwacke 289, 296, 302 f., 314, 323 f.
Grobporen 224
Gummibeton 270

H
Hillebrandit 64
Hochlegierter Stahl 68
Hochofenzement 40, 50 f., 90, 131, 138, 243 ff., 307
Hochofenzementbeton
–, Carbonatisierung 248 ff.
–, Frost-Tausalz-Widerstand 246 ff.
–, Frostwiderstand 245 ff.
Hornstein 297, 301
Hüttensand 131, 138, 243 ff., 307 f., 312 f.
–, Sulfatwiderstand 131
Hydrargillit 95
Hydratation 15 ff., 55, 95, 151 ff., 163, 177, 181, 193, 227, 244, 253, 308
–, frühe 151 ff.
Hydratationsdruck 225
Hydratationsgrad 17 ff., 65, 227, 244 ff.
–, Frost-Tausalz-Widerstand 246 ff.
–, Frostwiderstand 244 ff.
Hydratationssog 89
Hydraulischer Druck 219 f.
Hydrogranat 64, 128 f., 132
Hydrophobierungsmittel 66

I
Imprägnierung 21, 109, 254
Indikative Bestimmung
–, Carbonatisierungstiefe 38 f.
Indikatoren 32 f.
Indikatorlösung 38 f.
Innere Sulfatquelle 167, 176 ff.
Innerer Sulfatangriff 120 f., 137, 143 f.
Innerer Sulfatwiderstand 144
Inneres Schrumpfen 89
Instandsetzungsmaßnahmen 67 ff., 113 ff.,
Instandsetzungsprinzip C 68
Instandsetzungsprinzip K 68
Instandsetzungsprinzip R 68
Instandsetzungsprinzip W 68
Ionenkonzentration 30

Ionenmigration 113
Ionenselective Elektrode 101
ISE-Verfahren 101

K
Kapillarer Effekt 220 f.
Kapillares Saugen 85 f., 89, 224, 255, 258 ff.
Kapillarporen 15 ff., 26, 221, 226 f.
Kapillarporenraum 17, 49, 226
Kapillarporosität 54 f., 227
Kapillarwirkung 269
Kapillarzonenbeanspruchung 86
Kappenbeton 271, 273, 274,
Karbonatisierung 23
Kathode 33, 104
Kathodischer Korrosionsschutz 66, 111
Keimbildungsenergie 214
Kiesbeton 19, 138
Kieselkalk 296 f., 299 f.
Kieselkreide 296 f., 299 f.
Kieselsäure 289, 293, 312
–, amorphe 289, 293, 312
–, gittergestörte 293
–, Löslichkeit 293 ff.
Kieselschiefer 296, 301 f.
Kinetik 58
Klimatruhe 259 f.
KOCH-STEINEGGER-Verfahren 139 ff.
Kohlendioxid 23
Komplexsalze 127
Konstante
–, kryoskopische 210
Konvektion 89 f.
Korrosion 32 ff., 103 ff.
–, Beton in Abwasseranlagen 280 ff.
–, Betonstahl 33 ff.
–, Bewehrung 32 ff.
–, chloridinduziert 108 f.
–, elektrochemische 32 f.
–, Maßnahmen zur Einschränkung 37
–, Rissbildung 36
–, Risse 107 f.
Korrosionselement 104 f.
Korrosionsinhibitor 109
Korrosionsprodukte 35 f., 132
Korrosionsrisiko 12
Korrosionsschutz 29
–, aktiver 21, 109 f., 283
–, passiver 21, 110 f., 284
–, kathodischer 111

Korrosionssensor 41, 111 ff.
Korrosionsüberwachungssystem 111 ff.
Korrosionsvorgang 107 f.
Korrosionswahrscheinlichkeit 34
Kristallisationsdruck 225
Kristallkeime 214 f.
Kritischer korrosionsauslösender Grenzwert bei Chloridkorrosion 96 ff.
Krustenbildung 279
Kühlturm
–, mikrobiologische Korrosion 284 f.
Kryoskopische Konstante 210
Kugellagereffekt 232
Kugellagerwirkung 279, 274

L
Langbeinit 306
Lebensdauer
–, Stahlbetonkonstruktion 41 ff.
LE CHATELIER-ANSTETT-Probe 143 f.
LE CHATELIER-Ring 143 f.
Lochfraßkorrosion 98 ff., 105
Lösender Angriff 120, 137
Lösungsverfahren 308 f.
Lokalelement 33
low alkali cement 310
Luftporen 15, 211, 232 ff., 241 ff., 269 ff.
–, Phasenneubildung 242
Luftporenbeton 232 ff., 269 ff.
–, Berechnung des spezifischen Zementgehaltes 273 f.
–, betontechnologische Anforderungen 272 f.
Luftporenbildner 232 ff.
Luftporengehalt
–, Beton 233 ff.
–, Einflussgrößen 235
Luftporenkennwerte 233
Luftschadstoffe 24, 47
Luftverunreinigung
–, anthropogene 80

M
Magnesiumsilicat 132
Magnesiumsulfat 132
Makroelement 104 f., 107
Makrokapillaren 214
Makroskopisches Schadensbild 188 f.
map-cracking 316
Massenwirkungsgesetz 30
Meerwasser 85 ff.

Mesogelporen 214
Mesokapillaren 214
Microsilica 131 f., 169, 312 f.
–, Sulfatwiderstand 131
Mikrobiologische Betonkorrosion 279 ff.
Mikroeislinse 224
Mikroeislinsenbildung 222 f.
Mikroeislinsenpumpe 222 f.
Mikroelement 104 f.
Mikrogelporen 214
Mikrohohlkugeln 234
Mikrokapillaren 214
Mikroluftporen 269 f.
Mikroluftporengehalt 233 f.
Mikroorganismen 279 ff.
Mikropumpe Zementsteingefüge 224
Mikroquarz 301
Mikroskopie 39 f., 194 ff., 298 ff., 317, 322
Mikroskopisches Schadensbild 194 ff.
Mindestbetondeckung 37
Mindestdruckfestigkeitsklasse 12 f., 136, 228
Mindestluftgehalt 12 f., 228
Mindestzementgehalt 12 f., 136, 228
Mischkristalle 127
Mischungsentwurf 20 f.
–, Beton 19
MNS-Verfahren 141 f.
Monocarbonat 182 f.
Monosulfat 64, 127 ff., 151 ff., 236 ff.

N
Nachbehandlung 7, 52 ff., 92, 109, 139, 170, 253
Nachbehandlungsdauer 54 ff., 56, 253
Nachbehandlungsmittel 53, 55, 57, 253
Nachbehandlungsverfahren 55
Nasschemische Bestimmung
–, Carbonatisierungstiefe 41
NA-Zement 310, 324, 327 f.
Na$_2$O-Äquivalent 52, 306 ff., 325
NBRI-Test 315
Nebelkammer 314 f.
Neutralisation 80 ff.
Neutralisierung 23
Nitrifikanten 285
Nutzungsdauer 1, 11

O
Oberflächenschutzmaßnahmen 254
Opal 293, 296 f.

Opalsandstein 296, 299, 314, 323 ff.
Osmose 221
Osmotischer Druck 221
Oxidfilm 29
Oxidzusammensetzung 197

P
Passiver Korrosionsschutz 21, 110 f., 284
Passivierende Deckschicht 29
Passivierung 66
Passivierungsschicht 33
Passivschicht 103 f.
Performance concept 5, 208, 257
Pessimum 312
Phasengrenzfläche 122 f.
Phasenneubildung 171 ff., 195 f.
–, in Luftporen 242
Phasenumwandlung 172, 236 ff.
–, Frost-Tausalz-Widerstand 236 ff.
–, Frostwiderstand 236 ff.
Phasenzusammensetzung 197 ff.
Phenolphthaleintest 38 f.
pH-Wert 23 f., 29, 30 ff., 38, 75, 128, 168 f., 179 ff., 282
–, Anmachwasser 23 f.
–, Berechnung 31 f.
–, Messung 32
Phyllit 304
pOH-Wert 30
Polarisationsmikroskop 39, 298 f., 317
Polysulfide 281 f.
popout 229, 316 f.
pore-blocking effect 91
Porenflüssigkeit 29
–, Zusammensetzung 163 ff.
Porengrößeneinteilung 213 ff.
Porenlösung 29
–, Alkaligehalt 169, 307
–, Auspressen 163 ff., 308 f.
–, Gefrieren im Zementstein 209
–, pH-Wert 180 f.
–, Sulfatgehalt 168 f.
–, Sulfatkonzentration 165
–, Zusammensetzung 163 ff., 181, 308 f.
Porenradien-Gefrierpunkt-Beziehung 212 f.
Porenverhältnisse 14 ff.
Porenwasser
–, Gefrieren 209
Porosität 18
Porphyr 296, 303

Portlandzement 40, 50 f., 90, 131, 138, 174, 177, 236 ff., 245, 308
Portlandzementbeton
-, Carbonatisierung 248 f.
-, Frost-Tausalz-Widerstand 245 ff.
-, Frostwiderstand 246 ff.
Portlandit 26 ff., 64, 151, 182 f.
Potentialdifferenzen 104 f.
Potentialunterschied 33
potentio hydrogenii 30
Präzision von CDF- und CIF-Test 264 f.
Pressgesenk 308 f.
Prüfung des Frost-Taumittel-Widerstandes 258 ff.
Prüfung des Frostwiderstandes 260 ff.
Prüfverfahren
-, der Alkalireaktion 313 ff.
-, des Frost- und Frost-Taumittel-Widerstandes 256 ff.
-, des Sulfatwiderstandes 139 ff.
Puzzolane 312 ff.

Q
Quantab-Verfahren 101
Quantitative chemische Analyse 100
Quarz 296 ff.
-, gestresst 289, 296, 298 f.
-, kryptokristallin 296, 298 f., 303 f.
-, mikrokristallin 290, 303
-, mit undolöser Auslöschung 298 f.
Quarzit 304
Quarzporphyr 303
Quelldruck 292, 318

R
Randzone von Beton 52
Rapide Chloride Test 101
Rasotherm 304
Rasterelektronenmikroskopie (REM) 123, 154, 194 f.
RCT-Methode 101
Reaktionsenthalpie
-, freie 59 ff., 158 ff.
Reaktionsränder 317
Realkalisierung 67, 69 f.
-, elektrochemische 69 f.
Repassivierung 68 f.
Resonanzfrequenzprüfung 192
Rhyolit 304
Riss 36, 72 ff., 107, 170, 189, 314, 315 ff.
-, Korrosionsfortschritt des Betonstahls 107

-, netzartig 316
-, Selbstheilung 72 ff.
-, Versinterung 36
Rissbildung 36, 320 f.
-, AKR 320 f.
-, Dünnschliffuntersuchungen 320 f.
Rissbreite 36 f., 107
Risslänge 76
Risspfad 76
Rissweite 36
Röntgendiffraktometrie (XRD) 197 ff.
Rost 34 ff.
Rostbildung 36
Rosten 32

S
Sättigung 224
-, kritische 224
-, künstliche 224
-, natürliche 224
Sätigungsgrad 224 f., 263
Salpetersäurebildende Bakterien 284 f.
Sauerstoffkorrosion 34
Saugen
-, kapillares 85 f., 89, 224, 258 ff.
Saurer Regen 81
Schädigende Ettringitbildung 148 ff., 157 ff.
Schalungsbahn
-, saugfähig 52, 251 f.
-, wasserabführend 52, 251 f.
Schichtenweises Gefrieren 217 f.
Schlagregen 44 f.
Schleimkapsel 285
Schmelzimprägnierung 111
Schnellcarbonatisierung 42
Schrumpfen
-, inneres 89
Schrumpfporen 15
Schutzmaßnahmen 65 f., 108 f.
Schutz-und Instandsetzungsmaßnahmen 65 ff., 108 ff.
Schwefeldioxid 24, 80 ff.
Schwefelsäurebildende Bakterien 282 f.
Schwefelsäurekorrosion
-, biogene 280 ff.
Schwefelwasserstoff 281 f.
Schwellenwert
-, Alkaligehalt 307
-, Chloridgehalt 94, 96
Selbstheileffekt 36

Selbstheilung
-, Risse 72 ff.
SiC-Hartstoff 304
Silifizierung 299
Slab-Test 265 ff.
Solvathülle 210
Späte Ettringitbildung 167 ff.
Splittbeton 20
Spontane Eisbildung 215
Sprühverfahren 101 f.
Stahl
-, Beschichten 66
-, Beständigkeit 66
-, Galvanisieren 66
-, hochlegiert 66
-, Korrosion 32 ff., 103 ff.
-, Passivität 103 ff.
Stahlbeton
-, Chloridangriff 103 ff.
Stahlbetonkonstruktion
-, Lebensdauer 41
Stahlbewehrung
-, Korrosion 33 ff., 103 ff.
Stahlkorrosion
-, elektrochemische Grundlagen 103 ff.
Steinkohlenflugasche 130, 138, 173
-, Sulfatwiderstand 130
Stetige Eisbildung 215
Stickoxid 80 ff.
Sulfatangriff 119 ff.
-, äußerer 120 ff., 137, 139 ff., 144
-, innerer 120 ff., 137, 143 f.
Sulfatbeständigkeit 126 ff.
Sulfatbindung 163 ff.
Sulfatfreisetzung 176 ff.
Sulfathüttenzement
-, Sulfatwiderstand 129
Sulfatisierung 80 ff.
Sulfatkonzentration 127, 133
-, in der Porenlösung 163 ff.
Sulfatkorrosion 133 f., 137 ff.
-, Betonparameter 137 ff.
-, Temperatureinfluss 128, 134 f.
Sulfatlösung 132 ff.
Sulfatmodul 178 f.
Sulfatquelle
-, innere 167, 176 ff.
Sulfatreduzierende Bakterien 281
Sulfattreiben 120 ff., 148
Sulfatwiderstand 126 ff.
-, C_3A-Gehalt 126 ff.

-, Einfluss von Zusatzstoffen 130 ff.
-, Hüttensand 131
-, innerer 144
-, Microsilica 131 f.
-, Prüfverfahren 139 ff.
-, Steinkohlenflugasche 130
Sulfatwiderstandsfähigkeit 119 ff.
Suturen 298
SVA-Verfahren 142 f.
Syngenit 151, 306

T
Taumittel 254
Tausalz 83 f., 87 f., 211, 254
Temperaturausdehnungskoeffizient 216
-, Eis 217
-, Zementstein 216
-, Zuschlag 216
Temperatursturz 218 f.
Tetrahydrat 64
Thaumasit 127 f., 134
Thenardit 177, 306
Thermoanalyse 200 ff.
Thermodynamik 58 ff., 158 ff.
Thermodynamische Berechnung 158 ff.
-, zur Carbonatisierung 58 ff.
-, zur Ettringitbildung 158 ff.
Thermodynamisches Modell 222 ff.
Thermogravimetrie (TG) 200 ff.
Thiobazillen 282
Tonerdezement 51, 284
-, Carbonatisierung 51
-, Sulfatwiderstand 129
Tonschiefer 304
Tränkmittel 111
Treibender Angriff 120, 137
Trennriss 75
Trisulfat 127
Trocknungsschwinden 46

U
Unterkühlungseffekt 214 f.
UV-Verfahren 102 f.

V
Vaterit 46, 95, 249 f.
Verdichtungsporen 14 f., 65, 274
Verfahren nach COLLEPARDI 102
Verfahren nach SCHÖPPEL 102 f.
Verschleißangriff 13
Verschleißbeanspruchung 10

Verspätete Ettringitbildung 149 ff.
Verspätete Wärmebehandlung 174 ff.
Verträglichkeitsuntersuchung 144
Verzinkte Bewehrung 111
Vorhaltemaß 20, 234, 273

W
Wachstumsdruck 225
Wärmebehandelter Beton
–, Dauerhaftigkeit 169 ff.
Wärmebehandlung 157, 163 ff., 172 f.
–, Behandlungsregime 173
–, Ettringitbildung 157 ff.
–, unsachgemäße 157 ff.
–, verspätete 174 ff.
Wärmekapazität 60 f.
–, spezifische 59
Walz-Diagramm 19, 274
Wasserabführende Schalungsbahn 52, 251 f.
Wasserglasanstrich 71
Wasserwechselzone 86
Wechsellagerung 189
Wechseltauchzone 86
Widerstand gegen chemischen Angriff 134 ff.
Wirksame Alkalität 308
WITTEKINDT-Verfahren 139 f.
Würfeldruckfestigkeit 19
w/z-Wert 15 ff., 49 f., 92, 137, 170 f., 191, 226 f., 254, 271
–, Grenzwerte 21
–, höchstzulässiger 12 f., 37 136, 228

Z
Zemdrain 52, 251 f.
Zement
–, Alkaligehalt 51 f., 169, 180, 305 ff., 324 f.
–, Festigkeitsklasse 19, 24
–, Sulfatgehalt 168 f.
Zementbazillus 119, 148
Zementstein
–, Diffusionskoeffizient 90 f.
–, Einfluss auf die Dauerhaftigkeit 14 ff.
–, Festigkeit 18 f.
–, Gefrieren der Porenlösung im 209 f.
–, Hydratationsgrad 18 f.
–, Porengröße 14
–, Porenverhältnisse 14
–, Porosität 14, 18
–, Sulfatlösungen 132 ff.

–, Wasserdurchlässigkeit 17
–, w/z-Wert 18
Zementsteinphasen 23, 61
Zuschlag
–, alkaliempfindlich 295 ff.
–, alkaliempfindlich, Prüfverfahren 313 ff.
–, Frostklasse 231
–, Frostwiderstand 230 f.
–, Reaktionsränder 317 f.
–, Reaktivität 292 ff.

GPSR Compliance

The European Union's (EU) General Product Safety Regulation (GPSR) is a set of rules that requires consumer products to be safe and our obligations to ensure this.

If you have any concerns about our products, you can contact us on

ProductSafety@springernature.com

In case Publisher is established outside the EU, the EU authorized representative is:

Springer Nature Customer Service Center GmbH
Europaplatz 3
69115 Heidelberg, Germany